3ds Max/VRay

室内设计材质与灯光速查宝典

一本设计师必备、师生所需的材质、灯光速查工具

李明洋 曹茂鹏 瞿颖健 编著

2大模块：材质篇和灯光篇，技术实用、分类合理、内容全面、案例精美，是一本非常适合速查的宝典

115种常用材质+115种扩展材质，通过复杂多层级的材质系统和纹理贴图功能来实现现实世界中的复杂效果，将室内外效果图所需囊括其中。

20种灯光设置+20种扩展灯光设置，将真实世界的各种灯光在3ds Max的虚拟环境中重现，让您的效果图设计绚丽多彩。

超值附赠近**12GB**的**DVD**光盘内容，其中包括1,000多个材质与灯光的贴图文件、最终JPG效果文件及最终MAX效果文件，同时还有270个材质与灯光的源文件和900多分钟的视频教学文件，以及附赠灯光扩展练习操作步骤PDF文件。

DVD

北京希望电子出版社
Beijing Hope Electronic Press
www.bhp.com.cn

内容简介

本书是全面介绍使用中文版3ds Max/VRay制作室内设计效果图的速查类图书，重点在于“速度”和“可查”两大特点。

全书共270个案例。第1模块为材质篇（115实例+115个扩展练习），包括玻璃、布纹、背景、厨具、地面、灯罩、发光、镜子、金属、木纹、皮革、墙面、软包、塑料、食物、陶瓷、液体、装饰、植物、纸张等相关实例。第2模块为灯光篇（20实例+20个扩展练习），包括黄昏、清晨、夜晚、正午等相关实例。每个案例配有详细的步骤文字，帮助读者更清晰地理解参数，更明白地看懂材质、灯光的制作方法。

本书章节安排经典、合理，不仅可以供3ds Max室内外设计师初、中级读者学习使用，也可以作为大中专院校相关专业及3ds Max三维设计培训班教材。

本书配有一张DVD教学光盘，内容包括本书所有实例的场景文件、案例文件、贴图，并包含书中所有实例的视频教学录像。

图书在版编目（CIP）数据

3ds Max/VRay室内设计材质与灯光速查宝典 / 李明洋，曹茂鹏，瞿颖健编著. —北京：北京希望电子出版社，2013.8

ISBN 978-7-83002-115-3

Ⅰ. ①3… Ⅱ. ①李… ②曹… ③瞿… Ⅲ. ①室内装饰设计－计算机辅助设计－三维动画软件 Ⅳ.TU238-39

中国版本图书馆CIP数据核字（2013）第178271号

出版：北京希望电子出版社
地址：北京市海淀区上地3街9号
金隅嘉华大厦C座611
邮编：100085
网址：www.bhp.com.cn
电话：010-62978181（总机）转发行部
010-82702675（邮购）
传真：010-82702698
经销：各地新华书店

封面：付　巍
编辑：刘秀青
校对：刘　伟
开本：787mm×1092mm　1/16
印张：20.5（全彩印刷）
印数：1-3500
字数：486千字
印刷：北京天时彩色印刷有限公司
版次：2013年8月1版1次印刷

定价：59.80元（配1张DVD光盘）

Preface 前言

3ds Max是世界范围内应用最为广泛的三维软件，以其强大的建模、灯光、材质、动画、渲染等功能著称，在室内外设计中应用最为普遍。

Autodesk公司推出两个版本，分别为3ds Max Design 2013（建筑类、设计类专业人员使用）和3ds Max 2013（娱乐类专业人员使用），这两种版本功能差别不大。本书案例是用Autodesk 3ds Max 2013版本、V-Ray Adv 2.30.01版本制作和编写，读者可使用Autodesk 3ds Max 2013或以上版本打开书中文件。

本书是一本专业的材质与灯光速查宝典，为方便读者查阅和使用，书中内容采用字母索引形式进行分类和排序。

本书的写作方式新颖，内容全面，案例全面，章节合理，内容主要分为两大模块：

- 第1模块为材质篇，通过复杂多层级的材质系统和纹理贴图功能来实现现实世界中的复杂效果，包括玻璃、布纹、背景，厨具，地面、灯罩，发光，镜子、金属，木纹，皮革，墙面，软包，塑料、食物，陶瓷，液体，装饰、植物、纸张等分类的实例和扩展练习。
- 第2模块为灯光篇，将真实世界的各种灯光在3ds Max的虚拟环境中重现，包括黄昏、清晨、夜晚、正午等分类的实例和扩展练习。

本书配有一张DVD教学光盘，内容包括本书所有实例的场景文件、案例文件、贴图，并包含本书中所有实例的视频教学录像。读者在使用光盘时，请先解开压缩文件，再进行内容的学习。

本书技术实用、分类合理，是一本非常适合速查的宝典，不仅可以供3ds Max室内外设计师初、中级读者学习使用，也可以作为大中专院校相关专业及3ds Max三维设计培训班教材。

本书由亿瑞设计策划，李明洋、曹茂鹏和瞿颖健担任主要编写工作，具体编写分别为淄博职业学院李明洋老师编写了材质篇；曹茂鹏和瞿颖健老师编写了灯光篇。同时感谢马啸、于燕香、王萍、董辅川、瞿吉业、李路、曹子龙、曹诗雅、孙芳、高歌等人的大力帮助。在编写的过程中，还得到了北京希望电子出版社韩宜波老师的大力支持，在此一并表示感谢。

由于作者水平有限，书中难免存在错误和不妥之处，敬请广大读者批评和指出。邮箱：bhpbangzhu@163.com。

编著者

Contents 目录

材质篇

B

C

M

P

Q

R

S

T

Y

Z

灯光篇

材质篇

材质是室内设计中非常重要的一部分，材质可以突出物体质感、增加真实感，使得模型更加细腻、逼真。室内设计中材质的种类非常多（如玻璃、金属、布纹、镜子等），本书将材质的各种类型进行重组、整合、分类，并且选取了大量经典的材质案例进行讲解，涵盖了室内设计中几乎所有的材质类型，并且使用了多种方法进行讲解，让读者可以举一反三，非常适合快速查阅使用，是设计师手头必备速查利器。

B C D F J M P Q R S T Y Z

B

玻璃（普通玻璃、有色玻璃、冰花纹玻璃、雕花玻璃、花瓶玻璃、彩绘玻璃、水晶灯、渐变花瓶）

玻璃扩展（透明花瓶、绿色玻璃杯、办公室玻璃、花纹吊灯、红酒酒瓶、彩绘装饰品、珠宝装饰、酒瓶）

布纹（遮光窗帘、透光窗帘、衣服、绒布、丝绸、地毯、毛巾、抱枕、麻布、床单）

布纹扩展（花纹窗帘、纱质窗帘、布椅子、绒布椅子、丝绸抱枕、花毯、草地、条纹桌布、麻布地毯、黑色T恤）

背景（白天背景、夜晚背景、HDRI环境、天空、绚丽背景）

背景扩展（背景、别墅夜景、全景天空、天空云朵、顶棚蓝天）

实例001　普通玻璃

案例文件	材质案例文件\B\玻璃\普通玻璃\普通玻璃.max	视频教学	视频教学\材质\B\玻璃\普通玻璃.flv
技术难点	衰减贴图设置两个颜色的过渡效果，用来控制反射		

案例分析：

【普通玻璃】是一种无色透明的固体物质，在熔融时形成连续网络结构，冷却过程中粘度逐渐增大并硬化而不结晶的硅酸盐类非金属材料，常用来制作窗玻璃、玻璃杯、茶几、容器等。如图B-1所示为分析并参考普通玻璃材质的效果。本例通过为酒杯设置玻璃材质，学习普通玻璃材质的设置方法，具体表现效果如图B-2所示。

图B-1

图B-2

操作步骤：

STEP 1 打开随书配套光盘中的【材质场景文件\B\玻璃\001.max】场景文件，如图B-3所示。

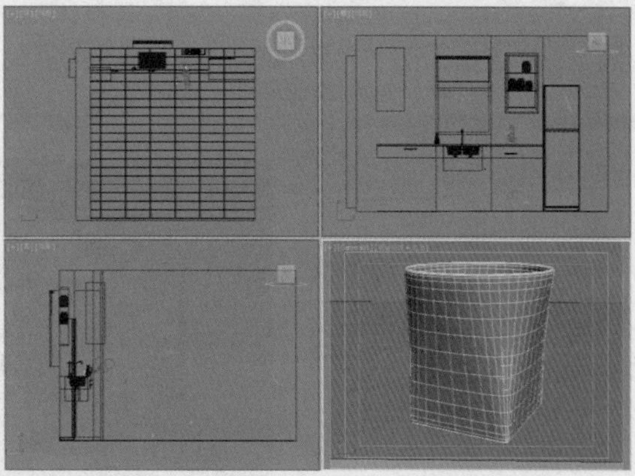

图B-3

STEP 2 按M键，打开材质编辑器。单击一个材质球，并设置材质类型为【VRayMtl】。设置【漫反射】颜色为灰色（红=128、绿=128、蓝=128），并在【反射】后面的通道上加载【衰减】程序贴图，最后设置两个颜色分别为深灰色（红=8、绿=8、蓝=8）和灰色（红=96、绿=96、蓝=96），如图B-4所示。

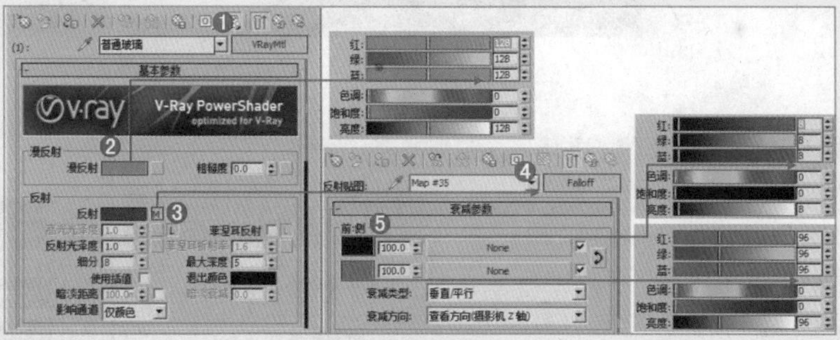

图B-4

STEP 3 在【折射】选项组下，设置【折射】颜色为白色（红=255、绿=255、蓝=255），【折射率】为1.5，勾选【影响阴影】复选框，如图B-5所示。

STEP 4 将制作完成的普通玻璃材质赋予场景中的杯子模型，并将其他材质制作完成，如图B-6所示。

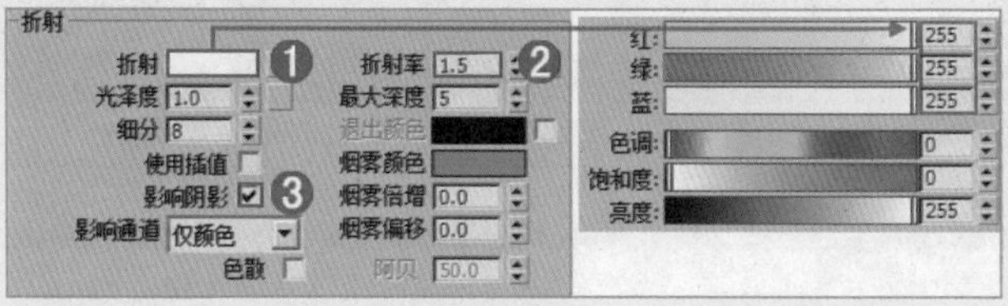

图B-5

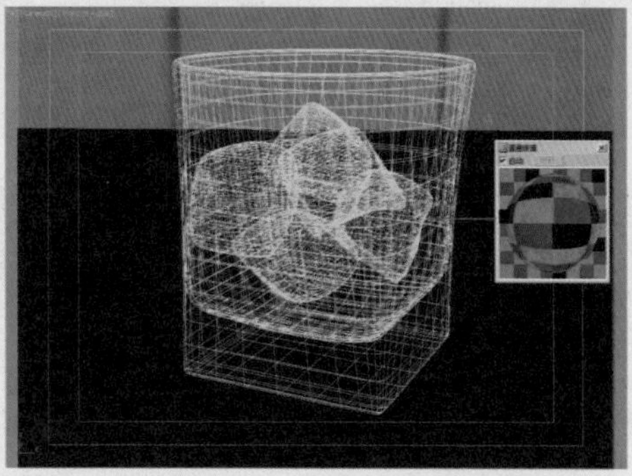

图B-6

思维点拨：

在为玻璃设置【反射】和【折射】颜色时，一定要考虑哪种属性更明显。比如要制作玻璃、水等材质时，肯定是折射属性大于反射属性，因此【折射】颜色一定要设置得更浅，这样效果才能更逼真。

扩展练习001——透明花瓶

案例文件	材质案例文件\B\玻璃\透明花瓶\透明花瓶.max	视频教学	视频教学\材质\B\玻璃\透明花瓶.flv
技术难点	漫反射、反射、折射3种颜色的搭配		

透明花瓶材质的制作难点在于如何把握漫反射、反射、折射的颜色搭配，才能更好地表现出透明花瓶的真实效果，如图B-7所示。

图B-7

打开随书配套光盘中的【材质场景文件\B\玻璃\扩展001.max】场景文件，设置材质类型为【VRayMtl】。然后设置【漫反射】颜色为黑色（红=3、绿=3、蓝=3），设置【反射】颜色为深灰色（红=47、绿=47、蓝=47），设置【反射光泽度】为0.98。在【折射】选项组下，设置【折射】颜色为白色（红=242、绿=242、蓝=242），勾选【影响阴影】复选框，并设置【影响通道】为【颜色+alpha】，如图B-8所示。

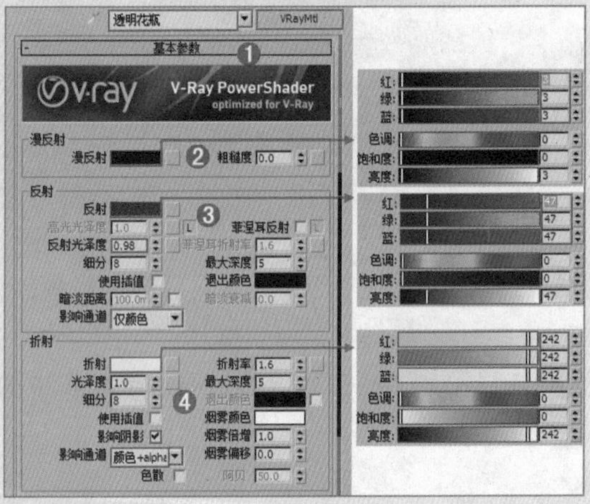

图B-8

实例002　有色玻璃

案例文件	材质案例文件\B\玻璃\有色玻璃\有色玻璃.max	视频教学	视频教学\材质\B\玻璃\有色玻璃.flv
技术难点	烟雾颜色控制有色玻璃颜色的方法		

案例分析：

【有色玻璃】是加入着色剂后呈现不同颜色的玻璃，又名吸热玻璃。有色玻璃能够吸收太阳可见光，减弱太阳光的强度，玻璃在吸收太阳光线的同时自身温度提高，容易产生热涨裂，常用来制作漂亮的花瓶、茶几等。如图B-9所示为分析并参考有色玻璃材质的效果。本例通过为花瓶设置有色玻璃材质，学习有色玻璃材质的设置方法，具体表现效果如图B-10所示。

图B-9

图B-10

操作步骤：

STEP 1 打开随书配套光盘中的场景文件【材质场景文件\B\玻璃\002.max】，如图B-11所示。

STEP 2 按M键，打开材质编辑器。单击一个材质球，并设置材质类型为【VRayMtl】。设置【漫反射】颜色为深绿色（红=36、绿=53、蓝=34），【反射】颜色为灰色（红=129、绿=129、蓝=129），勾选【菲涅耳反射】复选框，如图B-12所示。

图B-11

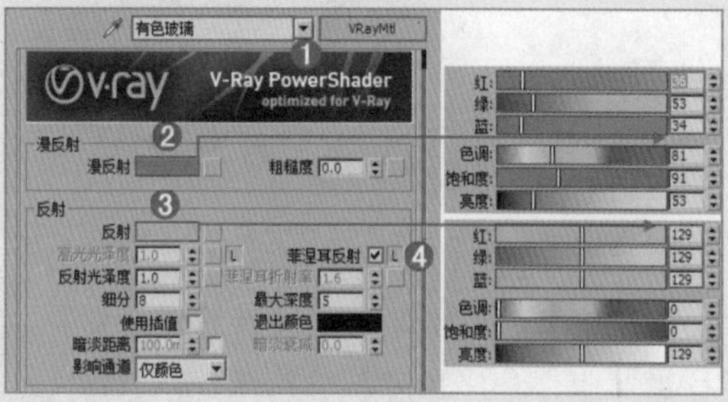

图B-12

STEP 3 在【折射】选项组下，设置【折射】颜色为白色（红=255、绿=255、蓝=255），【细分】为15，【烟雾颜色】为橙色（红=195、绿=102、蓝=56），【烟雾倍增】为0.15，勾选【影响阴影】复选框，设置【影响通道】为【颜色+alpha】，如图B-13所示。

STEP 4 将制作完成的普通玻璃材质赋予场景中的花瓶模型，并将其他材质制作完成，如图B-14所示。

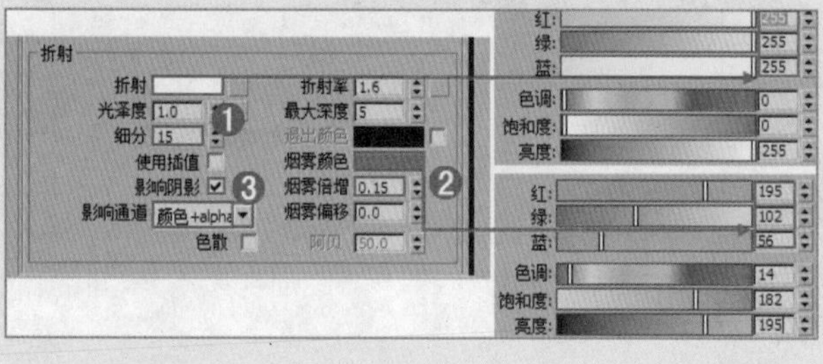

图B-13

图B-14

技巧一点通：

【烟雾颜色】直接控制带有折射物体的颜色，设置有色玻璃材质时，首先要想到这个参数。【烟雾倍增】数值控制颜色的深浅，数值越大颜色越深，数值越小颜色越浅。

扩展练习002——绿色玻璃杯

案例文件	材质案例文件\B\玻璃\绿色玻璃杯\绿色玻璃杯.max	视频教学	视频教学\材质\B\玻璃\绿色玻璃杯.flv
技术难点	烟雾颜色的设置方法		

绿色玻璃杯材质的制作难点在于如何把握烟雾颜色控制物体颜色的技巧，以便于更好地表现出绿色玻璃杯的真实效果，如图B-15所示。

图B-15

打开随书配套光盘中的【材质场景文件\B\玻璃\扩展002.max】场景文件，设置材质类型为【VRayMtl】。然后设置【漫反射】颜色为浅灰色（红=128、绿=128、蓝=128），设置【反射】颜色为白色（红=248、绿=248、蓝=248），勾选【菲涅耳反射】复选框，并设置【菲涅耳折射率】为1.8。在【折射】选项组下，设置【折射】颜色为白色（红=255、绿=255、蓝=255），设置【折射率】为1.517，设置【烟雾颜色】为绿色（红=161、绿=222、蓝=171），如图B-16所示。

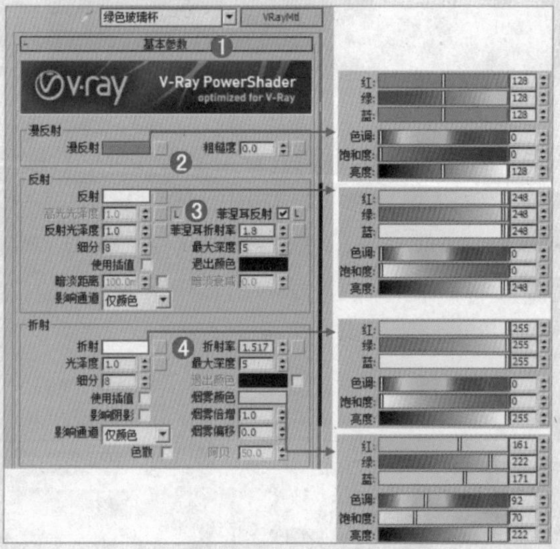

图B-16

技巧一点通：

【烟雾颜色】控制最终渲染玻璃的颜色；【烟雾倍增】控制颜色的深浅，数值越大颜色越深。

实例003　冰花纹玻璃

案例文件	材质案例文件\B\玻璃\冰花纹玻璃\冰花纹玻璃.max	视频教学	视频教学\材质\B\玻璃\冰花纹玻璃.flv
技术难点	凹凸通道加贴图制作冰花纹效果		

案例分析：

【冰花纹玻璃】是在原有的玻璃制品加工工艺中增加了激纹工艺，其做法是将高温吹泡料坯放到１℃～０℃冷水中浸沾２０～３０秒，由于温度的突变，使得吹制成后的玻璃制品，在表面上生产了冰凌花状的激纹。如图B-17所示为分析并参考冰花纹玻璃材质的效果。本例通过为杯子设置冰花纹玻璃材质，学习冰花纹玻璃材质的设置方法，具体表现效果如图B-18所示。

图B-17

图B-18

操作步骤：

STEP 1　打开随书配套光盘中的场景文件【材质场景文件\B\玻璃\003.max】，如图B-19所示。

STEP 2　按M键，打开材质编辑器。单击一个材质球，并设置材质类型为【VRayMtl】。设置【漫反射】颜色为白色（红=255、绿=255、蓝=255），【反射】颜色为灰色（红=18、绿=18、蓝=18），设置【细分】为15，如图B-20所示。

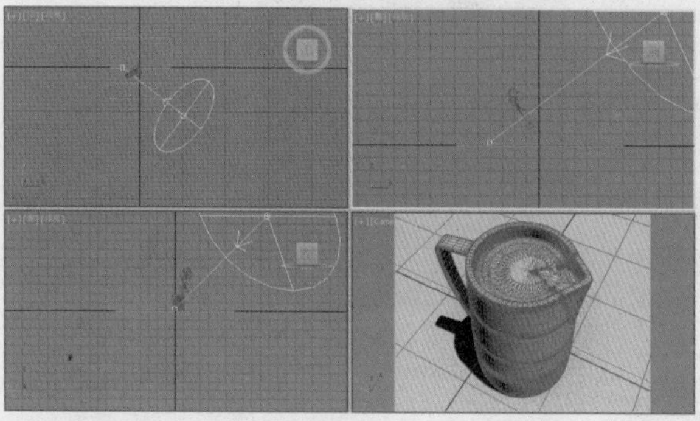

图B-19

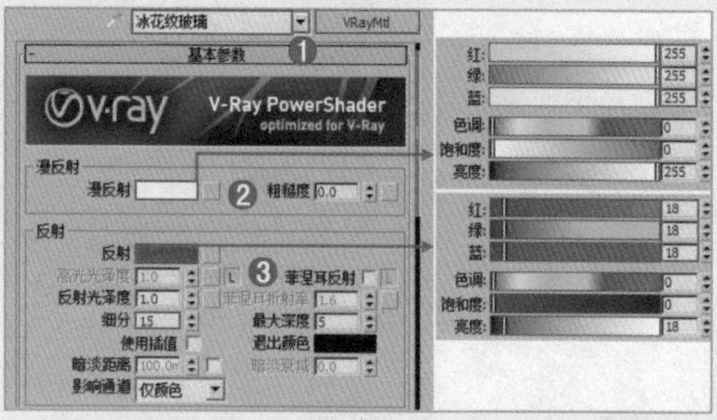

图B-20

STEP 3　在【折射】选项组下，设置【折射】颜色为白色（红=255、绿=255、蓝=255），【细分】为15，如图B-21所示。

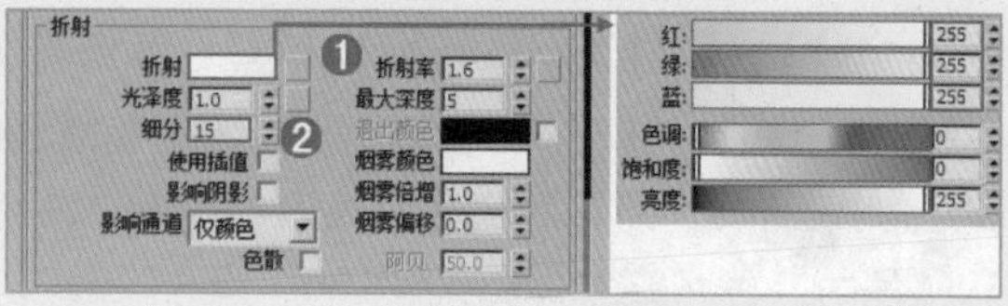

图B-21

STEP 4　展开【贴图】卷展栏，在【凹凸】后面的通道上加载【冰花纹 004.jpg】贴图文件，设置【凹凸】数量为120，如图B-22所示。

STEP 5 将制作完成的冰花纹玻璃材质赋予场景中的杯子模型，并将其他材质制作完成，如图B-23所示。

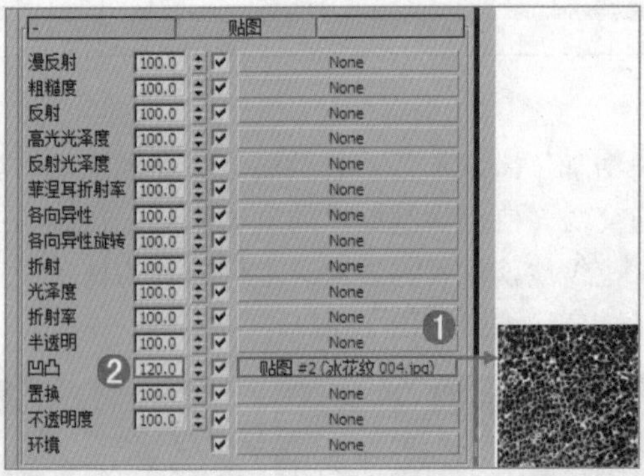

图B-22

图B-23

扩展练习003——办公室玻璃

案例文件	材质案例文件\B\玻璃\办公室玻璃\办公室玻璃.max	视频教学	视频教学\材质\B\玻璃\办公室玻璃.flv
技术难点	混合材质的制作思路		

办公室玻璃材质的制作难点在于使用混合材质制作出两种不同材质出现在一个物体上，使其更好地表现出办公室玻璃的真实效果，如图B-24所示。

图B-24

STEP 1 打开随书配套光盘中的【材质场景文件\B\玻璃\扩展003.max】场景文件，设置材质类型为【Blend（混合）】。在【混合基本参数】卷展栏下，将【材质1】命名为【1】，并设置材质为【VRayMtl】；将【材质2】命名为【2】，并设置材质为【VRayMtl】，如图B-25所示。

STEP 2 单击进入【材质1】的通道，设置【漫反射】颜色为白色（红=255、绿=255、蓝=255），设置【反射】颜色为黑色（红=15、绿=15、蓝=15）。在【折射】选项组下，设置【折射】颜色为灰色（红=126、绿=126、蓝=126），【光泽度】为0.65，【细分】为20，如图B-26所示。

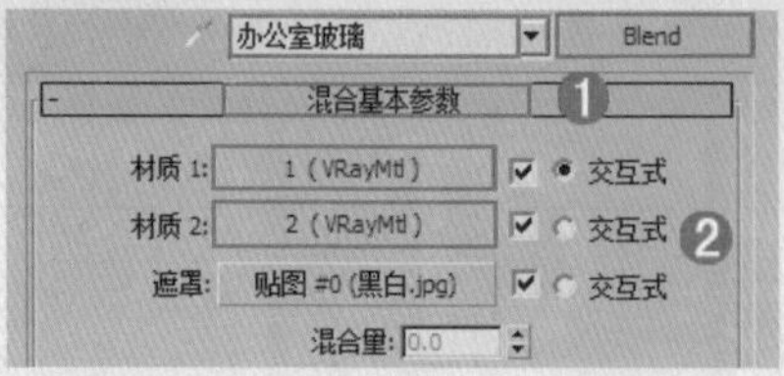

图B-25

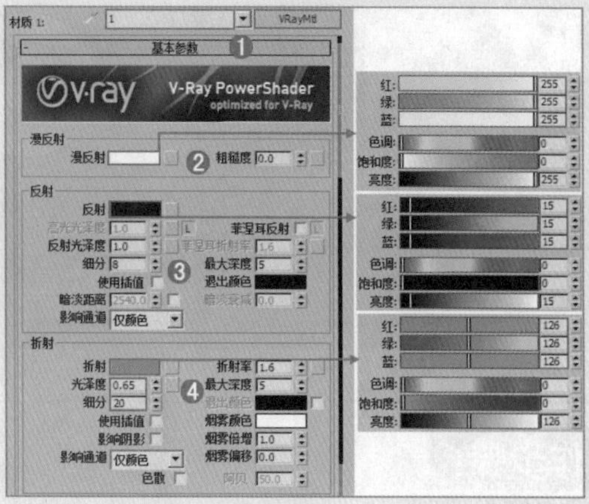

图B-26

STEP 3 单击进入【材质2】的通道，设置【漫反射】颜色为白色（红=255、绿=255、蓝=255），设置【反射】颜色为黑色（红=15、绿=15、蓝=15）。在【折射】选项组下，设置【折射】颜色为白色（红=255、绿=255、蓝=255），【细分】为16，如图B-27所示。

STEP 4 返回【混合基本参数】卷展栏，在【遮罩】后面的通道上加载【黑白.jpg】贴图文件，如图B-28所示。

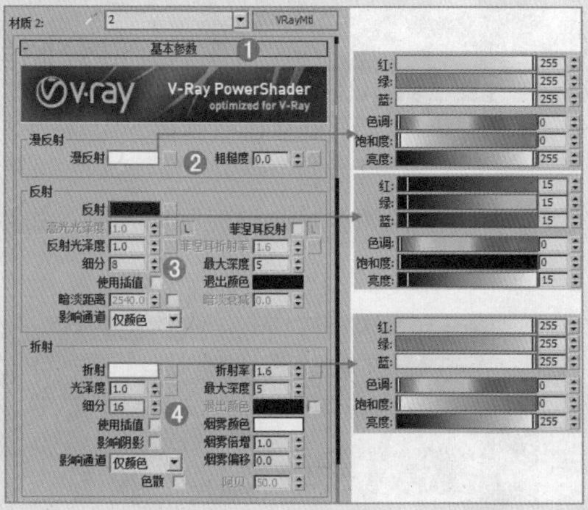

图B-27

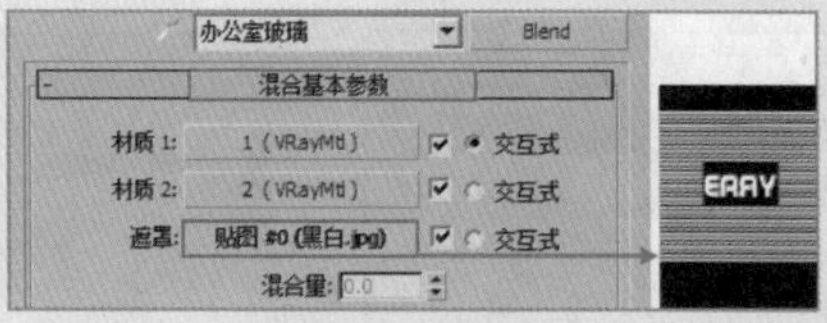

图B-28

实例004　雕花玻璃

案例文件	材质案例文件\B\玻璃\雕花玻璃\雕花玻璃.max	视频教学	视频教学\材质\B\玻璃\雕花玻璃.flv
技术难点	折射通道加贴图制作雕花玻璃的方法		

案例分析：

【雕花玻璃】是有凹雕花纹的玻璃，雕花通常不磨光，常用来制作漂亮的玻璃、水杯等。如图B-29所示为分析并参考雕花玻璃材质的效果。本例通过为桌面设置雕花玻璃材质，学习雕花玻璃材质的设置方法，具体表现效果如图B-30所示。

图B-29

图B-30

操作步骤：

STEP 1 打开随书配套光盘中的场景文件【材质场景文件\B\玻璃\004.max】，如图B-31所示。

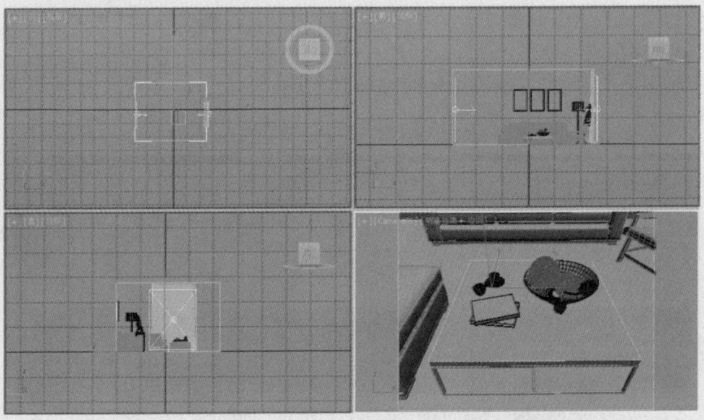

图B-31

STEP 2 按M键，打开材质编辑器。单击一个材质球，并设置材质类型为【VRayMtl】。设置【漫反射】颜色为黑色（红=0、绿=0、蓝=0），【反射】颜色为深灰色（红=27、绿=27、蓝=27）。在【折射】选项组下，在【折射】后面的通道上加载【沙发纹理遮罩.jpg】贴图文件，如图B-32所示。

STEP 3 将制作完成的雕花玻璃材质赋予场景中的桌面模型，并将其他材质制作完成，如图B-33所示。

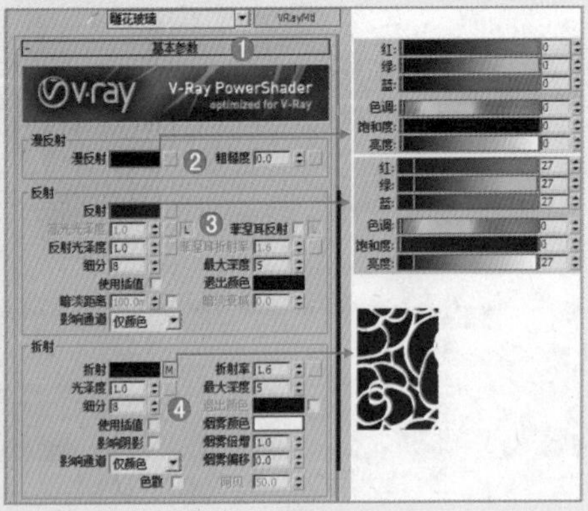

图B-32

图B-33

扩展练习004——花纹吊灯

案例文件	材质案例文件\B\玻璃\花纹吊灯\花纹吊灯.max	视频教学	视频教学\材质\B\玻璃\花纹吊灯.flv
技术难点	折射颜色的作用		

花纹吊灯材质的制作难点在于把握折射颜色、折射光泽度的参数，以便于更好地表现出花纹吊灯的真实效果，如图B-34所示。

图B-34

STEP 1 打开随书配套光盘中的【材质场景文件\B\玻璃\扩展004.max】场景文件，设置材质类型为【VRayMtl】。在【漫反射】后面的通道上加载【5402298_153239312828_2.jpg】贴图文件，如图B-35所示。

STEP 2 在【折射】选项组下，设置【折射】颜色为灰色（红=17、绿=17、蓝=17），【光泽度】为0.7，【细分】为15，如图B-36所示。

图B-35

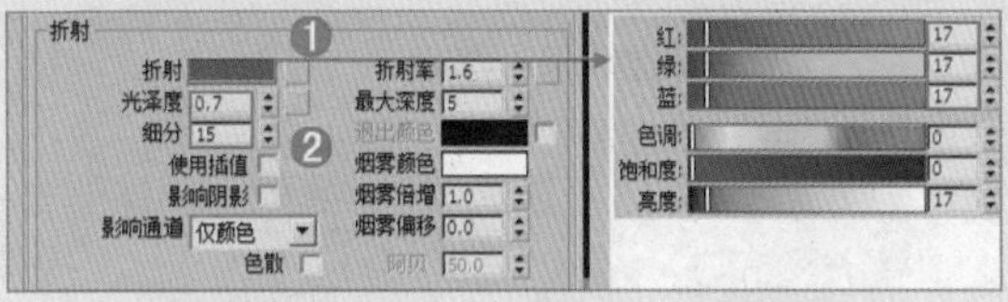

图B-36

实例005　花瓶玻璃

案例文件	材质案例文件\B\玻璃\花瓶玻璃\花瓶玻璃.max	视频教学	视频教学\材质\B\玻璃\花瓶玻璃.flv
技术难点	折射颜色制作花瓶玻璃的方法		

案例分析：

【花瓶玻璃】是一种无色透明的固体物质，在熔融时形成连续网络结构，冷却过程中粘度逐渐增大并硬化而不结晶的硅酸盐类非金属材料，常用来制作窗玻璃、玻璃杯、茶几、容器等。如图B-37所示为分析并参考花瓶玻璃材质的效果。本例通过为花瓶设置玻璃材质，学习花瓶玻璃材质的设置方法，具体表现效果如图B-38所示。

图B-37

图B-38

B C D F J M P Q R S T Y Z

操作步骤：

STEP 1 打开随书配套光盘中的场景文件【材质场景文件\B\玻璃\005.max】，如图B-39所示。

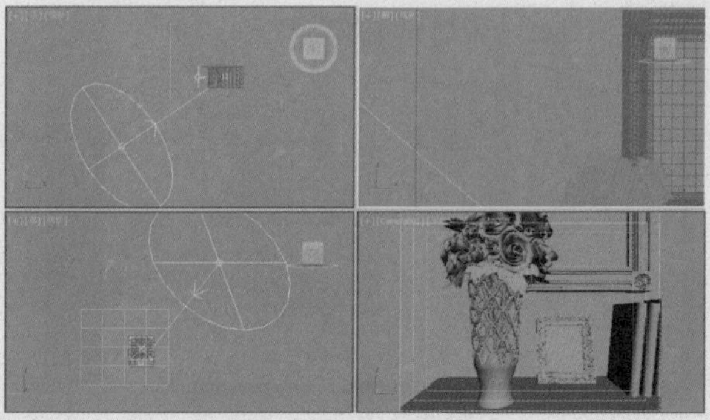

图B-39

STEP 2 按M键，打开材质编辑器。单击一个材质球，并设置材质类型为【VRayMtl】。设置【漫反射】颜色为白色（红=255、绿=255、蓝=255），【反射】颜色为深灰色（红=50、绿=50、蓝=50）。在【折射】选项组下，设置【折射】颜色为白色（红=250、绿=250、蓝=250），勾选【影响阴影】复选框，设置【影响通道】为【颜色+alpha】，如图B-40所示。

STEP 3 将制作完成的花瓶玻璃材质赋予场景中的花瓶模型，并将其他材质制作完成，如图B-41所示。

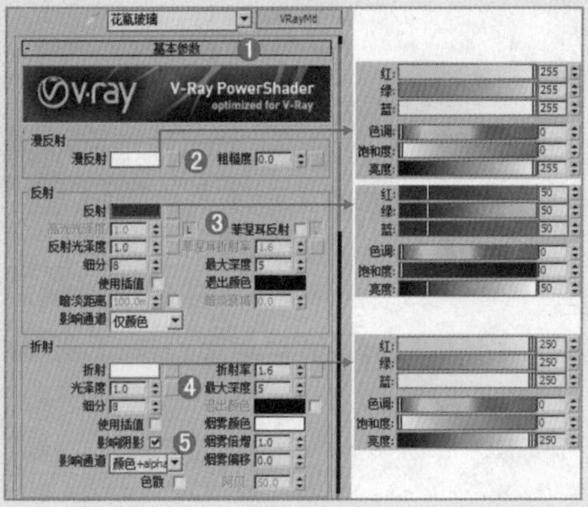

图B-40

图B-41

扩展练习005——红酒酒瓶

案例文件	材质案例文件\B\玻璃\红酒酒瓶\红酒酒瓶.max	视频教学	视频教学\材质\B\玻璃\红酒酒瓶.flv
技术难点	漫反射、反射、折射、烟雾颜色4种颜色的搭配		

红酒酒瓶材质的制作难点在于如何把握漫反射、反射、折射、烟雾颜色的颜色搭配，使其更好地表现出红酒酒瓶的真实效果，如图B-42所示。

图B-42

打开随书配套光盘中的【材质场景文件\B\玻璃\扩展005.max】场景文件，设置材质类型为【VRayMtl】。然后设置【漫反射】颜色为黑色，设置【反射】颜色为白色，勾选【菲涅耳反射】复选框，设置【细分】为15。在【折射】选项组下，设置【折射】颜色为白色，【折射率】为1.517，【烟雾颜色】为绿色，【烟雾倍增】为0.3，【细分】为15，勾选【影响阴影】复选框，如图B-43所示。

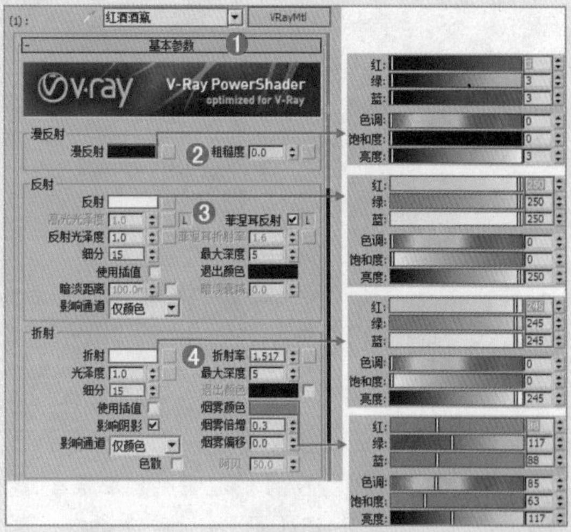

图B-43

实例006　彩绘玻璃

案例文件	材质案例文件\B\玻璃\彩绘玻璃\彩绘玻璃.max	视频教学	视频教学\材质\B\玻璃\彩绘玻璃.flv
技术难点	使用不透明度贴图制作彩绘玻璃的方法		

案例分析：

【彩绘玻璃】是目前家居装修中较多运用的一种装饰玻璃。彩绘玻璃图案丰富亮丽，居室中彩绘玻璃的恰当运用，能较自如地创造出一种赏心悦目的和谐氛围，增添浪漫迷人的现代情调。如图B-44所示为分析并参考彩绘玻璃材质的效果。本例通过为玻璃设置彩绘玻璃材质，学习彩绘玻璃材质的设置方法，具体表现效果如图B-45所示。

图B-44

图B-45

操作步骤：

STEP 1 打开随书配套光盘中的场景文件【材质场景文件\B\玻璃\006.max】，如图B-46所示。

STEP 2 按M键，打开材质编辑器。单击一个材质球，并设置材质类型为【VRayMtl】。在【漫反射】后面的通道上加载【01玻璃门 (11).jpg】贴图文件，【反射】颜色为灰色（红=39、绿=39、蓝=39），设置【反射光泽度】为0.8，【细分】为20，如图B-47所示。

B C D F J M P Q R S T Y Z

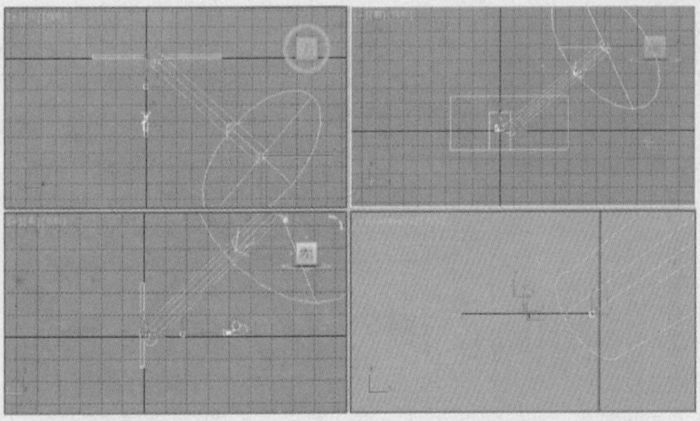

图B-46

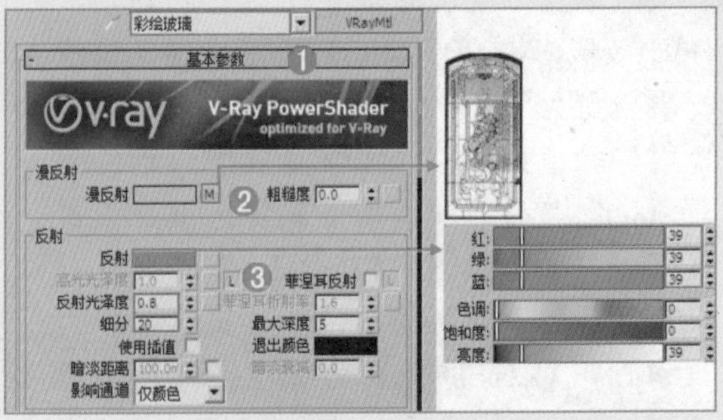

图B-47

STEP 3 展开【贴图】卷展栏，在【凹凸】后面的通道上加载【01玻璃门 (11).jpg】贴图文件，设置【凹凸】数量为30。在【不透明度】后面的通道上加载【黑白.jpg】贴图文件，设置【不透明度数量】为100，如图B-48所示。

STEP 4 将制作完成的彩绘玻璃材质赋予场景中的玻璃模型，并将其他材质制作完成，如图B-49所示。

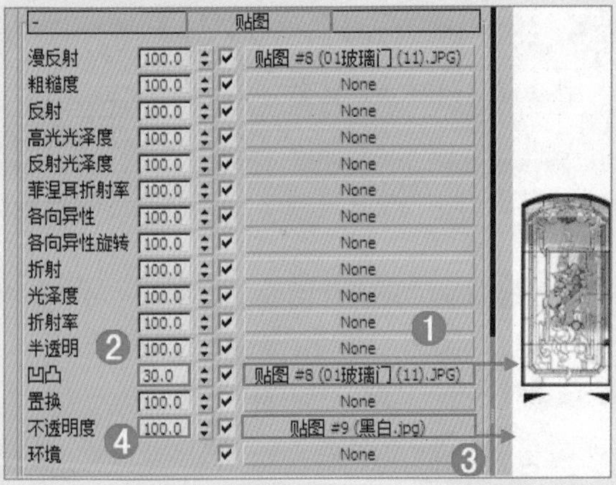

图B-48

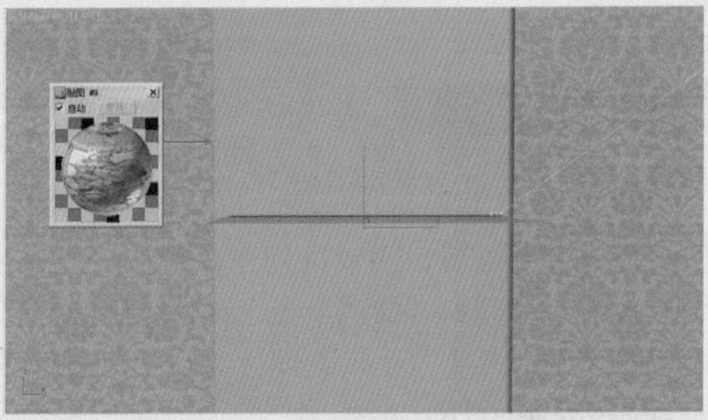

图B-49

技巧一点通：

【不透明度】贴图的原理是通过在【不透明度】贴图通道中加载一张黑白图像，遵循【黑透、白不透】的原理，即黑白图像中黑色部分为透明，白色部分为不透明。

扩展练习006——彩绘装饰品

案例文件	材质案例文件\B\玻璃\彩绘装饰品\彩绘装饰品.max	视频教学	视频教学\材质\B\玻璃\彩绘装饰品.flv
技术难点	菲涅耳反射应用		

彩绘装饰品材质的制作难点在于应用菲涅耳反射，使得反射效果变得真实、柔和，以便于更好地表现出彩绘装饰品的真实效果，如图B-50所示。

图B-50

打开随书配套光盘中的【材质场景文件\B\玻璃\扩展006.max】场景文件，设置材质类型为【VRayMtl】。在【漫反射】后面的通道上加载【陶瓷3.jpg】贴图文件，设置【反射】颜色为白色，勾选【菲涅耳反射】复选框，如图B-51所示。

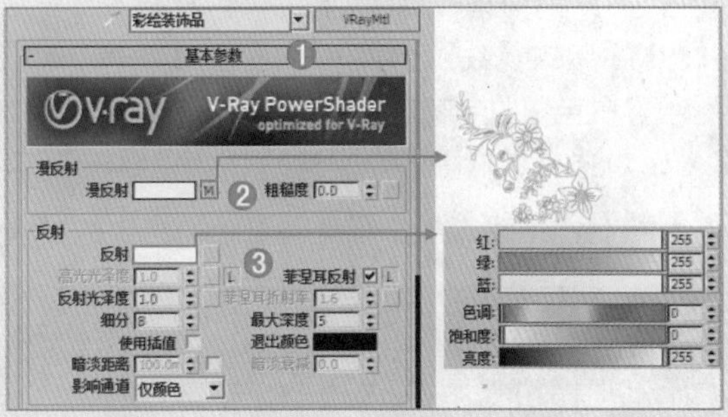

图B-51

技巧一点通：

设置【反射】颜色为白色，即为完全反射效果，可以制作镜子材质。若勾选【菲涅耳反射】复选框，那么反射强度会减弱很多，则可以制作陶瓷材质。

实例007　水晶灯

案例文件	材质案例文件\B\玻璃\水晶灯\水晶灯.max	视频教学	视频教学\材质\B\玻璃\水晶灯.flv
技术难点	折射通道加衰减程序贴图制作水晶灯的方法		

案例分析：

【水晶灯】是由K9水晶材料制作的。水晶灯在中国影响广泛，在世界各国有着悠久的历史，因外表明亮、闪闪发光、晶莹剔透而成为人们的喜爱之品。如图B-52所示为分析并参考水晶灯材质的效果。本例通过为灯设置水晶材质，学习水晶灯材质的设置方法，具体表现效果如图B-53所示。

图B-52

图B-53

操作步骤：

STEP 1 打开随书配套光盘中的场景文件【材质场景文件\B\玻璃\007.max】，如图B-54所示。

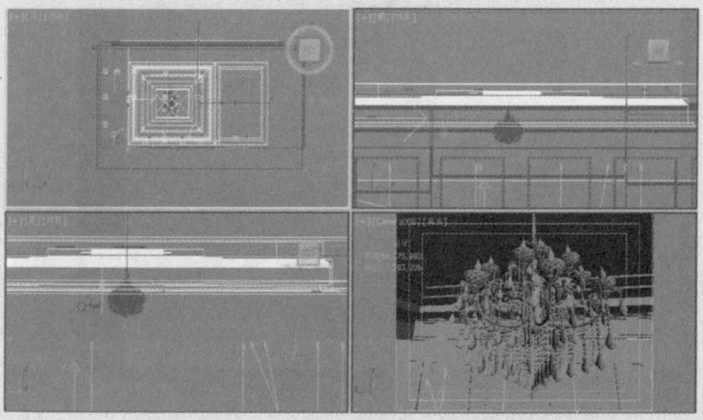

图B-54

STEP 2 按M键，打开材质编辑器。单击一个材质球，并设置材质类型为【VRayMtl】。设置【漫反射】颜色为白色（红=255、绿=255、蓝=255），【反射】颜色为深灰色（红=30、绿=30、蓝=30），设置【高光光泽度】为0.87。在【折射】选项组下，在【折射】后面的通道上加载【衰减】程序贴图，展开【衰减参数】卷展栏，设置【颜色1】颜色为白色（红=255、绿=255、蓝=255），【颜色2】颜色为灰色（红=200、绿=200、蓝=200），勾选【影响阴影】复选框，如图B-55所示。

STEP 3 将制作完成的水晶灯材质赋予场景中的灯模型，并将其他材质制作完成，如图B-56所示。

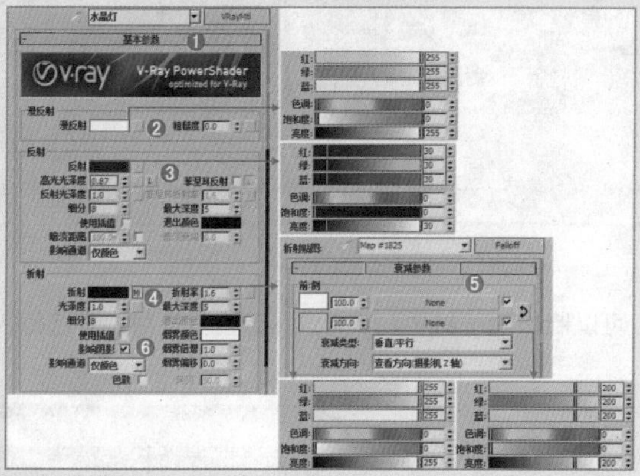

图B-55

图B-56

扩展练习007——珠宝装饰

案例文件	材质案例文件\B\玻璃\珠宝装饰\珠宝装饰.max	视频教学	视频教学\材质\B\玻璃\珠宝装饰.flv
技术难点	衰减程序贴图的使用		

珠宝装饰材质的制作难点在于如何使用衰减程序贴图制作出珍珠的衰减颜色质感，使其更好地表现出珠宝装饰的真实效果，如图B-57所示。

图B-57

打开随书配套光盘中的【材质场景文件\B\玻璃\扩展007.max】场景文件，然后在【漫反射】后面的通道上加载【衰减】程序贴图，展开【衰减参数】卷展栏，设置【颜色1】颜色为浅黄色，设置【颜色2】颜色为黄色，设置【反射】颜色为灰色，设置【反射光泽度】为0.85，设置【细分】为20，如图B-58所示。

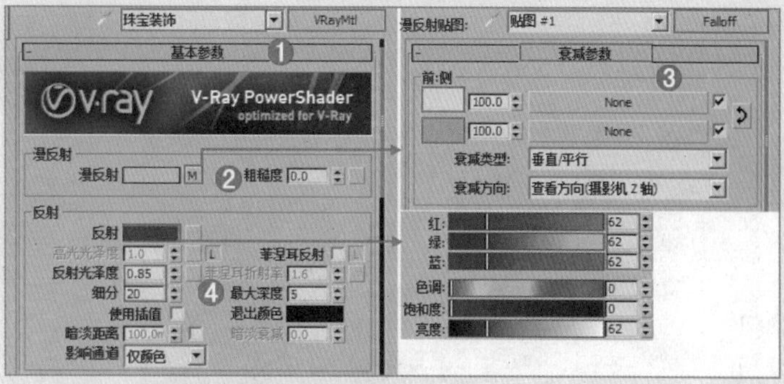

图B-58

实例008　渐变花瓶

案例文件	材质案例文件\B\玻璃\渐变花瓶\渐变花瓶.max	视频教学	视频教学\材质\B\玻璃\渐变花瓶.flv
技术难点	渐变贴图制作渐变花瓶效果		

案例分析：

【渐变花瓶】是指基本形或骨格逐渐的、有规律性的变化的花瓶。渐变的形式给人很强的节奏感和审美情趣。渐变的形式，在日常生活中随处可见，是一种很普遍的常见的视觉形象。如图B-59所示为分析并参考渐变花瓶材质的效果。本例通过为花瓶设置渐变材质，学习渐变花瓶材质的设置方法，具体表现效果如图B-60所示。

图B-59

图B-60

操作步骤：

STEP 1 打开随书配套光盘中的场景文件【材质场景文件\B\玻璃\008.max】，如图B-61所示。

STEP 2 按M键，打开材质编辑器。单击一个材质球，并设置材质类型为【VRayMtl】。在【漫反射】后面的通道上加载【渐变】程序贴图，展开【渐变参数】卷展栏，设置【颜色1】颜色为棕色（红=75、绿=42、蓝=0），设置【颜色2】颜色为绿色（红=128、绿=177、蓝=130），设置【颜色3】颜色为蓝色（红=92、绿=170、蓝=184），设置【渐变类型】为【径向】，如图B-62所示。

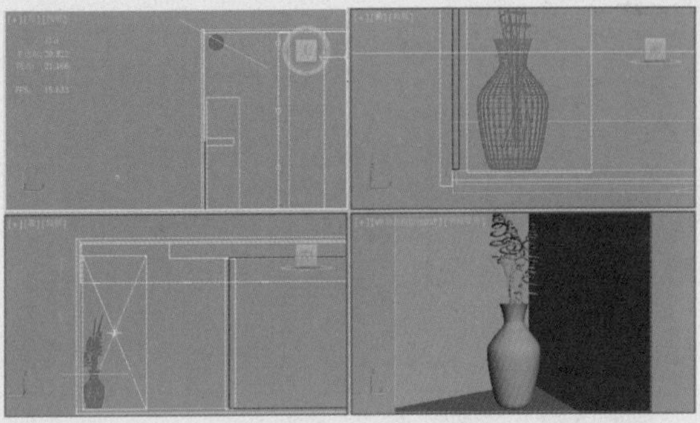

图B-61

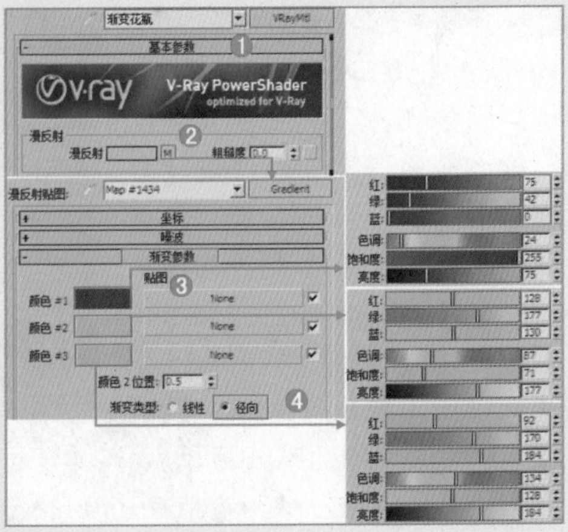

图B-62

STEP 3 设置【反射】颜色为深灰色（红=30、绿=30、蓝=30），设置【高光光泽度】为0.8，【反射光泽度】为0.9，【细分】为20。在【折射】选项组下，设置【折射率】为1.3，勾选【影响阴影】复选框，如图B-63所示。

STEP 4 将制作完成的渐变材质赋予场景中的花瓶模型，并将其他材质制作完成，如图B-64所示。

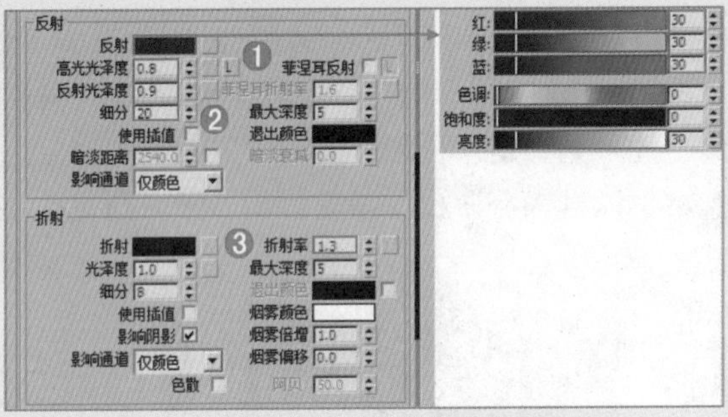

图B-63

图B-64

扩展练习008——酒瓶

案例文件	材质案例文件\B\玻璃\酒瓶\酒瓶.max	视频教学	视频教学\材质\B\玻璃\酒瓶.flv
技术难点	彩色玻璃的制作和凹凸质感的表现		

酒瓶材质的制作难点在于如何制作出彩色玻璃的效果，并且制作出真实的凹凸纹理质感，以便于更好地表现出酒瓶的真实效果，如图B-65所示。

图B-65

STEP 1 打开随书配套光盘中的【材质场景文件\B\玻璃\扩展008.max】场景文件，设置材质类型为【VRayMtl】。然后设置【漫反射】颜色为棕色，在【反射】后面的通道上加载【衰减】程序贴图，调节【颜色2】颜色为浅灰色。在【折射】选项组下，设置【折射】颜色为白色，设置【烟雾颜色】为黄色，【烟雾倍增】为0.4,【细分】为24，勾选【影响阴影】复选框，如图B-66所示。

STEP 2 展开【贴图】卷展栏，在【凹凸】后面的通道上加载【liqour_jack_daniels.jpg】贴图文件。展开【坐标】卷展栏，分别取消勾选【瓷砖U】、【瓷砖V】，并设置【模糊】为0.5，最后设置【凹凸】数量为100，如图B-67所示。

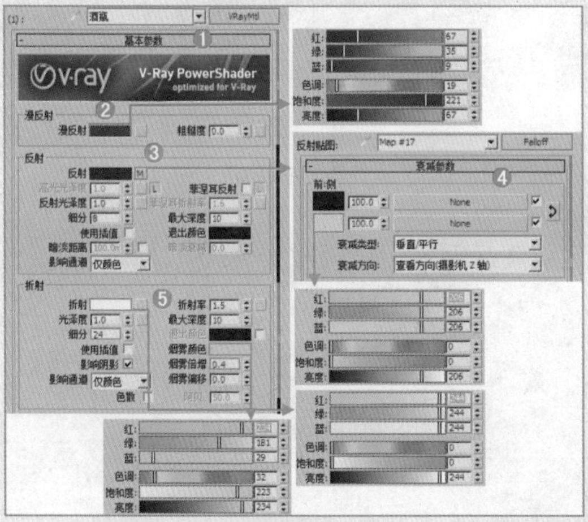

图B-66

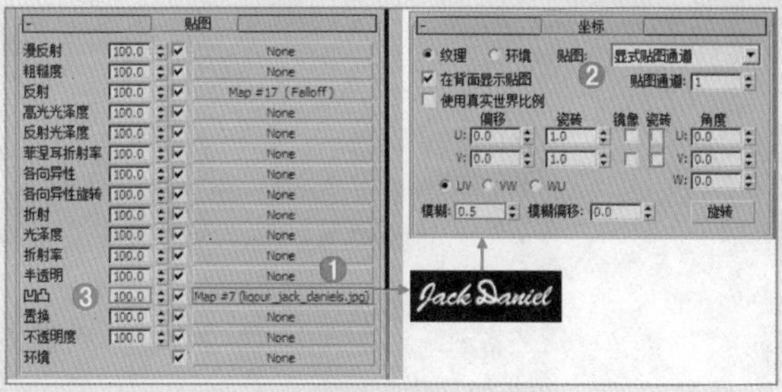

图B-67

实例009 遮光窗帘

案例文件	材质案例文件\B\布纹\遮光窗帘\遮光窗帘.max	视频教学	视频教学\材质\B\布纹\遮光窗帘.flv
技术难点	使用漫反射贴图制作遮光窗帘的方法		

案例分析：

【遮光窗帘】是为阻挡室内的光线射到窗外，或者阻挡室外光线射到室内而使用的不透光窗帘。如图B-68所示为分析并参考遮光窗帘材质的效果。本例通过为窗帘设置遮光材质，学习遮光窗帘材质的设置方法，具体表现效果如图B-69所示。

图B-68

图B-69

操作步骤：

STEP 1 打开随书配套光盘中的场景文件【材质场景文件\B\布纹\009.max】，如图B-70所示。

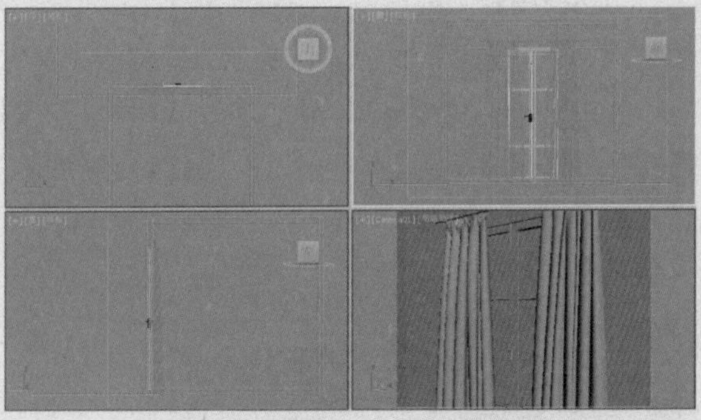

图B-70

STEP 2 按 M 键，打开材质编辑器。单击一个材质球，并设置材质类型为【VRayMtl】。在【漫反射】后面的通道上加载【1214228249_96155-ilonka.jpg】贴图文件，展开【坐标】卷展栏，设置【瓷砖U】为1.5，【瓷砖V】为6，设置【反射】颜色为深灰色（红=22、绿=22、蓝=22），设置【反射光泽度】为0.7，设置【细分】为20，如图B-71所示。

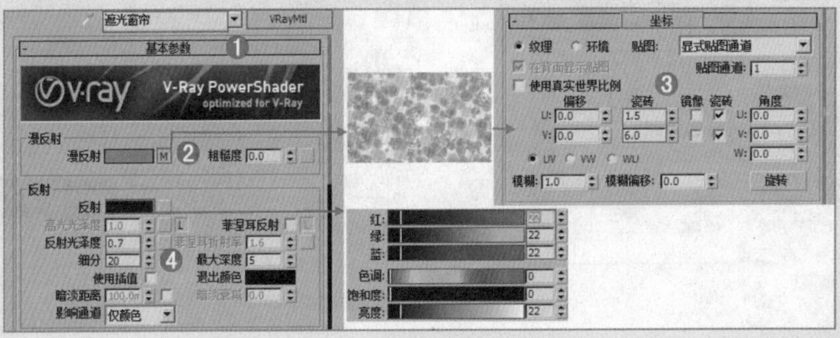

图B-71

STEP 3 将制作完成的遮光窗帘材质赋予场景中的窗帘模型，并将其他材质制作完成，如图B-72所示。

图B-72

扩展练习009——花纹窗帘

案例文件	材质案例文件\B\布纹\花纹窗帘\花纹窗帘.max	视频教学	视频教学\材质\B\布纹\花纹窗帘.flv
技术难点	混合材质的应用		

花纹窗帘材质的制作难点在于如何使用混合材质制作出带有花纹的窗帘效果，使其更好地表现出花纹窗帘真实的效果，如图B-73所示。

图B-73

STEP 1 打开随书配套光盘中的【材质场景文件\B\布纹\扩展009.max】场景文件，设置材质类型为【Blend（混合）】。在【混合基本参数】卷展栏下，将【材质1】命名为【1】，并设置材质为【VRayMtl】；将【材质2】命名为【2】，并设置材质为【VrayMtl】，如图B-74所示。

STEP 2 单击进入【材质1】的通道，设置【漫反射】颜色为黄色。在【折射】选项组下，设置【折射】颜色为灰色，【光泽度】为0.85，勾选【影响阴影】复选框，如图B-75所示。

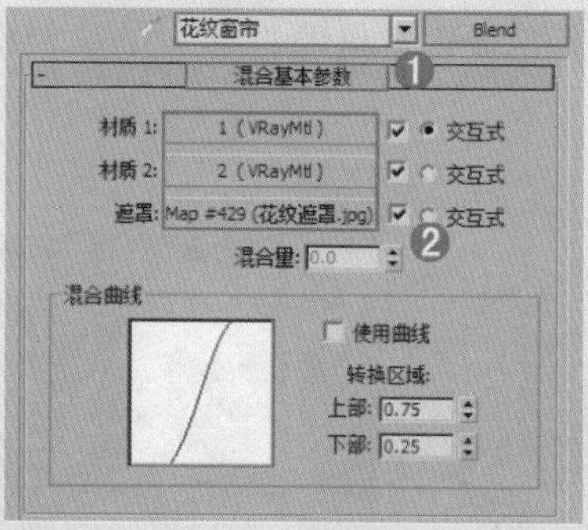

图B-74

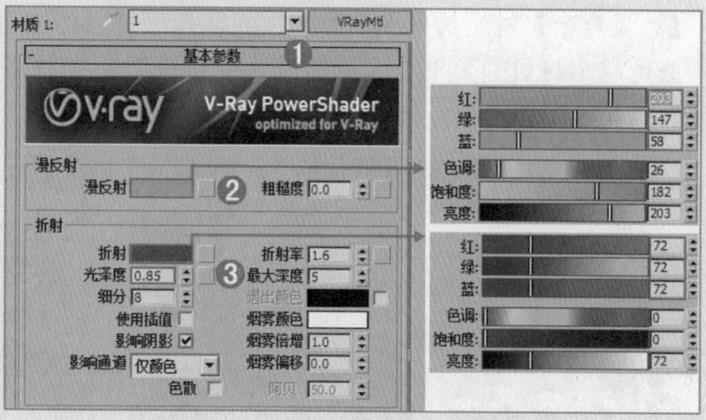

图B-75

STEP 3 单击进入【材质2】的通道，设置【漫反射】颜色为白色。在【折射】选项组下，设置【折射】颜色为灰色，【光泽度】为0.7，勾选【影响阴影】复选框，如图B-76所示。

STEP 4 展开【贴图】卷展栏，在【凹凸】后面的通道上加载【布纹贴图-点智素材-(31).jpg】贴图文件，设置【凹凸】数量为50，如图B-77所示。

STEP 5 返回【混合基本参数】卷展栏，在【遮罩】后面的通道上加载【花纹遮罩.jpg】贴图文件，如图B-78所示。

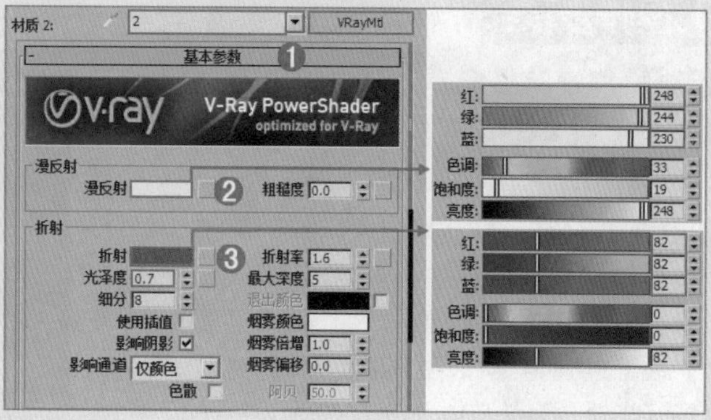

图B-76

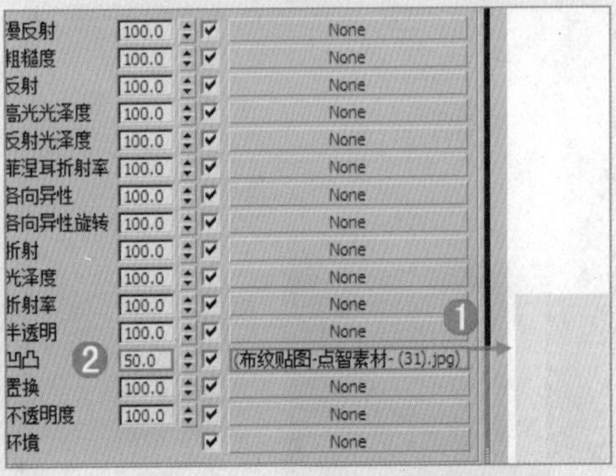

图B-77

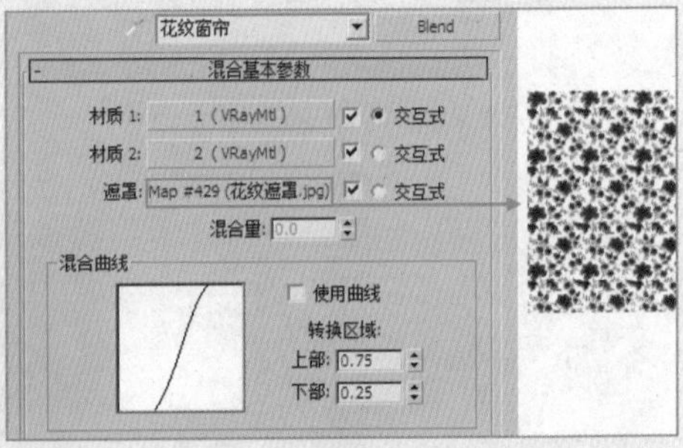

图B-78

实例010　透光窗帘

案例文件	材质案例文件\B\布纹\透光窗帘\透光窗帘.max	视频教学	视频教学\材质\B\布纹\透光窗帘.flv
技术难点	使用VR双面材质制作透光窗帘的方法		

案例分析：

【透光窗帘】材质具有极强透光性能，光线可以透过窗帘照射到室内，如图B-79所示为分析并参考透光窗帘材质的效果。本例通过为窗帘设置透光材质，学习透光窗帘材质的设置方法，具体表现效果如图B-80所示。

图B-79

图B-80

操作步骤：

STEP 1 打开随书配套光盘中的场景文件【材质场景文件\B\布纹\010.max】，如图B-81所示。

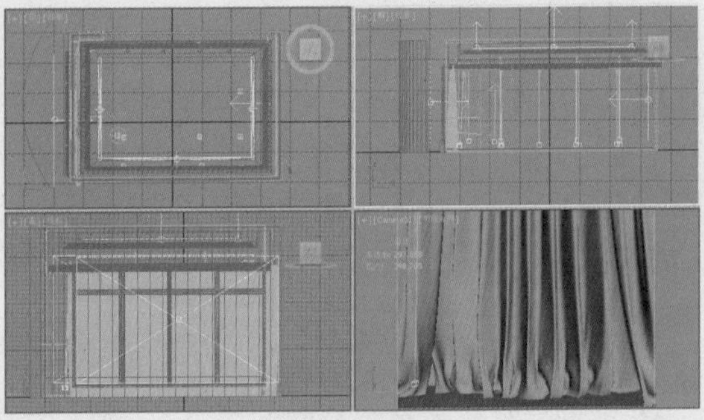

图B-81

STEP 2 按M键，打开材质编辑器。单击一个材质球，并设置材质类型为【VR双面材质】。在【参数】卷展栏下，在【正面材质】后面的通道上加载【VRayMtl】材质，设置【半透明】为50，如图B-82所示。

技巧一点通：

【VR双面材质】可以使对象的外表面和内表面同时被渲染，并且可以使内外表面拥有不同的纹理贴图。

STEP 3 单击进入【VRayMtl】材质，设置【漫反射】颜色为浅蓝色（红=181、绿=194、蓝=238），在【折射】选项组下，设置【折射】颜色为灰色（红=94、绿=94、蓝=94），【折射率】为1.001，勾选【影响阴影】复选框，设置【影响通道】为【颜色+alpha】，如图B-83所示。

图B-82

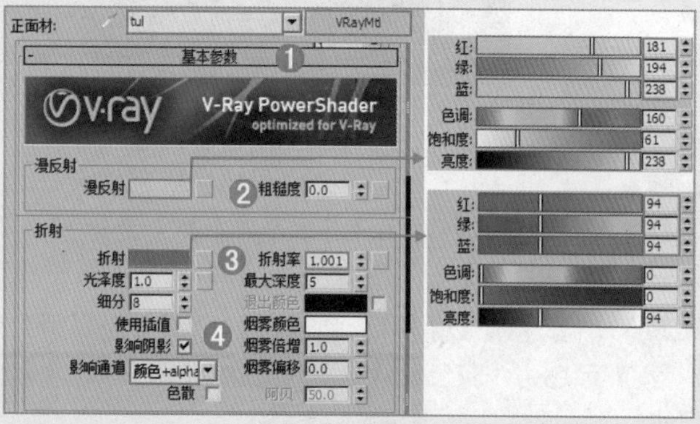

图B-83

STEP 4 展开【贴图】卷展栏，在【不透明度】后面的通道上加载【Falloff（衰减）】程序贴图，最后设置【不透明度数量】为28，如图B-84所示。

STEP 5 将制作完成的透光窗帘材质赋予场景中的窗帘模型，并将其他材质制作完成，如图图B-85所示。

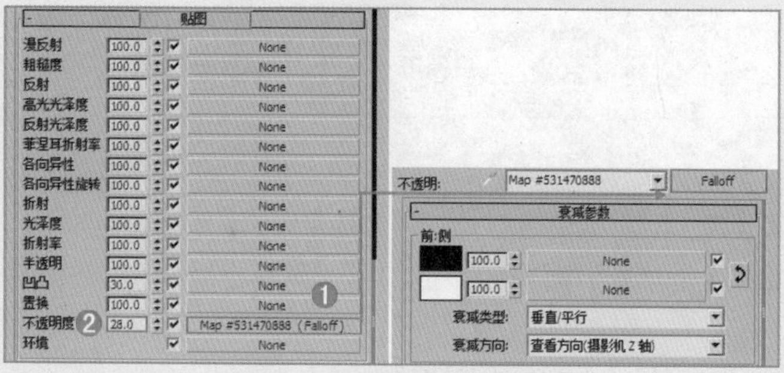

图B-84

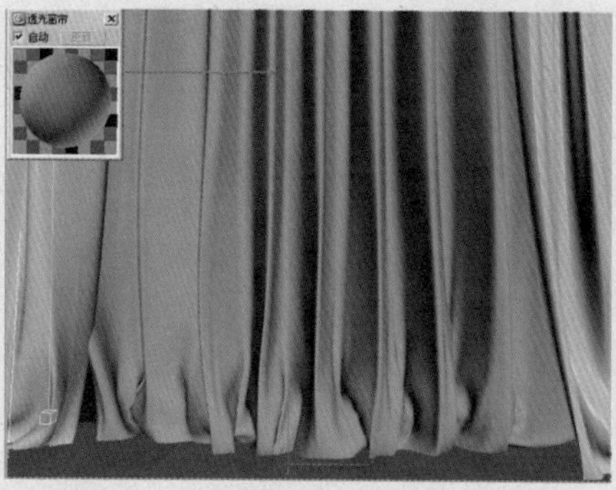

图B-85

扩展练习010——纱质窗帘

案例文件	材质案例文件\B\布纹\纱质窗帘\纱质窗帘.max	视频教学	视频教学\材质\B\布纹\纱质窗帘.flv
技术难点	混合材质的应用		

纱质窗帘材质的制作难点在于如何使用混合材质，使其更好地表现出纱质窗帘真实的效果，如图B-86所示。

图B-86

STEP 1 打开随书配套光盘中的【材质场景文件\B\布纹\扩展010.max】场景文件，设置材质类型为【Blend（混合）】。在【混合基本参数】卷展栏下，将【材质1】命名为【1】，并设置材质为【VRayMtl】；将【材质2】命名为【2】，并设置材质为【VRayMtl】，如图B-87所示。

STEP 2 单击进入【材质1】的通道，设置【漫反射】颜色为白色。在【折射】选项组下，设置【折射】颜色为浅灰色，【光泽度】为0.85，勾选【影响阴影】复选框，如图B-88所示。

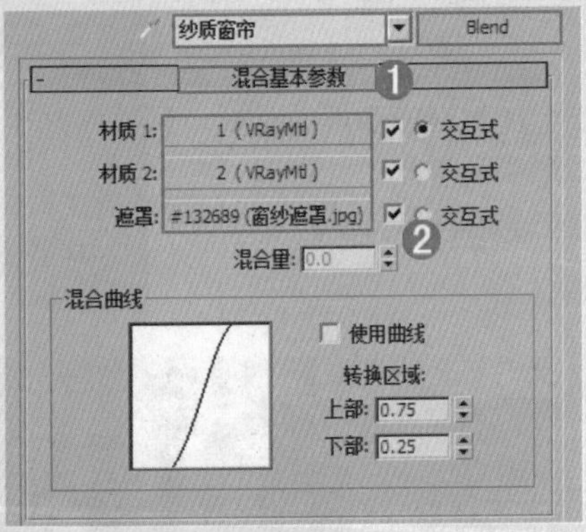

图B-87

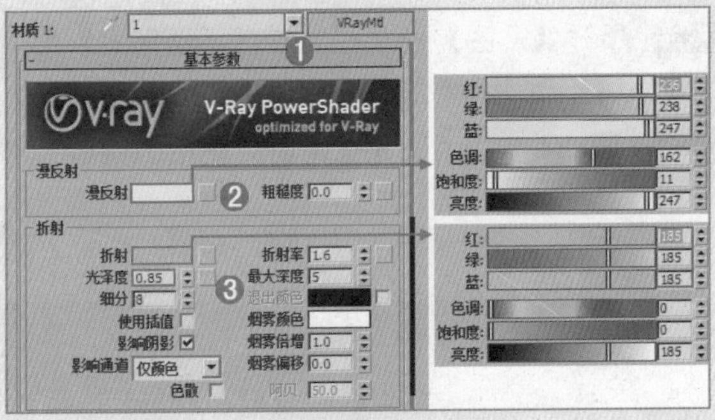

图B-88

STEP 3 单击进入【材质2】的通道，设置【漫反射】颜色为白色，如图B-89所示。

STEP 4 返回【混合基本参数】卷展栏，在【遮罩】后面的通道上加载【窗纱遮罩.jpg】贴图文件，如图B-90所示。

图B-89

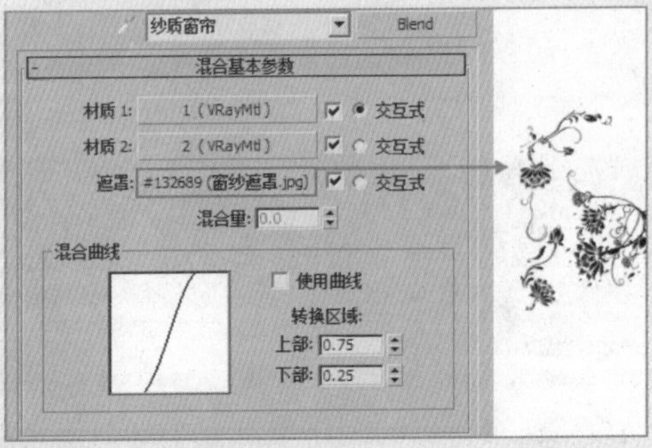

图B-90

实例011　衣服

案例文件	材质案例文件\B\布纹\衣服\衣服.max	视频教学	视频教学\材质\B\布纹\衣服.flv
技术难点	漫反射控制衣服颜色		

案例分析：

【衣服】材质是效果图中常使用的材质，主要应用在卧室、书房、商店中。如图B-91所示为分析并参考衣服材质的效果。本例通过为衣服设置衣服材质，学习衣服材质的设置方法，具体表现效果如图B-92所示。

图B-91

图B-92

操作步骤：

STEP 1　打开随书配套光盘中的场景文件【材质场景文件\B\布纹\011.max】，如图B-93所示。

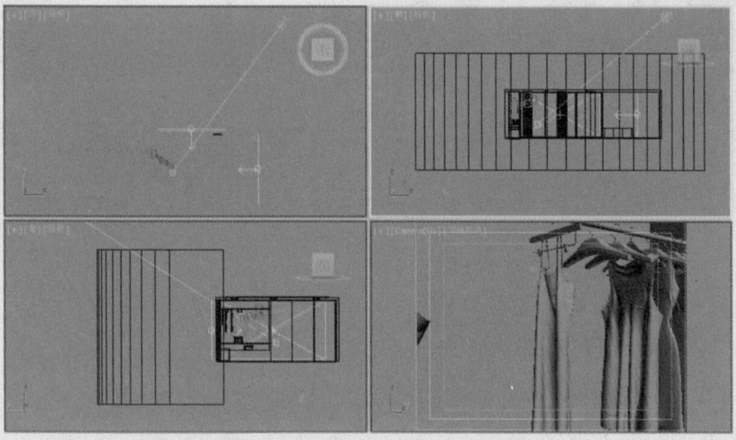

图B-93

STEP 2　按M键，打开材质编辑器。单击一个材质球，并设置材质类型为【VRayMtl】。设置【漫反射】颜色为浅灰色（红=196、绿=196、蓝=196），设置【反射】颜色为黑色（红=23、绿=23、蓝=23），设置【反射光泽度】为0.54，设置【细分】为25，如图B-94所示。

STEP 3　将制作完成的衣服材质赋予场景中的衣服模型，并将其他材质制作完成，如图B-95所示。

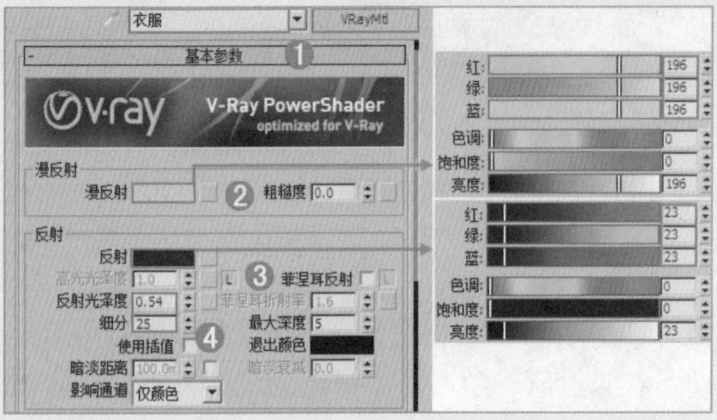

图B-94

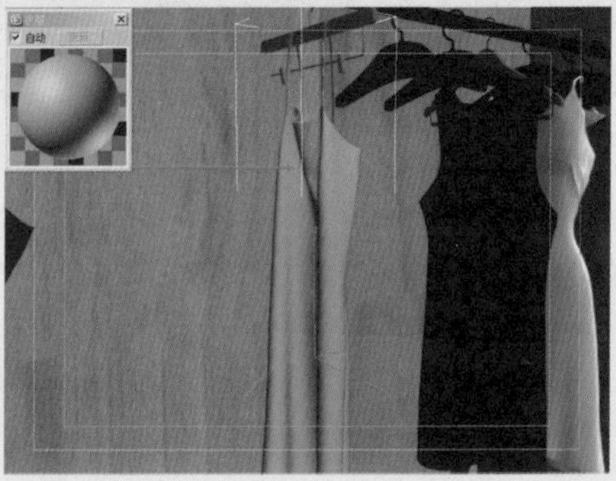

图B-95

扩展练习011——布椅子

案例文件	材质案例文件\B\布纹\布椅子\布椅子.max	视频教学	视频教学\材质\B\布纹\布椅子.flv
技术难点	反射和反射光泽度的数值搭配		

布椅子材质的制作难点在于如何制作出反射效果弱的材质，才能更好地表现出布椅子的真实效果，如图B-96所示。

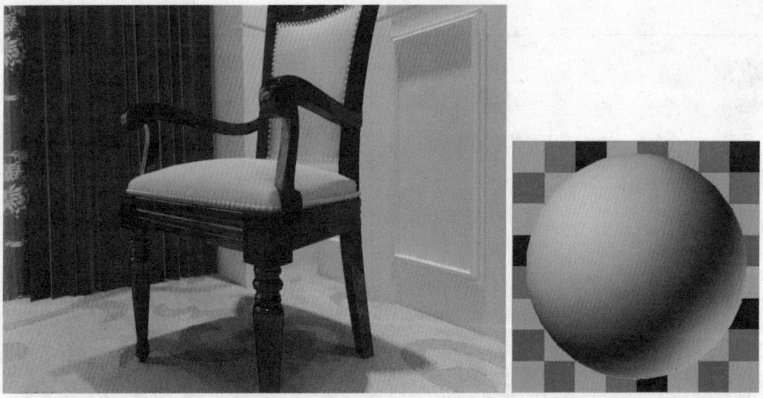

图B-96

打开随书配套光盘中的【材质场景文件\B\布纹\扩展011.max】场景文件，设置材质类型为【VRayMtl】。然后在【漫反射】后面的通道上加载【沙发.jpg】贴图文件，设置【反射】颜色为黑色，设置【反射光泽度】为0.5，设置【细分】为10，如图B-97所示。

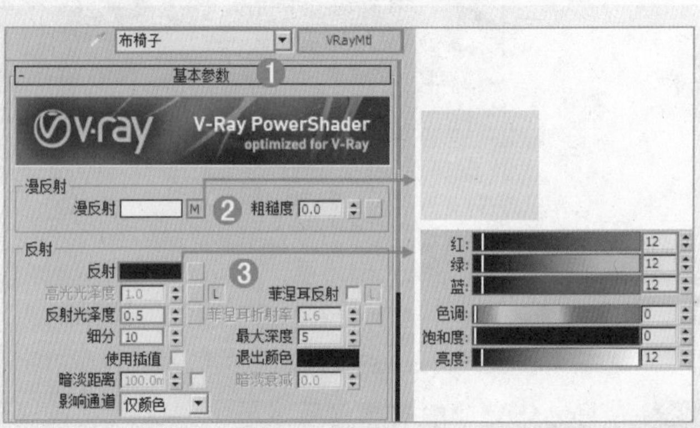

图B-97

实例012 绒布

案例文件	材质案例文件\B\布纹\绒布\绒布.max	视频教学	视频教学\材质\B\布纹\绒布.flv
技术难点	混合材质制作绒布的方法		

案例分析：

【绒布】材质是经过拉绒后表面呈现丰润绒毛状的棉织物。如图B-98所示为分析并参考绒布材质的效果。本例通过为沙发设置绒布材质，学习绒布材质的设置方法，具体表现效果如图B-99所示。

图B-98

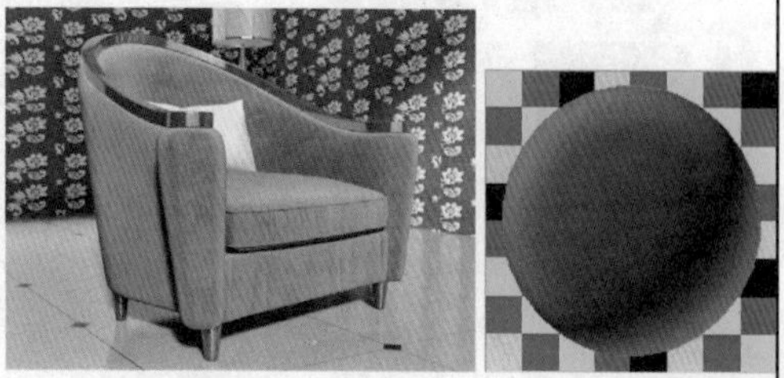

图B-99

操作步骤：

STEP 1 打开随书配套光盘中的场景文件【材质场景文件\B\布纹\012.max】，如图B-100所示。

STEP 2 按M键，打开材质编辑器。单击一个材质球，并设置材质类型为【Blend（混合）】。设置【材质1】为【VRayMtl】材质，设置【材质2】为【VRayMtl】材质，如图B-101所示。

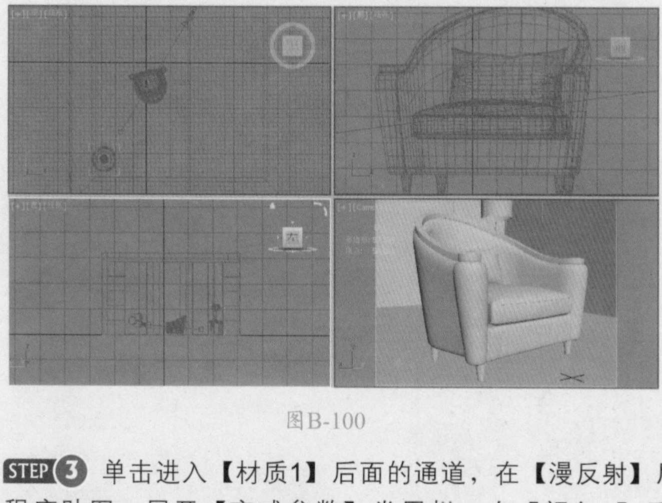

图B-100

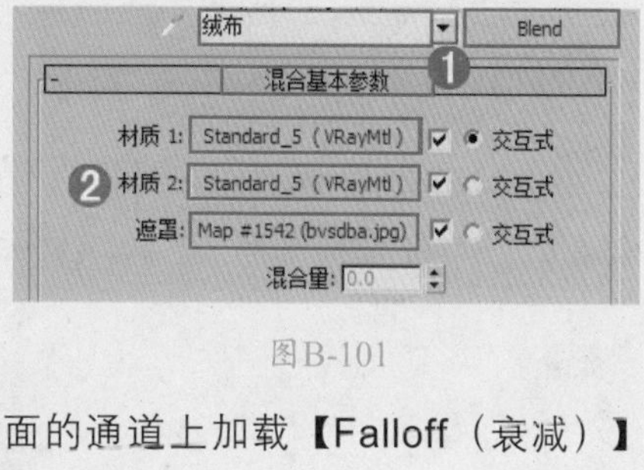

图B-101

STEP 3 单击进入【材质1】后面的通道，在【漫反射】后面的通道上加载【Falloff（衰减）】程序贴图。展开【衰减参数】卷展栏，在【颜色1】后面的通道上加载【Archmodels59_cloth_025xaa1.jpg】贴图文件，在【颜色2】后面的通道上加载【Archmodels59_ cloth_025xb4.jpg】贴图文件，如图B-102所示。

STEP 4 展开【贴图】卷展栏，在【凹凸】后面的通道上加载【arch25_fabric_Gbump.jpg】贴图文件。展开【坐标】卷展栏，设置【瓷砖U】、【瓷砖V】分别为1.5，【角度W】为45，设置【凹凸】数量为30，如图B-103所示。

图B-102

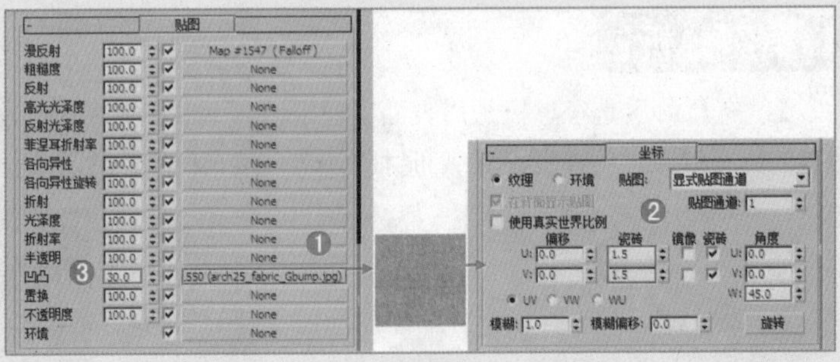

图B-103

STEP 5 单击进入【材质2】后面的通道，在【漫反射】后面的通道上加载【Falloff（衰减）】程序贴图。展开【衰减参数】卷展栏，在【颜色1】后面的通道上加载【Archmodels59_cloth_025xaa1.jpg】贴图文件，在【颜色2】后面的通道上加载【Archmodels59_ cloth_025xb4.jpg】贴图文件，如图B-104所示。

技巧一点通：

此处使用【Falloff（衰减）】程序贴图的目的是得到一个过渡非常柔和的衰减效果。

STEP 6 展开【贴图】卷展栏，在【凹凸】后面的通道上加载【arch25_fabric_Gbump.jpg】贴图文件。展开【坐标】卷展栏，设置【瓷砖U】、【瓷砖V】分别为1.5，【角度W】为45，设置【凹凸】数量为44，如图B-105所示。

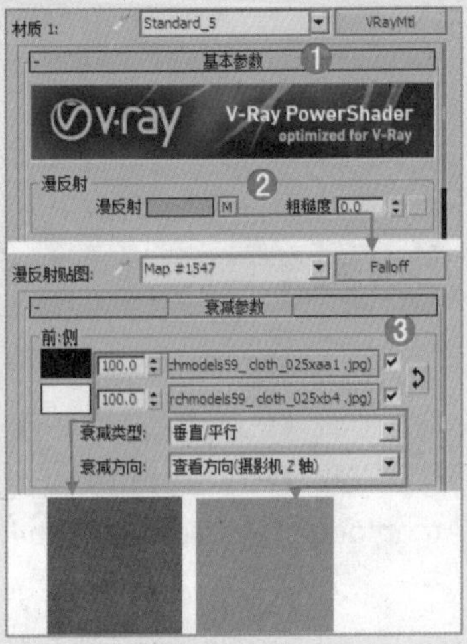

图B-104

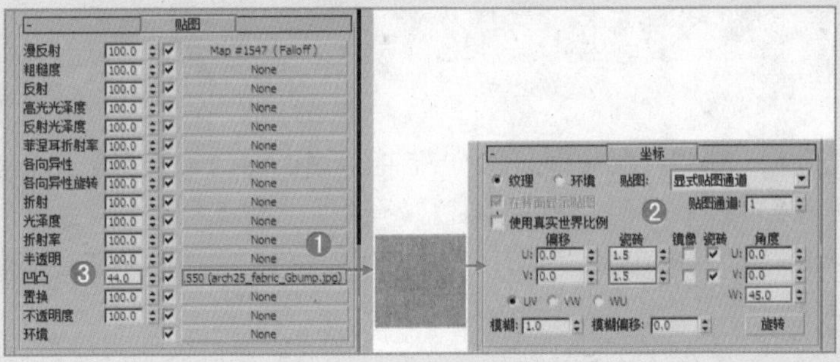

图B-105

STEP 7 返回【混合基本参数】卷展栏，在【遮罩】后面的通道上加载【bvsdba.jpg】贴图文件。

展开【坐标】卷展栏，设置【瓷砖U】、【瓷砖V】分别为0.4，【角度W】为45，如图B-106所示。

STEP 8 将制作完成的绒布材质赋予场景中的沙发模型，并将其他材质制作完成，如图B-107所示。

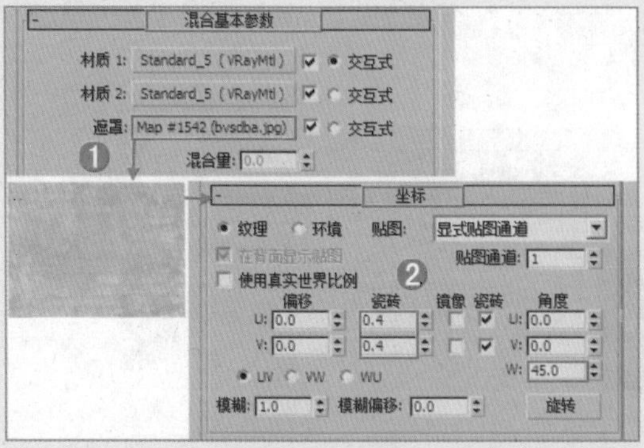

图B-106

图B-107

扩展练习012——绒布椅子

案例文件	材质案例文件\B\布纹\绒布椅子\绒布椅子.max	视频教学	视频教学\材质\B\布纹\绒布椅子.flv
技术难点	漫反射、自发光的应用		

绒布椅子材质的制作难点在于如何把握漫反射、自发光的应用，以便更好地表现出绒布椅子的真实效果，如图B-108所示。

图B-108

STEP 1 打开随书配套光盘中的【材质场景文件\B\布纹\扩展012.max】场景文件，设置材质类型为【Standard（标准）】，并设置【明暗器】类型为【Oren-Nayar-Blinn】，然后在【漫反射】后面的通道上加载【绒布.jpg】贴图文件。展开【坐标】卷展栏，设置【宽度大小】为0.5mm，【高度大小】为0.5mm，如图B-109所示。

STEP 2 在【自发光】选项组下，勾选【颜色】复选框，并在【颜色】后面的通道上加载【遮罩】程序贴图。展开【遮罩参数】卷展栏，在【贴图】后面的通道上加载【Falloff（衰减）】程序贴图，设置【衰减类型】为【Fresnel】，然后在【遮罩】后面的通道上加载【Falloff（衰减）】程序贴图，设置【衰减类型】为【阴影/灯光】，如图B-110所示。

STEP 3 展开【贴图】卷展栏，在【凹凸】后面的通道上加载【绒布.jpg】贴图文件。接着展开【坐标】卷展栏，设置【宽度大小】为0.5mm，【高度大小】为0.5mm，最后设置【凹凸】数量为60，如图B-111所示。

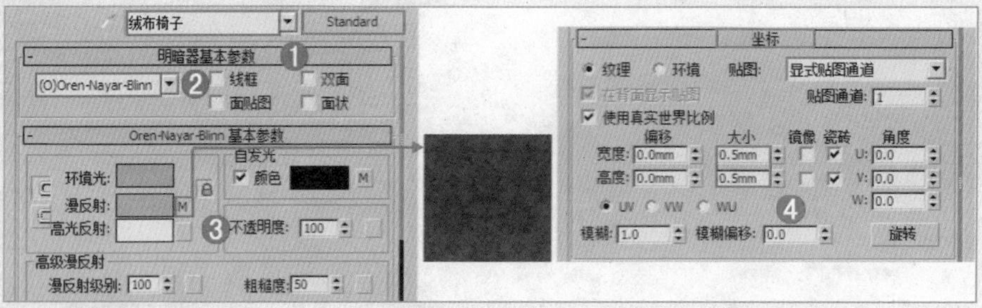

图B-109

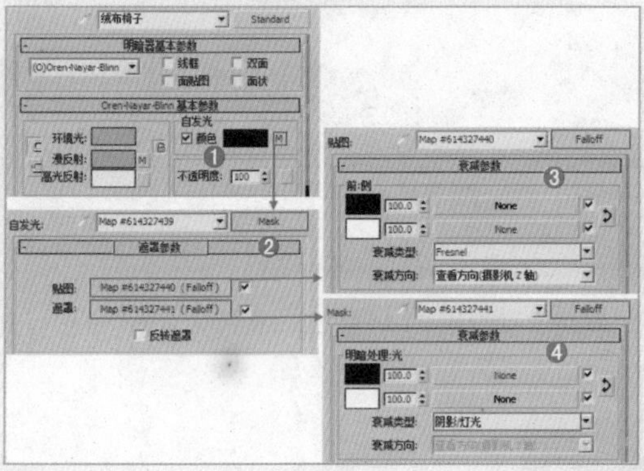

图B-110

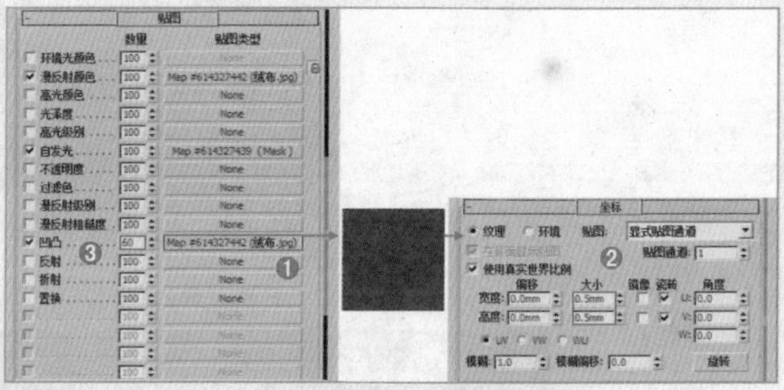

图B-111

技巧一点通：

【Standard（标准）】材质中【明暗器】的类型决定了该材质的基本属性。比如将类型设置为【Oren-Nayar-Blinn】，那么该材质的属性就类似于布料质感。若类型设置为【金属】，那么该属性就类似于金属质感。

实例013 丝绸

案例文件	材质案例文件\B\布纹\丝绸\丝绸.max	视频教学	视频教学\材质\B\布纹\丝绸.flv
技术难点	混合材质制作丝绸的方法		

案例分析：

【丝绸】是一种纺织品，是用蚕丝或合成纤维、人造纤维、长丝织成，用蚕丝或人造丝纯织或交织而成的织品的总称，也特指桑蚕丝所织造的纺织品。如图B-112所示为分析并参考丝绸材质的效果。本例通过为布料设置丝绸材质，学习丝绸材质的设置方法，具体表现效果如图B-113所示。

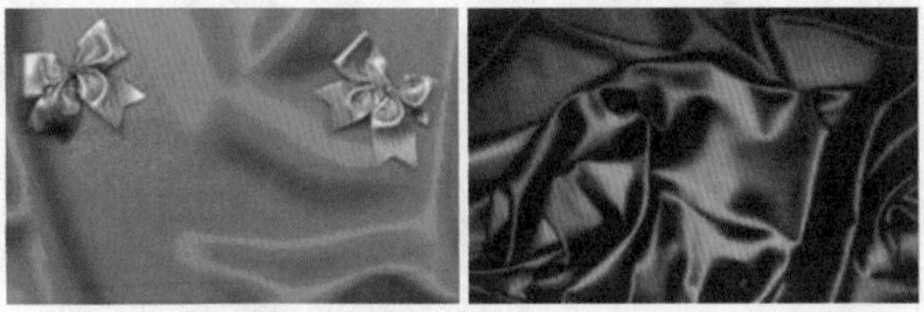

图B-112

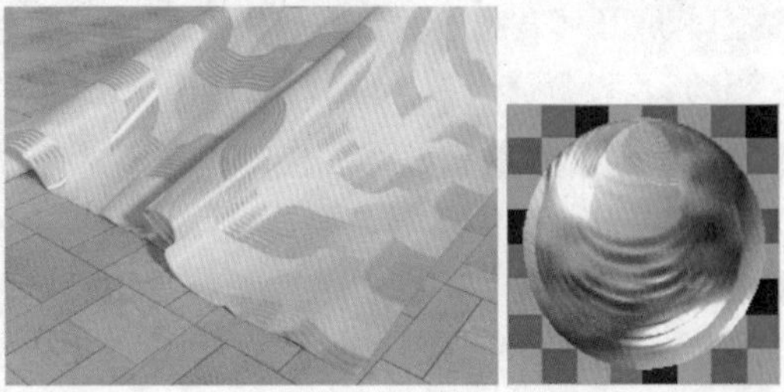

图B-113

操作步骤：

STEP 1 打开随书配套光盘中的场景文件【材质场景文件\B\布纹\013.max】，如图B-114所示。

STEP 2 按M键，打开材质编辑器。单击一个材质球，并设置材质类型为【Blend（混合）】材质。设置【材质1】为【VRayMtl】，设置【材质2】为【VRayMtl】，如图B-115所示。

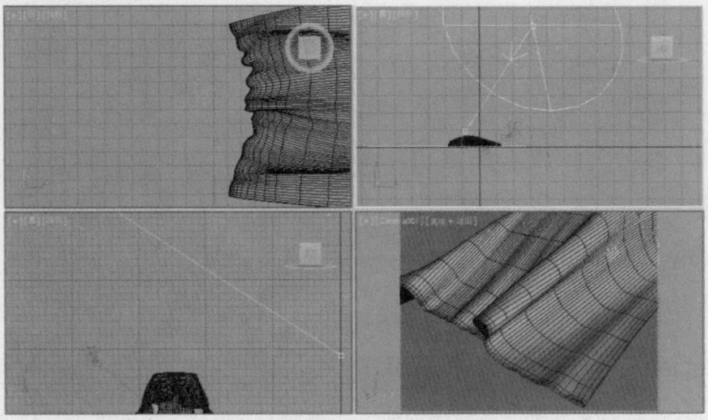

图B-114

图B-115

技巧一点通：

【Blend（混合）】材质是一个较为复杂的材质，包括【材质1】、【材质2】、【遮罩】3个部分。可以在该材质中使用两种材质，并使用一种贴图控制两种材质的分布情况。

STEP 3 单击进入【材质1】后面的通道，设置【漫反射】颜色为浅灰色（红=174、绿=174、蓝=174），设置【反射】颜色为浅灰色（红=180、绿=180、蓝=180），设置【高光光泽度】为0.6，【反射光泽度】为0.8，如图B-116所示。

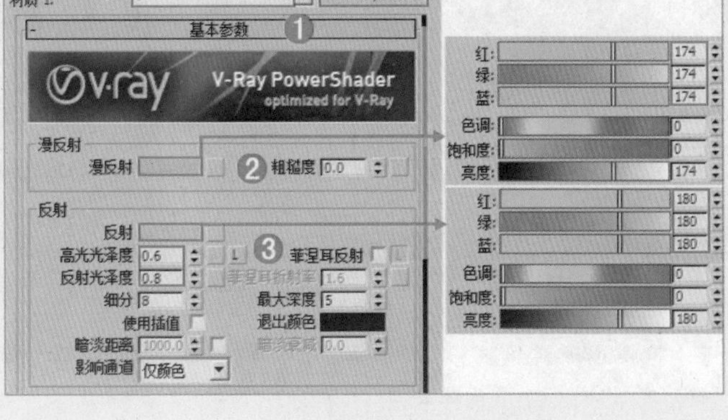

图B-116

STEP 4 单击进入【材质2】后面的通道，然后在【漫反射】后面的通道上加载【Falloff（衰减）】程序贴图，展开【衰减参数】卷展栏，设置【颜色1、颜色2】颜色分别为白色（红=255、绿=255、蓝=255），设置【衰减类型】为【Fresnel】，如图B-117所示。

STEP 5 展开【贴图】卷展栏，在【不透明度】后面的通道上加载【Mix（混合）】程序贴图。展开【混合参数】卷展栏，设置【颜色1】颜色为白色（红=255、绿=255、蓝=255），【颜色2】颜色为灰色（红=170、绿=170、蓝=170），在【混合量】后面的通道上加载【布纹1.jpg】贴图文件，设置【不透明度数量】为100，如图B-118所示。

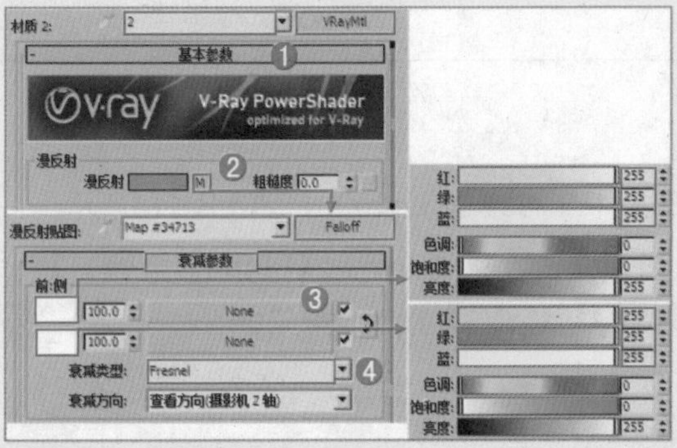

图B-117

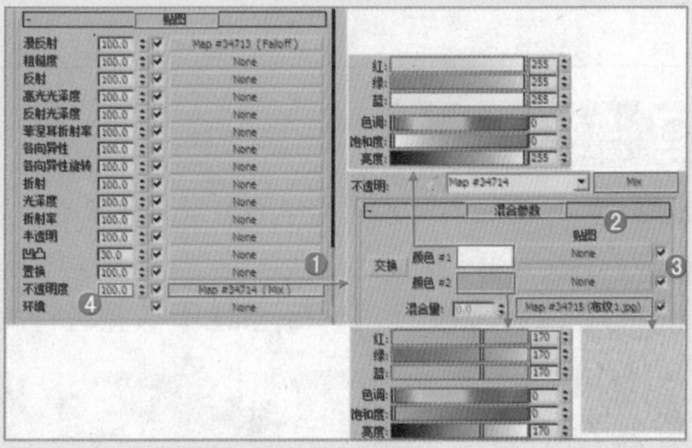

图B-118

STEP 6 返回【混合基本参数】卷展栏，在【遮罩】后面的通道上加载【1140066.jpg】贴图文件，如图B-119所示。

STEP 7 将制作完成的丝绸材质赋予场景中的布料模型，并将其他材质制作完成，如图B-120所示。

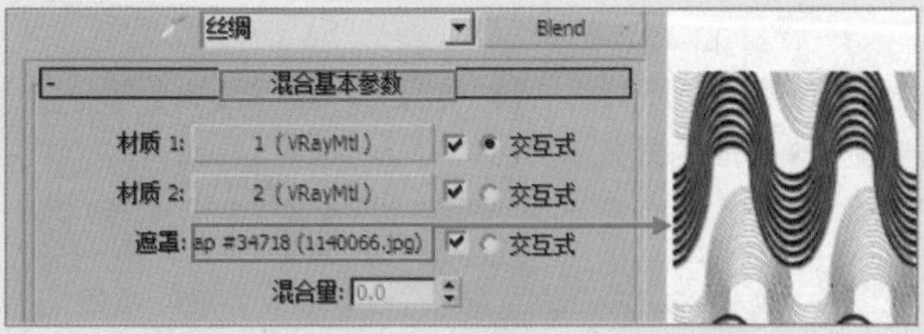

图B-119

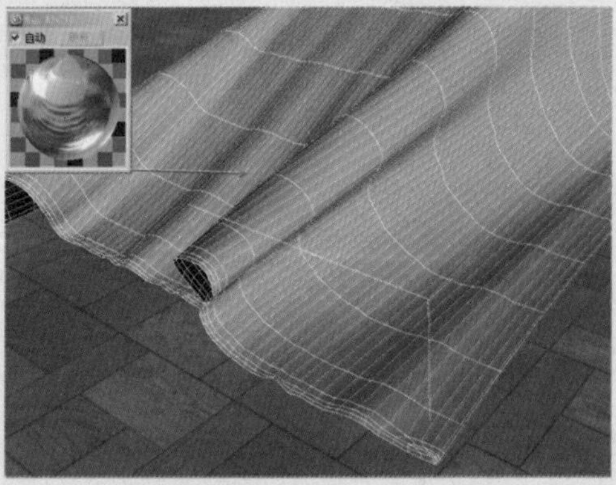

图B-120

扩展练习013——丝绸抱枕

案例文件	材质案例文件\B\布纹\丝绸抱枕\丝绸抱枕.max	视频教学	视频教学\材质\B\布纹\丝绸抱枕.flv
技术难点	丝绸质感的制作		

丝绸抱枕材质的制作难点在于利用反射、反射光泽度等参数，更好地表现出丝绸抱枕的真实效果，如图B-121所示。

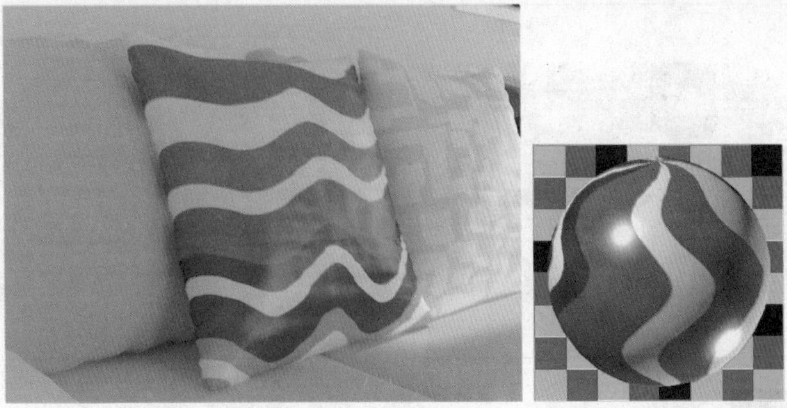

图B-121

打开随书配套光盘中的【材质场景文件\B\布纹\扩展013.max】场景文件，设置材质类型为【VRayMtl】。然后在【漫反射】后面的通道上加载【波浪.jpg】贴图文件。展开【坐标】卷展栏，设置【角度W】为90，设置【反射】颜色为灰色，设置【反射光泽度】为0.75，设置【细分】为20，如图B-122所示。

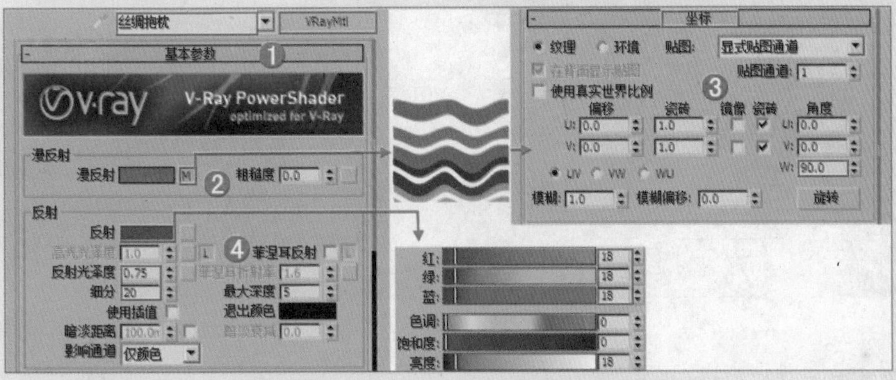

图B-122

实例014　地毯

案例文件	材质案例文件\B\布纹\地毯\地毯.max	视频教学	视频教学\材质\B\布纹\地毯.flv
技术难点	VR覆盖材质制作地毯的方法		

案例分析：

【地毯】是以棉、麻、毛、丝、草等天然纤维或化学合成纤维类原料，经手工或机械工艺进行编结、栽绒或纺织而成的地面铺敷物，是世界范围内具有悠久历史传统的工艺美术品类之一，覆盖于住宅、宾馆、体育馆、展览厅、车辆、船舶、飞机等的地面，有减少噪声、隔热和装饰效果。如图B-123所示为分析并参考地毯材质的效果。本例通过为地面设置地毯材质，学习地毯材质的设置方法，具体表现效果如图B-124所示。

图B-123

图B-124

操作步骤：

STEP 1 打开随书配套光盘中的场景文件【材质场景文件\B\布纹\014.max】，如图B-125所示。

STEP 2 按M键，打开材质编辑器。单击一个材质球，并设置材质类型为【VR覆盖材质】。设置【基本材质】为【VRayMtl】，设置【全局照明材质】为【VRayMtl】，如图B-126所示。

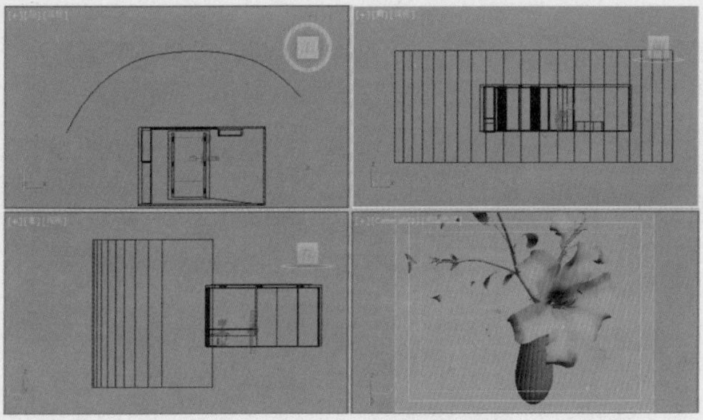

图B-125

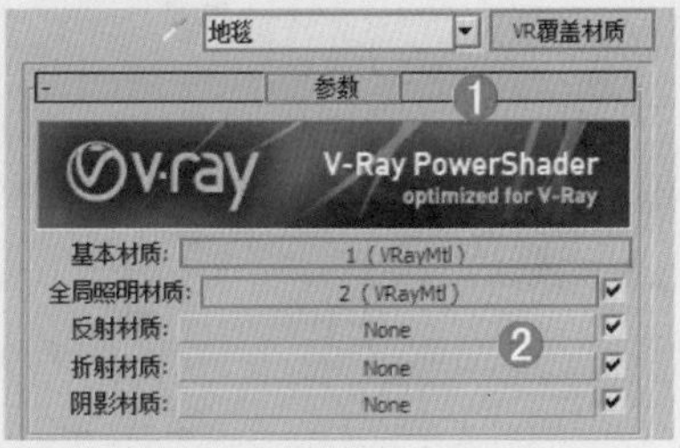

图B-126

STEP 3 单击进入【基本材质】后面的通道，在【漫反射】后面的通道上加载【地毯.jpg】贴图文件。展开【坐标】卷展栏，设置【瓷砖U】、【瓷砖V】分别为0.7，【角度W】为90，如图B-127所示。

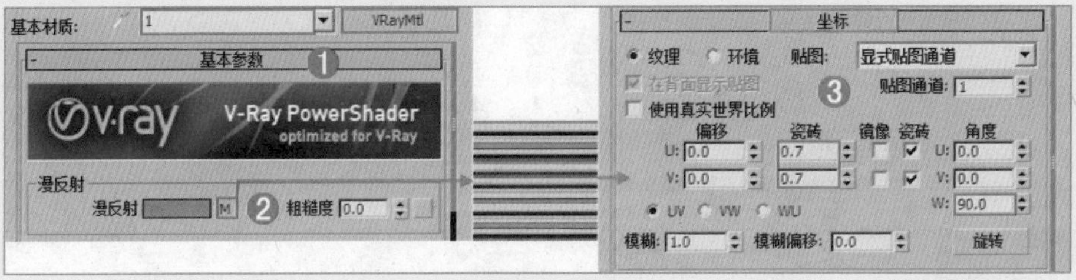

图B-127

STEP 4 展开【双向反射分布函数】卷展栏，设置【类型】为【沃德】，如图B-128所示。

STEP 5 展开【贴图】卷展栏，在【凹凸】后面的通道上加载【地毯凹凸.jpg】贴图文件。展开【坐标】卷展栏，设置【瓷砖U】、【瓷砖V】分别为2，【角度W】为45，设置【凹凸】数量为1000，如图B-129所示。

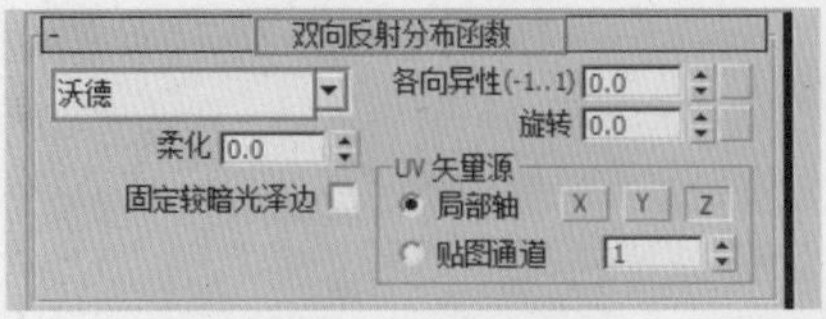

图B-128

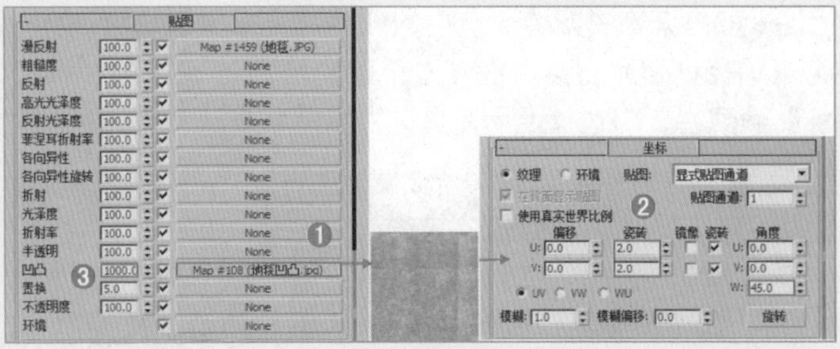

图B-129

STEP 6 单击进入【全局照明材质】后面的通道，设置漫反射颜色为灰色（红=148、绿=148、蓝=148），如图B-130所示。

STEP 7 将制作完成的地毯材质赋予场景中的地面模型，并将其他材质制作完成，如图B-131所示。

图B-130

图B-131

扩展练习014——花毯

案例文件	材质案例文件\B\布纹\花毯\花毯.max	视频教学	视频教学\材质\B\布纹\花毯.flv
技术难点	漫反射、凹凸通道的应用		

花毯材质的制作难点在于如何把握漫反射、凹凸通道的应用，以便于更好地表现出花毯的真实效果，如图B-132所示。

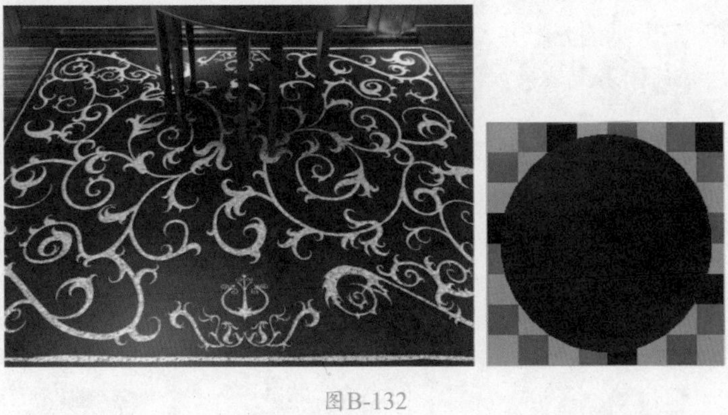

图B-132

STEP 1 打开随书配套光盘中的【材质场景文件\B\布纹\扩展014.max】场景文件，设置材质类型为【VRayMtl】。然后在【漫反射】后面的通道上加载【GHJHGJG.jpg】贴图文件。展开【坐标】卷展栏，勾选【使用真实世界比例】复选框，如图B-133所示。

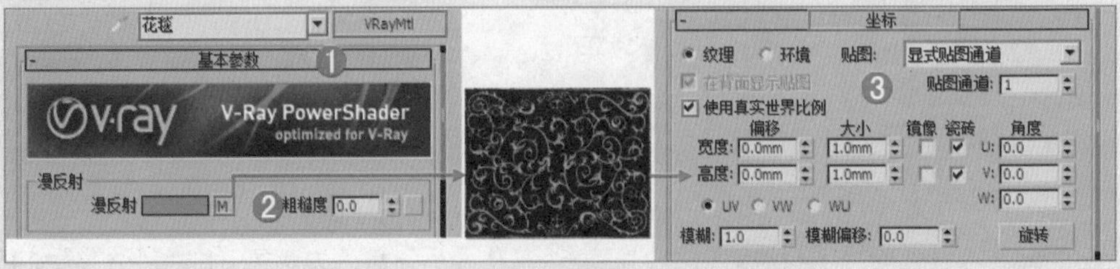

图B-133

STEP 2 展开【贴图】卷展栏，在【凹凸】后面的通道上加载【GHJHGJG.jpg】贴图文件。展开【坐标】卷展栏，勾选【使用真实世界比例】复选框，最后设置【凹凸】数量为30，如图B-134所示。

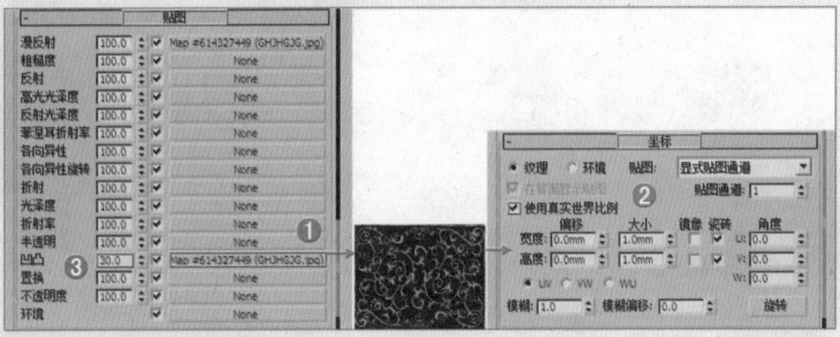

图B-134

实例015 毛巾

案例文件	材质案例文件\B\布纹\毛巾\毛巾.max	视频教学	视频教学\材质\B\布纹\毛巾.flv
技术难点	凹凸通道加贴图制作毛巾的方法		

案例分析：

【毛巾】是由3个系统纱线相互交织而成的具有毛圈结构的织物，这3个系统的纱线即是毛经、地经和纬纱。如图B-135所示为分析并参考毛巾材质的效果。本例通过为毛巾设置毛巾材质，学习毛巾材质的设置方法，具体表现效果如图B-136所示。

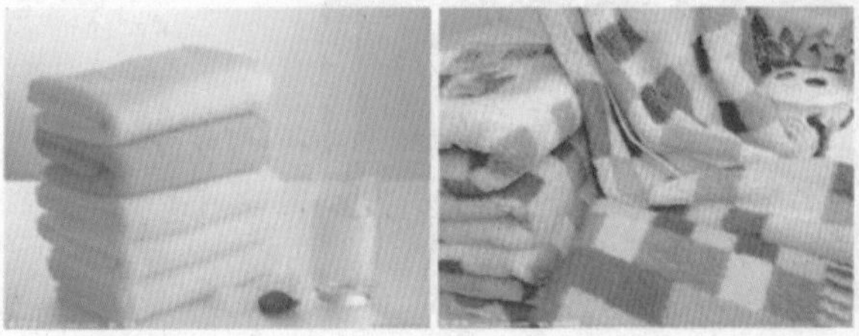

图B-135

图B-136

操作步骤：

STEP 1 打开随书配套光盘中的场景文件【材质场景文件\B\布纹\015.max】，如图B-137所示。

STEP 2 按M键，打开材质编辑器。单击一个材质球，并设置材质类型为【VRayMtl】。在【漫反射】后面的通道上加载【Arch30_022_diffuse.jpg】贴图文件，如图B-138所示。

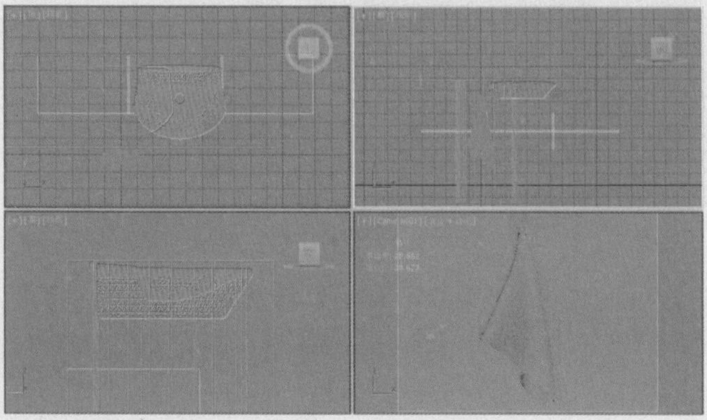

图B-137

图B-138

STEP 3 展开【贴图】卷展栏，在【凹凸】后面的通道上加载【Arch30_033_bumpdisp.jpg】贴图文件，设置【凹凸】数量为30，如图B-139所示。

STEP 4 将制作完成的毛巾材质赋予场景中的毛巾模型，并将其他材质制作完成，如图B-140所示。

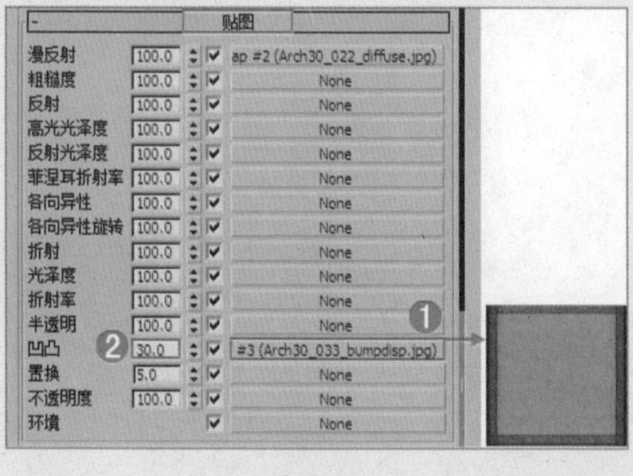

图B-139

图B-140

扩展练习015——草地

案例文件	材质案例文件\B\布纹\草地\草地.max	视频教学	视频教学\材质\B\布纹\草地.flv
技术难点	VRay置换模式的应用		

草地材质的制作难点在于如何把握VRay置换模式的应用，使其更好地表现出草地的真实效果，如图B-141所示。

图B-141

STEP 1 打开随书配套光盘中的【材质场景文件\B\布纹\扩展015.max】场景文件，然后在【漫反射】后面的通道上加载【grassHR2.jpg】贴图文件。展开【坐标】卷展栏，设置【瓷砖U】为6.7，设置【瓷砖V】为3.3，设置【模糊】为0.1，如图B-142所示。

STEP 2 选中地面模型，在【修改】面板中添加【VRay置换模式】命令。展开【参数】卷展栏，在【纹理贴图】下面的通道上加载【grassHR2.jpg】贴图文件，设置【数量】为50，如图B-143所示。

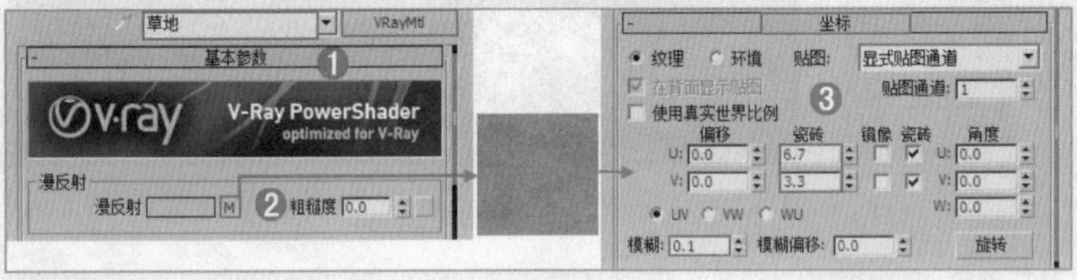

图B-142

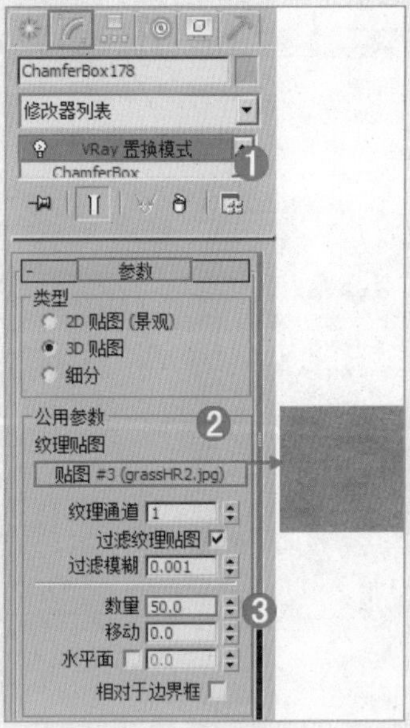

图B-143

技巧一点通：

在制作草地、毛巾、地毯等材质时，有一个共同的特点就是凹凸质感特别明显，都带有细微的、强烈的凹凸。制作这类材质的方法很多，可以使用在【凹凸】通道添加贴图的方法，使用在【置换】通道添加贴图的方法，使用选择模型并添加【VRay置换模式】修改器的方法，也可以使用【VRay毛皮】的方法进行制作。

实例016　抱枕

案例文件	材质案例文件\B\布纹\抱枕\抱枕.max	视频教学	视频教学\材质\B\布纹\抱枕.flv
技术难点	混合材质制作抱枕的方法		

案例分析：

【抱枕】是家居生活中常见用品，类似枕头，常见的仅有一般枕头的一半大小，抱在怀中不但保暖，而且可以起到一定的保护作用，也给人温馨的感觉，已慢慢成为家居装饰和使用的常见饰物；也作为车饰的新型重要手段。如图B-144所示为分析并参考抱枕材质的效果。本例通过为抱枕设置抱枕材质，学习抱枕材质的设置方法，具体表现效果如图B-145所示。

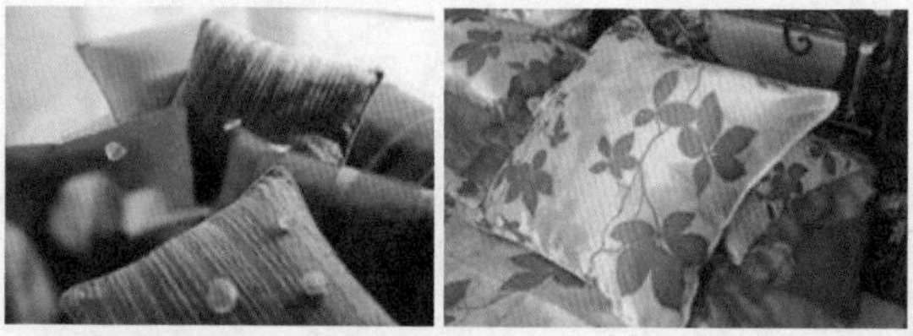

图B-144

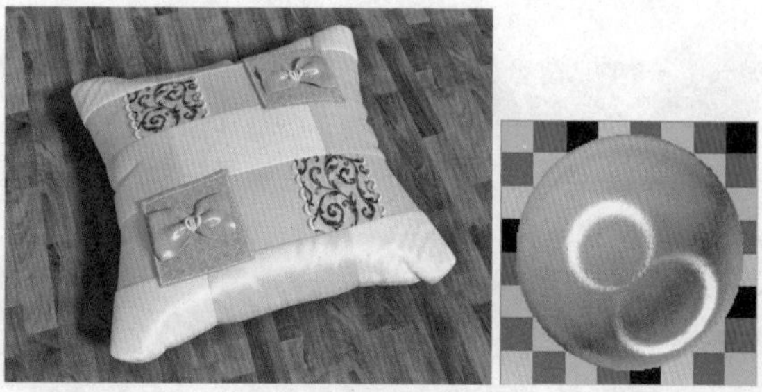

图B-145

操作步骤：

STEP 1 打开随书配套光盘中的场景文件【材质场景文件\B\布纹\016.max】，如图B-146所示。

STEP 2 按M键，打开材质编辑器。单击一个材质球，并设置材质类型为【VRayMtl】。设置【漫反射】颜色为绿色（红=87、绿=122、蓝=95），如图B-147所示。

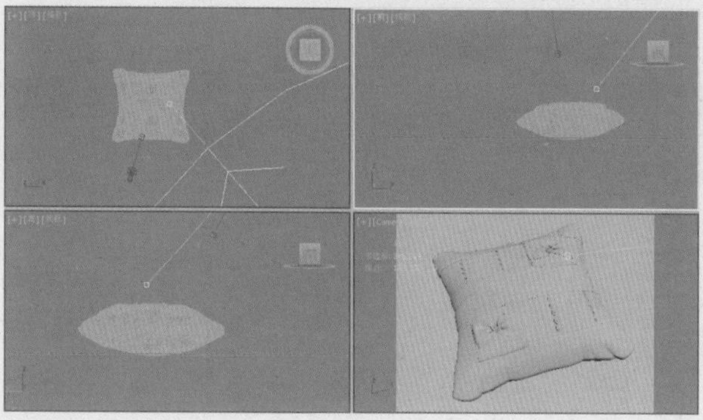

图B-146

图B-147

STEP 3 在【反射】后面的通道上加载【Falloff（衰减）】程序贴图，展开【衰减参数】卷展栏，设置【颜色1】为深绿色（红=48、绿=62、蓝=46），【颜色2】为绿色（红=82、绿=106、蓝=81），设置【反射光泽度】为0.8，【细分】为25，如图B-148所示。

STEP 4 展开【双向反射分布函数】卷展栏，设置【类型】为【沃德】，【各向异性（-1..1）】为0.7，设置【局部轴】为Y，如图B-149所示。

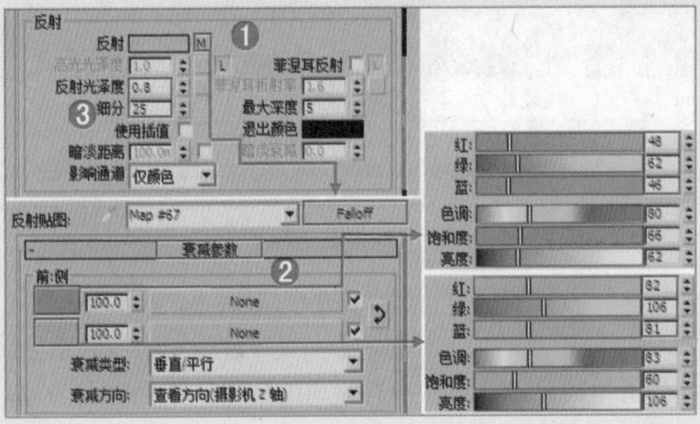

图B-148

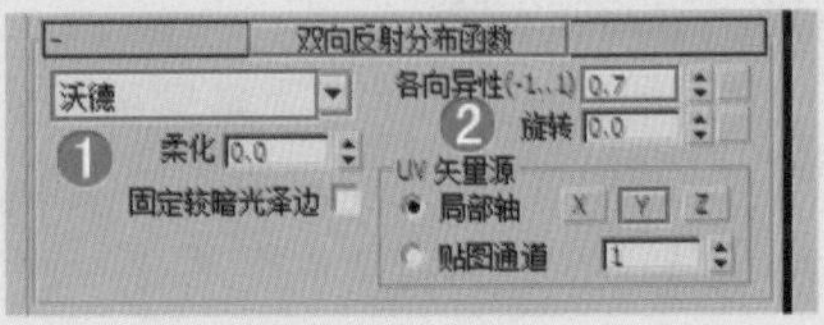

图B-149

技巧一点通：

使用【双向反射分布函数】卷展栏中的不同类型，可以模拟制作出不同的高光反射形状，体现出不同的材质质感。

STEP 5 展开【贴图】卷展栏，在【凹凸】后面的通道上加载【Mix（混合）】程序贴图。展开【混合参数】卷展栏，在【颜色1】后面的通道上加载【mthZS-268.jpg】贴图文件，在【颜色2】后面的通道上加载【item0018b.jpg】贴图文件。展开【坐标】卷展栏，设置【瓷砖U】、【瓷砖V】分别为3，设置【混合量】为50。最后设置【凹凸】数量为50，如图B-150所示。

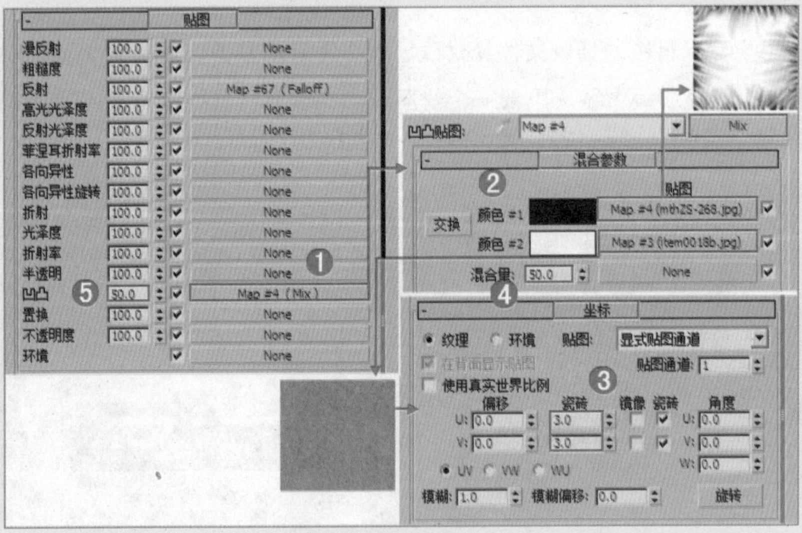

图B-150

技巧一点通：

【Mix（混合）】程序贴图可以在模型的单个面上将两种材质通过一定的百分比进行混合，以达到需要混合材质的效果。

STEP 6 将制作完成的抱枕材质赋予场景中的抱枕模型，并将其他材质制作完成，如图B-151所示。

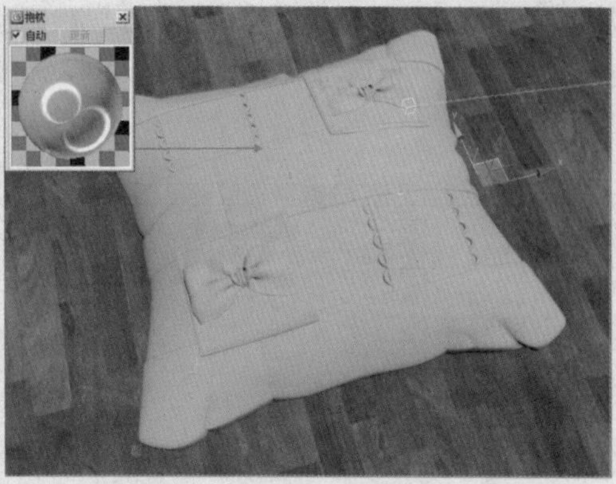

图B-151

扩展练习016——条纹桌布

案例文件	材质案例文件\B\布纹\条纹桌布\条纹桌布.max	视频教学	视频教学\材质\B\布纹\条纹桌布.flv
技术难点	漫反射、凹凸通道的应用		

条纹桌布材质的制作难点在于如何把握漫反射、凹凸通道的应用，使其更好地表现出花纹桌布的真实效果，如图B-152所示。

图B-152

STEP 1 打开随书配套光盘中的【材质场景文件\B\布纹\扩展016.max】场景文件，设置材质类型为【VRayMtl】。然后在【漫反射】后面的通道上加载【073.jpg】贴图文件，展开【坐标】卷展栏，设置【瓷砖U】为2，设置【瓷砖V】为4，如图B-153所示。

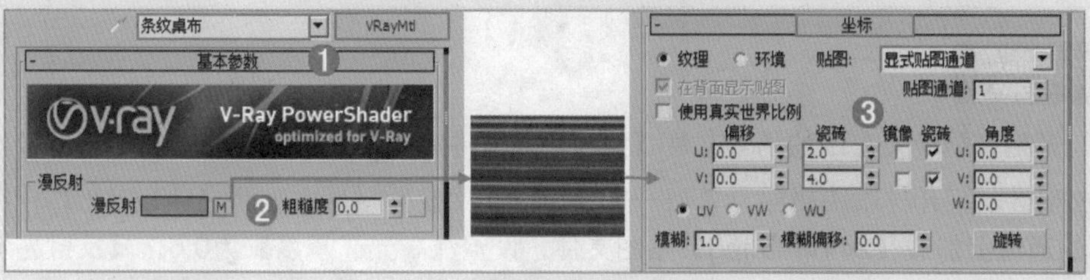

图B-153

STEP 2 展开【贴图】卷展栏，在【凹凸】后面的通道上加载【073.jpg】贴图文件。接着展开【坐标】卷展栏，设置【瓷砖U】为2，设置【瓷砖V】为4，最后设置【凹凸】数量为30，如图B-154所示。

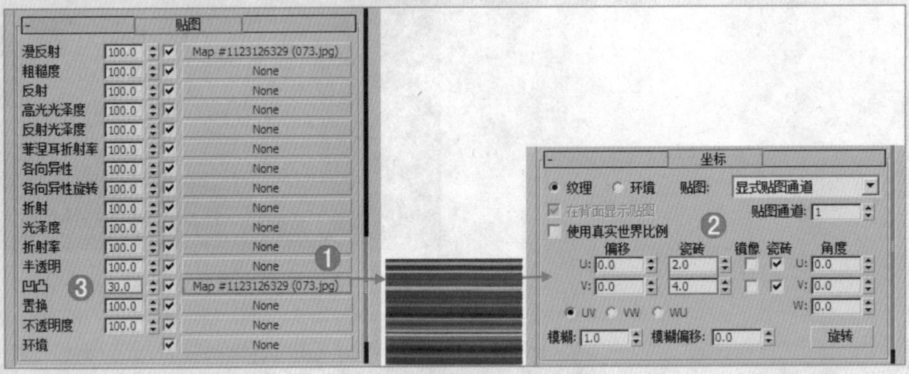

图B-154

实例017　麻布

案例文件	材质\案例文件\B\布纹\麻布\麻布.max	视频教学	视频教学\材质\B\布纹\麻布.flv
技术难点	凹凸通道加贴图制作麻布质感		

案例分析：

【麻布】是以亚麻、苎麻、黄麻、剑麻、蕉麻等各种麻类植物纤维制成的一种布料。如图B-155所示为分析并参考麻布材质的效果。本例通过为沙发设置麻布材质，学习麻布材质的设置方法，具体表现效果如图B-156所示。

图B-155

图B-156

操作步骤：

STEP 1 打开随书配套光盘中的场景文件【材质场景文件\B\布纹\017.max】，如图B-157所示。

STEP 2 按M键，打开材质编辑器。单击一个材质球，并设置材质类型为【VRayMtl】。在【漫反射】后面的通道上加载【241麻布.jpg】贴图文件，设置【高光光泽度】为0.6，【反射光泽度】为0.7，如图B-158所示。

STEP 3 展开【双向反射分布函数】卷展栏，设置【各向异性（-1..1）】为0.2，如图B-159所示。

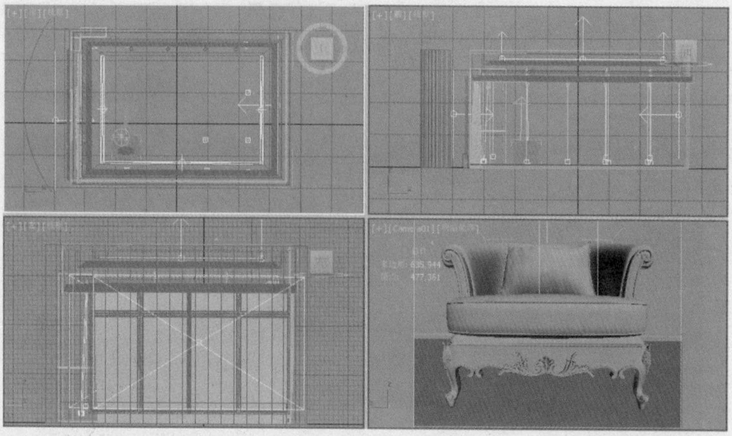

图B-157

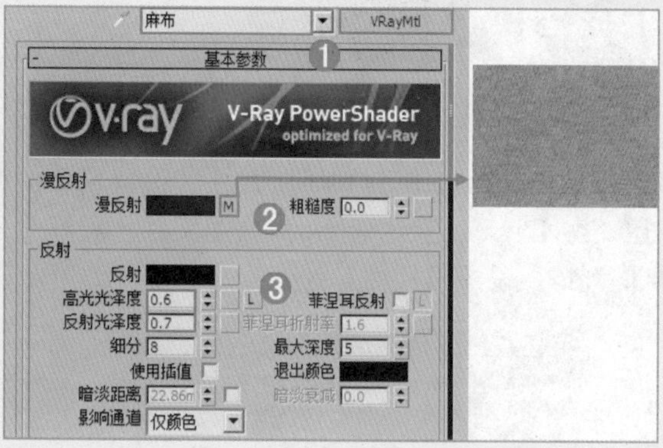

图B-158

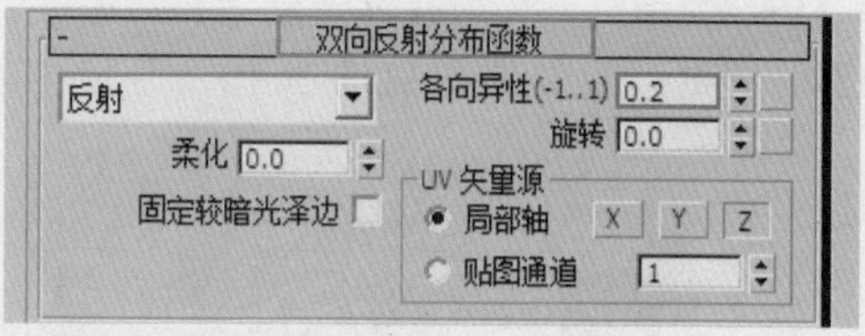

图B-159

STEP 4 展开【贴图】卷展栏，在【凹凸】后面的通道上加载【241麻布.jpg】贴图文件，设置【凹凸】数量为40，如图B-160所示。

STEP 5 将制作完成的麻布材质赋予场景中的沙发模型，并将其他材质制作完成，如图B-161所示。

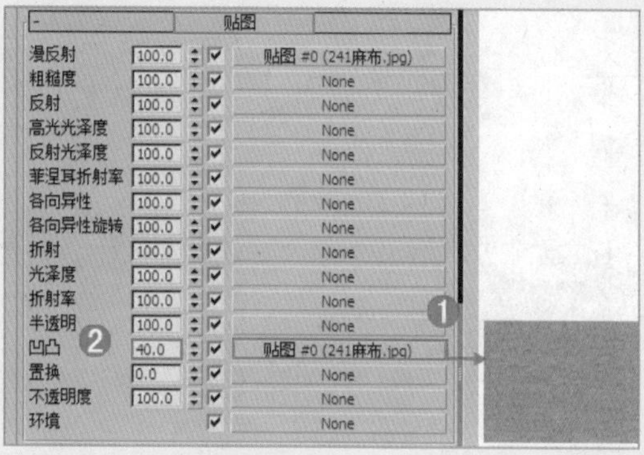

图B-160

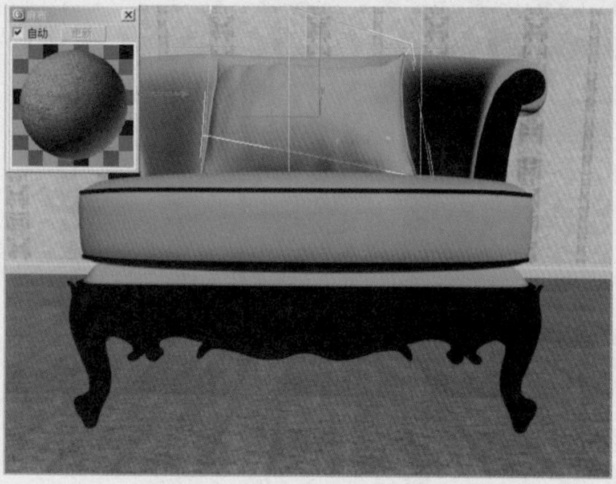

图B-161

扩展练习017——麻布地毯

案例文件	材质案例文件\B\布纹\麻布地毯\麻布地毯.max	视频教学	视频教学\材质\B\布纹\麻布地毯.flv
技术难点	瓷砖、模糊数值的应用		

麻布地毯材质的制作难点在于如何把握漫反射、凹凸的应用，并且合理地设置瓷砖、模糊的数值，以便于更好地表现出麻布地毯的真实效果，如图B-162所示。

图B-162

STEP 1 打开随书配套光盘中的【材质场景文件\B\布纹\扩展017.max】场景文件，设置材质类型为【VRayMtl】。然后在【漫反射】后面的通道上加载【小会议室地毯.jpg】贴图文件，展开【坐标】卷展栏，设置【瓷砖U】为15，设置【瓷砖V】为12，设置【模糊】为0.1，如图B-163所示。

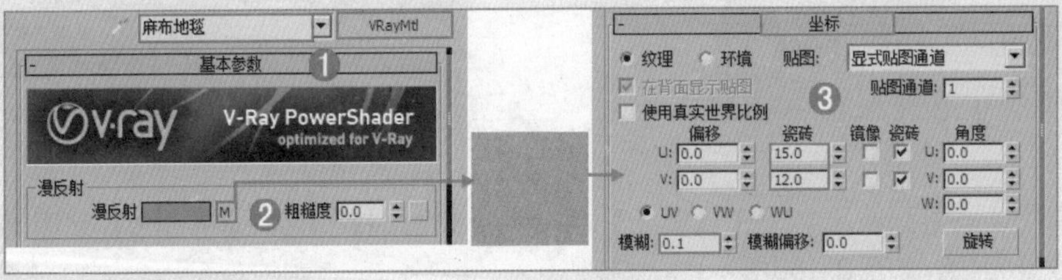

图B-163

STEP 2 展开【贴图】卷展栏，在【凹凸】后面的通道上加载【小会议室地毯.jpg】贴图文件。接着展开【坐标】卷展栏，设置【瓷砖U】为15，设置【瓷砖V】为12，设置【模糊】为0.1，最后设置【凹凸】数量为30，如图B-164所示。

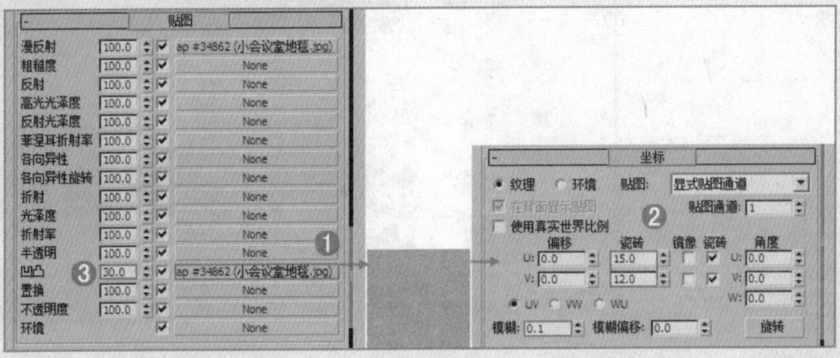

图B-164

实例018 床单

案例文件	材质案例文件\B\布纹\床单\床单.max	视频教学	视频教学\材质\B\布纹\床单.flv
技术难点	衰减通道加贴图制作床单		

案例分析：

【床单】是床上用的纺织品之一，也称被单，一般采用阔幅、手感柔软、保暖性好的织物。如图B-165所示为分析并参考床单材质的效果。本例通过为床单设置床单材质，学习床单材质的设置方法，具体表现效果如图B-166所示。

图B-165

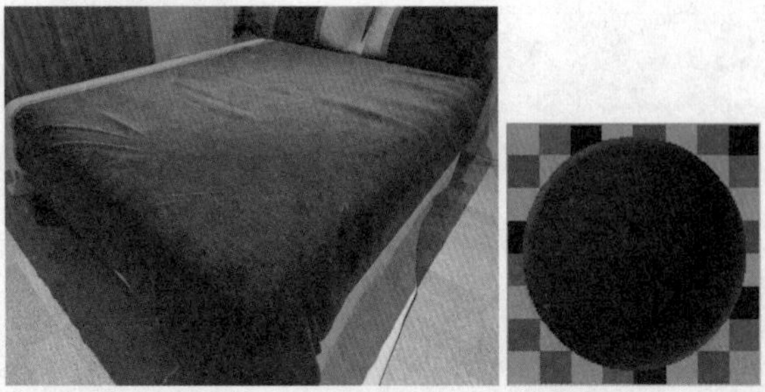

图B-166

操作步骤：

STEP 1 打开随书配套光盘中的场景文件【材质场景文件\B\布纹\018.max】，如图B-167所示。

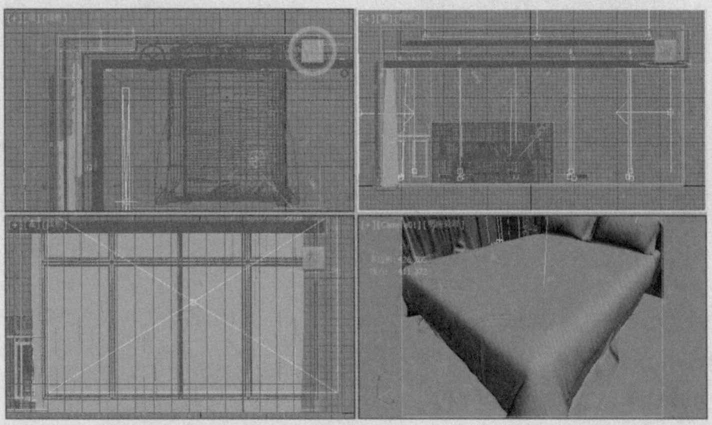

图B-167

STEP 2 按M键，打开材质编辑器。单击一个材质球，并设置材质类型为【VRayMtl】。在【漫反射】后面的通道上加载【Falloff（衰减）】程序贴图，展开【衰减参数】卷展栏，在【颜色1】后面的通道上加载【暖调-丝绒银.jpg】贴图文件，在【颜色2】后面的通道上加载【暖调-丝绒银3.jpg】贴图文件，如图B-168所示。

STEP 3 将制作完成的床单材质赋予场景中的床单模型，并将其他材质制作完成，如图B-169所示。

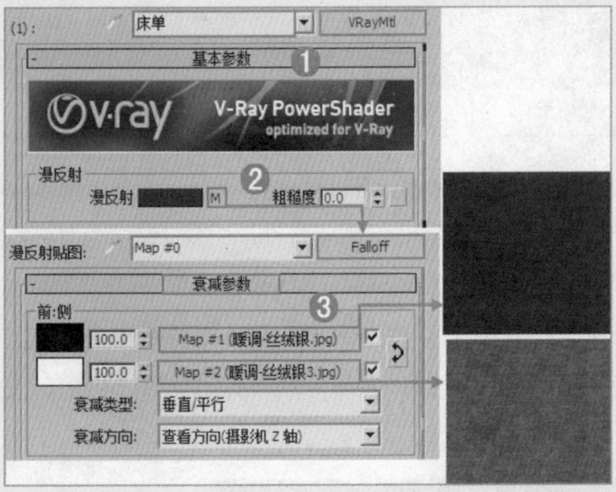

图B-168

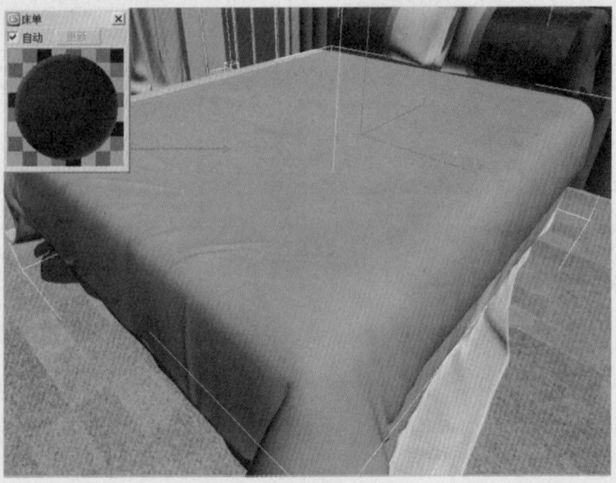

图B-169

扩展练习018——黑白T恤

案例文件	材质案例文件\B\布纹\黑白T恤\黑白T恤.max	视频教学	视频教学\材质\B\布纹\黑白T恤.flv
技术难点	漫反射通道加载位图的应用		

黑白T恤材质的制作难点在于如何把握漫反射通道加载位图，并设置模糊数值，使其更好地表现出衣服的真实效果，如图B-170所示。

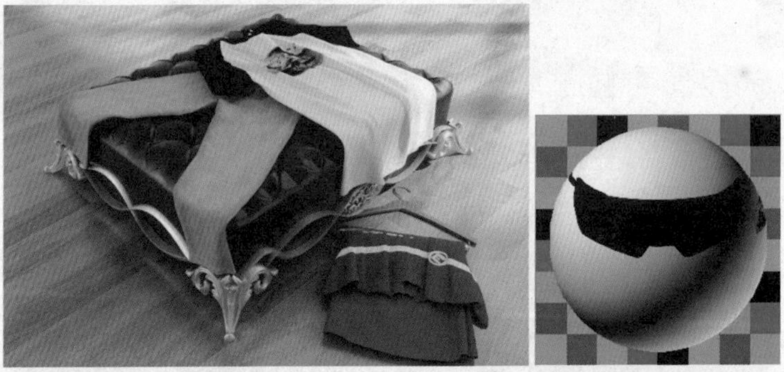

图B-170

打开随书配套光盘中的【材质场景文件\B\布纹\扩展018.max】场景文件，设置材质类型为【VRayMtl】。然后在【漫反射】后面的通道上加载【衬衫贴图.jpg】贴图文件，展开【坐标】卷展栏，设置【模糊】为0.01，如图B-171所示。

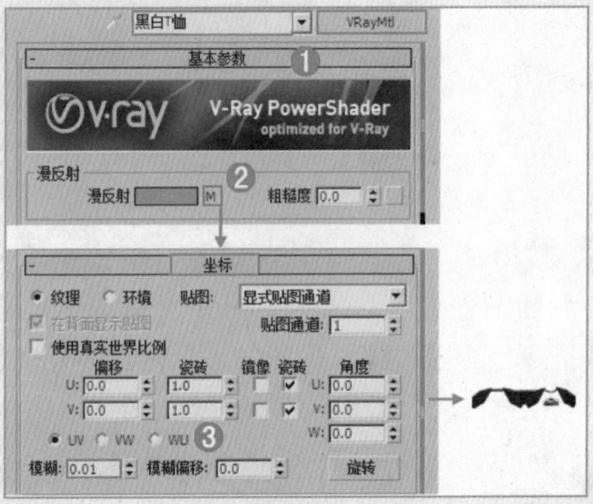

图B-171

实例019 白天背景

案例文件	材质案例文件\B\背景\白天背景\白天背景.max	视频教学	视频教学\材质\B\背景\白天背景.flv
技术难点	VR灯光材质制作白天背景的方法		

案例分析：

【白天背景】是指在白天的光线下室外的背景，一般比较颜色亮。如图B-172所示为分析并参考白天背景材质的效果。本例通过为背景设置白天背景材质，学习白天背景材质的设置方法，具体表现效果如图B-173所示。

图B-172

图B-173

操作步骤：

STEP 1 打开随书配套光盘中的场景文件【材质场景文件\B\背景\019.max】，如图B-174所示。

STEP 2 按M键，打开材质编辑器。单击一个材质球，并设置材质类型为【VR灯光材质】。在【颜色】后面的通道上加载【背景.jpg】贴图文件，展开【坐标】卷展栏，设置【模糊】为0.01，最后设置【颜色强度】为3，如图B-175所示。

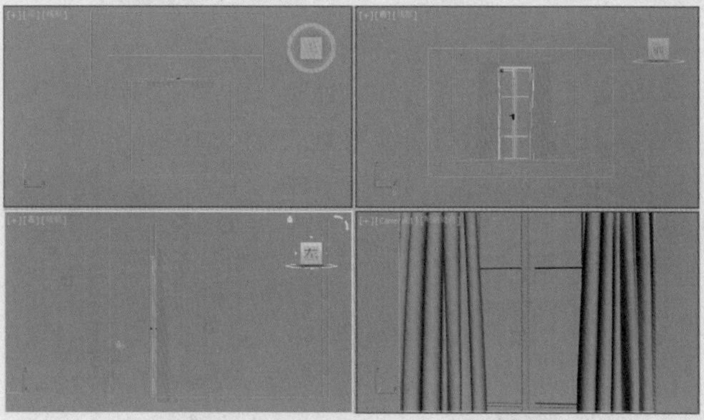

图B-174

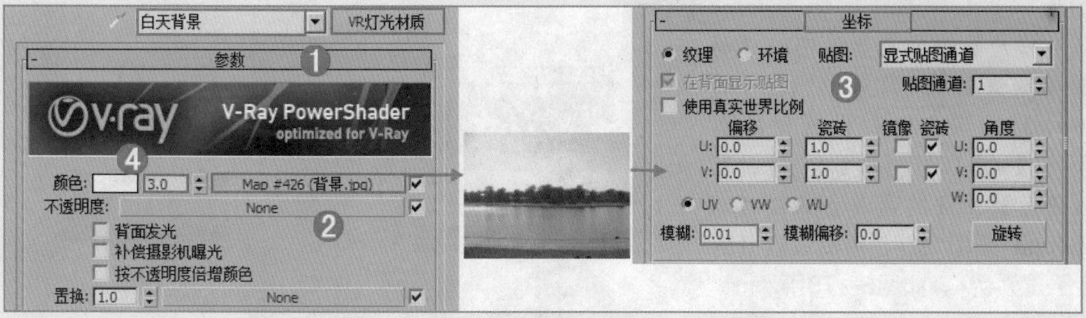

图B-175

技巧一点通：

【模糊】选项控制贴图在渲染时的清晰程度，数值越小越清晰、渲染速度越慢。

STEP 3 将制作完成的白天背景材质赋予场景中的背景模型，并将其他材质制作完成，如图B-176所示。

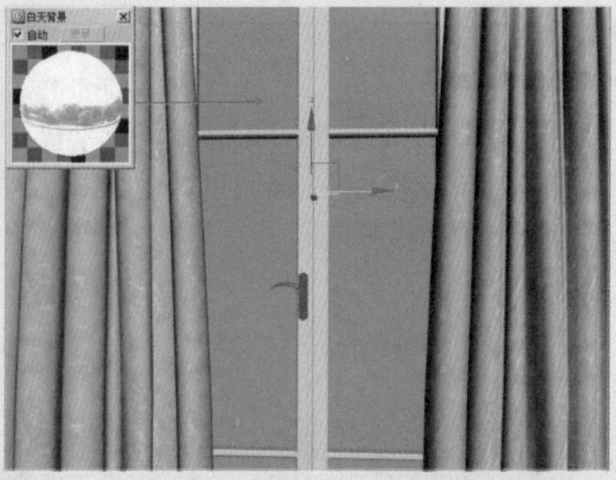

图B-176

扩展练习019——背景

案例文件	材质案例文件\B\背景\背景\背景.max	视频教学	视频教学\材质\B\背景\背景.flv
技术难点	VR灯光材质的应用		

背景材质的制作难点在于只有把握VR灯光材质的强度和在通道上加载贴图的应用，才能更好地表现出背景的真实效果，如图B-177所示。

图B-177

打开随书配套光盘中的【材质场景文件\B\背景\扩展019.max】场景文件，设置材质类型为【VR灯光材质】。然后在【颜色】后面的通道上加载【环境.jpg】贴图文件，最后设置【颜色强度】为4，如图B-178所示。

图B-178

实例020　夜晚背景

案例文件	材质案例文件\B\背景\夜晚背景\夜晚背景.max	视频教学	视频教学\材质\B\背景\夜晚背景.flv
技术难点	VR灯光材质制作夜晚背景的方法		

案例分析：

【夜晚背景】是指下午6点到次日的早晨5点这一段时间。在这段时间内，天空通常为黑色。如图B-179所示为分析并参考夜晚背景材质的效果。本例通过为背景设置夜晚背景材质，学习夜晚背景材质的设置方法，具体表现效果如图B-180所示。

图B-179

图B-180

操作步骤：

STEP 1 打开随书配套光盘中的场景文件【材质场景文件\B\背景\020.max】，如图B-181所示。

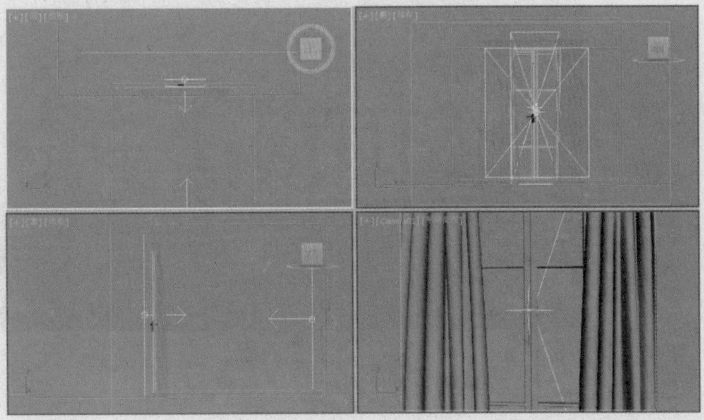

图B-181

STEP 2 按M键，打开材质编辑器。单击一个材质球，并设置材质类型为【VR灯光材质】。在【颜色】后面的通道上加载【背景.jpg】贴图文件，展开【坐标】卷展栏，设置【模糊】为0.01，最后设置【颜色强度】为0.8，如图B-182所示。

图B-182

STEP 3 将制作完成的夜晚背景材质赋予场景中的背景模型，并将其他材质制作完成，如图B-183所示。

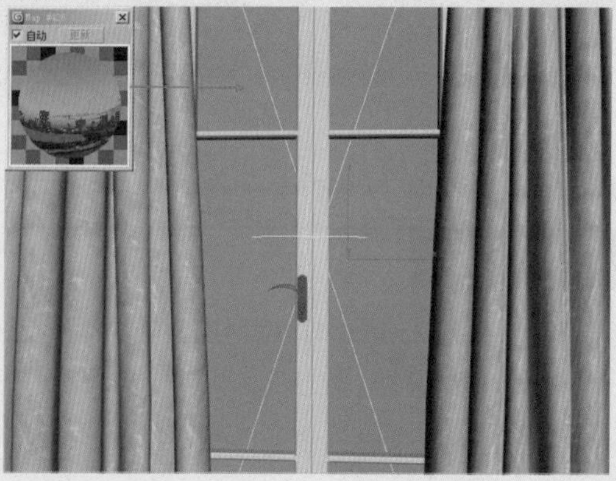

图B-183

扩展练习020——别墅夜景

案例文件	材质案例文件\B\背景\别墅夜景\别墅夜景.max	视频教学	视频教学\材质\B\背景\别墅夜景.flv
技术难点	VR灯光材质的应用		

别墅夜景材质的制作难点在于如何把握VR灯光材质的应用，以便于更好地表现出别墅夜景的真实效果，如图B-184所示。

图B-184

打开随书配套光盘中的【材质场景文件\B\背景\扩展020.max】场景文件，设置材质类型为【VR灯光材质】。然后在【颜色】后面的通道上加载【天空.jpg】贴图文件，如图B-185所示。

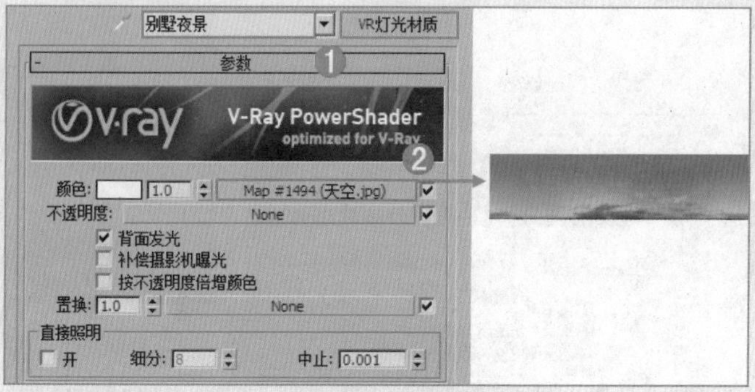

图B-185

实例021　HDRI环境

案例文件	材质案例文件\B\背景\HDRI环境\HDRI环境.max	视频教学	视频教学\材质\B\背景\HDRI环境.flv
技术难点	HDRI贴图制作环境的方法		

B C D F J M P Q R S T Y Z

案例分析：

【HDRI环境】可以翻译为高动态范围贴图，主要用来设置场景的环境贴图，即把HDRI当做光源来使用。如图B-186所示为分析并参考HDRI环境材质的效果。本例通过为杯子设置HDRI环境材质，学习HDRI环境材质的设置方法，具体表现效果如图B-187所示。

图B-186

图B-187

操作步骤：

STEP 1 打开随书配套光盘中的场景文件【材质场景文件\B\背景\021.max】，如图B-188所示。

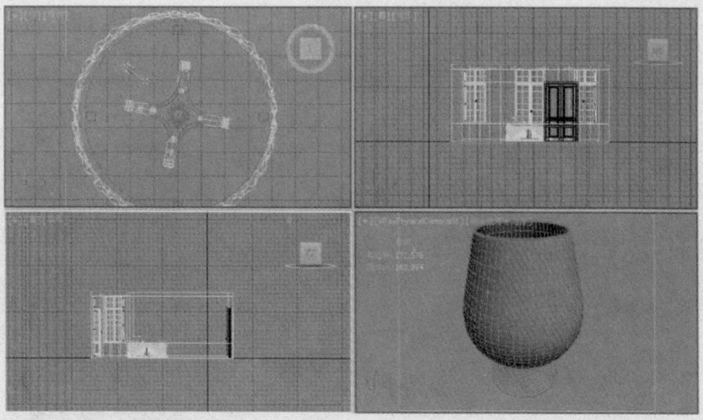

图B-188

STEP 2 按F10键，打开【渲染设置窗口】，展开【V-Ray】下的【V-Ray::环境】卷展栏，开启【全局照明环境（天光）覆盖】，在【全局照明环境（天光）覆盖】后面的通道上加载【VRayHDRI】程序贴图。按M键，打开材质编辑器，单击【全局照明环境（天光）覆盖】后面通道上的程序贴图，并将其拖曳到第一个材质球上，在弹出的【实例（副本）贴图】对话框中选择【实例】，如图B-189所示。

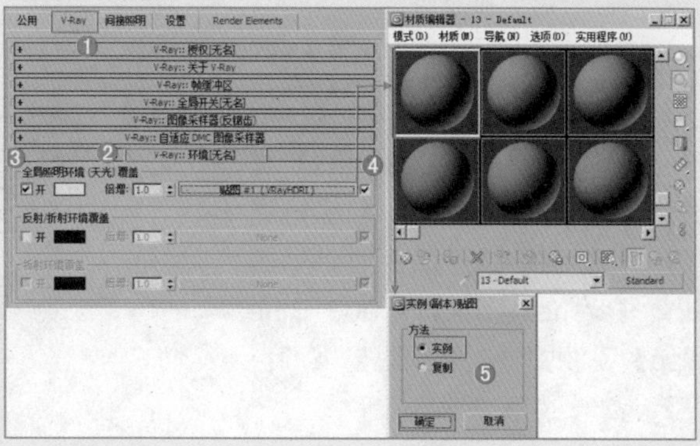

图B-189

STEP 3 打开材质编辑器，将上一步拖曳的材质命名为【HDRI环境】。单击【浏览】按钮，加载【kitchenx.hdr】贴图文件，设置【贴图类型】为【球形】，如图B-190所示。

STEP 4 将制作完成的HDRI材质赋予场景中的杯子模型，并将其他材质制作完成，如图B-191所示。

图B-190

图B-191

技巧一点通：

【HDRI贴图】是一个比较高级的贴图类型。使用该贴图的目的是为了让场景中带有反射和折射的物体质感更强烈，反射和折射出周围的环境效果。

扩展练习021——全景天空

案例文件	材质案例文件\B\背景\全景天空\全景天空.max	视频教学	视频教学\材质\B\背景\全景天空.flv
技术难点	VR灯光材质的应用		

全景天空材质的制作难点在于如何把握VR灯光材质的应用，以便更好地表现出全景天空的真实效果，如图B-192所示。

图B-192

打开随书配套光盘中的【材质场景文件\B\背景\扩展021.max】场景文件，设置材质类型为【VR灯光材质】。然后在【颜色】后面的通道上加载【archexteriors11_003_Blue sky.jpg】贴图文件，最后设置【颜色强度】为25，如图B-193所示。

图B-193

技巧一点通：

【VR灯光材质】不仅可以制作发光的效果，比如制作发光灯，更多的时候可以制作背景环境效果。很多读者会认为背景的环境没有发光效果，其实正是因为该材质可以通过更改【颜色强度】的数值控制贴图渲染时的亮度，因此适合制作背景，比如模拟夜晚背景、白天背景等。

实例022　天空

案例文件	材质案例文件\B\背景\天空\天空.max	视频教学	视频教学\材质\B\背景\天空.flv
技术难点	VR天空材质制作天空的方法		

案例分析：

【天空】是效果图中使用频率很高的材质，一般为渐变的浅蓝色。如图B-194所示为分析并参考天空材质的效果。本例通过为天空设置VR天空材质，学习天空材质的设置方法，具体表现效果如图B-195所示。

图B-194

图B-195

操作步骤：

STEP 1 打开随书配套光盘中的场景文件【材质场景文件\B\背景\022.max】，如图B-196所示。

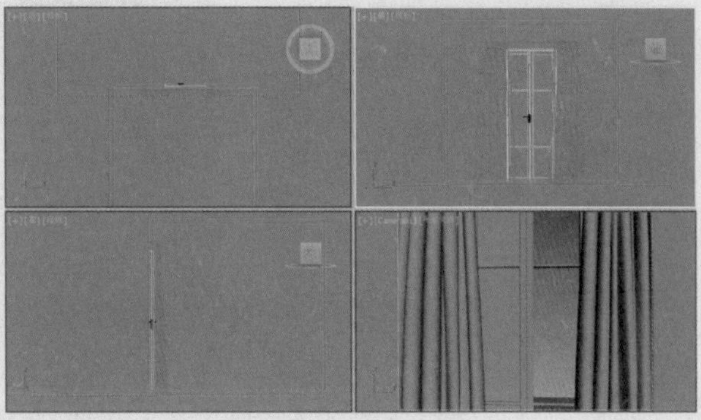

图B-196

STEP 2 按8键，打开【环境和效果】对话框，展开【环境】下的【公用参数】卷展栏，在【环境贴图】下面的通道上加载【VR天空】程序贴图，如图B-197所示。

STEP 3 按M键，打开材质编辑器，单击【环境贴图】下面通道上的【VR天空】程序贴图，并将其拖曳到第一个材质球上，在弹出的【实例（副本）贴图】对话框中选择【实例】，如图B-198所示。

STEP 4 单击【VR天空】按钮，勾选【指定太阳节点】复选框，设置【太阳强度倍增】为0.08，如图B-199所示。

STEP 5 将制作完成的天空材质赋予场景中的天空模型，并将其他材质制作完成，如图B-200所示。

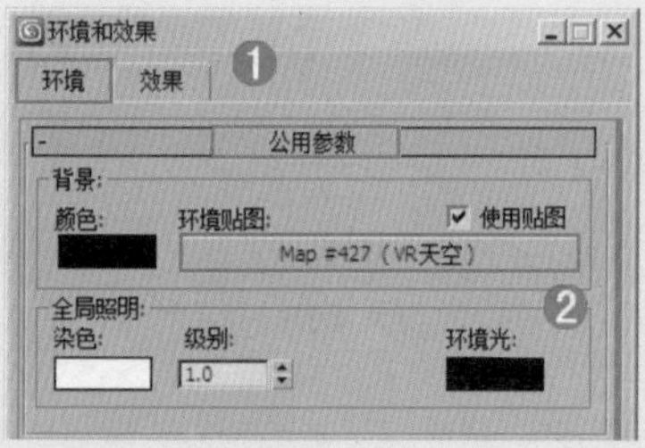

图B-197

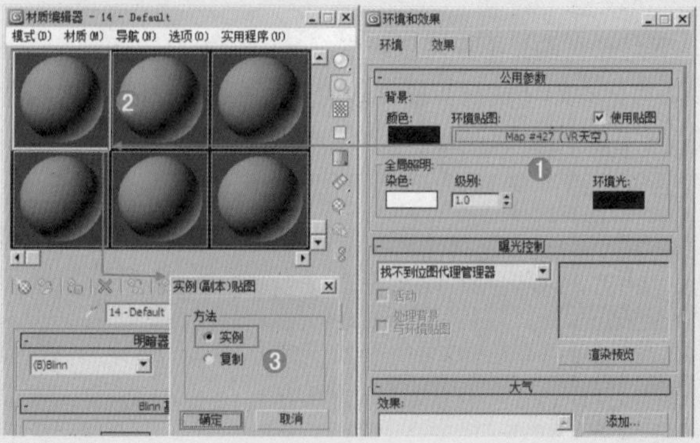

图B-198

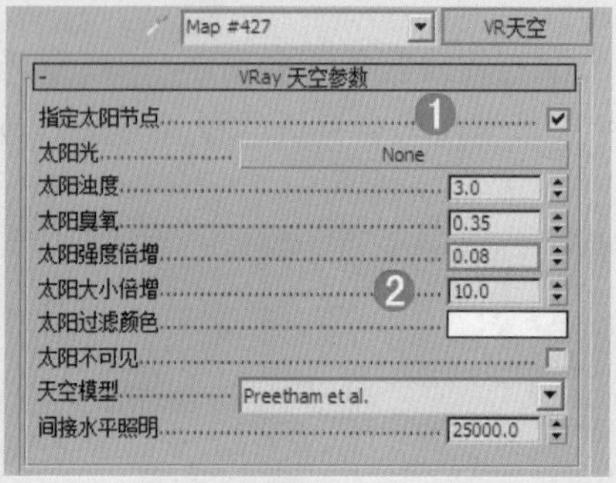

图B-199

图B-200

扩展练习022——天空云朵

案例文件	材质案例文件\B\背景\天空云朵\天空云朵.max	视频教学	视频教学\材质\B\背景\天空云朵.flv
技术难点	烟雾程序贴图的应用		

天空云朵材质的制作难点在于如何使用烟雾程序贴图制作蓝蓝的天空、白白的云朵，以便更好地表现出天空云朵的真实效果，如图B-201所示。

图B-201

STEP 1 打开随书配套光盘中的【材质场景文件\B\背景\扩展022.max】场景文件，设置材质类型为【VRayMtl】。在【漫反射】后面的通道上加载【Smoke（烟雾）】程序贴图，展开【烟雾参数】卷展栏，设置【颜色1】为蓝色，【颜色2】为白色，如图B-202所示。

STEP 2 展开【贴图】卷展栏，在【不透明度】后面的通道上加载【Smoke（烟雾）】程序贴图。展开【烟雾参数】卷展栏，设置【颜色1】为蓝色，【颜色2】为白色，最后设置【不透明度数量】为100，如图B-203所示。

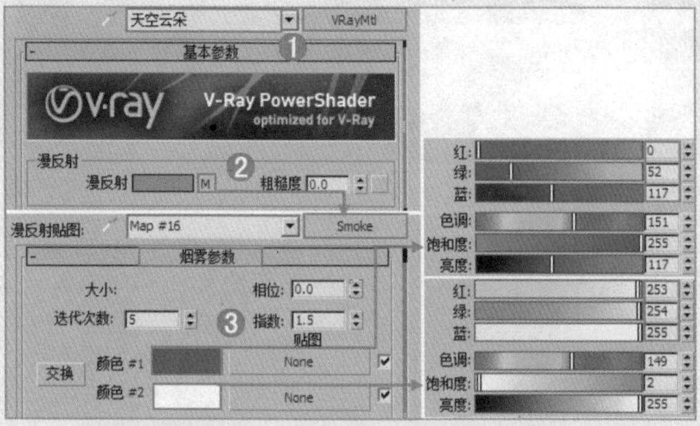

图B-202

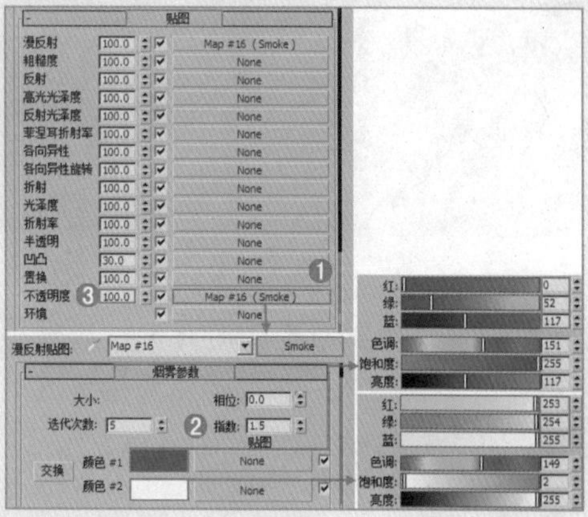

图B-203

实例023　绚丽背景

案例文件	材质案例文件\B\背景\绚丽背景\绚丽背景.max	视频教学	视频教学\材质\B\背景\绚丽背景.flv
技术难点	VR灯光材质制作绚丽背景的方法		

案例分析：

【绚丽背景】作为舞台上或电影里的布景，放在后面，衬托前景。如图B-204所示为分析并参考绚丽背景材质的效果。本例通过为背景设置绚丽背景材质，学习绚丽背景材质的设置方法，具体表现效果如图B-205所示。

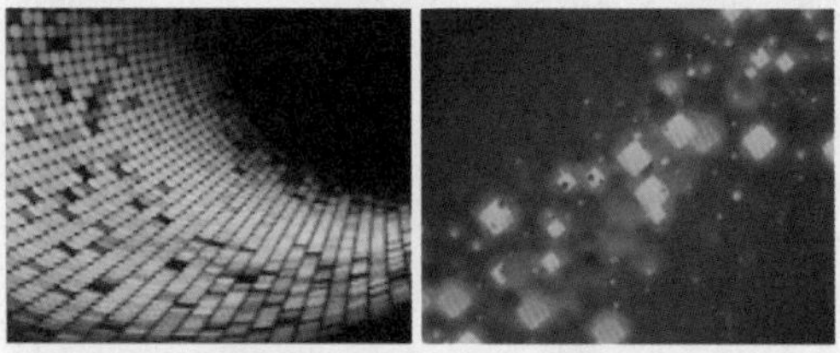

图B-204

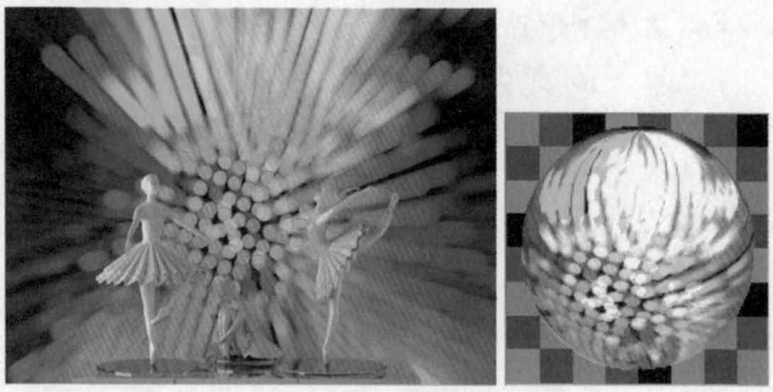

图B-205

操作步骤：

STEP 1 打开随书配套光盘中的场景文件【材质场景文件\B\背景\023.max】，如图B-206所示。

STEP 2 按M键，打开材质编辑器。单击一个材质球，并设置材质类型为【VR灯光材质】。在【颜色】后面的通道上加载【1369025_192144961000_2.jpg】贴图文件，设置【颜色强度】为2，如图B-207所示。

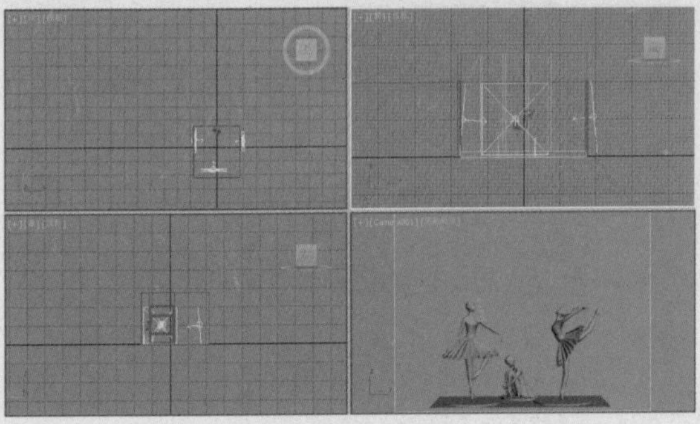

图B-206

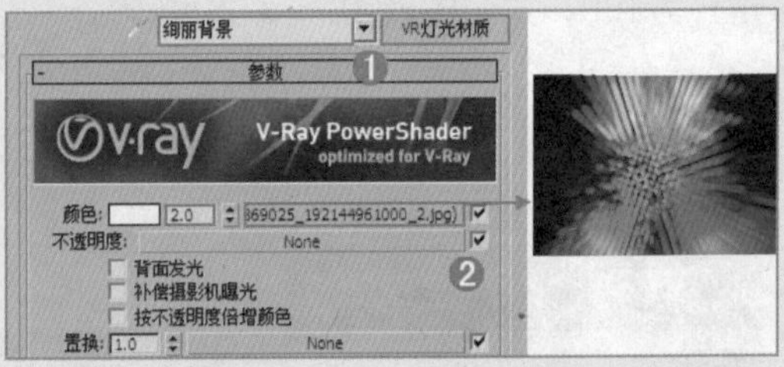

图B-207

STEP 3 将制作完成的绚丽背景材质赋予场景中的背景模型，并将其他材质制作完成，如图B-208所示。

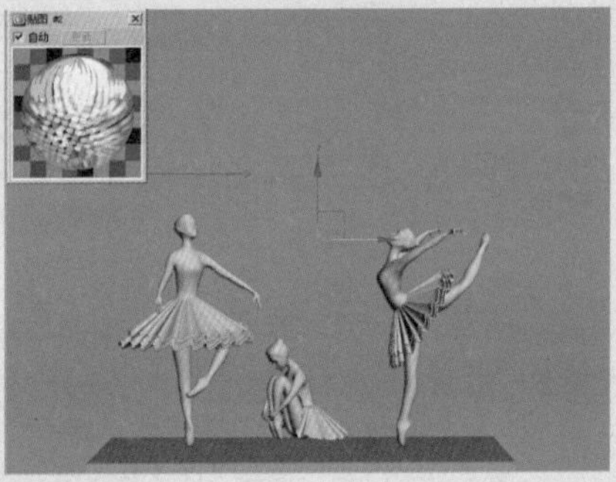

图B-208

扩展练习023——顶棚蓝天

案例文件	材质案例文件\B\背景\顶棚蓝天\顶棚蓝天.max	视频教学	视频教学\材质\B\背景\顶棚蓝天.flv
技术难点	VR灯光材质制作顶棚蓝天的方法		

顶棚蓝天材质的制作难点在于如何把握VR灯光材质的应用，以便更好地表现出顶棚蓝天的真实效果，如图B-209所示。

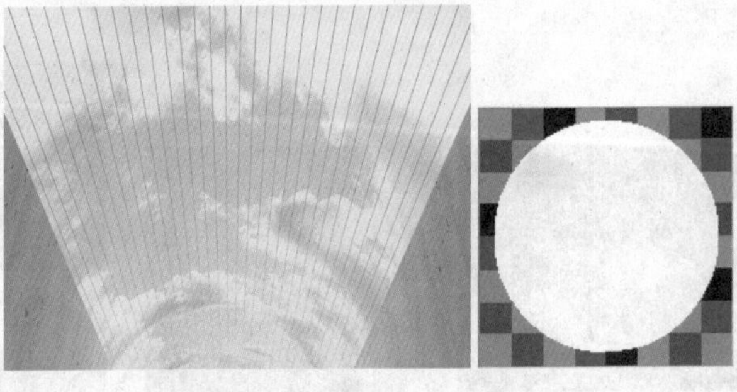

图B-209

打开随书配套光盘中的【材质场景文件\B\背景\扩展023.max】场景文件，设置材质类型为【VR灯光材质】。然后在【颜色】后面的通道上加载【1.jpg】贴图文件，最后设置【颜色强度】为3，如图B-210所示。

图B-210

C

厨具（电冰箱、水壶、筷子、器皿、操作台）

厨具扩展（塑料餐盒、煤气灶、木质饭勺、玻璃茶壶、厨房橱柜）

实例024　电冰箱

案例文件	材质案例文件\C\厨具\电冰箱\电冰箱.max	视频教学	视频教学\材质\C\厨具\电冰箱.flv
技术难点	漫反射、反射颜色的搭配		

案例分析：

【电冰箱】是保持恒定低温的一种制冷设备，也是一种使食物或其他物品保持恒定低温冷态的民用产品。如图C-1所示为分析并参考电冰箱材质的效果。本例通过为电冰箱设置电冰箱材质，学习电冰箱材质的设置方法，具体表现效果如图C-2所示。

图C-1

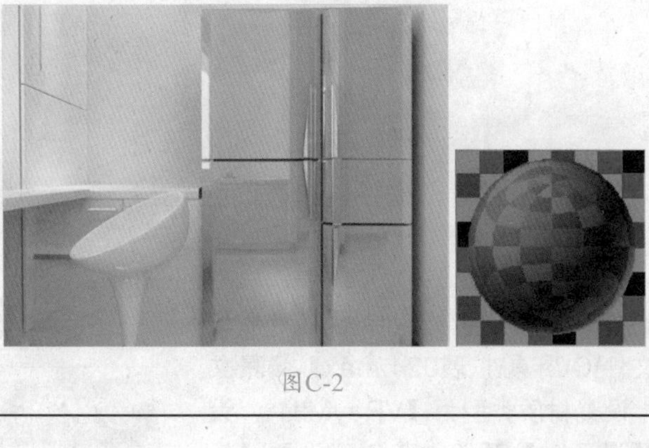

图C-2

操作步骤：

STEP 1 打开随书配套光盘中的场景文件【材质场景文件\C\厨具\024.max】，如图C-3所示。

STEP 2 按M键，打开材质编辑器。单击一个材质球，并设置材质类型为【VRayMtl】。设置【漫反射】颜色为灰色（红=128、绿=128、蓝=128），【反射】颜色为深灰色（红=54、绿=54、蓝=54），如图C-4所示。

STEP 3 将制作完成的电灯箱材质赋与场景中的电冰箱，并将其他材质制作完成。

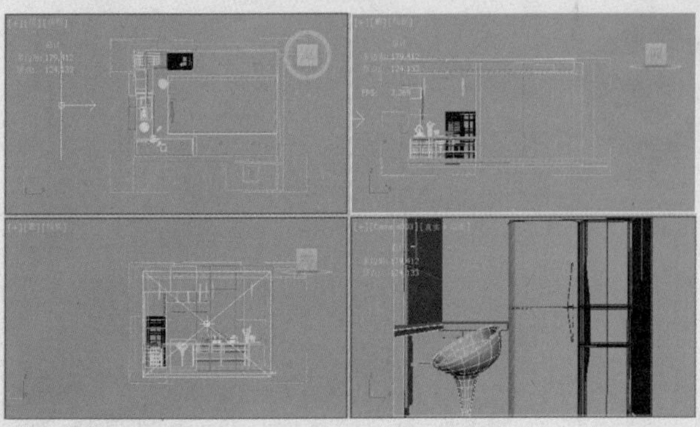

图C-3

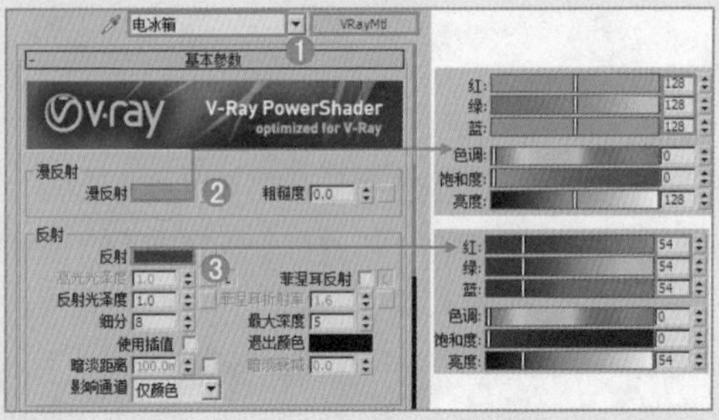

图C-4

扩展练习024——塑料餐盒

案例文件	材质案例文件\C\厨具\塑料餐盒\塑料餐盒.max	视频教学	视频教学\材质\C\厨具\塑料餐盒.flv
技术难点	反射光泽度的使用		

塑料餐盒材质的制作难点在于如何把握反射光泽度制作反射模糊效果，以便更好地表现出塑料餐盒的真实效果，如图C-5所示。

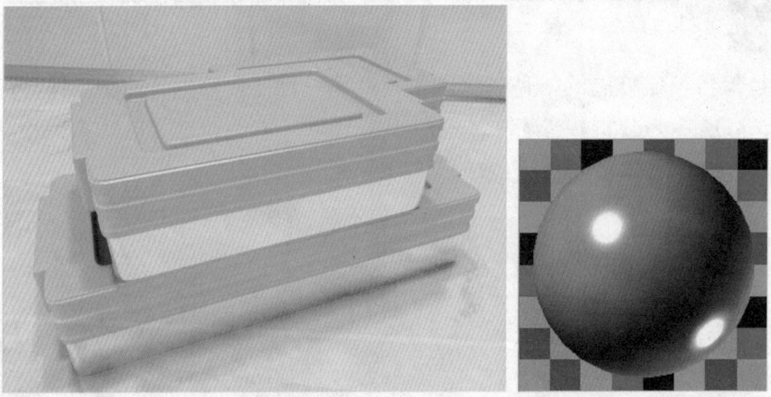

图C-5

打开随书配套光盘中的【材质场景文件\C\厨具\扩展024.max】场景文件，设置材质类型为【VRayMtl】。设置【漫反射】颜色为蓝色，设置【反射】颜色为黑色，【反射光泽度】为0.75，【细分】为15，如图C-6所示。

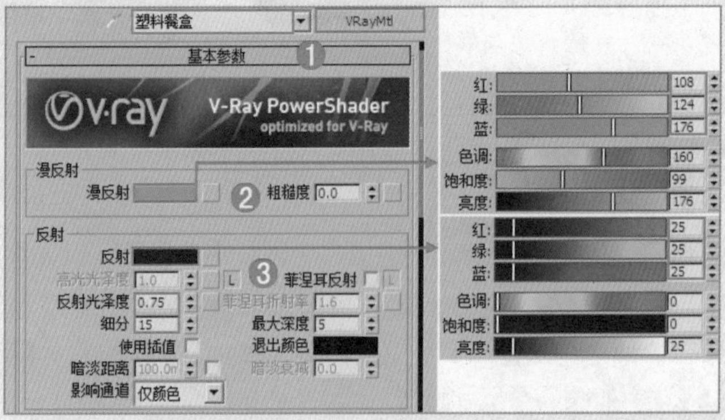

图C-6

实例025 水壶

案例文件	材质案例文件\C\厨具\水壶\水壶.max	视频教学	视频教学\材质\C\厨具\水壶.flv
技术难点	反射通道加贴图控制反射强度的方法		

案例分析：

【水壶】是一种盛水的容器，有各种材质的，可以指烧水用的金属壶，也可以指便于携带的饮用水壶。如图C-7所示为分析并参考水壶材质的效果。本例通过为水壶设置水壶材质，学习水壶材质的设置方法，具体表现效果如图C-8所示。

图C-7

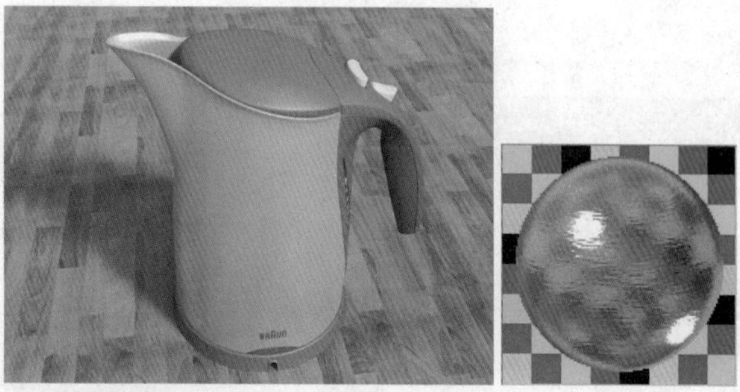

图C-8

操作步骤：

STEP 1 打开随书配套光盘中的场景文件【材质场景文件\C\厨具\025.max】，如图C-9所示。

STEP 2 按M键，打开材质编辑器。单击一个材质球，并设置材质类型为【VRayMtl】。设置【漫反射】颜色为灰色（红=34、绿=52、蓝=63），在【反射】后面的通道上加载【archmodels82_006_001_bump.jpg】贴图文件，设置【反射光泽度】为0.8，【细分】为16，如图C-10所示。

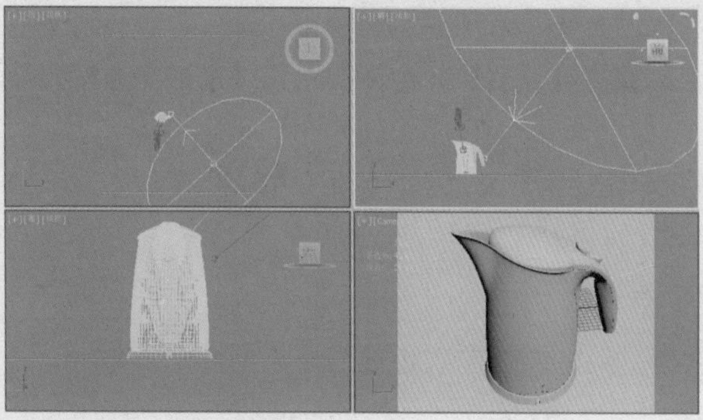

图C-9

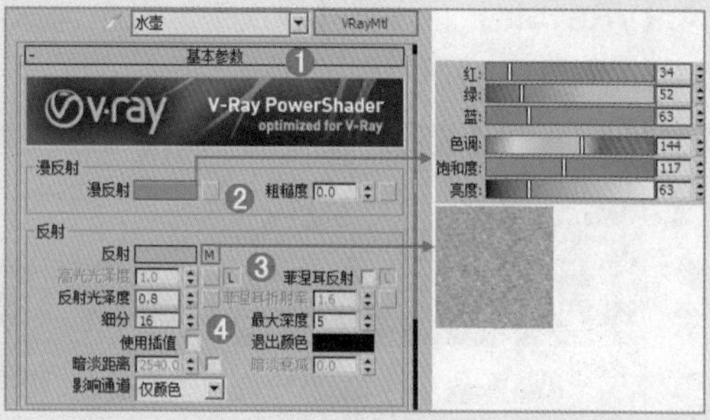

图C-10

STEP 3 展开【贴图】卷展栏，在【凹凸】后面的通道上加载【archmodels82_006_001_bump.jpg】贴图文件，设置【凹凸】数量为20，如图C-11所示。

STEP 4 将制作完成的水壶材质赋予场景中的水壶模型，并将其他材质制作完成，如图C-12所示。

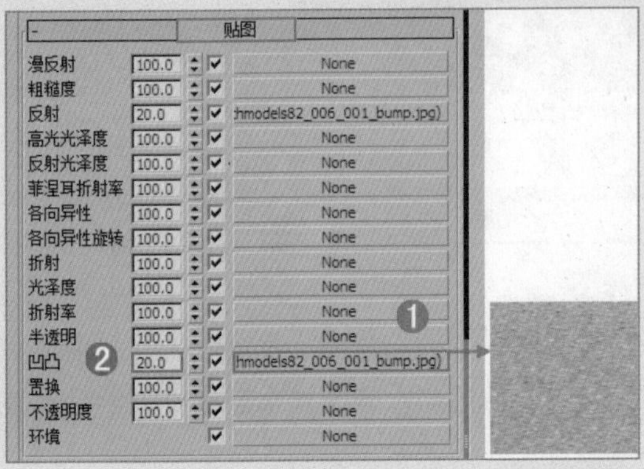

图C-11

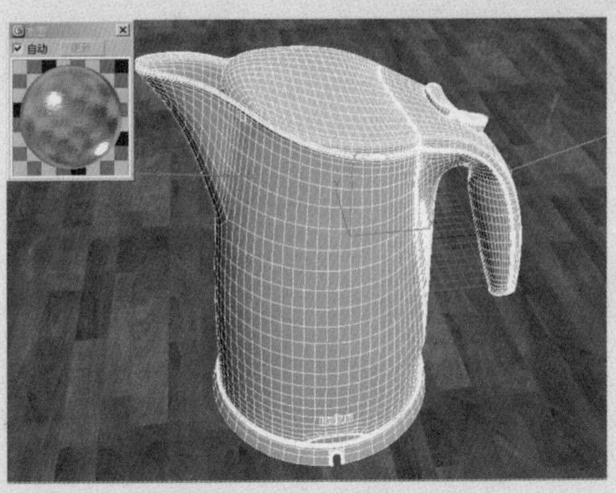

图C-12

扩展练习025——煤气灶

案例文件	材质案例文件\C\厨具\煤气灶\煤气灶.max	视频教学	视频教学\材质\C\厨具\煤气灶.flv
技术难点	反射光泽度的应用		

煤气灶材质的制作难点在于如何把握调节反射光泽度控制磨砂金属效果，以便于更好地表现出煤气灶的真实效果，如图C-13所示。

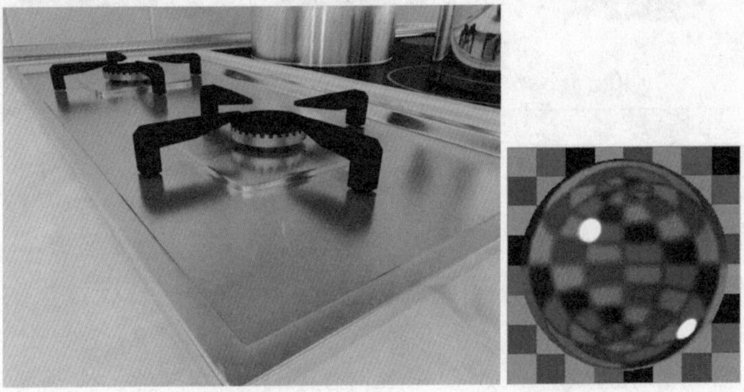

图C-13

STEP 1 打开随书配套光盘中的【材质场景文件\C\厨具\扩展025.max】场景文件，设置材质类型为【VRayMtl】。设置【漫反射】颜色为深灰色，设置【反射】颜色为灰色，【反射光泽度】为0.85，如图C-14所示。

STEP 2 展开【选项】卷展栏，取消勾选【雾系统单位比例】复选框，如图C-15所示。

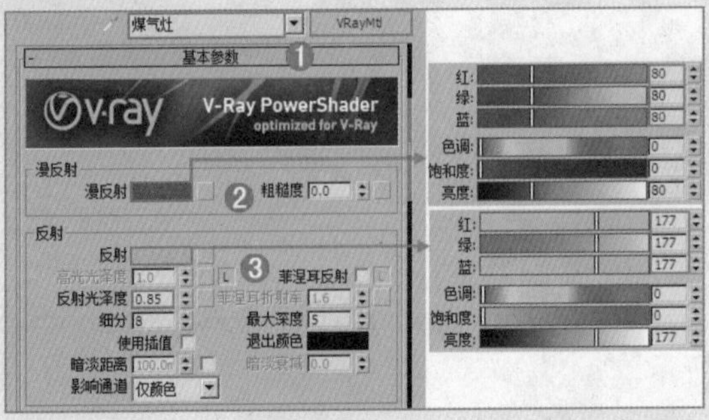

图C-14

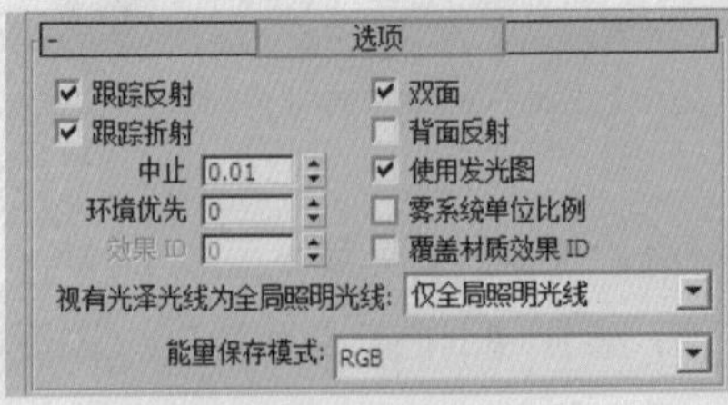

图C-15

实例026　筷子

案例文件	材质案例文件\C\厨具\筷子\筷子.max	视频教学	视频教学\材质\C\厨具\筷子.flv
技术难点	衰减贴图控制反射的方法		

案例分析：

【筷子】古称箸，是一种由中国汉族发明的非常具有民族特色的进食工具。如图C-16所示为分析并参考筷子材质的效果。本例通过为筷子设置筷子材质，学习筷子材质的设置方法，具体表现效果如图C-17所示。

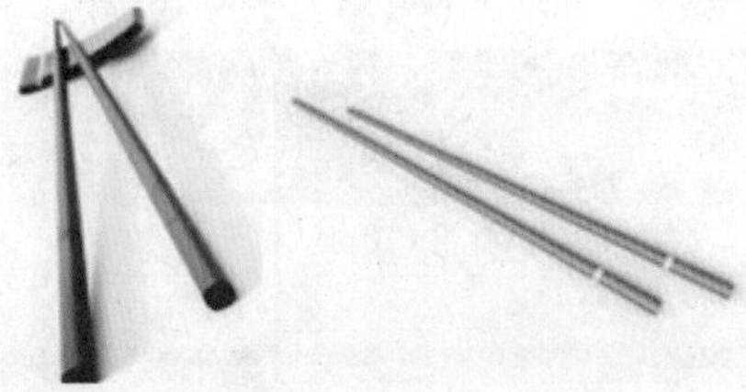

图C-16

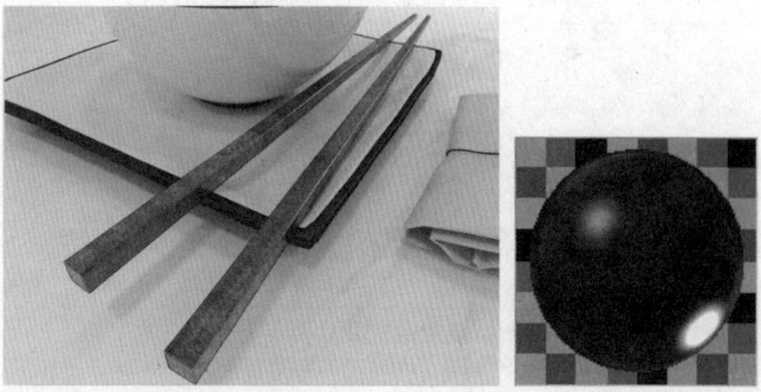

图C-17

操作步骤：

STEP 1 打开随书配套光盘中的场景文件【材质场景文件\C\厨具\026.max】，如图C-18所示。

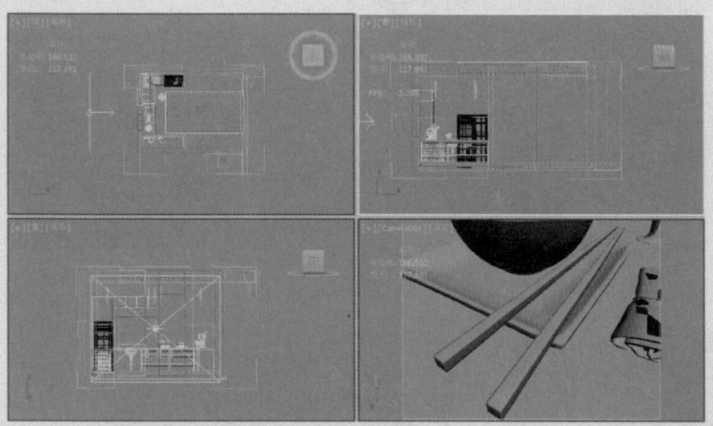

图C-18

STEP 2 按M键，打开材质编辑器。单击一个材质球，并设置材质类型为【VRayMtl】。在【漫反射】后面的通道上加载【wood_036.jpg】贴图文件，在【反射】后面的通道上加载【Falloff（衰减）】程序贴图。展开【衰减参数】卷展栏，设置【颜色2】颜色为灰色（红=84、绿=93、蓝=99）。设置【高光光泽度】为0.7，【反射光泽度】为0.83，如图C-19所示。

STEP 3 将制作完成的筷子材质赋予场景中的筷子模型，并将其他材质制作完成，如图C-20所示。

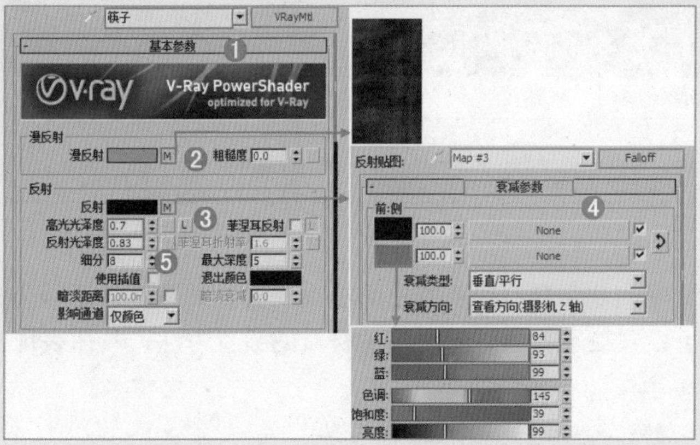

图C-19

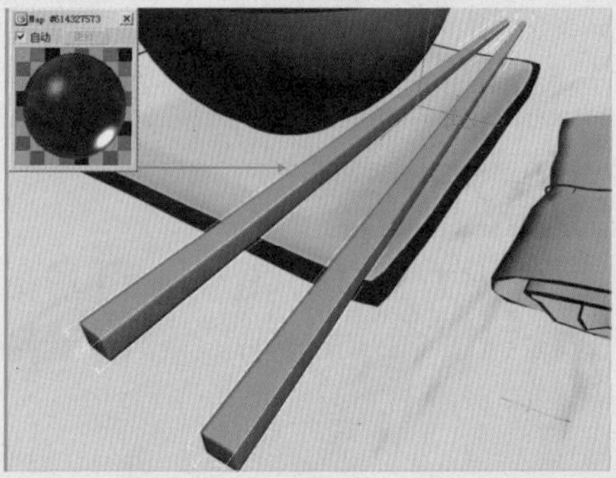

图C-20

扩展练习026——木质饭勺

案例文件	材质案例文件\C\厨具\木质饭勺\木质饭勺.max	视频教学	视频教学\材质\C\厨具\木质饭勺.flv
技术难点	位图贴图、反射的应用		

木质饭勺材质的制作难点在于如何把握位图贴图、反射的应用，使其更好地表现出木质饭勺的真实效果，如图C-21所示。

图C-21

打开随书配套光盘中的【材质场景文件\C\厨具\扩展026.max】场景文件，设置材质类型为【VRayMtl】。在【漫反射】后面的通道上加载【archmodels82_057_004.jpg】贴图文件，设置【反射】颜色为黑色，设置【反射光泽度】为0.6，【细分】为16，如图C-22所示。

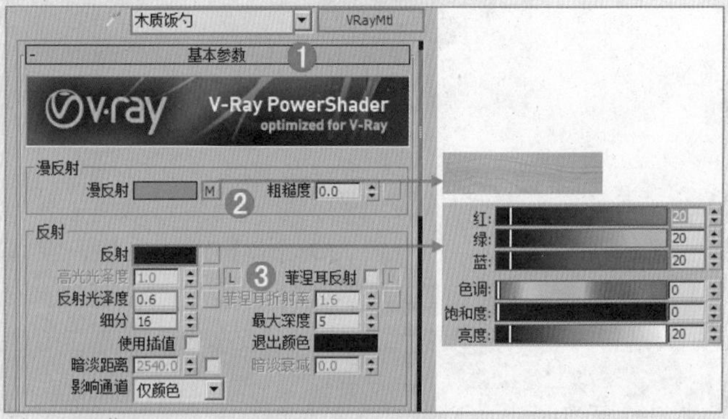

图C-22

实例027　器皿

案例文件	材质案例文件\C\厨具\器皿\器皿.max	视频教学	视频教学\材质\C\厨具\器皿.flv
技术难点	反射颜色控制器皿反射强度的方法		

案例分析：

【器皿】是用以盛装物品或作为摆设的物件的总称。器皿可以由不同的材料制成，并做成各种形状，以满足不同的需求。如图C-23所示为分析并参考器皿材质的效果。本例通过为器皿设置器皿材质，学习器皿材质的设置方法，具体表现效果如图C-24所示。

图C-23

图C-24

操作步骤：

STEP 1 打开随书配套光盘中的场景文件【材质场景文件\C\厨具\027.max】，如图C-25所示。

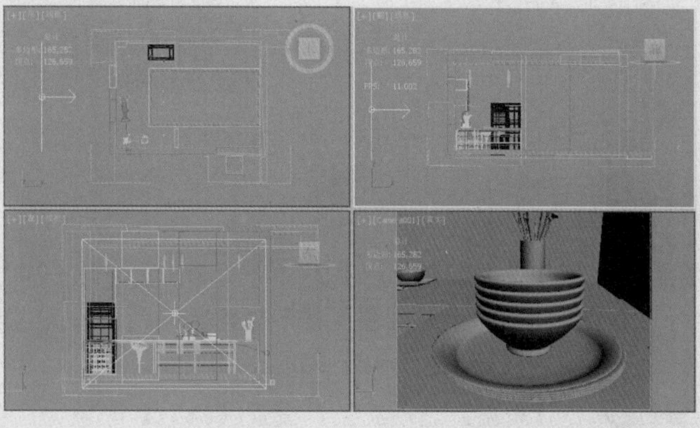

图C-25

STEP 2 按M键，打开材质编辑器。单击一个材质球，并设置材质类型为【VRayMtl】。设置【漫反射】颜色为白色（红=233、绿=233、蓝=233），设置【反射】颜色为白色（红=255、绿=255、蓝=255），勾选【菲涅耳反射】复选框，设置【高光光泽度】为0.85，设置【细分】为15，如图C-26所示。

技巧一点通：

【菲尼耳反射】是模拟真实世界中的一种反射现象，反射的强度与摄影机的视点和具有反射功能的物体的角度有关。角度值接近0时，反射最强；当光线垂直于表面时，反射功能最弱，这也是物理世界中的现象。

STEP 3 将制作完成的器皿材质赋予场景中的器皿模型，并将其他材质制作完成，如图C-27所示。

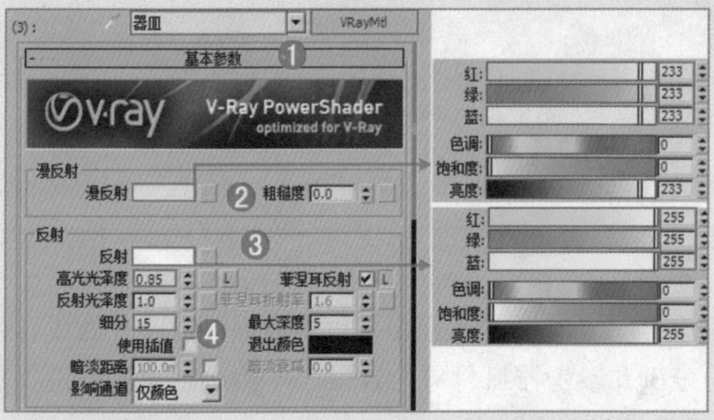

图C-26

图C-27

扩展练习027——玻璃茶壶

案例文件	材质案例文件\C\厨具\玻璃茶壶\玻璃茶壶.max	视频教学	视频教学\材质\C\厨具\玻璃茶壶.flv
技术难点	漫反射、反射、折射的应用		

玻璃茶壶材质的制作难点在于如何把握漫反射、反射、折射的应用，使其更好地表现出玻璃茶壶的真实效果，如图C-28所示。

图C-28

STEP 1 打开随书配套光盘中的【材质场景文件\C\厨具\扩展027.max】场景文件，设置材质类型为【VRayMtl】。设置【漫反射】颜色为黑色，设置【反射】颜色为白色，勾选【菲涅耳反射】复选框，设置【细分】为16，如图C-29所示。

STEP 2 在【折射】选项组下，设置【折射】颜色为白色，设置【烟雾颜色】为粉色，设置【烟雾倍增】为0.17，设置【细分】为16，勾选【影响阴影】复选框，如图C-30所示。

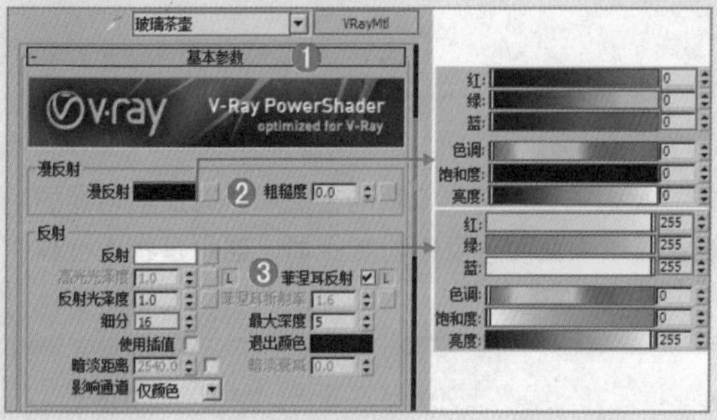

图C-29

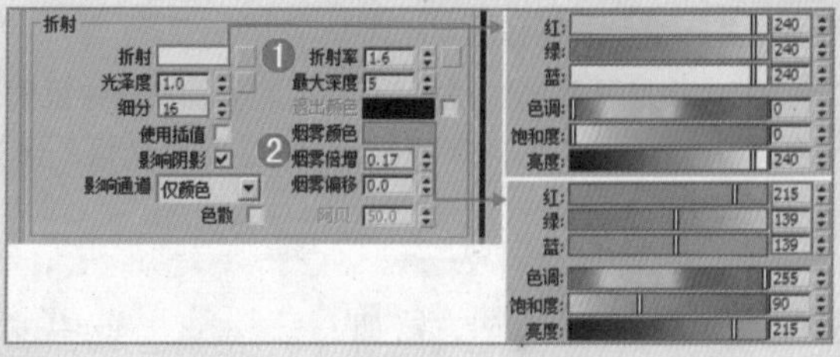

图C-30

STEP 3 展开【双向反射分布函数】卷展栏，设置【类型】为【多面】，如图C-31所示。

STEP 4 展开【选项】卷展栏，勾选【背面反射】复选框，取消勾选【雾系统单位比例】复选框，如图C-32所示。

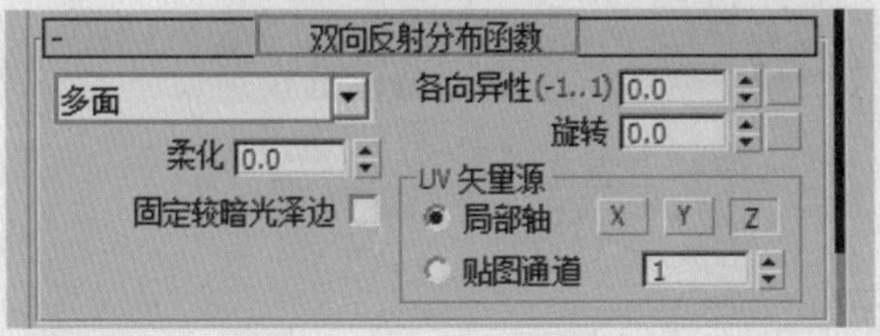

图C-31

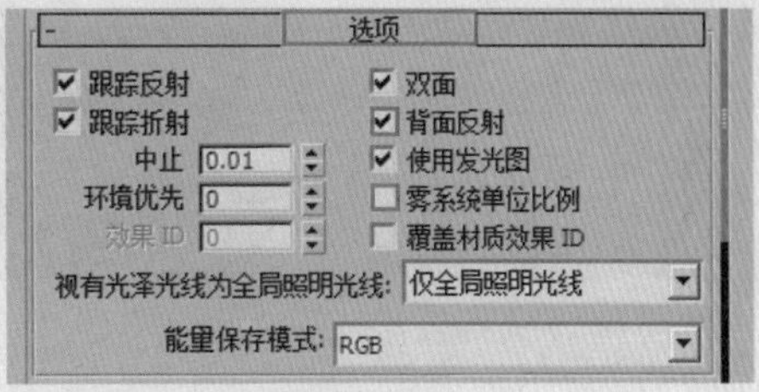

图C-32

实例028 操作台

案例文件	材质案例文件\C\厨具\操作台\操作台.max	视频教学	视频教学\材质\C\厨具\操作台.flv
技术难点	衰减颜色控制反射强度的方法		

案例分析：

【操作台】可用于手工、机器、数字等操作，多具有层板、承重大、节约空间、适用性强等特点。如图C-33所示为分析并参考操作台材质的效果。本例通过为操作台设置操作台材质，学习操作台材质的设置方法，具体表现效果如图C-34所示。

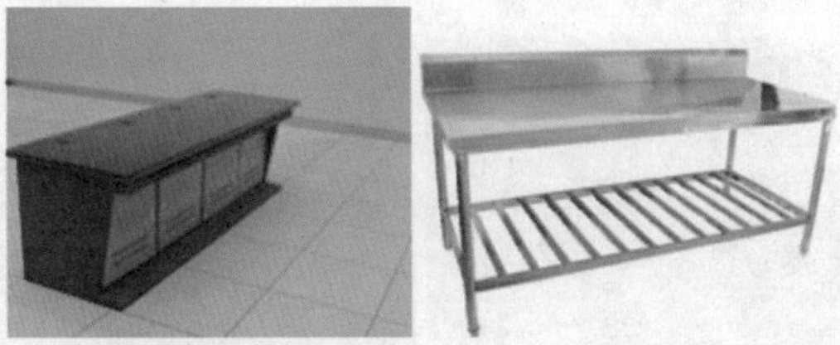

图C-33

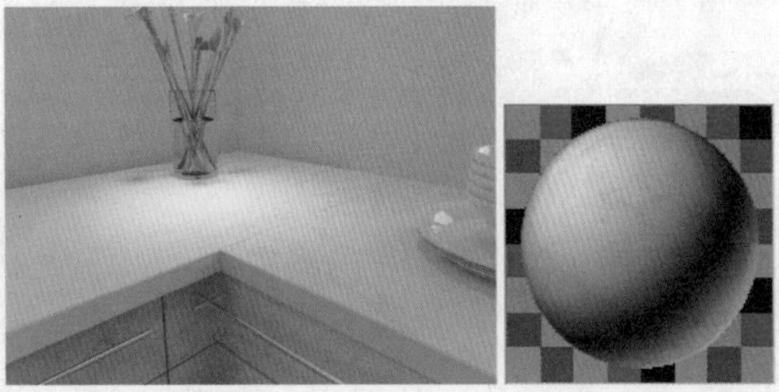

图C-34

操作步骤：

STEP 1 打开随书配套光盘中的场景文件【材质场景文件\C\厨具\028.max】，如图C-35所示。

STEP 2 按M键，打开材质编辑器。单击一个材质球，并设置材质类型为【VRayMtl】。在【漫反射】后面的通道上加载【石-大理石07.jpg】贴图文件，如图C-36所示。

STEP 3 在【反射】后面的通道上加载【Falloff（衰减）】程序贴图，展开【衰减参数】卷展栏，设置【颜色2】颜色为灰色（红=145、绿=145、蓝=145），设置【衰减类型】为【Fresnel】，如图C-37所示。

STEP 4 将制作完成的操作台材质赋予场景中的操作台模型，并将其他材质制作完成，如图C-38所示。

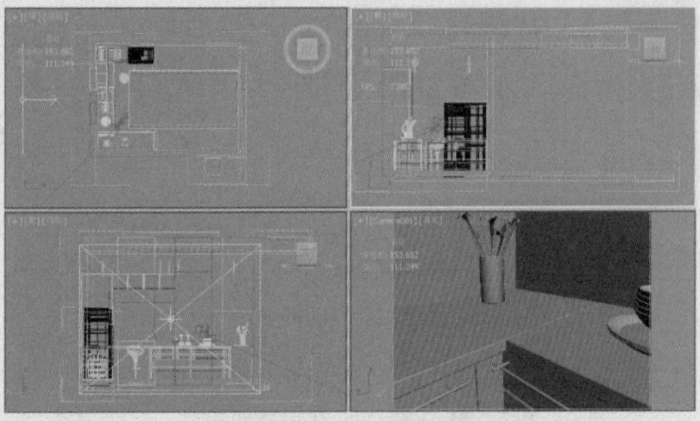

图C-35

图C-36

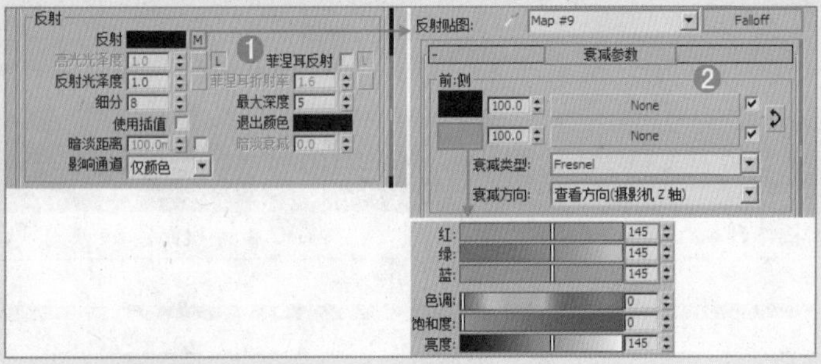

图C-37

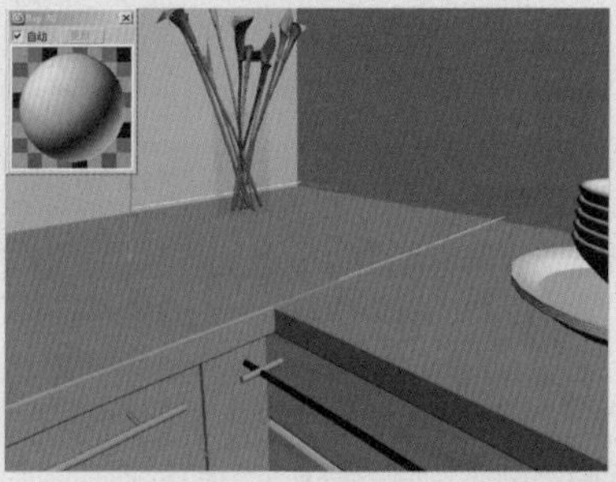

图C-38

扩展练习028——厨房橱柜

案例文件	材质案例文件\C\厨具\厨房橱柜\厨房橱柜.max	视频教学	视频教学\材质\C\厨具\厨房橱柜.flv
技术难点	漫反射、反射光泽度的应用		

厨房橱柜材质的制作难点在于如何把握漫反射、反射光泽度的应用，使其更好地表现出厨房橱柜的真实效果，如图C-39所示。

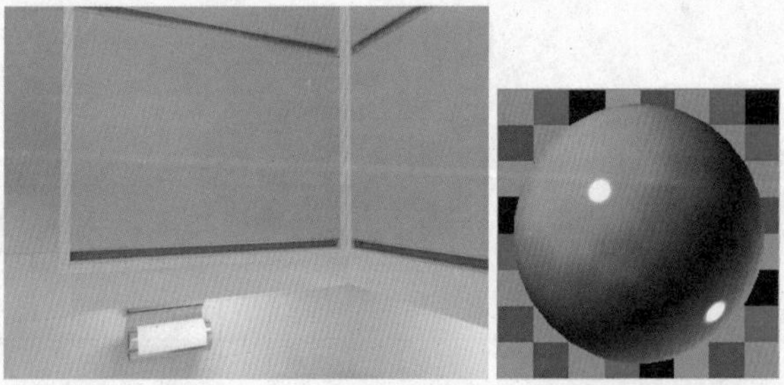

图C-39

打开随书配套光盘中的【材质场景文件\C\厨具\扩展028.max】场景文件，设置材质类型为【VRayMtl】。设置【漫反射】颜色为黄色，设置【反射】颜色为黑色，设置【反射光泽度】为0.85，【细分】为16，如图C-40所示。

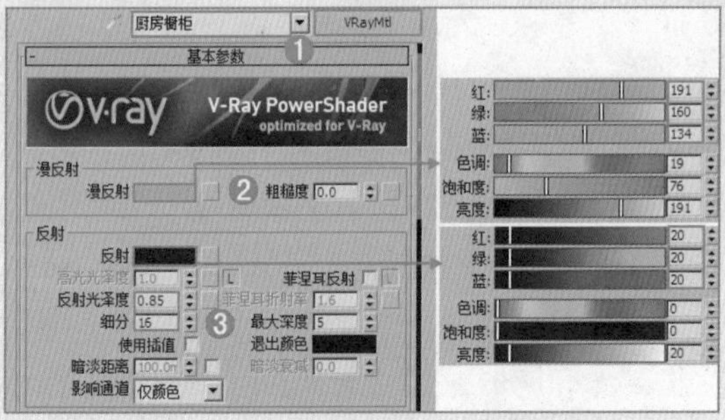

图C-40

D

地面（瓷砖、大理石地面、鹅软石地面、混凝土地面、砖石地面、大理石拼花地面、浴室地砖、棋盘格地砖、咖啡网纹地面、仿古地砖）

地面扩展（无缝地砖、地砖、水泥地砖、水泥地面、磨砂大理石地面、双色花瓶、光滑大理石地面、方形地砖、黑色地面砖、麻布地毯）

灯罩（反光灯罩、透光灯罩、花纹灯罩、中式灯罩、竹藤灯罩）

灯罩扩展（反光塑料、透光窗纱、花纹被罩、白色灯罩、竹藤椅子）

实例029　瓷砖

案例文件	材质案例文件\D\地面\瓷砖\瓷砖.max	视频教学	视频教学\材质\D\地面\瓷砖.flv
技术难点	反射颜色控制反射程度的方法		

案例分析：

【瓷砖】是以耐火的金属氧化物及半金属氧化物，经由研磨、混合、压制、施釉、烧结等过程，形成一种耐酸碱的瓷质或石质等建筑或装饰材料。如图D-1所示为分析并参考瓷砖材质的效果。本例通过为地面设置瓷砖材质，学习瓷砖材质的设置方法，具体表现效果如图D-2所示。

图D-1

图D-2

操作步骤：

STEP 1 打开随书配套光盘中的场景文件【材质场景文件\D\地面\029.max】，如图D-3所示。

STEP 2 按M键，打开材质编辑器。单击一个材质球，并设置材质类型为【VRayMtl】。在【漫反射】后面的通道上加载【278地面砖.jpg】贴图文件，展开【坐标】卷展栏，设置【瓷砖U】为3，【瓷砖V】为2.2。设置【反射】颜色为深灰色（红=50、绿=50、蓝=50），设置【细分】为20，如图D-4所示。

STEP 3 将制作完成的瓷砖材质赋予场景中的地面模型，并将其他材质制作完成，如图D-5所示。

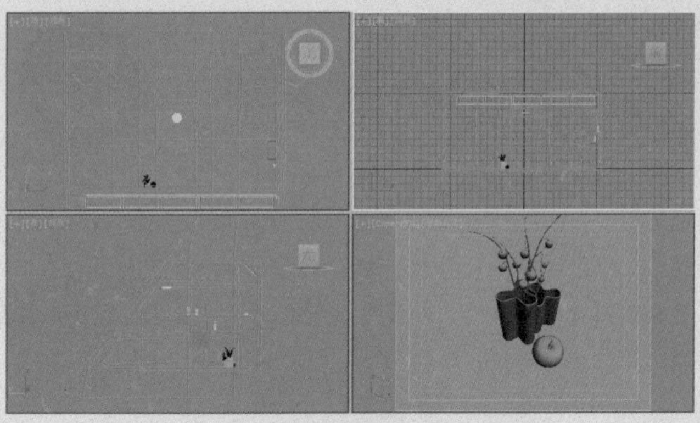

图D-3

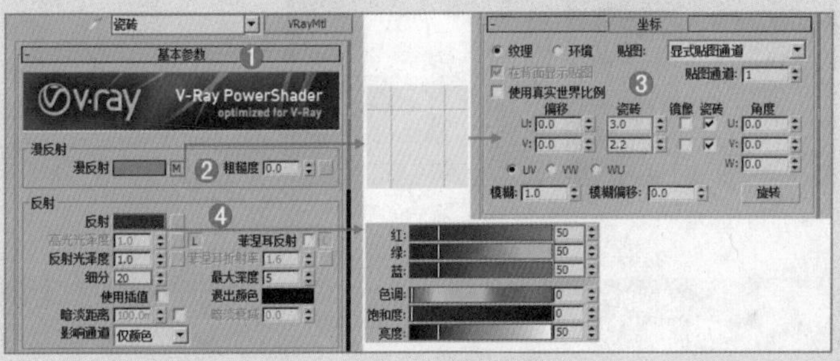

图D-4

图D-5

扩展练习029——无缝地砖

案例文件	材质案例文件\D\地面\无缝地砖\无缝地砖.max	视频教学	视频教学\材质\D\地面\无缝地砖.flv
技术难点	位图贴图、衰减程序贴图的应用		

无缝地砖材质的制作难点在于如何使用位图贴图和衰减程序贴图，才能更好地表现出无缝地砖的真实效果，如图D-6所示。

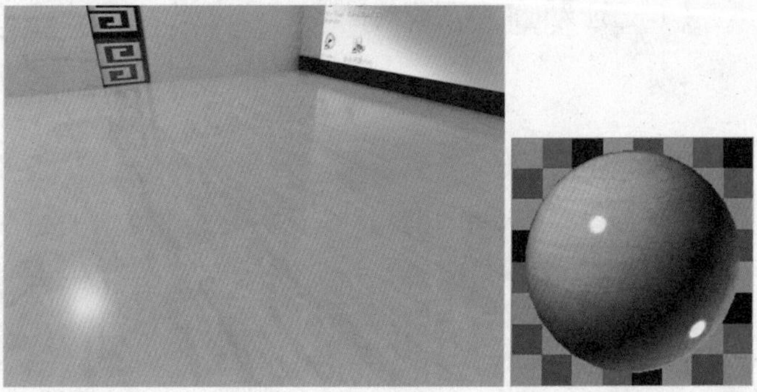

图D-6

打开随书配套光盘中的【材质场景文件\D\地面\扩展029.max】场景文件，设置材质类型为【VRayMtl】。在【漫反射】后面的通道上加载【大理石地面.jpg】贴图文件，展开【坐标】卷展栏，设置【模糊】为0.01。在【反射】后面的通道上加载【Falloff（衰减）】程序贴图，展开【衰减参数】卷展栏，设置【颜色2】颜色为灰色，设置【衰减类型】为【Fresnel】，设置【高光光泽度】为0.85，设置【反射光泽度】为0.9，如图D-7所示。

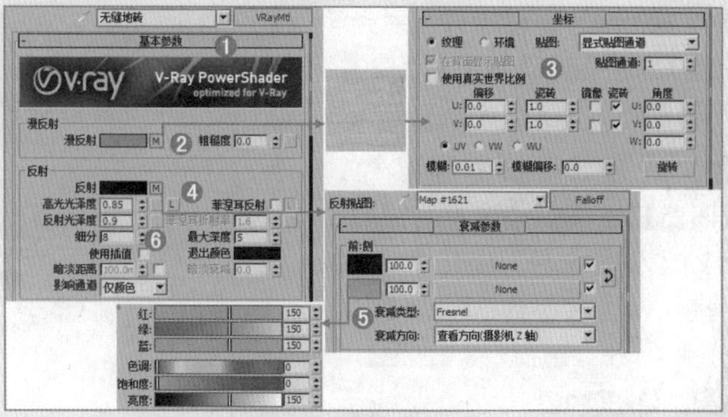

图D-7

实例030　大理石地面

案例文件	材质案例文件\D\地面\大理石地面\大理石地面.max	视频教学	视频教学\材质\D\地面\大理石地面.flv
技术难点	反射颜色控制反射程度的方法		

案例分析：

【大理石地面】是用来做建筑装饰材料的石灰岩，白色大理石一般称为汉白玉，但翻译西方制作雕像的白色大理石时也称为大理石。如图D-8所示为分析并参考大理石地面材质的效果。本例通过为地面设置大理石材质，学习大理石材质的设置方法，具体表现效果如图D-9所示。

图D-8

图D-9

操作步骤：

STEP 1 打开随书配套光盘中的场景文件【材质场景文件\D\地面\030.max】，如图D-10所示。

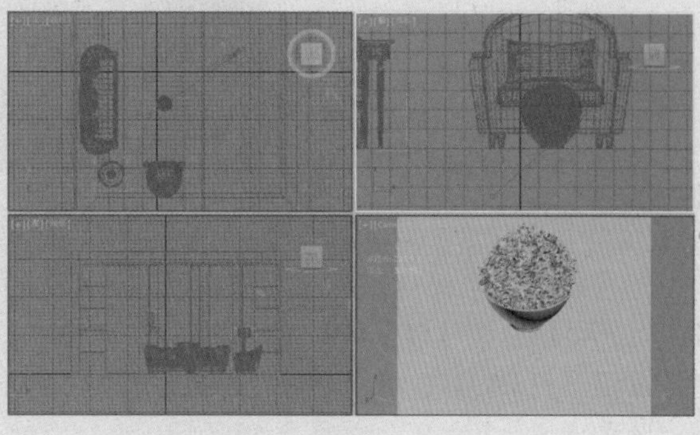
图D-10

STEP 2 按M键，打开材质编辑器。单击一个材质球，并设置材质类型为【VRayMtl】。在【漫反射】后面的通道上加载【di mian.jpg】贴图文件，展开【坐标】卷展栏，设置【瓷砖U】、【瓷砖V】为1.5。设置【反射】颜色为灰色（红=74、绿=74、蓝=74），设置【反射光泽度】为0.9，设置【细分】为20，如图D-11所示。

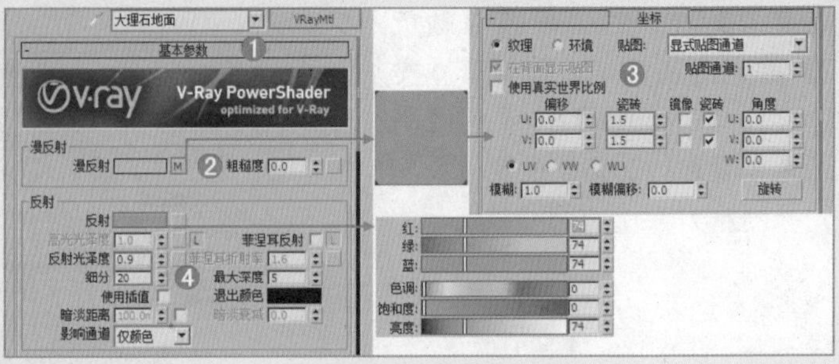

图D-11

STEP 3 展开【贴图】卷展栏，在【凹凸】后面的通道上加载【di mian.jpg】贴图文件，展开【坐标】卷展栏，设置【瓷砖U】、【瓷砖V】分别为1.5，最后设置【凹凸】数量为30，如图D-12所示。

STEP 4 将制作完成的大理石材质赋予场景中的地面模型，并将其他材质制作完成，如图D-13所示。

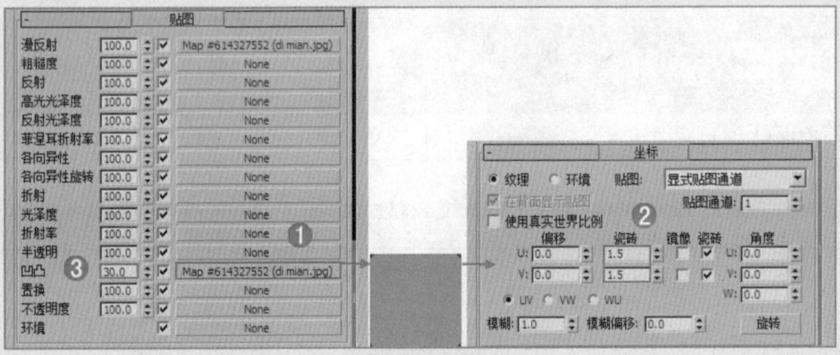

图D-12

图D-13

扩展练习030——地砖

案例文件	材质案例文件\D\地面\地砖\地砖.max	视频教学	视频教学\材质\D\地面\地砖.flv
技术难点	菲涅耳反射的应用		

地砖材质的制作难点在于使用【菲尼尔反射】选项制作出柔和的反射效果，更好地表现出地砖的真实效果，如图D-14所示。

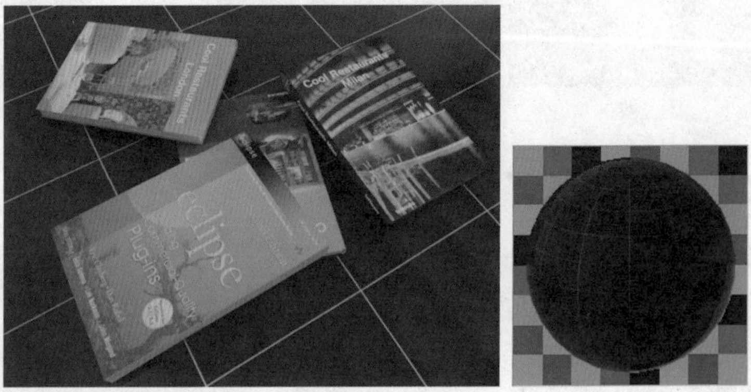

图D-14

打开随书配套光盘中的【材质场景文件\D\地面\扩展030.max】场景文件，设置材质类型为【VRayMtl】。在【漫反射】后面的通道上加载【Tiles（平铺）】程序贴图，展开【坐标】卷展栏，设置【瓷砖U】、【瓷砖V】分别为3，设置【反射】颜色为白色，勾选【菲涅耳反射】复选框，设置【细分】为20，如图D-15所示。

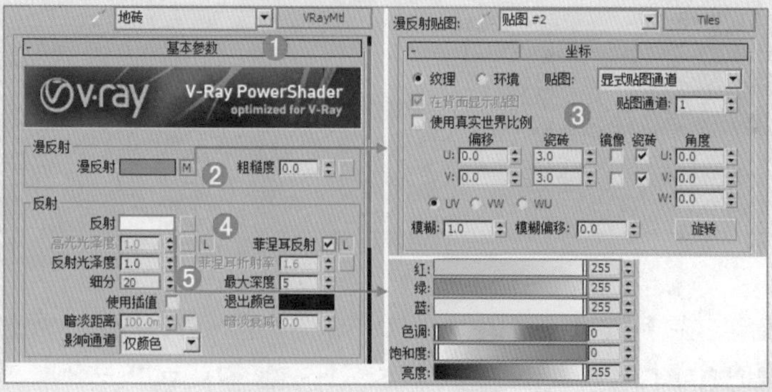

图D-15

实例031　鹅卵石地面

案例文件	材质案例文件\D\地面\鹅卵石地面\鹅卵石地面.max	视频教学	视频教学\材质\D\地面\鹅卵石地面.flv
技术难点	VRay置换模式制作凹凸的方法		

案例分析：

【鹅卵石地面】是开采黄砂的附产品，因为状似鹅卵而得名。如图D-16所示为分析并参考鹅卵石地面材质的效果。本例通过为地面设置鹅卵石材质，学习鹅卵石材质的设置方法，具体表现效果如图D-17所示。

图D-16

图D-17

操作步骤：

STEP 1 打开随书配套光盘中的场景文件【材质场景文件\D\地面\031.max】，如图D-18所示。

STEP 2 按M键，打开材质编辑器。单击一个材质球，并设置材质类型为【VRayMtl】。在【漫反射】后面的通道上加载【鹅卵石.jpg】贴图文件，展开【坐标】卷展栏，设置【瓷砖U】、【瓷砖V】分别为10，如图D-19所示。

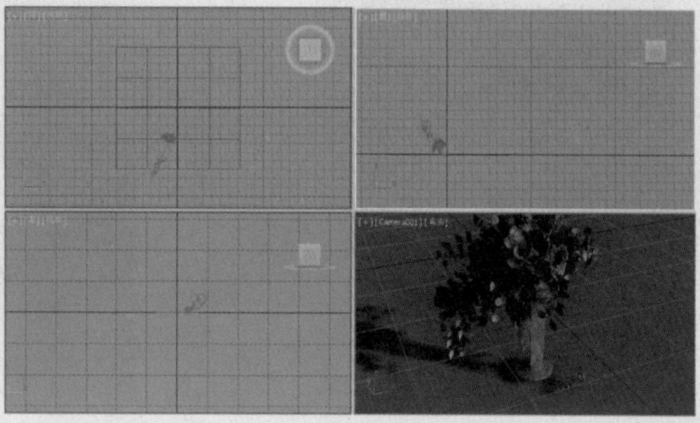
图D-18

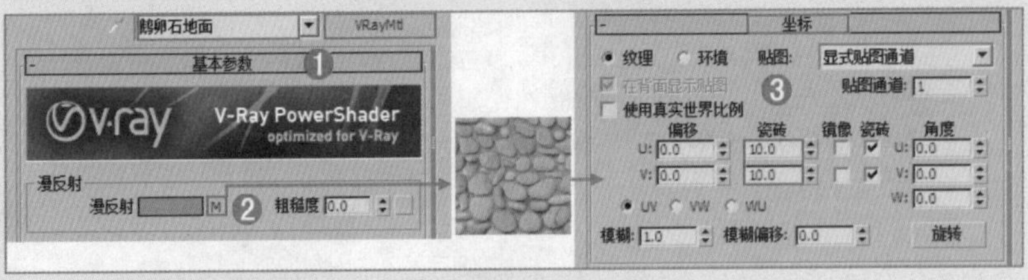

图D-19

STEP 3 选中地面模型，在【修改】面板中添加【VRay置换模式】修改器，展开【参数】卷展栏，在【纹理贴图】下面的通道上加载【黑白.jpg】贴图文件，设置【数量】为20，如图D-20所示。

STEP 4 单击【VR置换模式】中【纹理贴图】下面通道上的【黑白.jpg】贴图文件，并将其拖曳到一个材质球上，在弹出的【实例（副本）贴图】对话框中选择【实例】，如图D-21所示。

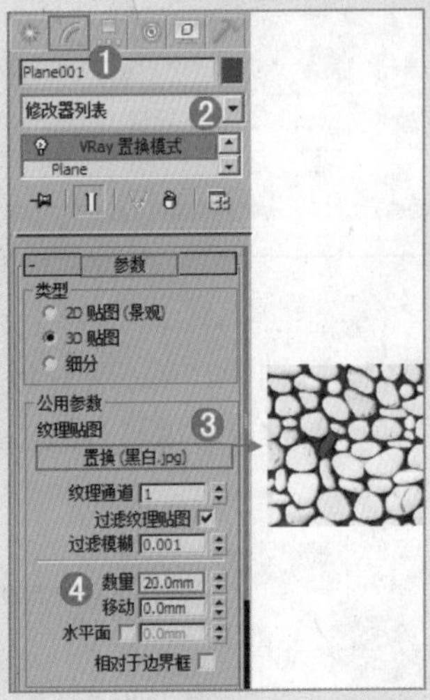

图D-20

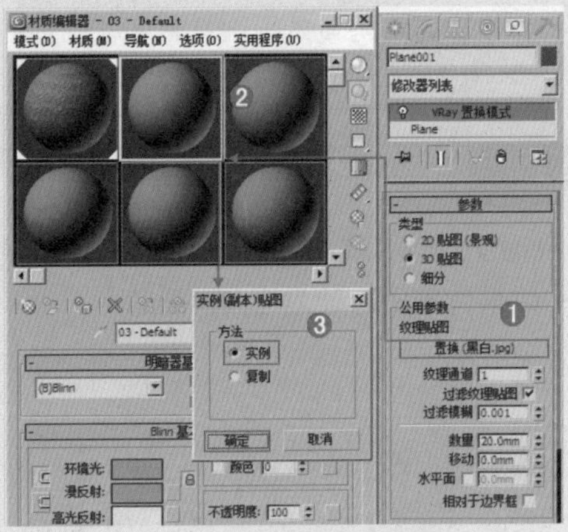

图D-21

STEP 5 单击被拖曳后的材质球，命名为【置换】，展开【坐标】卷展栏，设置【瓷砖U】、【瓷砖V】分别为10，如图D-22所示。

STEP 6 将制作完成的鹅卵石材质赋予场景中的地面模型，并将其他材质制作完成，如图D-23所示。

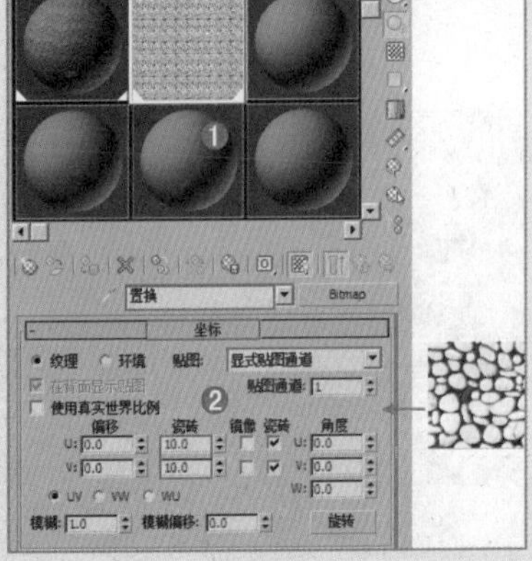

图D-22

图D-23

技巧一点通：

【VRay置换模式】与3ds Max中的凹凸贴图很相似，不过比凹凸贴图更强大：凹凸贴图仅仅是材质作用于物体表面的一个效果，而【VRay置换模式】修改器是作用于物体模型的一个效果，它表现出来的效果比凹凸贴图表现的效果更丰富、更强烈。

扩展练习031——水泥地砖

案例文件	材质案例文件\D\地面\水泥地砖\水泥地砖.max	视频教学	视频教学\材质\D\地面\水泥地砖.flv
技术难点	VR混合材质、法线凹凸贴图、VR污垢贴图的应用		

水泥地砖材质的制作难点在于如何使用VR混合材质、法线凹凸贴图、VR污垢贴图制作非常丰富的材质效果，更好地表现出仿古地砖的真实效果，如图D-24所示。

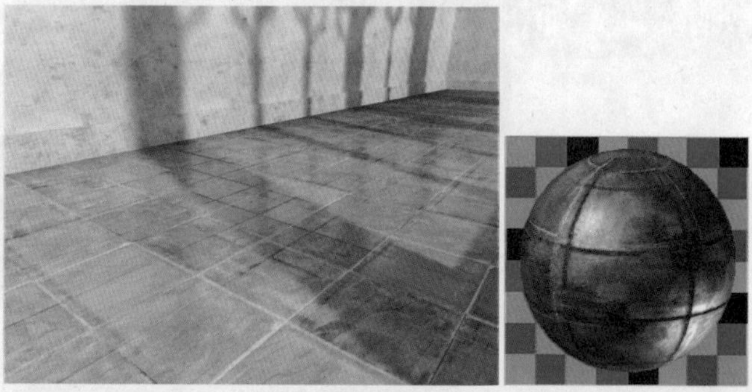

图D-24

STEP 1 打开随书配套光盘中的【材质场景文件\D\地面\扩展031.max】场景文件，设置材质类型为【VR混合材质】。在【基本材质】后面的通道上加载【VRayMtl】材质，在【镀膜材质1】后面的通道上加载【VRayMtl】材质，并命名为【Dirt】。在【混合数量】后面的通道上加载【VR污垢】程序贴图，并命名为【Dirt map Floor】，如图D-25所示。

STEP 2 单击进入【基本材质】后面的通道，在【漫反射】后面的通道上加载【archinterior9_01_floor_grey.jpg】贴图文件，展开【坐标】卷展栏，设置【瓷砖U】、【瓷砖V】分别为0.8。在【反射】后面的通道上加载【archinterior9_01_floor_grey_spec.jpg】贴图文件，展开【坐标】卷展栏，设置【模糊】为1.6。设置【高光光泽度】为0.55，设置【反射光泽度】为0.89，【细分】为16，如图D-26所示。

图D-25

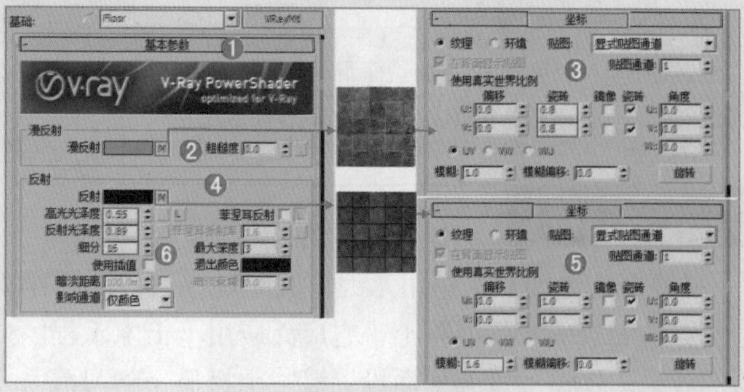

图D-26

STEP 3 展开【贴图】卷展栏，在【凹凸】后面的通道上加载【法线凹凸】程序贴图，展开【参数】卷展栏，设置【数量】为-2。在【法线】后面的通道上加载【archinterior9_01_floor_grey_normal.jpg】贴图文件，展开【坐标】卷展栏，设置【模糊】为0.8，设置【凹凸】数量为30，如图D-27所示。

STEP 4 单击进入【镀膜材质1】后面的通道，设置【漫反射】颜色为黑色，如图D-28所示。

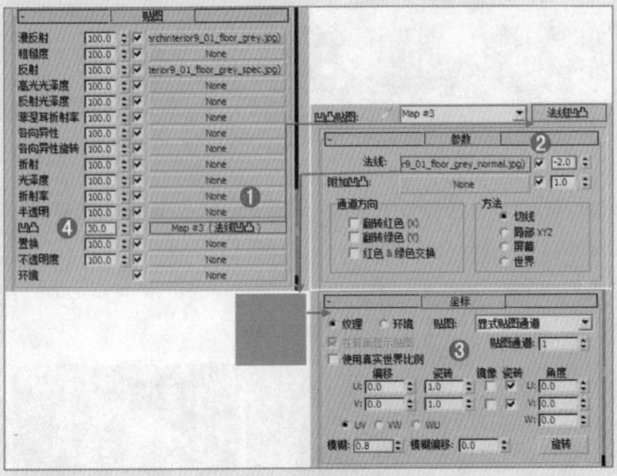

图D-27

图D-28

STEP 5 单击进入【混合数量】后面的通道中，展开【VRay污垢参数】卷展栏，设置【半径】数值，【阻光颜色】为白色，设置【非阻光颜色】为黑色，设置【衰减】为1，设置【细分】为32，取消勾选【忽略全局照明】复选框，如图D-29所示。

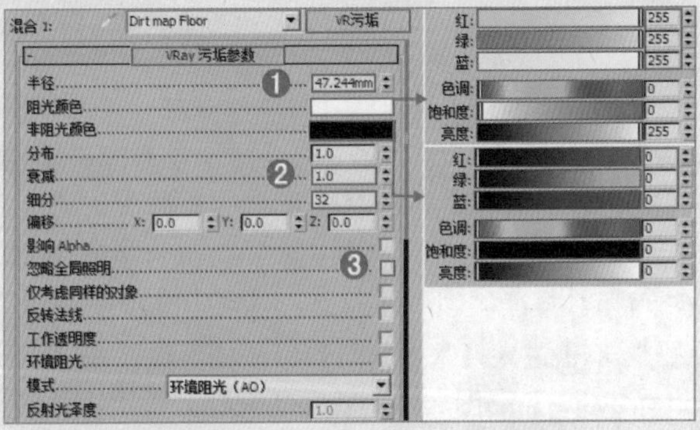

图D-29

实例032　混凝土地面

案例文件	材质案例文件\D\地面\混凝土地面\混凝土地面.max	视频教学	视频教学\材质\D\地面\混凝土地面.flv
技术难点	凹凸通道加贴图控制地面纹理的方法		

案例分析：

【混凝土地面】是指用水泥作胶凝材料，砂、石作集料，与水按一定比例配合，经搅拌、成型、养护而得的水泥混凝土，它广泛应用于土木工程。如图D-30所示为分析并参考混凝土地面材质的效果。本例通过为地面设置混凝土材质，学习混凝土地面材质的设置方法，具体表现效果如图D-31所示。

图D-30

图D-31

操作步骤:

STEP 1 打开随书配套光盘中的场景文件【材质场景文件\D\地面\032.max】，如图D-32所示。

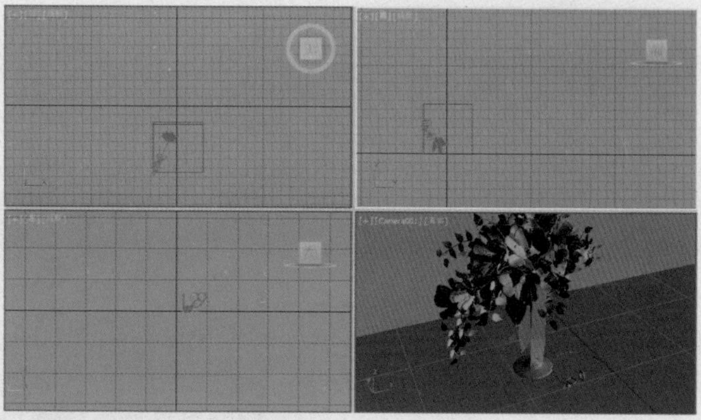

图D-32

STEP 2 按M键，打开材质编辑器。单击一个材质球，并设置材质类型为【VRayMtl】。在【漫反射】后面的通道上加载【混凝土(2).jpg】贴图文件，展开【坐标】卷展栏，设置【瓷砖U】、【瓷砖V】分别为3，模糊为0.01。设置【反射】颜色为深灰色（红=17、绿=17、蓝=17），设置【反射光泽度】为0.75，设置【细分】为20，如图D-33所示。

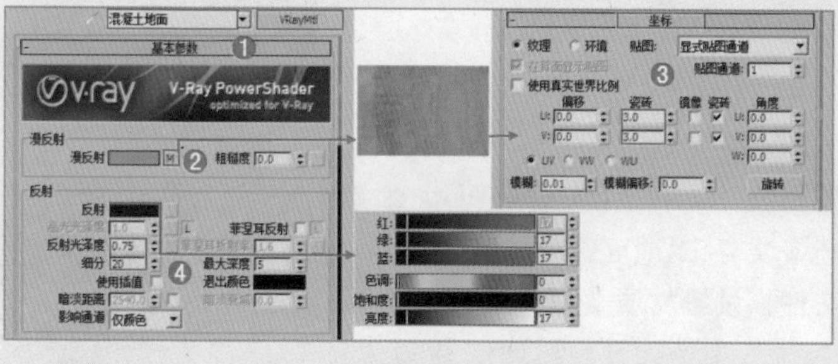

图D-33

STEP 3 展开【贴图】卷展栏，在【凹凸】后面的通道上加载【混凝土 (2).jpg】贴图文件，展开【坐标】卷展栏，设置【瓷砖U】、【瓷砖V】分别为3，【模糊】为0.01，最后设置【凹凸】数量为30，如图D-34所示。

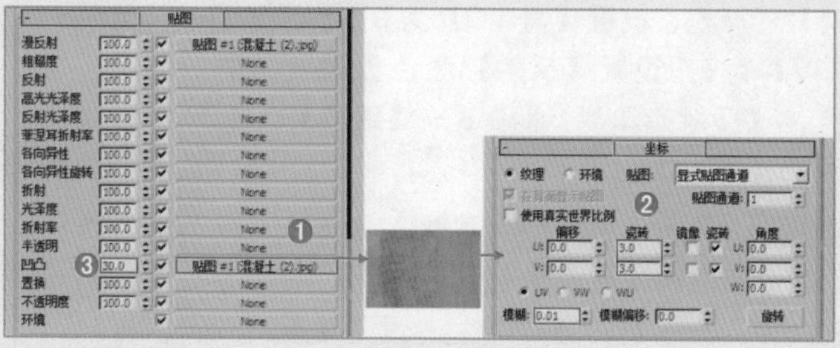

图D-34

STEP 4 将制作完成的混凝土材质赋予场景中的地面模型，并将其他材质制作完成，如图D-35所示。

图D-35

扩展练习032——水泥地面

案例文件	材质案例文件\D\地面\水泥地面\水泥地面.max	视频教学	视频教学\材质\D\地面\水泥地面.flv
技术难点	反射颜色、反射光泽度、凹凸通道的运用		

水泥地面材质的制作难点在于把握水泥地面的反射模糊质感和细致的凹凸质感，使其更好地表现出水泥地面的真实效果，如图D-36所示。

图D-36

STEP 1 打开随书配套光盘中的【材质场景文件\D\地面\扩展032.max】场景文件，设置材质类型为【VRayMtl】。然后在【漫反射】后面的通道上加载【混泥土.jpg】贴图文件，展开【坐标】卷展栏，设置【瓷砖U】为10,【瓷砖V】为7；设置【反射】颜色为深灰色，【反射光泽度】为0.8，【细分】为25，如图D-37所示。

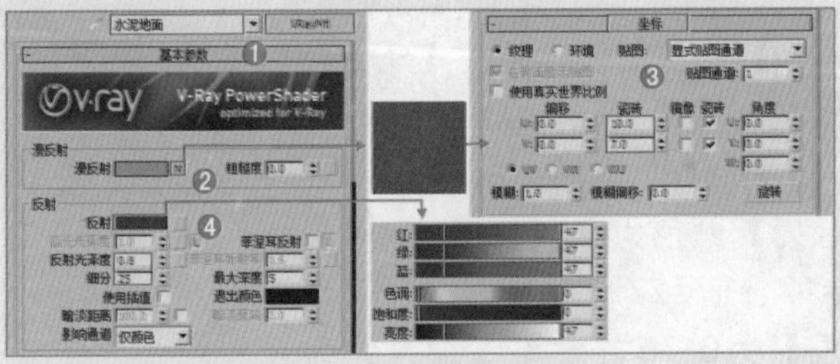

图D-37

STEP 2 展开【贴图】卷展栏，在【凹凸】后面的通道上加载【混泥土.jpg】贴图文件，展开【坐标】卷展栏，设置【瓷砖U】为10，【瓷砖V】为7，最后设置【凹凸】数量为30，如图D-38所示。

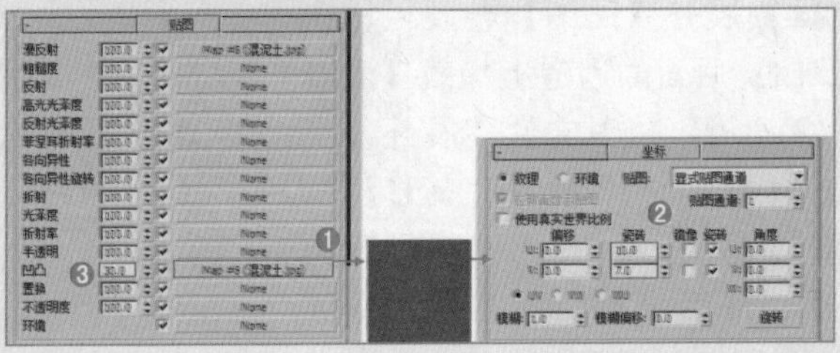

图D-38

实例033　砖石地面

案例文件	材质案例文件\D\地面\砖石地面\砖石地面.max	视频教学	视频教学\材质\D\地面\砖石地面.flv
技术难点	凹凸通道加贴图控制地面纹理的方法		

案例分析：

【砖石地面】是建筑用的人造小型块材，分烧结砖（主要指粘土砖）和非烧结砖（灰砂砖、粉煤灰砖等），俗称砖头。如图D-39所示为分析并参考砖石地面材质的效果。本例通过为地面设置砖石材质，学习砖石地面材质的设置方法，具体表现效果如图D-40所示。

图D-39

图D-40

操作步骤：

STEP 1 打开随书配套光盘中的场景文件【材质场景文件\D\地面\033.max】，如图D-41所示。

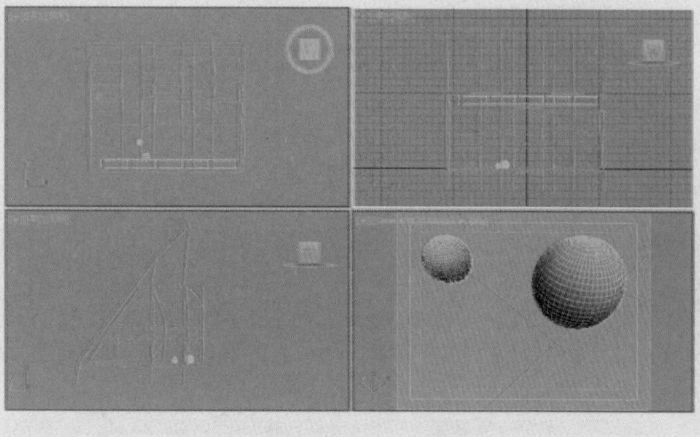

图D-41

STEP 2 按M键，打开材质编辑器。单击一个材质球，并设置材质类型为【VRayMtl】。在【漫反射】后面的通道上加载【墙砖282.jpg】贴图文件，展开【坐标】卷展栏，设置【瓷砖U】、【瓷砖V】分别为20，设置【反射】颜色为深灰色（红=25、绿=25、蓝=25），设置【反射光泽度】为0.8，【细分】为20，如图D-42所示。

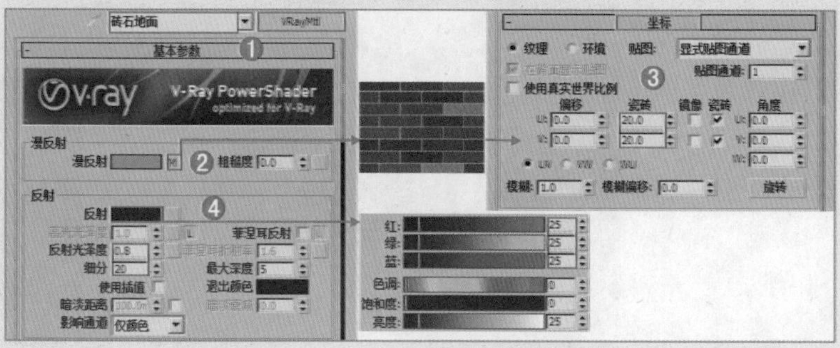

图D-42

STEP 3 展开【贴图】卷展栏，在【凹凸】后面的通道上加载【墙砖282.jpg】贴图文件，展开【坐标】卷展栏，设置【瓷砖U】、【瓷砖V】分别为20，最后设置【凹凸】数量为30，如图D-43所示。

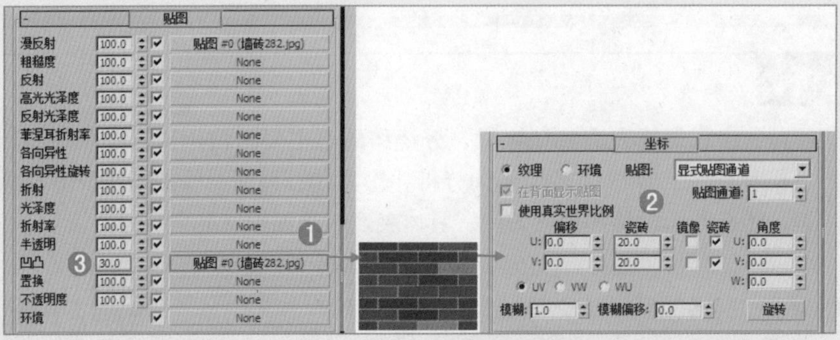

图D-43

STEP 4 将制作完成的砖石材质赋予场景中的地面模型，并将其他材质制作完成，如图D-44所示。

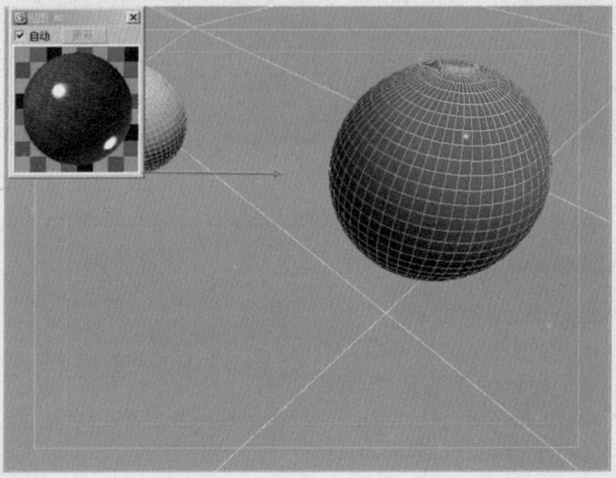

图D-44

扩展练习033——磨砂大理石地面

案例文件	材质案例文件\D\地面\磨砂大理石地面\磨砂大理石地面.max	视频教学	视频教学\材质\D\地面\磨砂大理石地面.flv
技术难点	漫反射、反射的应用		

磨砂大理石地面材质的制作难点在于如何把握漫反射、反射的应用，使其更好地表现出大理石地面的真实效果，如图D-45所示。

图D-45

打开随书配套光盘中的【材质场景文件\D\地面\扩展033.max】场景文件，设置材质类型为【VRayMtl】。然后在【漫反射】后面的通道上加载【地拼167.jpg】贴图文件，展开【坐标】卷展栏，设置【瓷砖U】为1.2,【瓷砖V】为1.5，设置【反射】颜色为深灰色，设置【高光光泽度】为0.95，【反射光泽度】为0.95，如图D-46所示。

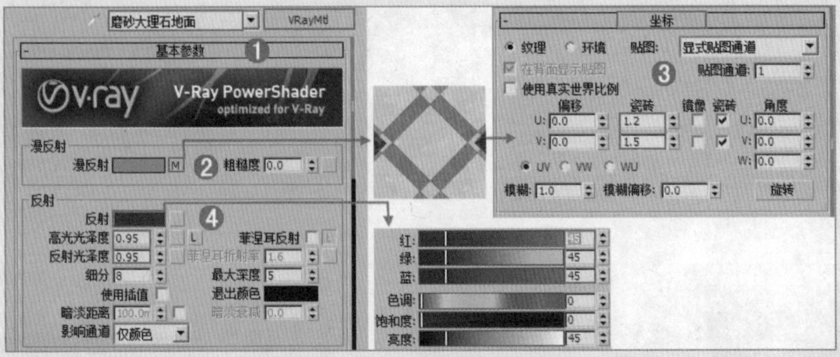

图D-46

实例034　大理石拼花地面

案例文件	材质案例文件\D\地面\大理石拼花地面\大理石拼花地面.max	视频教学	视频教学\材质\D\地面\大理石拼花地面.flv
技术难点	衰减贴图设置两个颜色的过渡效果，用来控制反射		

案例分析：

【大理石拼花地面】是用来作为建筑装饰材料的石灰岩，白色大理石一般称为汉白玉，但翻译西方制作雕像的白色大理石也称为大理石。如图D-47所示为分析并参考大理石拼花地面材质的效果。本例通过为地面设置大理石拼花材质，学习大理石拼花地面材质的设置方法，具体表现效果如图D-48所示。

图D-47

图D-48

操作步骤：

STEP 1 打开随书配套光盘中的场景文件【材质场景文件\D\地面\034.max】，如图D-49所示。

STEP 2 按M键，打开材质编辑器。单击一个材质球，并设置材质类型为【VRayMtl】。在【漫反射】后面的通道上加载【地拼图.jpg】贴图文件，在【反射】后面的通道上加载【Falloff（衰减）】程序贴图，展开【衰减参数】卷展栏，设置【颜色1】颜色为黑色（红=15、绿=15、蓝=15），设置【颜色2】颜色为灰色（红=180、绿=180、蓝=180），设置【衰减类型】为【Fresnel】，设置【细分】为20，设置【最大深度】为2，如图D-50所示。

STEP 3 将制作完成的大理石拼花材质赋予场景中的地面模型，并将其他材质制作完成，如图D-51所示。

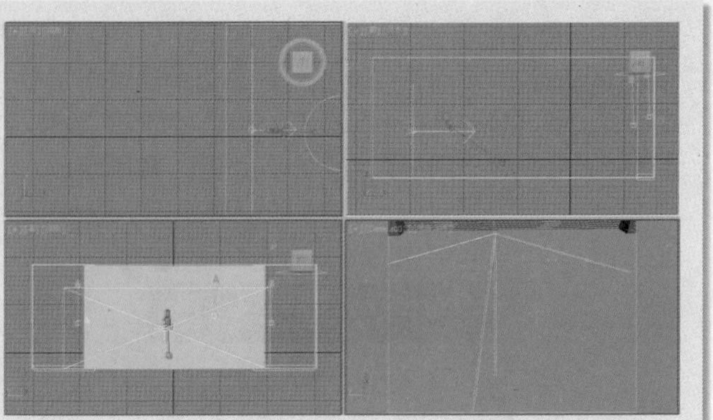

图D-49

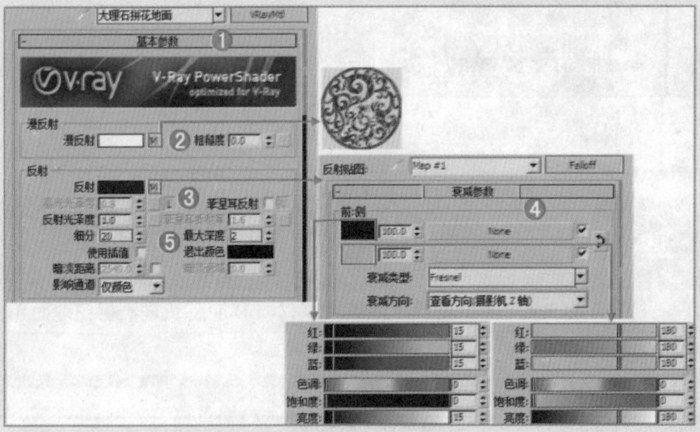

图D-50

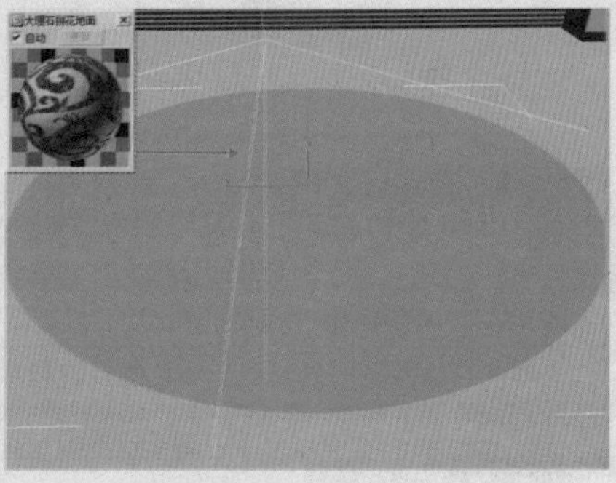

图D-51

技巧一点通：

【最大深度】是指反射的次数，数值越高效果越真实，但渲染时间也更长。渲染室内的玻璃或金属物体时，反射次数需要设置大一些；渲染地面和墙面时，反射次数可以设置少一些，这样可以提高渲染速度。

扩展练习034——双色花瓶

案例文件	材质案例文件\D\地面\双色花瓶\双色花瓶.max	视频教学	视频教学\材质\D\地面\双色花瓶.flv
技术难点	大理石程序贴图的应用		

花瓶材质的制作难点在于如何把握大理石程序贴图的应用，以便更好地表现出花瓶的真实效果，如图D-52所示。

图D-52

STEP 1 打开随书配套光盘中的【材质场景文件\D\地面\扩展034.max】场景文件，设置材质类型为【VRayMtl】。在【漫反射】后面的通道上加载【大理石】程序贴图，设置【大小】30，【颜色#1】为蓝色、【颜色#2】为浅绿色，如图D-53所示。

STEP 2 设置【反射】颜色为黑色，【高光光泽度】为0.8，【反射光泽度】为0.9，【细分】为14。在【折射】选项组下，设置【折射率】为1.3，如图D-54所示。

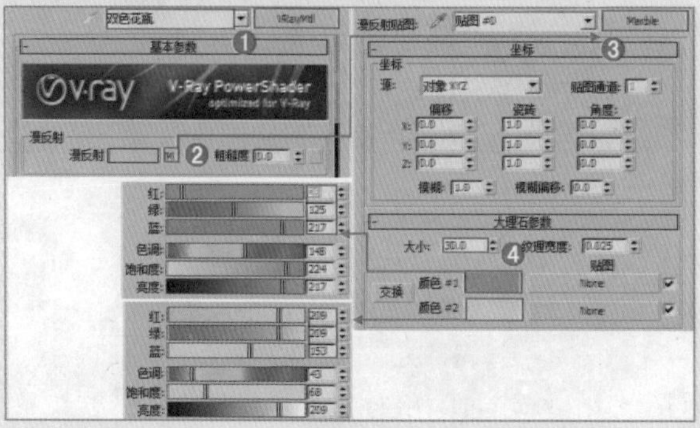

图D-53

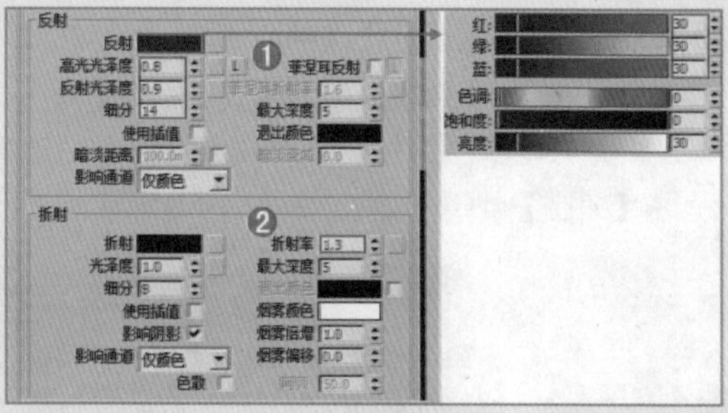

图D-54

实例035　浴室地砖

案例文件	材质案例文件\D\地面\浴室地砖\浴室地砖.max	视频教学	视频教学\材质\D\地面\浴室地砖.flv
技术难点	反射颜色控制地砖反射强度的方法		

案例分析：

【浴室地砖】是一种地面装饰材料，也叫地板砖，用黏土烧制而成，规格多种，质坚、耐压耐磨，能防潮；有的经上釉处理，具有装饰作用；多用于公共建筑和民用建筑的地面和楼面。如图D-55所示为分析并参考浴室地砖材质的效果。本例通过为地面设置地砖材质，学习浴室地砖材质的设置方法，具体表现效果如图D-56所示。

图D-55

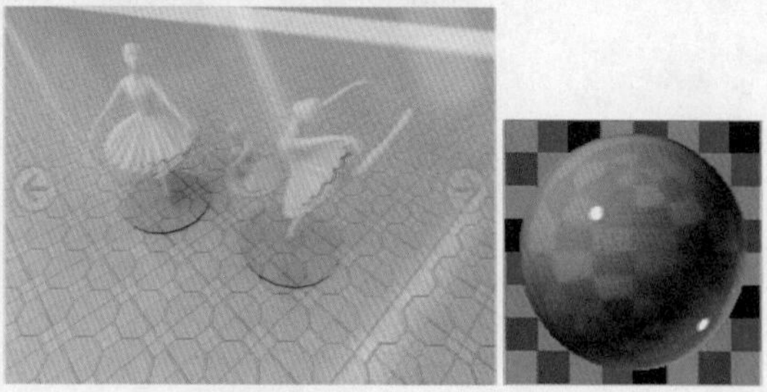

图D-56

操作步骤：

STEP 1 打开随书配套光盘中的场景文件【材质场景文件\D\地面\035.max】，如图D-57所示。

STEP 2 按M键，打开材质编辑器。单击一个材质球，并设置材质类型为【VRayMtl】。在【漫反射】后面的通道上加载【墙砖306.jpg】贴图文件，展开【坐标】卷展栏，设置【瓷砖U】为40，设置【瓷砖V】为33。设置【反射】颜色为深灰色（红=54、绿=54、蓝=54），设置【反射光泽度】为0.9，【细分】为20，如图D-58所示。

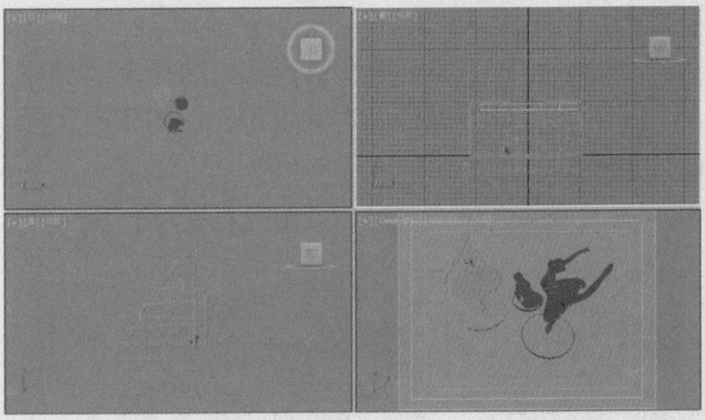

图D-57

STEP 3 展开【贴图】卷展栏，在【凹凸】后面的通道上加载【墙砖306.jpg】贴图文件，展开【坐标】卷展栏，设置【瓷砖U】为40，设置【瓷砖V】为33，最后设置【凹凸】数量为30，如图D-59所示。

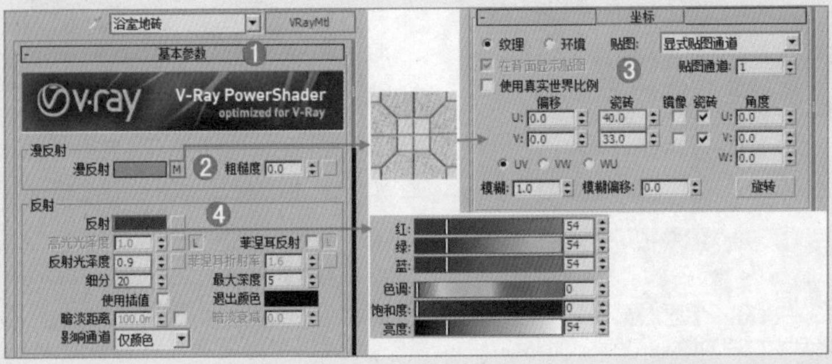

图D-58

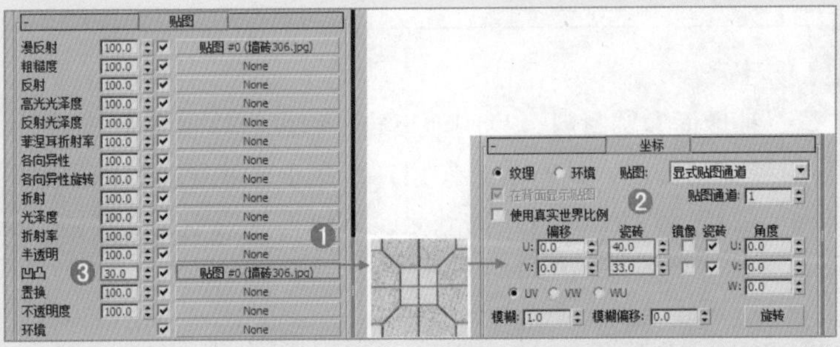

图D-59

STEP 4 将制作完成的地砖材质赋予场景中的地面模型，并将其他材质制作完成，如图D-60所示。

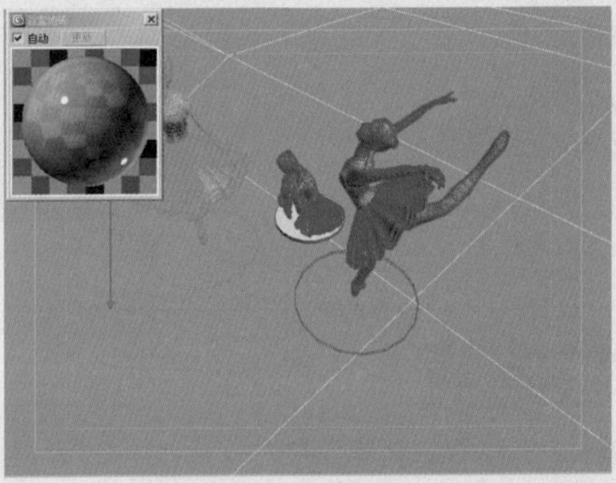

图D-60

扩展练习035——光滑大理石地面

案例文件	材质案例文件\D\地面\光滑大理石地面\光滑大理石地面.max	视频教学	视频教学\材质\D\地面\光滑大理石地面.flv
技术难点	衰减程序贴图的应用		

光滑大理石地面材质的制作难点在于如何把握地砖的自然反射效果，使其更好地表现出地砖的真实效果，如图D-61所示。

图D-61

STEP 1 打开随书配套光盘中的【材质场景文件\D\地面\扩展035.max】场景文件，设置材质类型为【VRayMtl】。然后在【漫反射】后面的通道上加载【地砖.jpg】贴图文件，展开【坐标】卷展栏，勾选【使用真实世界比例】复选框，设置【宽度大小】为4mm，【高度大小】为4mm，【角度V】为40，【角度W】为45，如图D-62所示。

STEP 2 在【反射】后面的通道上加载【衰减】程序贴图，调节【颜色2】颜色为浅灰色，设置【衰减类型】为【Fresnel】，最后设置【细分】为20，如图D-63所示。

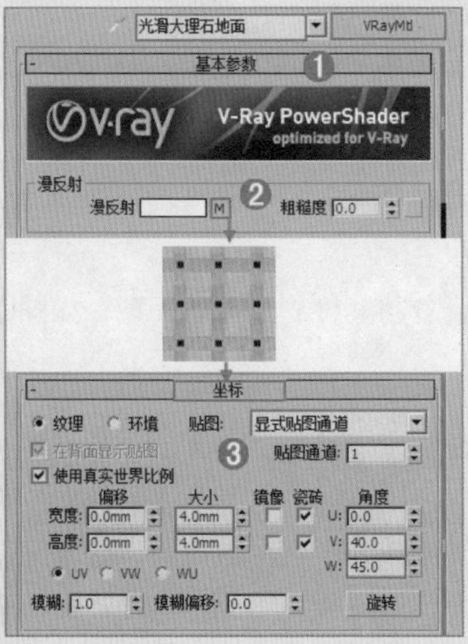

图D-62

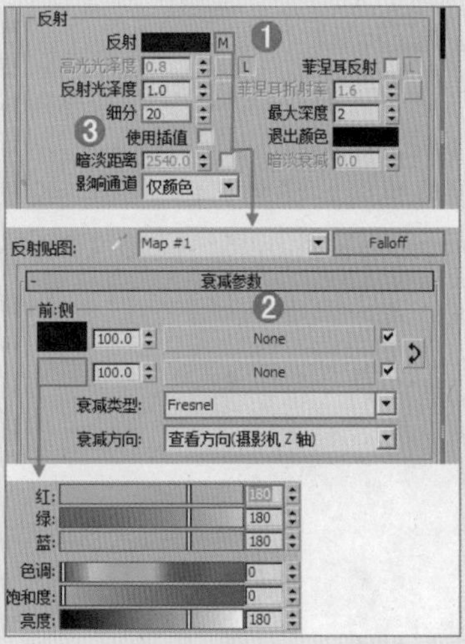

图D-63

实例036　棋盘格地砖

案例文件	材质案例文件\D\地面\棋盘格地砖\棋盘格地砖.max	视频教学	视频教学\材质\D\地面\棋盘格地砖.flv
技术难点	棋盘格制作地砖的方法		

B C D F J M P Q R S T Y Z

案例分析：

【棋盘格地砖】是两种颜色相间的方形地砖。如图D-64所示为分析并参考棋盘格地砖材质的效果。本例通过为地面设置棋盘格材质，学习棋盘格地砖材质的设置方法，具体表现效果如图D-65所示。

图D-64

图D-65

操作步骤：

STEP 1 打开随书配套光盘中的场景文件【材质场景文件\D\地面\036.max】，如图D-66所示。

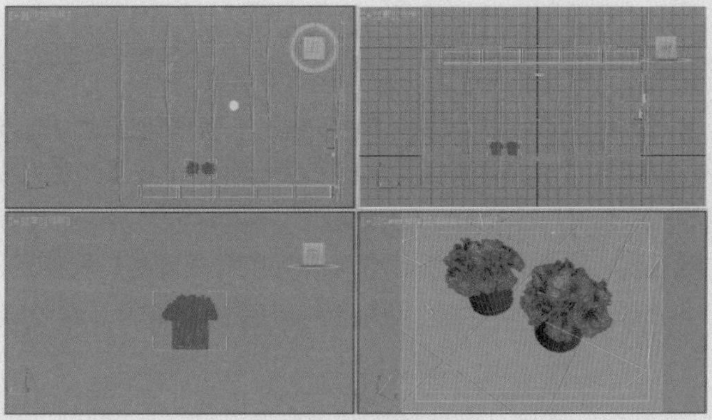

图D-66

STEP 2 按M键，打开材质编辑器。单击一个材质球，并设置材质类型为【VRayMtl】。在【漫反射】后面的通道上加载【棋盘格】程序贴图，展开【坐标】卷展栏，设置【瓷砖U】为8，设置【瓷砖V】为7。接着展开【棋盘格参数】卷展栏，设置【颜色1】颜色为棕色（红=47、绿=19、蓝=0），设置【反射】颜色为白色（红=255、绿=255、蓝=255），勾选【菲涅耳反射】复选框，设置【反射光泽度】为0.85，设置【细分】为20，如图D-67所示。

STEP 3 将制作完成的棋盘格材质赋予场景中的地面模型，并将其他材质制作完成，如图D-68所示。

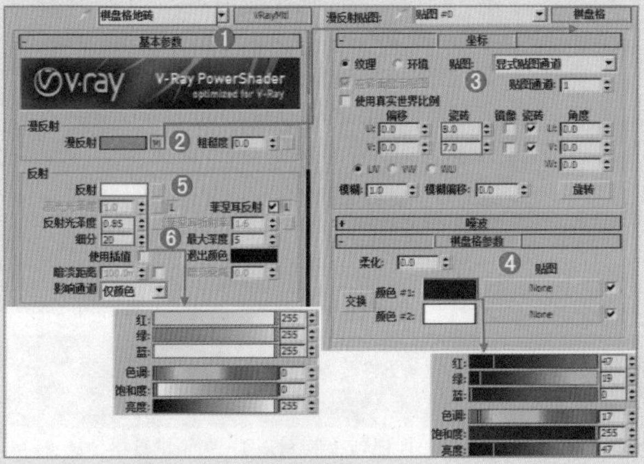

图D-67

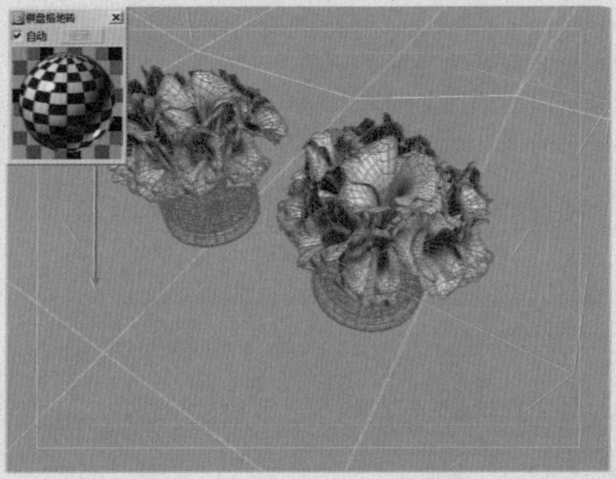

图D-68

技巧一点通：

【棋盘格】是模拟双色棋盘，可以制作地砖、马赛克等效果。

扩展练习036——方形地砖

案例文件	材质案例文件\D\地面\方形地砖\方形地砖.max	视频教学	视频教学\材质\D\地面\方形地砖.flv
技术难点	反射光泽度设置为1，材质比较光滑的方法		

方形地砖材质的制作难点在于如何把握地砖的光滑质感，使其更好地表现出方形地砖的真实效果，如图D-69所示。

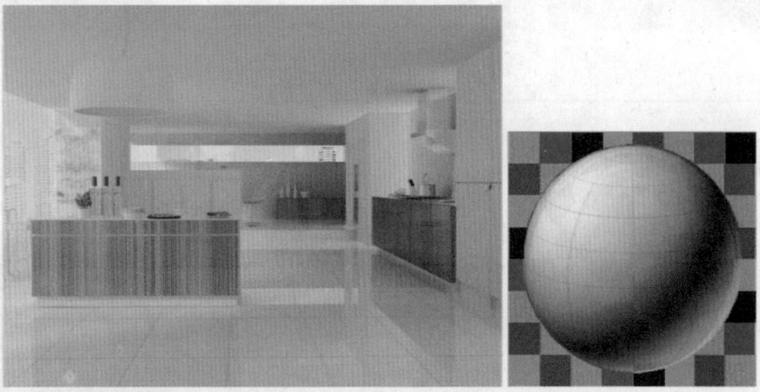

图D-69

打开随书配套光盘中的【材质场景文件\D\地面\扩展036.max】场景文件，设置材质类型为【VRayMtl】。然后在【漫反射】后面的通道上加载【Tiles（平铺）】程序贴图，展开【坐标】卷展栏，设置【瓷砖U】、【瓷砖V】分别为2.5，数值【水平数】、【垂直数】为4，【水平间距】、【垂直间距】为0.1。设置【反射】颜色为白色，勾选【菲涅耳反射】复选框，设置【细分】为16，如图D-70所示。

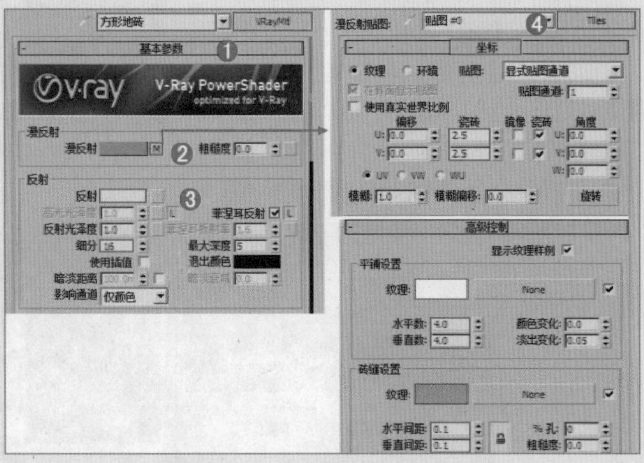

图D-70

实例037　咖啡网纹地面

案例文件	材质案例文件\D\地面\咖啡网纹地面\咖啡网纹地面.max	视频教学	视频教学\材质\D\地面\咖啡网纹地面.flv
技术难点	漫反射制作咖啡网纹地面的方法		

案例分析：

【咖啡网纹地面】是带有咖啡网纹质感的大理石材质，表面比较光滑。如图D-71所示为分析并参考咖啡网纹地面材质的效果。本例通过为地面设置咖啡网纹材质，学习咖啡网纹材质的设置方法，具体表现效果如图D-72所示。

图D-71

图D-72

操作步骤：

STEP 1 打开随书配套光盘中的场景文件【材质场景文件\D\地面\037.max】，如图D-73所示。

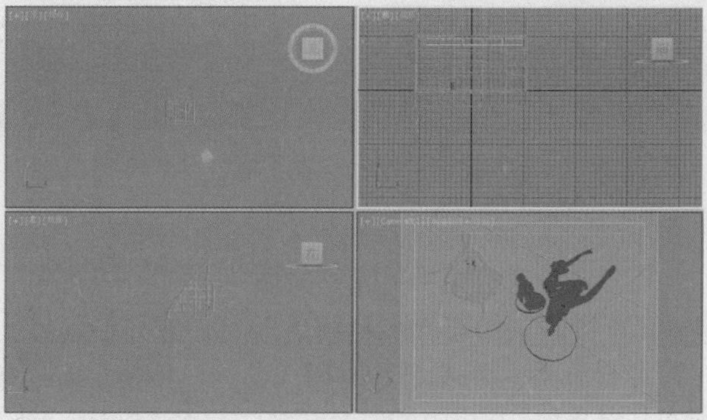

图D-73

STEP 2 按M键，打开材质编辑器。单击一个材质球，并设置材质类型为【VRayMtl】。在【漫反射】后面的通道上加载【001啡网纹.jpg】贴图文件，展开【坐标】卷展栏，设置【瓷砖U】为10，【瓷砖V】为9。设置【反射】颜色为灰色（红=57、绿=57、蓝=57），【反射光泽度】为0.9，【细分】为20，如图D-74所示。

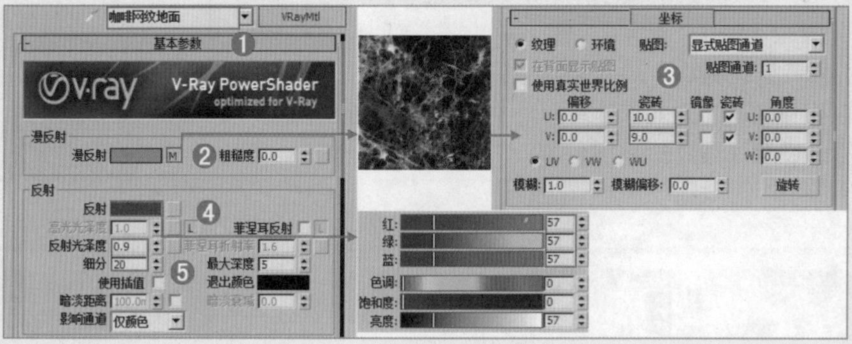

图D-74

STEP 3 展开【双向反射分布函数】卷展栏，设置【类型】为【多面】，设置【各向异性（-1..1）】为0.8，设置【旋转】为45，如图D-75所示。

STEP 4 将制作完成的咖啡网纹材质赋予场景中的地面模型，并将其他材质制作完成，如图D-76所示。

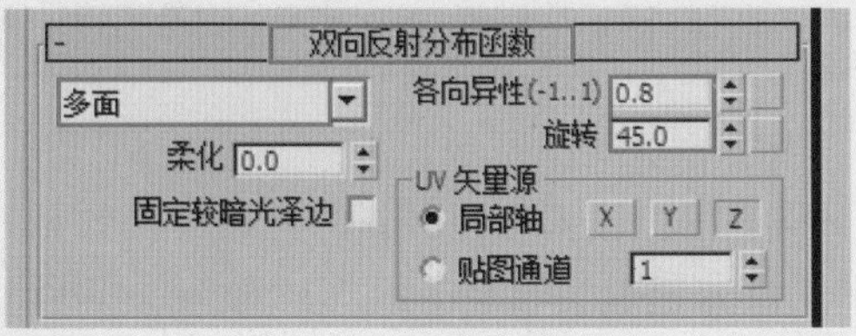

图D-75

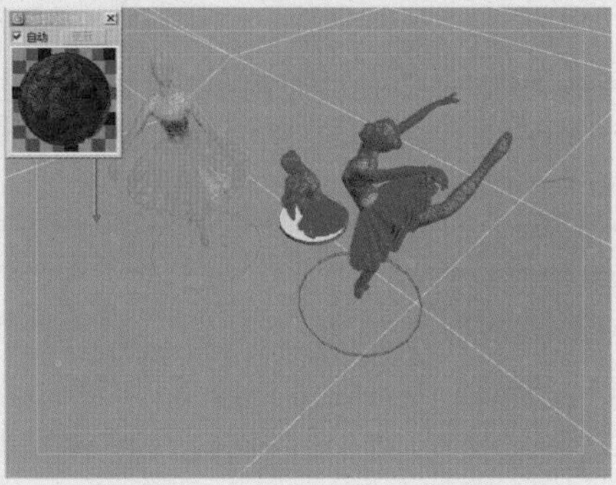

图D-76

扩展练习037——黑色地面砖

案例文件	材质案例文件\D\地面\黑色地面砖\黑色地面砖.max	视频教学	视频教学\材质\D\地面\黑色地面砖.flv
技术难点	平铺程序贴图的应用		

黑色地面砖材质的制作难点在于如何使用平铺程序贴图和凹凸贴图，使其更好地表现出黑色地面砖的真实效果，如图D-77所示。

图D-77

STEP 1 打开随书配套光盘中的【材质场景文件\D\地面\扩展037.max】场景文件，设置材质类型为【VRayMtl】。然后在【漫反射】后面的通道上加载【Tiles（平铺）】程序贴图，设置【平铺设置】的【纹理】为黑色，【水平数】、【垂直数】为6，【砖缝设置】的【纹理】颜色为深灰色，【水平间距】、【垂直间距】为0.1。设置【反射】颜色为灰色，设置【细分】为15，如图D-78所示。

STEP 2 展开【贴图】卷展栏，在【凹凸】后面的通道上加载【Tiles（平铺）】程序贴图，参数与之前设置的一致，并设置【凹凸】数量为30，如图D-79所示。

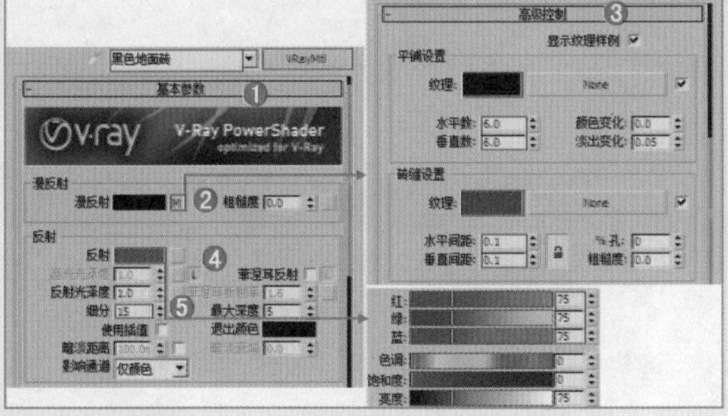

图D-78

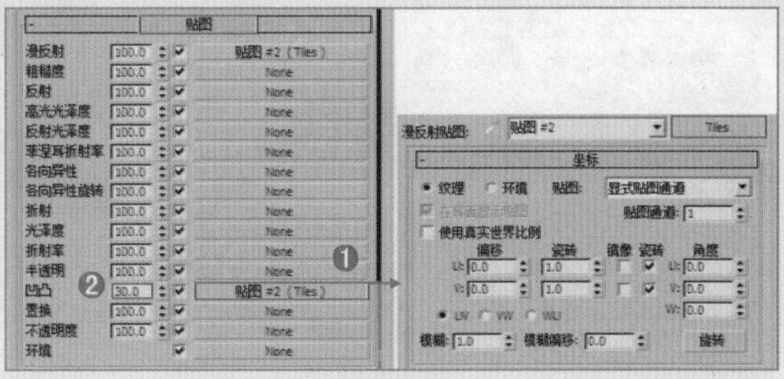

图D-79

实例038 仿古地砖

案例文件	材质案例文件\D\地面\仿古地砖\仿古地砖.max	视频教学	视频教学\材质\D\地面\仿古地砖.flv
技术难点	漫反射制作仿古地砖		

案例分析：

【仿古地砖】是指受复古家装风格的影响、风格迥异、技术不断创新的升级换代的釉面抛光砖，不仅其质地越来越接近石材，甚至还兼具了玉质的通透、石质的纹理。如图D-80所示为分析并参考仿古地砖材质的效果。本例通过为地面设置仿古地砖材质，学习仿古地砖材质的设置方法，具体表现效果如图D-81所示。

图D-80

图D-81

操作步骤：

STEP 1 打开随书配套光盘中的场景文件【材质场景文件\D\地面\038.max】，如图D-82所示。

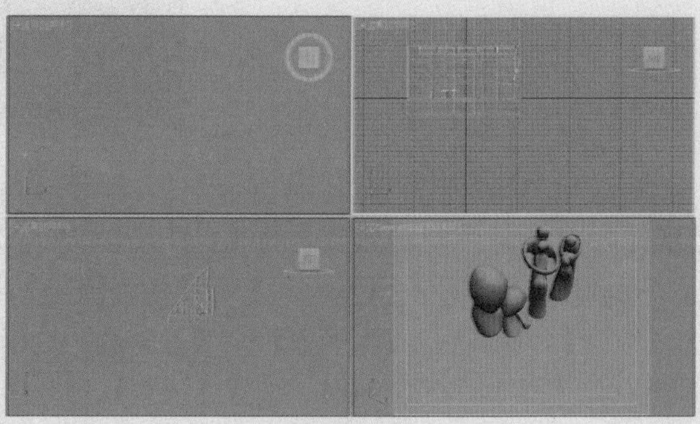

图D-82

STEP 2 按M键，打开材质编辑器。单击一个材质球，并设置材质类型为【VRayMtl】。在【漫反射】后面的通道上加载【41仿古.jpg】贴图文件，展开【坐标】卷展栏，设置【瓷砖U】为4，【瓷砖V】为3。设置【反射】颜色为灰色（红=49、绿=49、蓝=49），【反射光泽度】为0.8，【细分】为20，如图D-83所示。

STEP 3 展开【双向反射分布函数】卷展栏，设置【类型】为【多面】，【各向异性（-1..1）】为0.8，【旋转】为45，如图D-84所示。

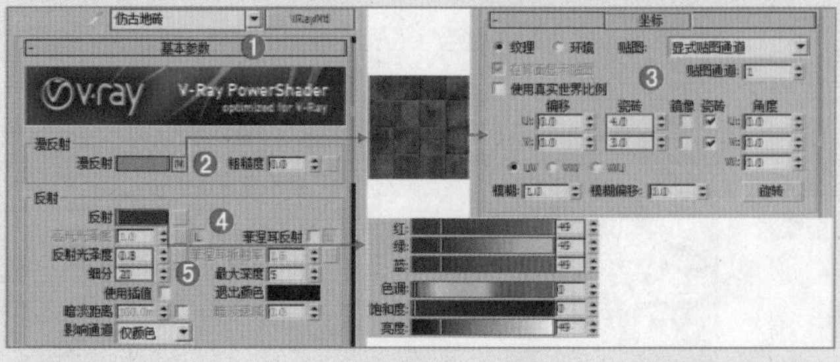

图D-83

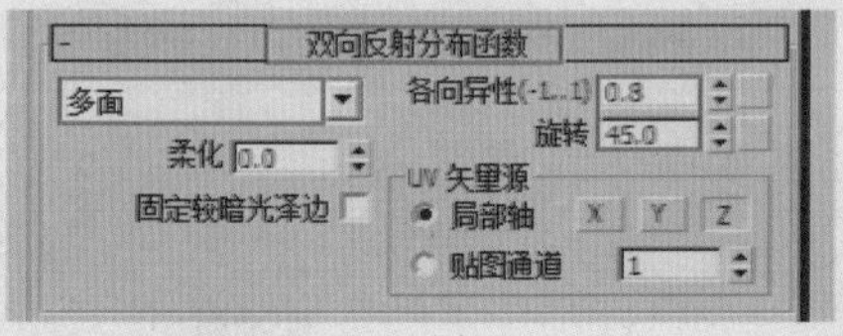

图D-84

STEP 4 展开【贴图】卷展栏，在【凹凸】后面的通道上加载【黑白.jpg】贴图文件。展开【坐标】卷展栏，设置【瓷砖U】为4，设置【瓷砖V】为3，最后设置【凹凸】数量为100，如图D-85所示。

STEP 5 将制作完成的仿古地砖材质赋予场景中的地面模型，并将其他材质制作完成，如图D-86所示。

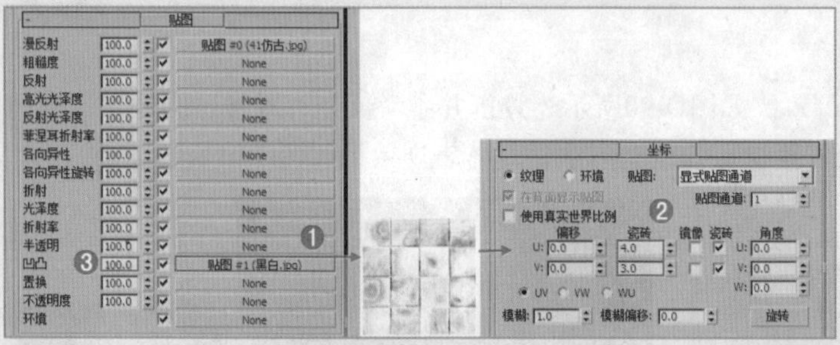

图D-85

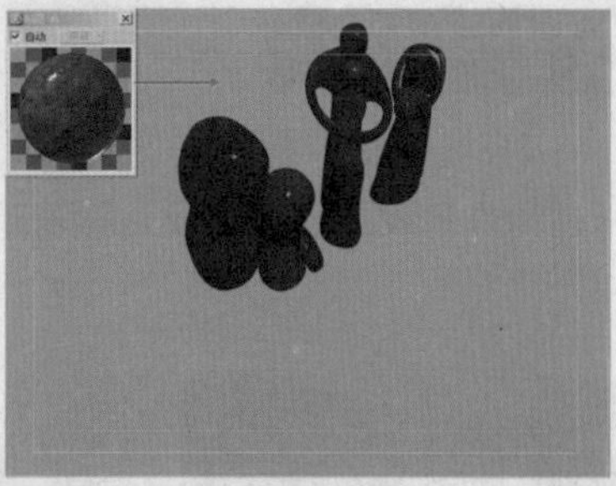

图D-86

扩展练习038——麻布地毯

案例文件	材质案例文件\D\地面\麻布地毯\麻布地毯.max	视频教学	视频教学\材质\D\地面\麻布地毯.flv
技术难点	漫反射、凹凸通道的应用		

麻布地毯材质的制作难点在于如何把握漫反射、凹凸通道的应用，使其更好地表现出麻布地毯的真实效果，如图D-87所示。

图D-87

STEP 1 打开随书配套光盘中的【材质场景文件\D\地面\扩展038.max】场景文件，设置材质类型为【VRayMtl】，设置【漫反射】颜色为黄色，如图D-88所示。

STEP 2 展开【贴图】卷展栏，在【凹凸】后面的通道上加载【布纹1.jpg】贴图文件。展开【坐标】卷展栏，设置【瓷砖U】、【瓷砖V】分别为3，设置【凹凸】数量为30，如图D-89所示。

图D-88

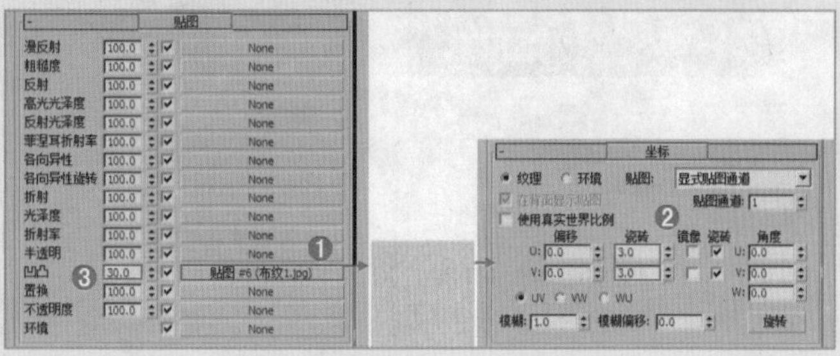

图D-89

实例039 反光灯罩

案例文件	材质案例文件\D\灯罩\反光灯罩\反光灯罩.max	视频教学	视频教学\材质\D\灯罩\反光灯罩.flv
技术难点	反射颜色控制反射强度的方法		

案例分析：

【反光灯罩】是带有反光效果的灯罩。如图D-90所示为分析并参考反光灯罩材质的效果。本例通过为灯罩设置反光材质，学习反光灯罩材质的设置方法，具体表现效果如图D-91所示。

图D-90

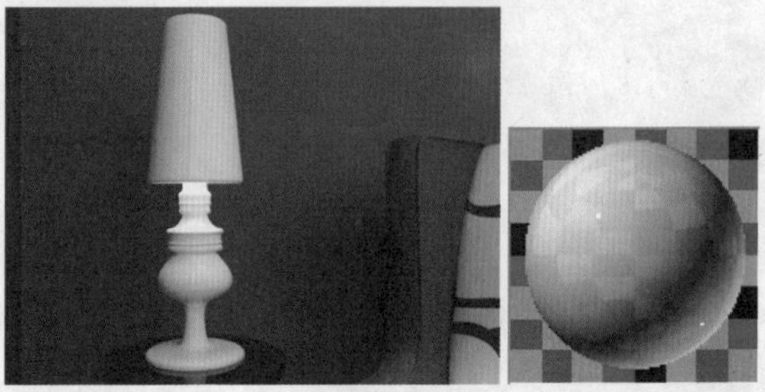
图D-91

操作步骤：

STEP 1 打开随书配套光盘中的场景文件【材质场景文件\D\灯罩\039.max】，如图D-92所示。

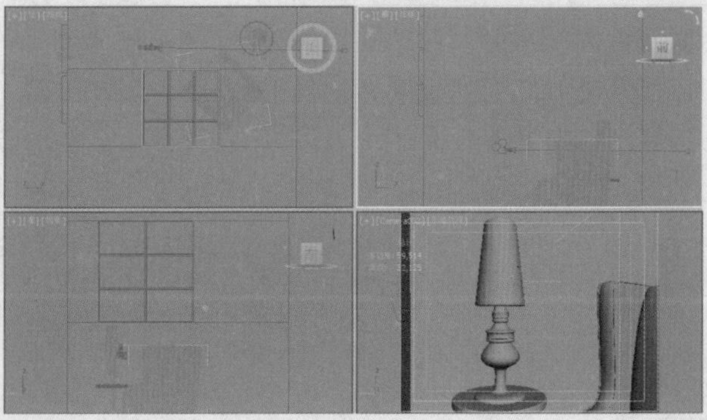
图D-92

STEP 2 按M键，打开材质编辑器。单击一个材质球，并设置材质类型为【VRayMtl】。设置【漫反射】颜色为白色（红=255、绿=255、蓝=255），设置【反射】颜色为深灰色（红=36、绿=36、蓝=36），设置【反射光泽度】为0.95，如图D-93所示。

STEP 3 将制作完成的反光材质赋予场景中的灯罩模型，并将其他材质制作完成，如图D-94所示。

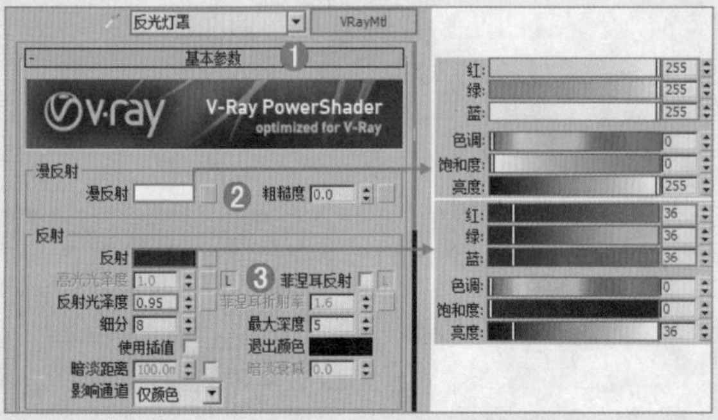

图D-93

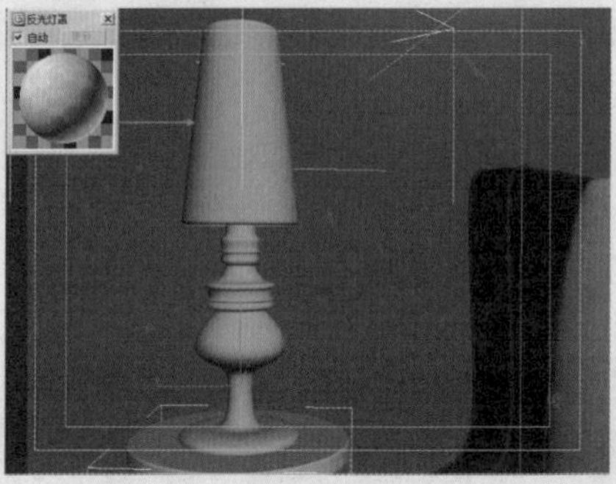
图D-94

扩展练习039——反光塑料

案例文件	材质案例文件\D\灯罩\反光塑料\反光塑料.max	视频教学	视频教学\材质\D\灯罩\反光塑料.flv
技术难点	反射光泽度、菲涅耳反射的应用		

反光塑料材质的制作难点在于如何把握过渡柔和的反射效果，使其更好地表现出反光塑料的真实效果，如图D-95所示。

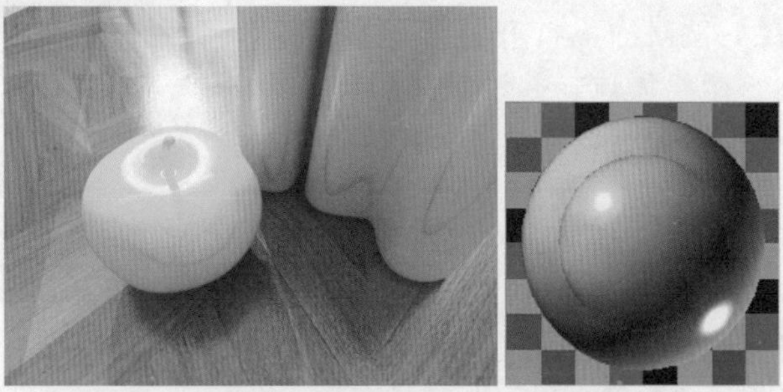

图D-95

打开随书配套光盘中的【材质场景文件\D\灯罩\扩展039.max】场景文件，设置材质类型为【VRayMtl】。设置【漫反射】颜色为绿色，设置【反射】颜色为白色，勾选【菲涅耳反射】复选框，设置【反射光泽度】为0.78，设置【细分】为25，如图D-96所示。

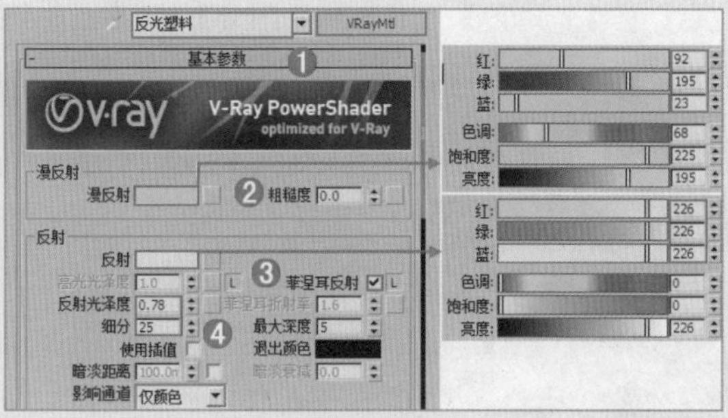

图D-96

实例040　透光灯罩

案例文件	材质案例文件\D\灯罩\透光灯罩\透光灯罩.max	视频教学	视频教学\材质\D\灯罩\透光灯罩.flv
技术难点	棋盘格制作灯罩的方法		

案例分析：

【透光灯罩】是一种新型的复合材。由于透光材料的独特优点以及逐步推广，已经被广泛使用。尤其在室内装饰中使用范围更大，已广泛运用于灯具、家具、墙面、吊顶、广告材料和艺术造型等等。如图D-97所示为分析并参考透光灯罩材质的效果。本例通过为灯罩设置透光材质，学习透光灯罩材质的设置方法，具体表现效果如图D-98所示。

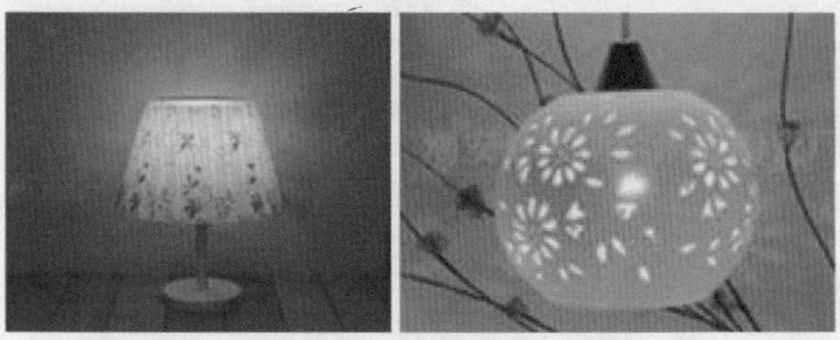

图D-97

图D-98

操作步骤：

STEP 1 打开随书配套光盘中的场景文件【材质场景文件\D\灯罩\040.max】，如图D-99所示。

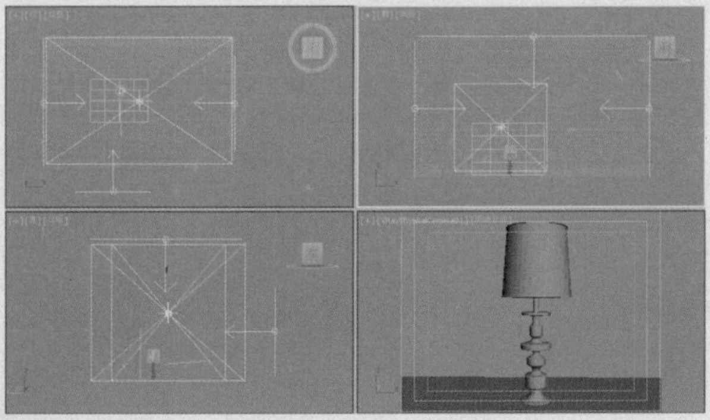

图D-99

STEP 2 按M键，打开材质编辑器。单击一个材质球，并设置材质类型为【VRayMtl】。设置【漫反射】颜色为黑色（红=17、绿=17、蓝=17）。在【折射】选项组下，在【折射】后面的通道上加载【棋盘格】程序贴图，展开【坐标】卷展栏，勾选【使用真实世界比例】复选框，设置【宽度大小】为0.1cm，设置【高度大小】为0.01cm，设置【角度W】为90。接着展开【棋盘格参数】卷展栏，设置【颜色2】颜色为棕色（红=114、绿=103、蓝=92）。设置【光泽度】为0.8，【细分】为15，如图D-100所示。

STEP 3 将制作完成的透光材质赋予场景中的灯罩模型，并将其他材质制作完成，如图D-101所示。

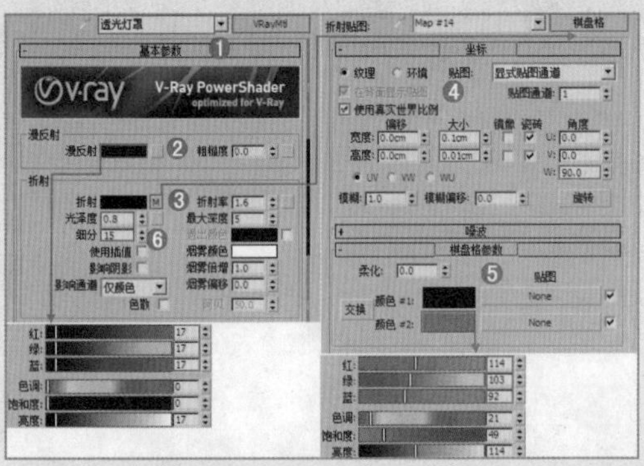

图D-100

图D-101

扩展练习040——透光窗纱

案例文件	材质案例文件\D\灯罩\透光窗纱\透光窗纱.max	视频教学	视频教学\材质\D\灯罩\透光窗纱.flv
技术难点	不透明度通道的应用		

透光窗纱效果的制作难点在于如何把握不透明度通道的应用，以便更好地表现出透光窗纱的真实效果，如图D-102所示。

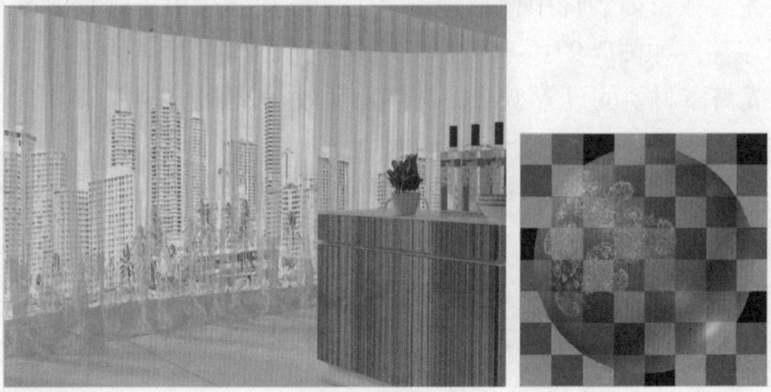

图D-102

B C D F J M P Q R S T Y Z

STEP 1 打开随书配套光盘中的【材质场景文件\D\灯罩\扩展040.max】场景文件，设置材质类型为【VR双面材质】。在【正面材质】后面的通道上加载【VRayMtl】材质，如图D-103所示。

STEP 2 单击进入【VRayMtl】材质，设置【漫反射】颜色为白色，【反射】颜色为黑色，设置【反射光泽度】为0.75，【细分】为20，如图D-104所示。

图D-103

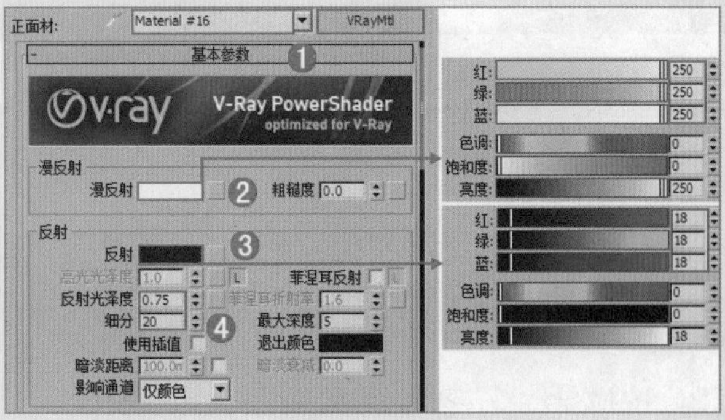

图D-104

STEP 3 展开【贴图】卷展栏，在【凹凸】后面的通道上加载【6.jpg】贴图文件。展开【坐标】卷展栏，设置【偏移V】为0.04，设置【瓷砖U】为1.5，【瓷砖V】为1，设置【模糊】为0.01。设置【凹凸】数量为13，如图D-105所示。

STEP 4 在【不透明度】后面的通道上加载【6.jpg】贴图文件，展开【坐标】卷展栏，设置【偏移V】为0.04，设置【瓷砖U】为1.5，【瓷砖V】为1，设置【模糊】为0.01。设置【不透明度数量】为72，如图D-106所示。

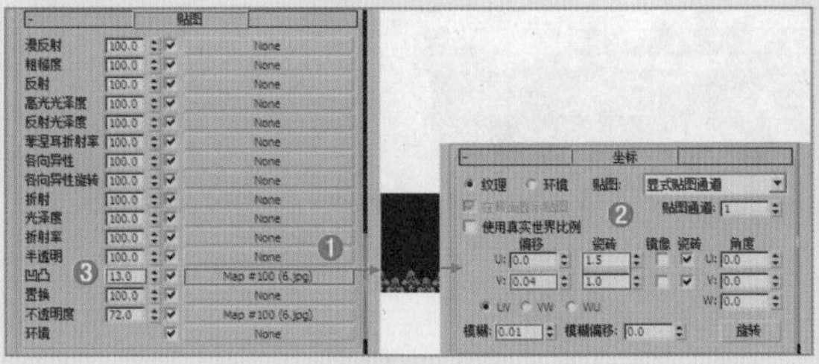

图D-105

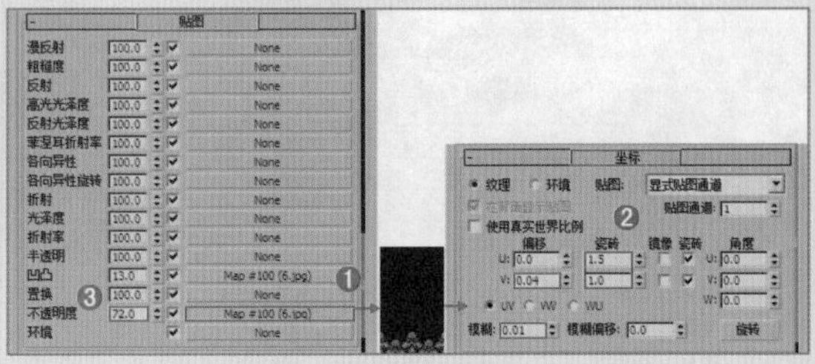

图D-106

实例041 花纹灯罩

案例文件	材质案例文件\D\灯罩\花纹灯罩\花纹灯罩.max	视频教学	视频教学\材质\D\灯罩\花纹灯罩.flv
技术难点	混合材质制作花纹的方法		

案例分析：

【花纹灯罩】是带有花纹图案材质的灯罩。如图D-107所示为分析并参考花纹灯罩材质的效果。本例通过为灯罩设置花纹材质，学习花纹灯罩材质的设置方法，具体表现效果如图D-108所示。

图D-107

图D-108

操作步骤：

STEP 1 打开随书配套光盘中的场景文件【材质场景文件\D\灯罩\041.max】，如图D-109所示。

STEP 2 按M键，打开材质编辑器。单击一个材质球，并设置材质类型为【Blend（混合）】。设置【材质1】为【VRayMtl】材质，设置【材质2】为【VRayMtl】材质，如图D-110所示。

STEP 3 单击进入【材质1】后面的通道，设置【漫反射】颜色为棕色（红=95、绿=79、蓝=62），如图D-111所示。

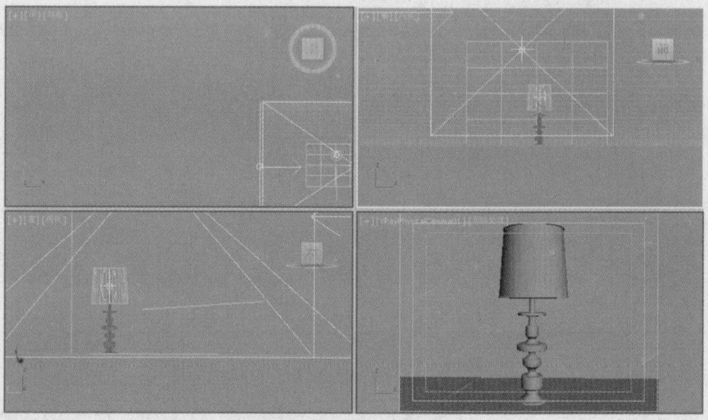

图D-109

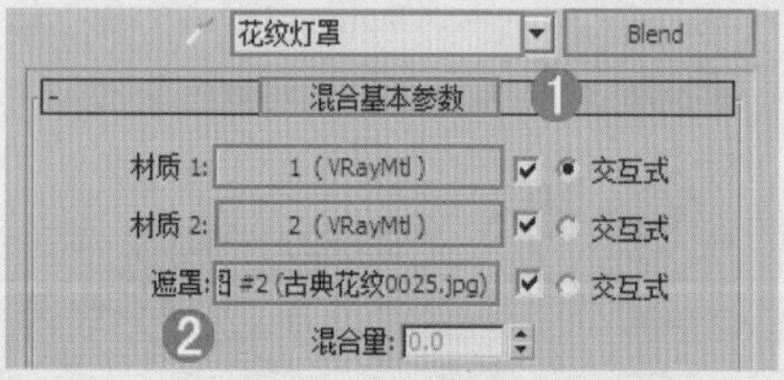

图D-110

图D-111

STEP 4 设置【反射】颜色为深灰色（红=44、绿=44、蓝=44），设置【反射光泽度】为0.7，【细分】为15。在【折射】选项组下，设置【光泽度】为0.8，【细分】为15，如图D-112所示。

STEP 5 单击进入【材质2】后面的通道，设置【漫反射】颜色为白色（红=255、绿=255、蓝=255）。在【折射】选项组下，设置【光泽度】为0.8，【细分】为15，如图D-113所示。

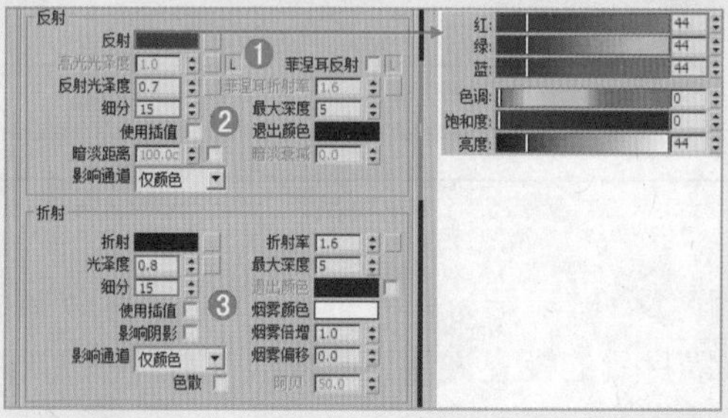

图D-112

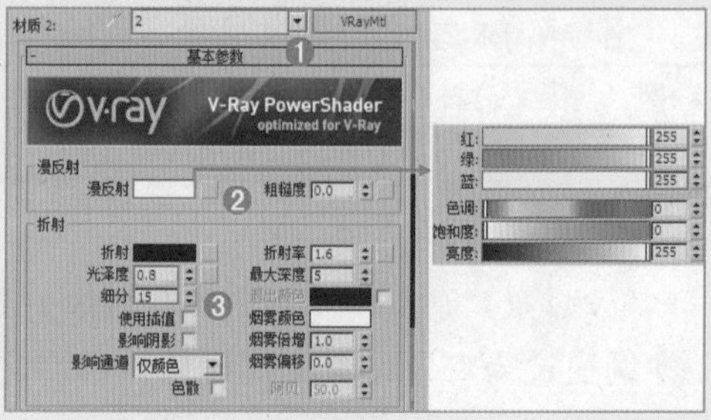

图D-113

STEP 6 返回【混合基本参数】卷展栏，在【遮罩】后面的通道上加载【古典花纹0025.jpg】贴图文件，如图D-114所示。

STEP 7 将制作完成的花纹材质赋予场景中的灯罩模型，并将其他材质制作完成，如图D-115所示。

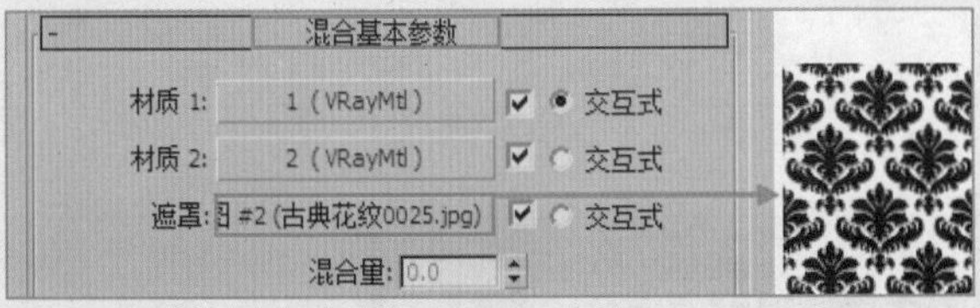

图D-114

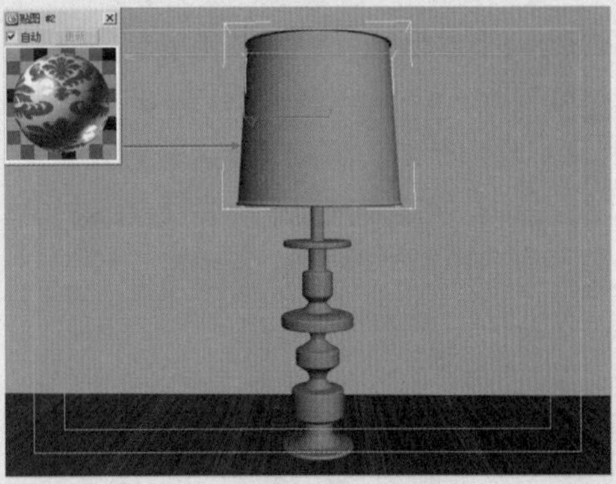

图D-115

技巧一点通：

这里可能会有些初学者不明白如何返回【混合基本参数】卷展栏。在材质编辑器的工具栏上有一个【转换到父对象】按钮，单击该按钮即可以返回到父层级。

扩展练习041——花纹被罩

案例文件	材质案例文件\D\灯罩\花纹被罩\花纹被罩.max	视频教学	视频教学\材质\D\灯罩\花纹被罩.flv
技术难点	混合材质的应用		

花纹被罩制作难点在于把握混合材质制作两种不同材质复合的材质效果，以便更好地表现出花纹被罩的真实效果，如图D-116所示。

图D-116

STEP 1 打开随书配套光盘中的【材质场景文件\D\灯罩\扩展041.max】场景文件，设置材质类型为【Blend（混合）】。在【混合基本参数】卷展栏下，将【材质1】命名为【1】，并设置材质为【VRayMtl】材质；将【材质2】命名为【2】，并设置材质为【VrayMtl】材质，如图D-117所示。

STEP 2 单击进入【材质1】的通道，在【漫反射】后面的通道上加载【Falloff（衰减）】程序贴图。展开【衰减参数】卷展栏，设置【颜色1】颜色为深蓝色，设置【颜色2】颜色为蓝色，设置【衰减类型】为【Fresnel】，设置【折射率】为2.1，如图D-118所示。

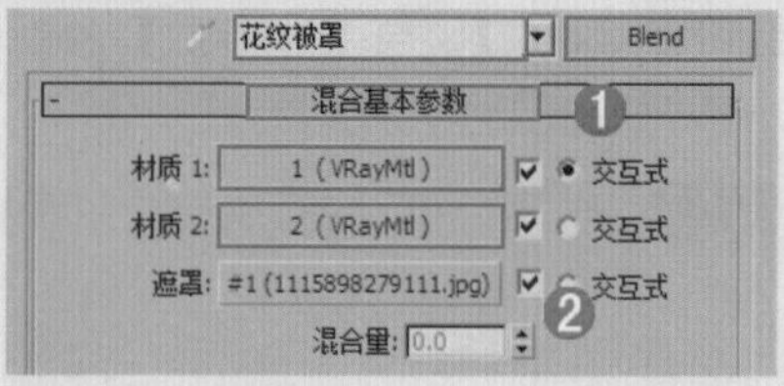

图D-117

STEP 3 在【反射】后面的通道上加载【Falloff（衰减）】程序贴图，展开【衰减参数】卷展栏，设置【颜色1】颜色为深灰色，设置【颜色2】颜色为黑色，设置【衰减类型】为【Fresnel】。设置【高光光泽度】为0.55，【反射光泽度】为0.7，【细分】为15，如图D-119所示。

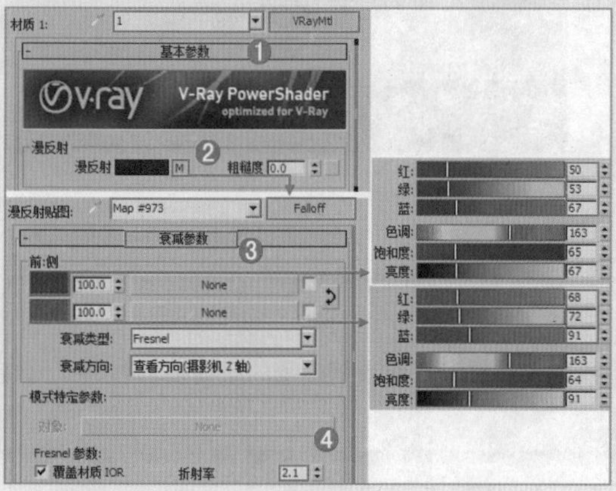

图D-118

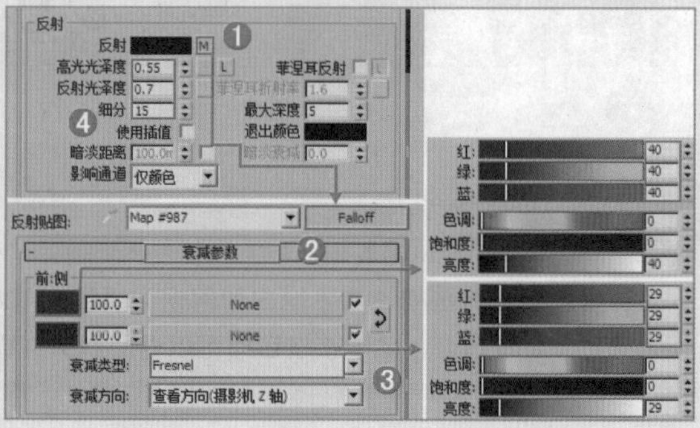

图D-119

STEP 4 展开【双向反射分布函数】卷展栏，设置【各向异性（-1..1）】为0.5，如图D-120所示。

STEP 5 展开【贴图】卷展栏，在【凹凸】后面的通道上加载【ArchInteriors_12_08_mohair_bump.jpg】贴图文件。展开【坐标】卷展栏，设置【瓷砖U】、【瓷砖V】分别为2.5，设置【模糊】为0.6。设置【凹凸】数量为15，如图D-121所示。

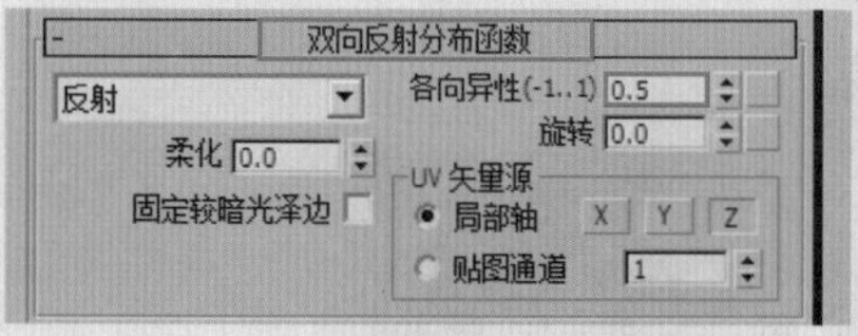

图D-120

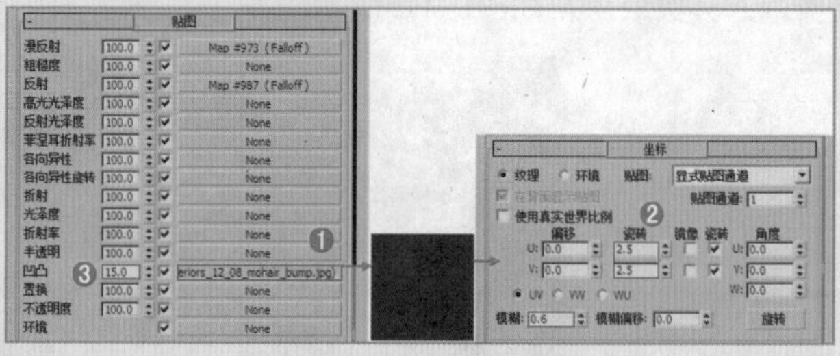

图D-121

STEP 6 单击进入【材质2】的通道，在【漫反射】后面的通道上加载【Falloff（衰减）】程序贴图。展开【衰减参数】卷展栏，设置【颜色1】颜色为深蓝色，设置【颜色2】颜色为深蓝色，设置【衰减类型】为【Fresnel】，设置【折射率】为2.1，如图D-122所示。

STEP 7 在【反射】后面的通道上加载【Falloff（衰减）】程序贴图，展开【衰减参数】卷展栏，设置【颜色1】颜色为黑色，设置【颜色2】颜色为黑色，设置【衰减类型】为【Fresnel】。设置【高光光泽度】为0.65，【反射光泽度】为0.75，【细分】为15，如图D-123所示。

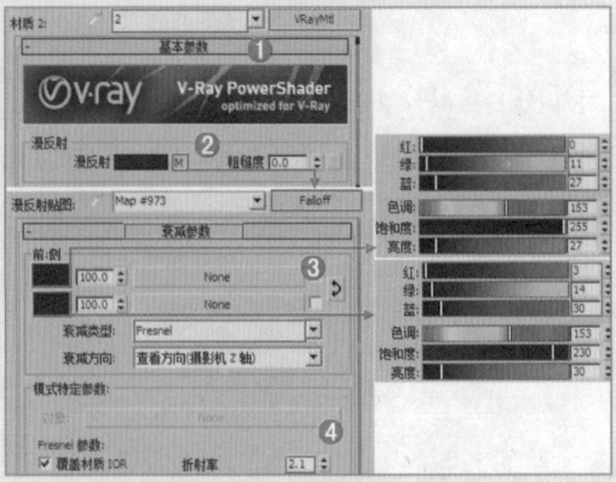

图D-122

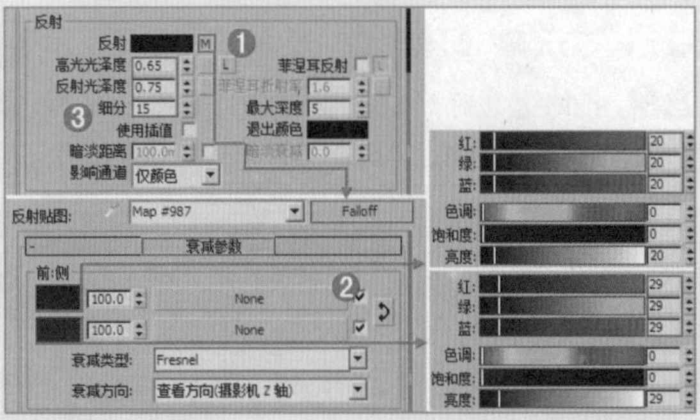

图D-123

STEP 8 展开【贴图】卷展栏，在【凹凸】后面的通道上加载【ArchInteriors_12_08_mohair_bump.jpg】贴图文件。展开【坐标】卷展栏，设置【瓷砖U】、【瓷砖V】分别为2.5，设置【模糊】为0.6。设置【凹凸】数量为15，如图D-124所示。

STEP 9 返回【混合基本参数】卷展栏，在【遮罩】后面的通道上加载【1115898279111.jpg】贴图文件，如图D-125所示。

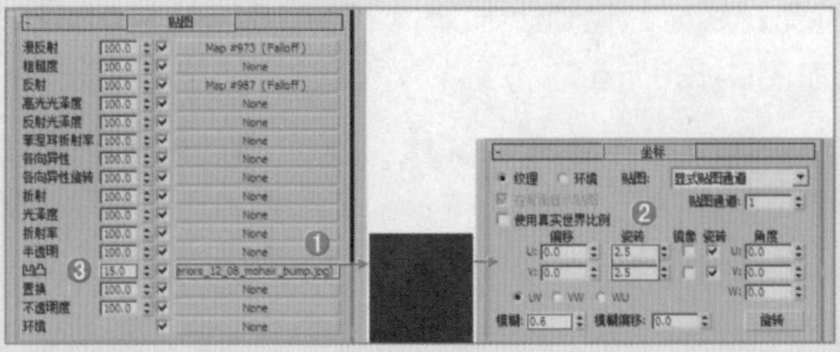

图D-124

图D-125

实例042 中式灯罩

案例文件	材质案例文件\D\灯罩\中式灯罩\中式灯罩.max	视频教学	视频教学\材质\D\灯罩\中式灯罩.flv
技术难点	使用凹凸通道设置纹理的方法		

案例分析：

【中式灯罩】是中国古典灯饰的一种，有较强的风格。如图D-126所示为分析并参考中式灯罩材质的效果。本例通过为灯罩设置中式材质，学习中式灯罩材质的设置方法，具体表现效果如图D-127所示。

图D-126

图D-127

操作步骤：

STEP 1 打开随书配套光盘中的场景文件【材质场景文件\D\灯罩\042.max】，如图D-128所示。

STEP 2 按M键，打开材质编辑器。单击一个材质球，并设置材质类型为【VRayMtl】。在【漫反射】后面的通道中加载【20101016113802328.jpg】贴图文件，如图D-129所示。

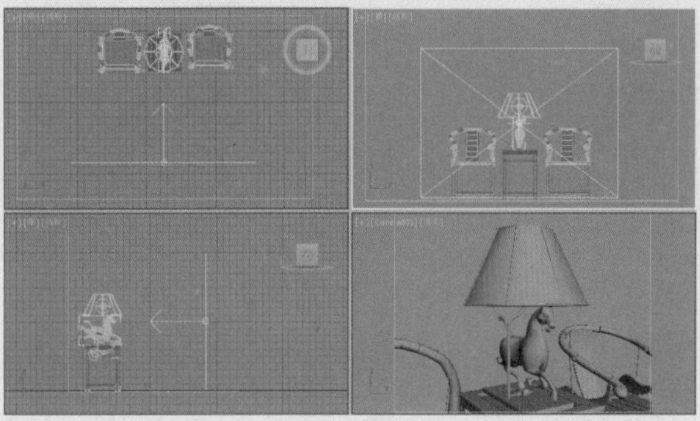

图D-128

图D-129

STEP 3 展开【贴图】卷展栏，在【凹凸】后面的通道上加载【20101016113802328.jpg】贴图文件，设置【凹凸】数量为500,。在【不透明度】后面的通道上加载【20101016113802328.jpg】贴图文件，设置【不透明度数量】为100，如图D-130所示。

STEP 4 将制作完成的中式材质赋予场景中的灯罩模型，并将其他材质制作完成，如图D-131所示。

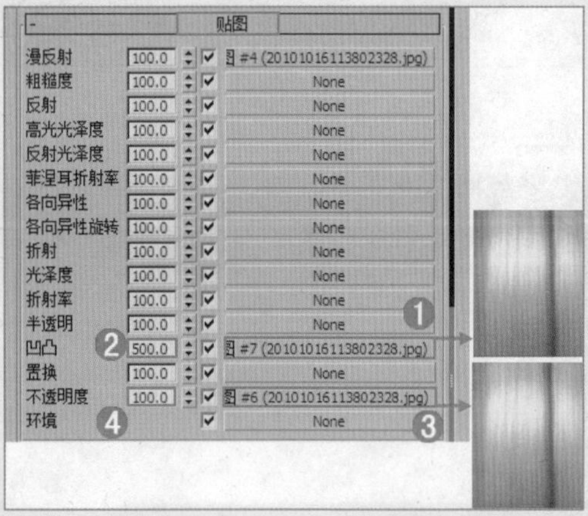

图D-130

图D-131

扩展练习042——白色灯罩

案例文件	材质案例文件\D\灯罩\白色灯罩\白色灯罩.max	视频教学	视频教学\材质\D\灯罩\白色灯罩.flv
技术难点	不透明度通道和衰减程序贴图的应用		

白色灯罩材质效果的制作难点在于如何把握不透明度通道和衰减程序贴图的应用，以便更好地表现出灯罩的真实效果，如图D-132所示。

图D-132

STEP 1 打开随书配套光盘中的【材质场景文件\D\灯罩\扩展042.max】场景文件，设置材质类型为【Standard（标准）】。设置【漫反射】颜色为黄色，如图D-133所示。

STEP 2 在【不透明度】后面的通道上加载【Falloff（衰减）】程序贴图，展开【衰减参数】卷展栏，设置【颜色1】颜色为白色，设置【颜色2】颜色为白色，设置【衰减类型】为【Fresnel】,如图D-134所示。

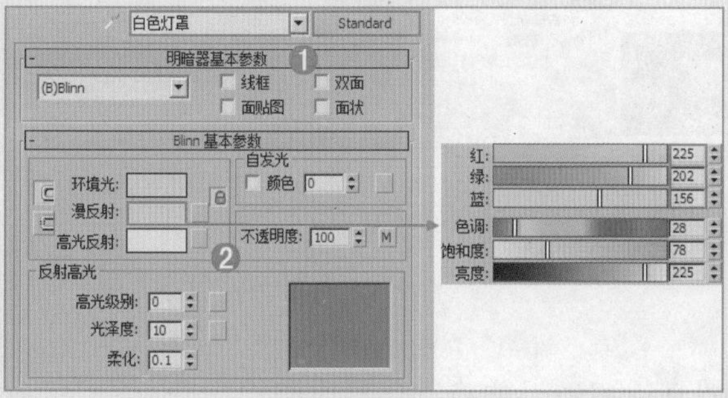

图D-133

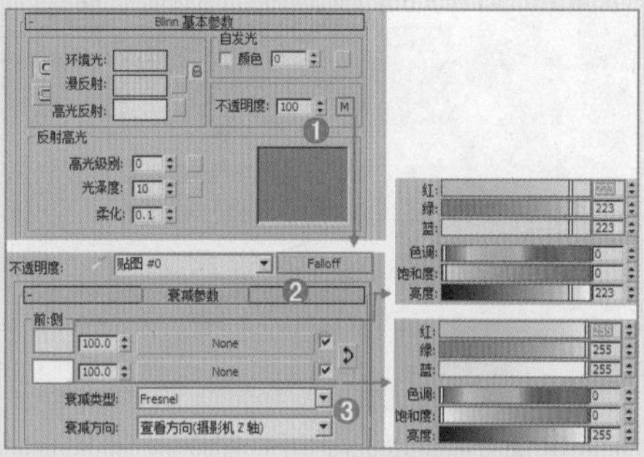

图D-134

实例043 竹藤灯罩

案例文件	材质案例文件\D\灯罩\竹藤灯罩\竹藤灯罩.max	视频教学	视频教学\材质\D\灯罩\竹藤灯罩.flv
技术难点	漫反射通道加贴图制作竹藤的方法		

案例分析：

【竹藤灯罩】采用竹藤为材料制作。竹为高大、生长迅速的禾草类植物，茎为木质。如图D-135所示为分析并参考竹藤灯罩材质的效果。本例通过为灯罩设置竹藤材质，学习竹藤灯罩材质的设置方法，具体表现效果如图D-136所示。

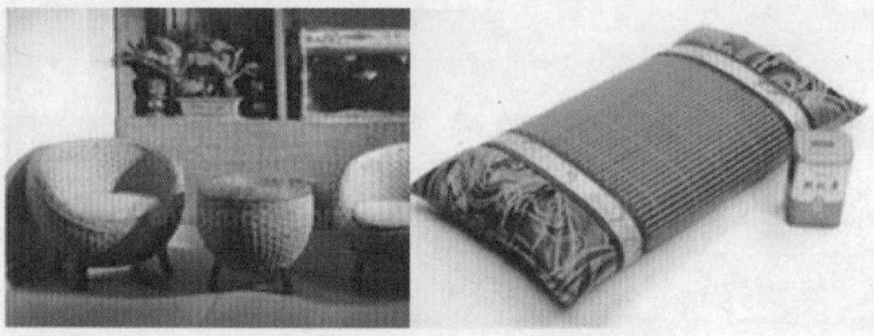

图D-135

图D-136

B C D F J M P Q R S T Y Z

操作步骤：

STEP 1 打开随书配套光盘中的场景文件【材质场景文件\D\灯罩\043.max】，如图D-137所示。

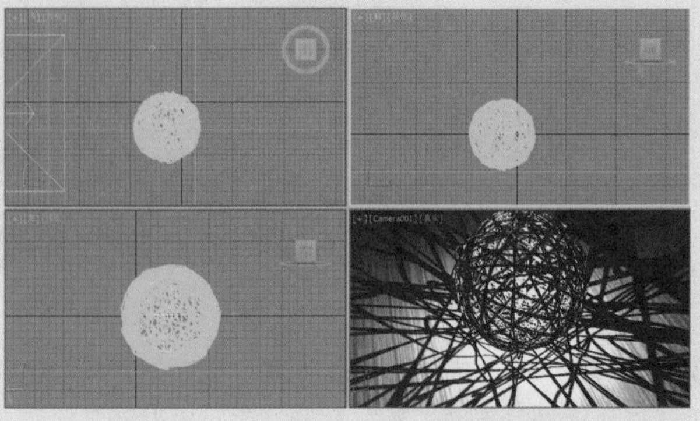

图D-137

STEP 2 按M键，打开材质编辑器。单击一个材质球，并设置材质类型为【VRayMtl】。在【漫反射】后面的通道上加载【600 600无缝黑檀2.jpg】贴图文件，展开【坐标】卷展栏，设置【瓷砖U】、【瓷砖V】分别为3。设置【反射】颜色为深灰色（红=49、绿=49、蓝=49），设置【反射光泽度】为0.85，设置【细分】为20，如图D-138所示。

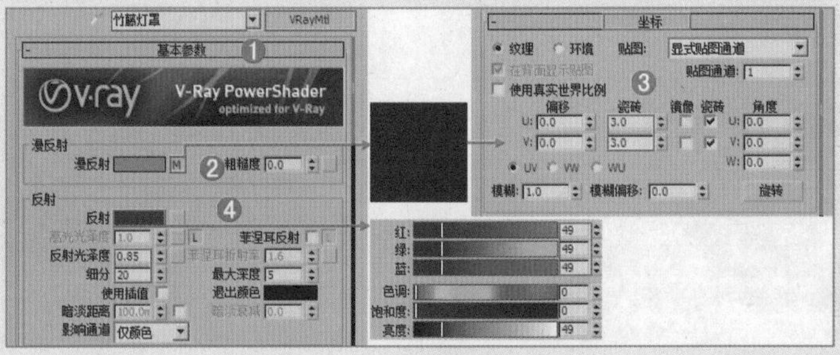

图D-138

STEP 3 将制作完成的竹藤材质赋予场景中的灯罩模型，并将其他材质制作完成，如图D-139所示。

图D-139

扩展练习043——竹藤椅子

案例文件	材质案例文件\D\灯罩\竹藤椅子\竹藤椅子.max	视频教学	视频教学\材质\D\灯罩\竹藤椅子.flv
技术难点	高光光泽度和反射光泽度的特点		

竹藤椅子的制作难点在于把握柔和反射效果的制作方法，以便更好地表现出竹藤椅子的真实效果，如图D-140所示。

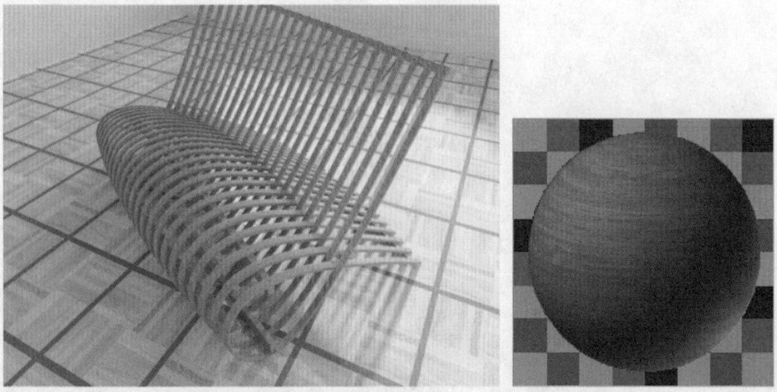

图D-140

STEP 1 打开随书配套光盘中的【材质场景文件\D\灯罩\扩展043.max】场景文件，设置材质类型为【VRayMtl】。在【漫反射】后面的通道上加载【20080414_694503d3365f26c6b23dBuF9LeZAceYKa.jpg】贴图文件，展开【坐标】卷展栏，设置【角度W】为90，如图D-141所示。

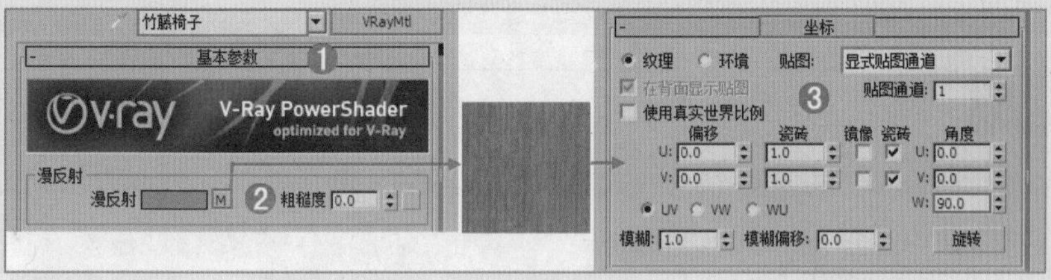

图D-141

STEP 2 在【反射】后面的通道上加载【Falloff（衰减）】程序贴图，展开【衰减参数】卷展栏，设置【衰减类型】为【Fresnel】，【折射率】为1.05，【高光光泽度】为0.65，【反射光泽度】为0.6，【细分】为16，如图D-142所示。

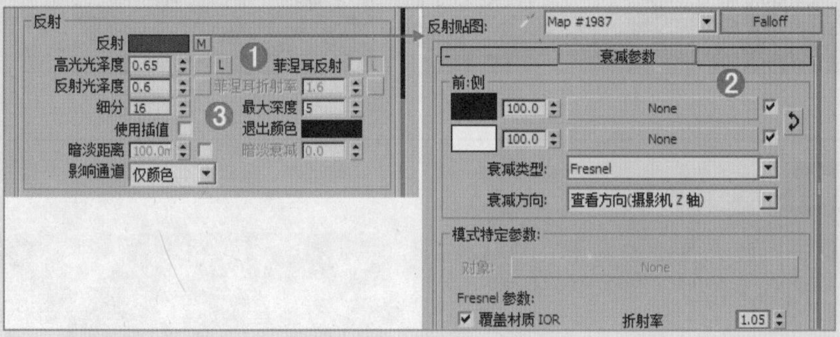

图D-142

F

发光（LED灯、电视屏幕、灯带、壁炉火焰、蜡烛火焰）

发光扩展（发光灯、投影屏幕、窗外天空、植物叶子、燃烧火焰）

实例044 LED灯

案例文件	材质案例文件\F\发光\LED灯\LED灯.max	视频教学	视频教学\材质\F\发光\LED灯.flv
技术难点	VR灯光材质制作LED灯的方法		

案例分析：

【LED灯】是一种能够将电能转化为可见光的固态的半导体器件，它可以直接把电转化为光。如图F-1所示为分析并参考LED灯材质的效果。本例通过为灯设置LED灯材质，学习LED灯材质的设置方法，具体表现效果如图F-2所示。

图F-1

图F-2

操作步骤：

STEP 1 打开随书配套光盘中的场景文件【材质场景文件\F\发光\044.max】，如图F-3所示。

STEP 2 按M键，打开材质编辑器。单击一个材质球，并设置材质类型为【VR灯光材质】。设置【颜色】为蓝色（红=45、绿=45、蓝=245），设置【颜色强度】为4，如图F-4所示。

STEP 3 将制作完成的LED灯材质赋予场景中的灯模型，并将其他材质制作完成，如图F-5所示。

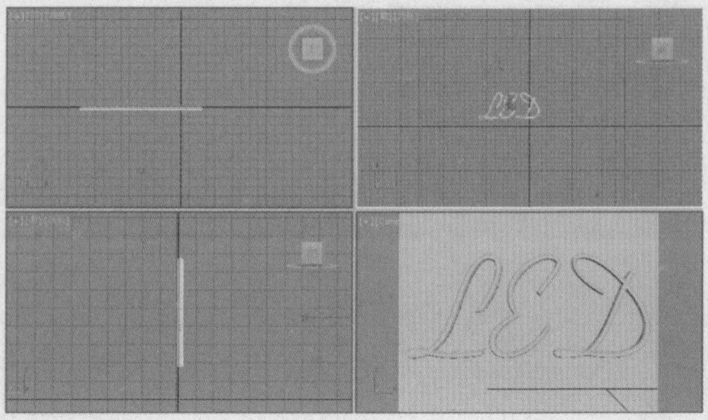

图F-3

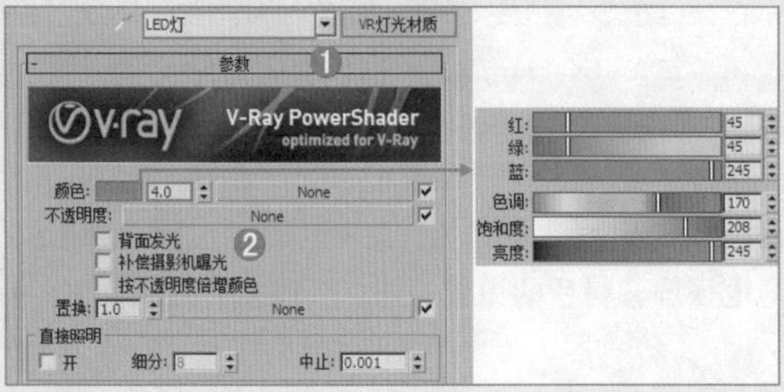

图F-4

图F-5

技巧一点通：

【颜色】选项用于设置对象自发光的颜色，后面的文本框用于设置自发光的强度：输入自发光数值越大，亮度越大；反之，亮度越小。

扩展练习044——发光灯

案例文件	材质案例文件\F\发光\发光灯\发光灯.max	视频教学	视频教学\材质\F\发光\发光灯.flv
技术难点	VR灯光材质的应用		

发光灯的制作难点在于如何把握VR灯光材质的应用，以便更好地表现出发光灯的真实效果，如图F-6所示。

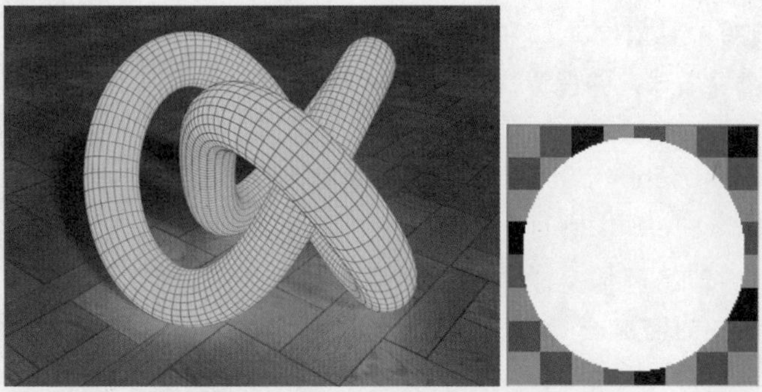

图F-6

打开随书配套光盘中的【材质场景文件\F\发光\扩展044.max】场景文件，设置材质类型为【VR灯光材质】。然后设置【颜色】为蓝色，设置【颜色强度】为2，如图F-7所示。

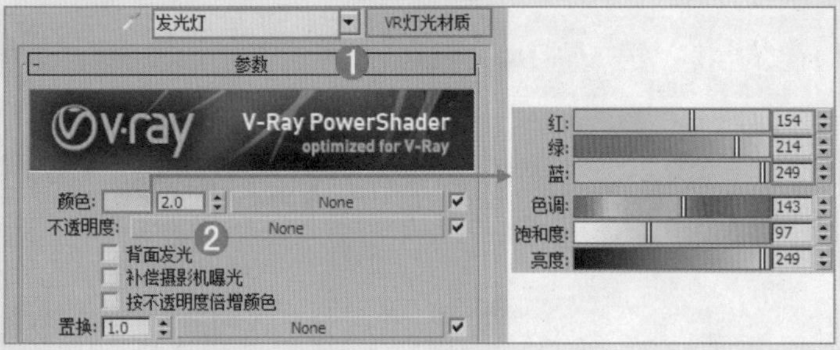

图F-7

实例045 电视屏幕

案例文件	材质案例文件\F\发光\电视屏幕\电视屏幕.max	视频教学	视频教学\材质\F\发光\电视屏幕.flv
技术难点	VR灯光材质制作电视屏幕的方法		

案例分析：

【电视屏幕】是即时传送活动的视觉图像的载体。如图F-8所示为分析并参考电视屏幕材质的效果。本例通过为电视设置电视屏幕材质，学习电视屏幕材质的设置方法，具体表现效果如图F-9所示。

图F-8

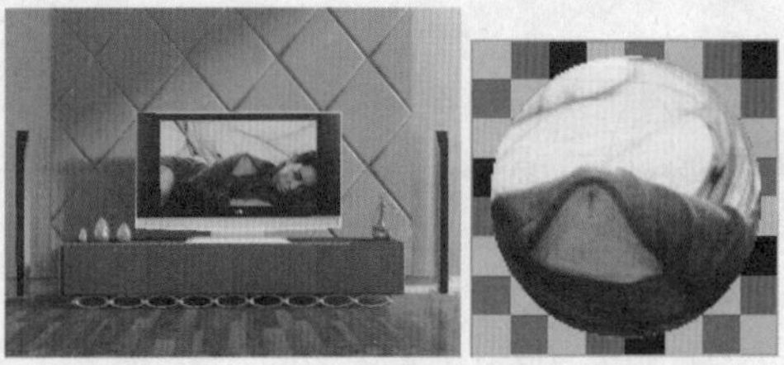

图F-9

操作步骤：

STEP 1 打开随书配套光盘中的场景文件【材质场景文件\F\发光\045.max】，如图F-10所示。

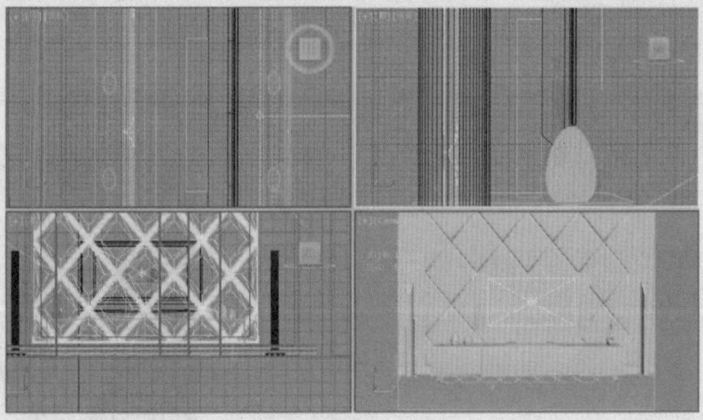

图F-10

STEP 2 按M键，打开材质编辑器。单击一个材质球，并设置材质类型为【VR灯光材质】。在【颜色】后面的通道上加载【a6531607f6b04fd95897ce2b7f31fdfc.jpg】贴图文件，如图F-11所示。

STEP 3 将制作完成的电视屏幕材质赋予场景中的电视模型，并将其他材质制作完成，如图F-12所示。

图F-11

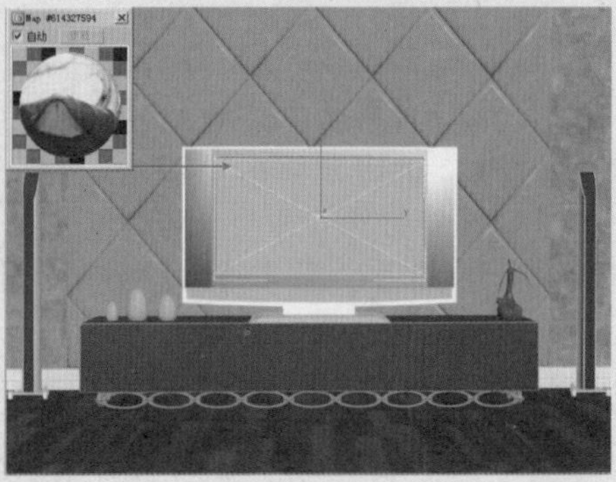

图F-12

扩展练习045——投影屏幕

案例文件	材质案例文件\F\发光\投影屏幕\投影屏幕.max	视频教学	视频教学\材质\F\发光\投影屏幕.flv
技术难点	VR灯光材质的应用		

投影屏幕的制作难点在于使用VR灯光材质模拟发光的材质效果，更好地表现出投影屏幕的真实效果，如图F-13所示。

图F-13

打开随书配套光盘中的【材质场景文件\F\发光\扩展045.max】场景文件，设置材质类型为【VR灯光材质】材质。然后在【颜色】后面的通道上加载【20111226111206242337.jpg】贴图文件，最后设置【颜色强度】为3，如图F-14所示。

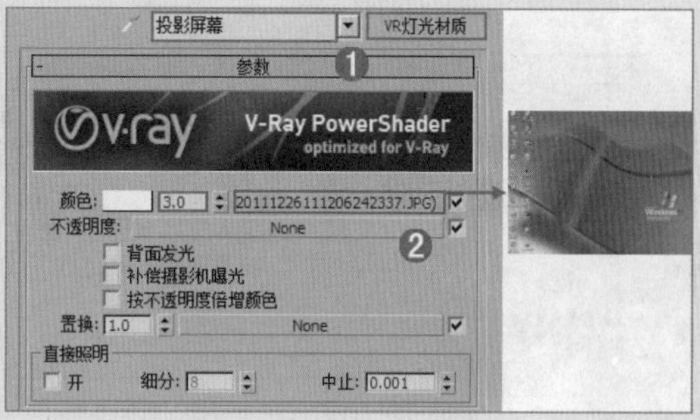

图F-14

实例046　灯带

案例文件	材质案例文件\F\发光\灯带\灯带.max	视频教学	视频教学\材质\F\发光\灯带.flv
技术难点	VR灯光材质制作灯带的方法		

案例分析：

【灯带】是指把LED灯用特殊的加工工艺焊接在铜线或者带状柔性线路板上面，再连接上电源，因其发光时形状如一条光带而得名。如图F-15所示为分析并参考灯带材质的效果。本例通过为顶棚设置灯带材质，学习灯带材质的设置方法，具体表现效果如图F-16所示。

图F-15

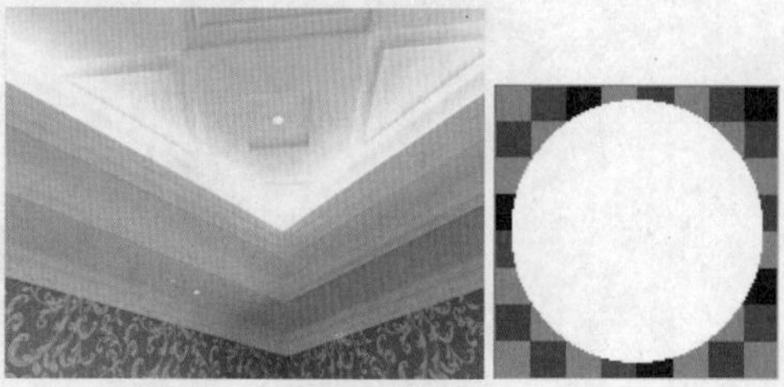

图F-16

操作步骤：

STEP 1 打开随书配套光盘中的场景文件【材质场景文件\F\发光\046.max】，如图F-17所示。

STEP 2 按M键，打开材质编辑器。单击一个材质球，并设置材质类型为【VR灯光材质】。设置【颜色】为白色，【颜色强度】为15，如图F-18所示。

STEP 3 将制作完成的灯带材质赋予场景中的顶棚模型，并将其他材质制作完成，如图F-19所示。

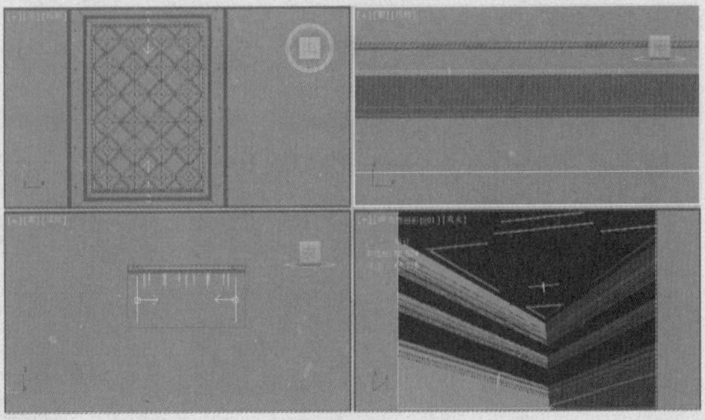
图F-17

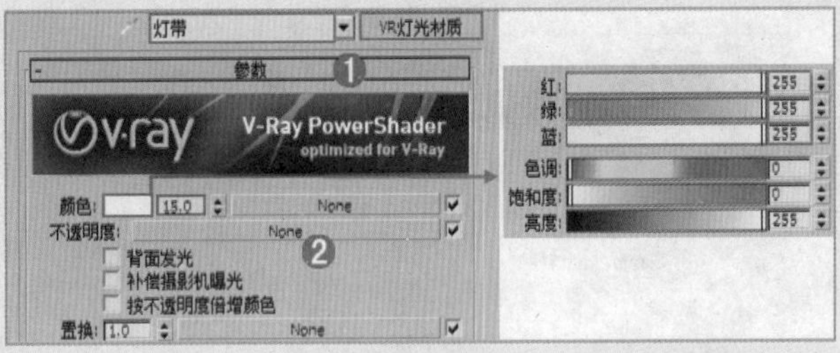

图F-18

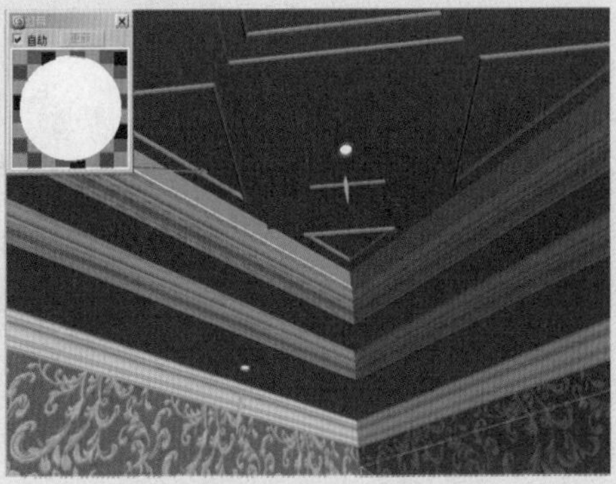
图F-19

扩展练习046——窗外天空

案例文件	材质案例文件\F\发光\窗外天空\窗外天空.max	视频教学	视频教学\材质\F\发光\窗外天空.flv
技术难点	VR灯光材质的应用		

窗外天空的制作难点在于如何把握VR灯光材质的应用，才能更好地表现出窗外天空的真实效果，如图F-20所示。

图F-20

打开随书配套光盘中的【材质场景文件\F\发光\扩展046.max】场景文件，设置材质类型为【VR灯光材质】。然后在【颜色】后面的通道上加载【VR天空】程序贴图，展开【VRay天空参数】卷展栏，勾选【指定太阳节点】复选框，设置【太阳强度倍增】为0.09，如图F-21所示。

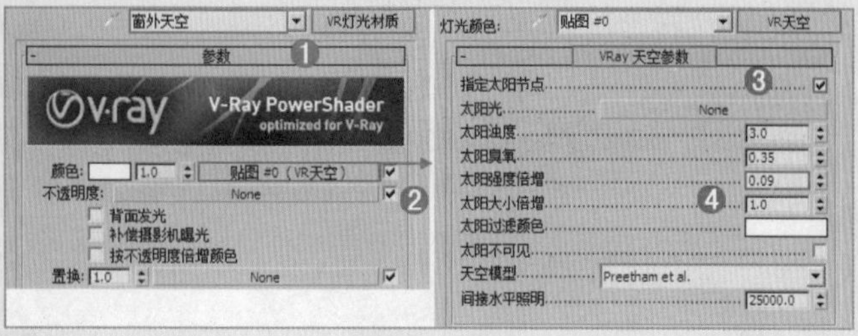

图F-21

实例047 壁炉火焰

案例文件	材质案例文件\F\发光\壁炉火焰\壁炉火焰.max	视频教学	视频教学\材质\F\发光\壁炉火焰.flv
技术难点	VR灯光材质制作火焰的方法		

案例分析：

【壁炉火焰】是壁炉中的燃烧效果，是燃料和空气混合后迅速转变为燃烧产物的化学过程中出现的可见光或其他物理表现形式。如图F-22所示为分析并参考壁炉火焰材质的效果。本例通过为壁炉设置火焰材质，学习壁炉火焰材质的设置方法，具体表现效果如图F-23所示。

图F-22

图F-23

操作步骤：

STEP 1 打开随书配套光盘中的场景文件【材质场景文件\F\发光\047.max】，如图F-24所示。

STEP 2 按M键，打开材质编辑器。单击一个材质球，并设置材质类型为【VR灯光材质】。在【颜色】后面的通道上加载【7371081_155956417000_2.jpg】贴图文件，最后设置【颜色强度】为1.5，如图F-25所示。

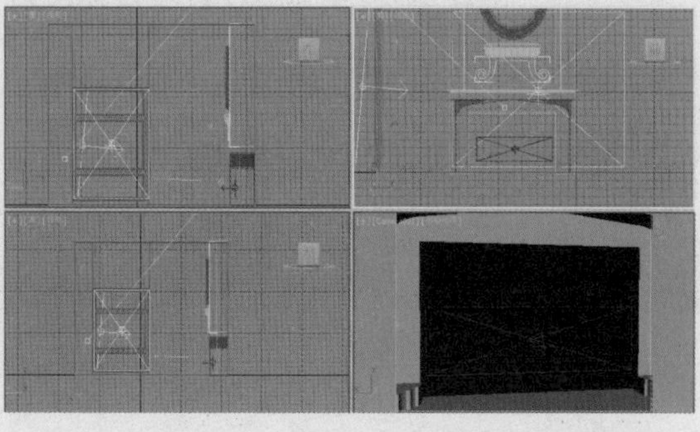

图F-24

STEP 3 将制作完成的火焰材质赋予场景中的壁炉模型，并将其他材质制作完成，如图F-26所示。

B C D F J M P Q R S T Y Z

图F-25

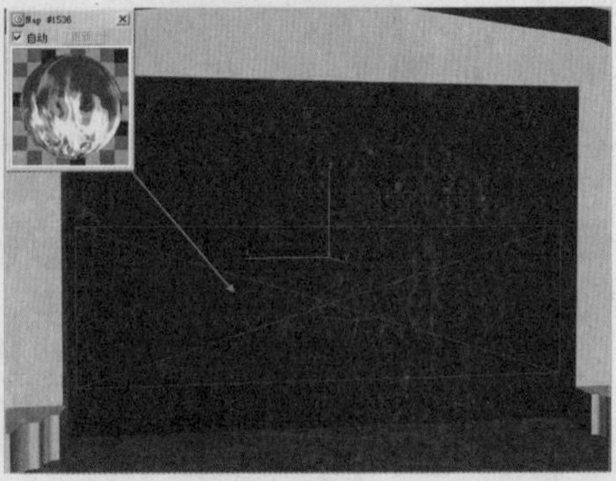

图F-26

扩展练习047——植物叶子

案例文件	材质案例文件\F\发光\植物叶子\植物叶子.max	视频教学	视频教学\材质\F\发光\植物叶子.flv
技术难点	凹凸通道的应用		

植物叶子的制作难点在于把握比较大的凹凸数值可以制作叶子的纹理质感，更好地表现出植物叶子的真实效果，如图F-27所示。

图F-27

STEP 1 打开随书配套光盘中的【材质场景文件\F\发光\扩展047.max】场景文件，设置材质类型为【VRayMtl】材质。然后在【漫反射】后面的通道上加载【Archmodels66_leaf_11 .jpg】贴图文件，设置【反射】颜色为黑色，设置【反射光泽度】为0.62，如图F-28所示。

STEP 2 展开【贴图】卷展栏，在【凹凸】后面的通道上加载【Archmodels66_leaf_11_bump.jpg】贴图文件，设置【凹凸】数量为80，如图F-29所示。

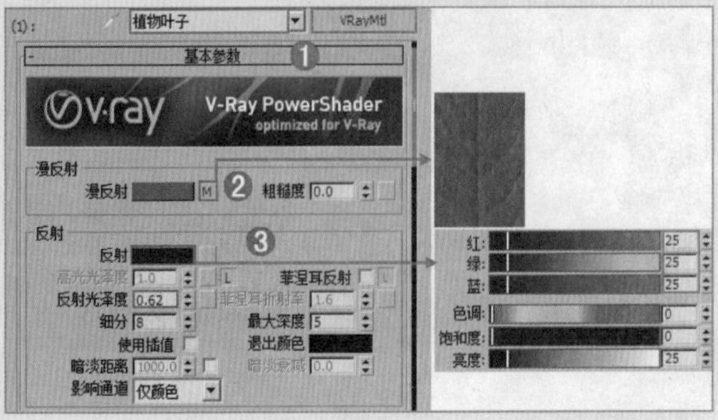

图F-28

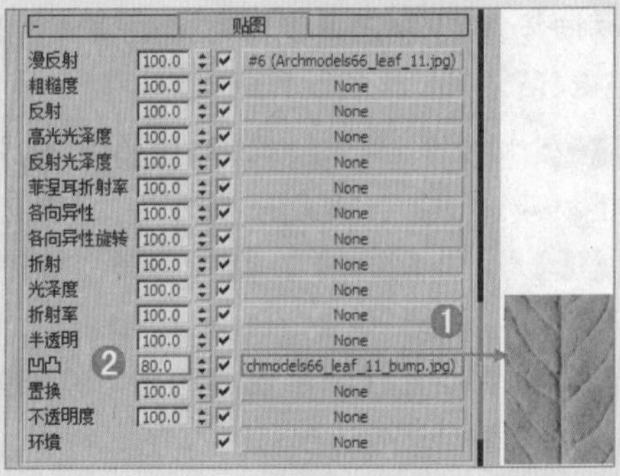

图F-29

实例048　蜡烛火焰

案例文件	材质案例文件\F\发光\蜡烛火焰\蜡烛火焰.max	视频教学	视频教学\材质\F\发光\蜡烛火焰.flv
技术难点	渐变坡度制作火焰的方法		

案例分析：

【蜡烛火焰】是蜡烛的火焰效果，主要由外焰和内焰组成。如图F-30所示为分析并参考蜡烛火焰材质的效果。本例通过为蜡烛火焰设置火焰材质，学习蜡烛火焰材质的设置方法，具体表现效果如图F-31所示。

图F-30

图F-31

操作步骤：

STEP 1 打开随书配套光盘中的场景文件【材质场景文件\F\发光\048.max】，如图F-32所示。

STEP 2 按M键，打开材质编辑器。单击一个材质球，并设置材质类型为【Standard（标准）】。勾选【双面】复选框，在【漫反射】后面的通道上加载【Mix（混合）】程序贴图，如图F-33所示。

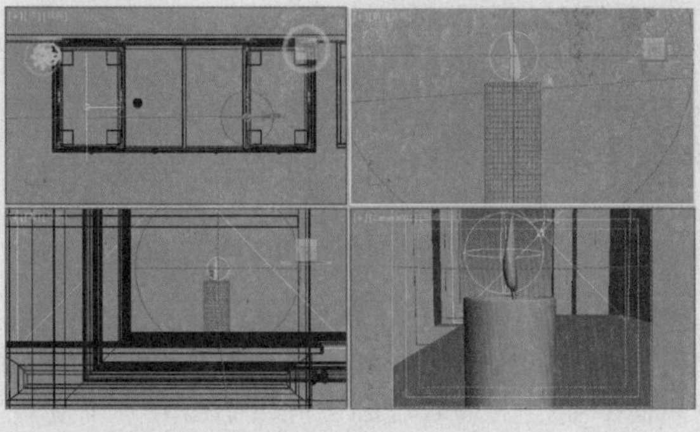

图F-32

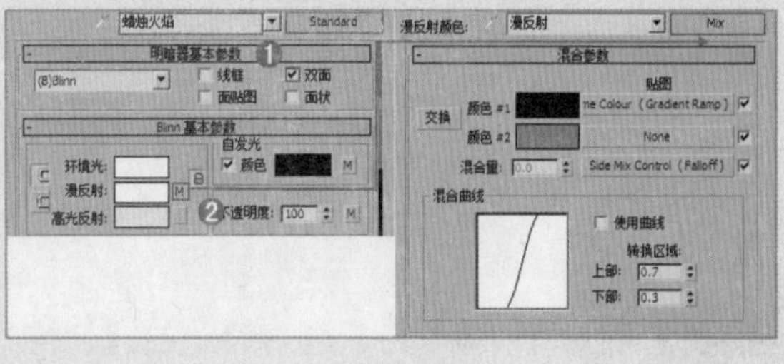

图F-33

STEP 3 展开【混合参数】卷展栏，在【颜色1】后面的通道上加载【Gradient Ramp（渐变坡度）】程序贴图，展开【坐标】卷展栏，设置【角度W】为90。展开【渐变坡度参数】卷展栏，设置【颜色】从左至右依次为橘红（红=180、绿=70、蓝=5）、橘红（红=180、绿=70、蓝=5）、白色（红=255、绿=255、蓝=255）、白色（红=255、绿=255、蓝=255）、浅黄（红=250、绿=220、蓝=190）、橘黄（红=255、绿=195、蓝=95）、橘黄（红=220、绿=115、蓝=50）。返回【混合参数】卷展栏，设置【颜色2】颜色为橘红色（红=220、绿=105、蓝=65），如图F-34所示。

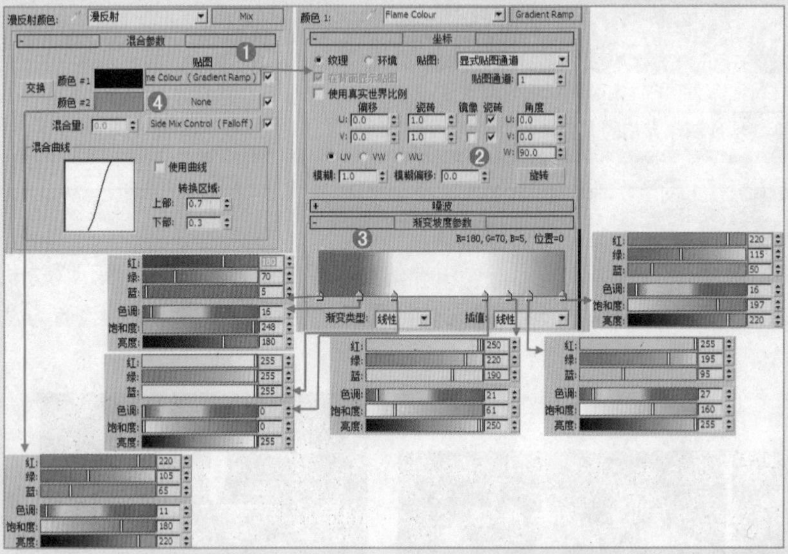

图F-34

技巧一点通：

【渐变坡度】是与【渐变】贴图相似的2D 贴图。它从一种颜色到另一种进行着色。在这个贴图中，可以为渐变指定任何数量的颜色或贴图。它有许多用于高度自定义渐变的控件。

STEP 4 展开【混合参数】卷展栏，在【混合量】后面的通道上加载【Falloff（衰减）】程序贴图，如图F-35所示。

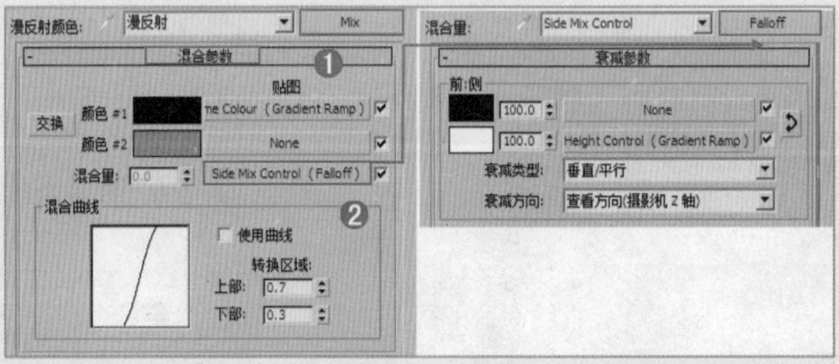

图F-35

STEP 5 展开【衰减参数】卷展栏，在【颜色2】后面的通道上加载【Gradient Ramp（渐变坡度）】程序贴图，展开【坐标】卷展栏，设置【角度W】为90。展开【渐变坡度参数】卷展栏，设置【颜色】从左至右依次为黑色（红=0、绿=0、蓝=0）、黑色（红=0、绿=0、蓝=0）、白色（红=255、绿=255、蓝=255）、白色（红=255、绿=255、蓝=255）、白色（红=228、绿=228、蓝=228）、灰色（红=117、绿=117、蓝=117），如图F-36所示。

STEP 6 返回【Standard（标准）】材质，在【自发光】选项组下，勾选【颜色】，并在其后面的通道上加载【Mix（混合）】程序贴图，如图F-37所示。

STEP 7 展开【混合参数】卷展栏，在【颜色1】后面的通道上加载【Mix（混合）】程序贴图，如图F-38所示。

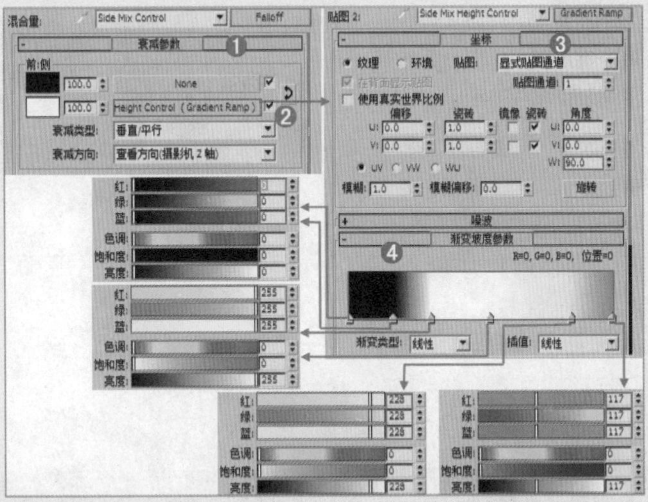

图F-36

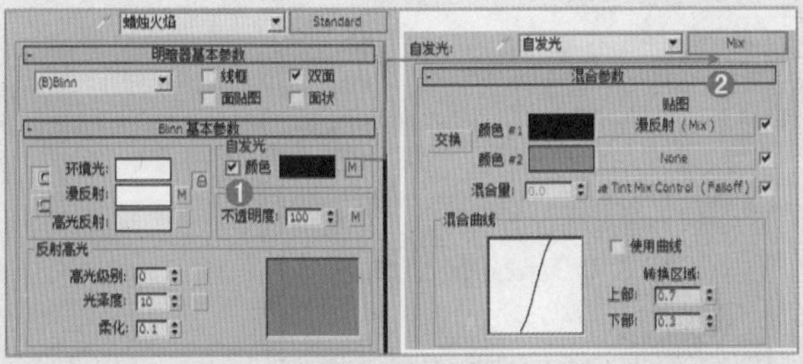

图F-37

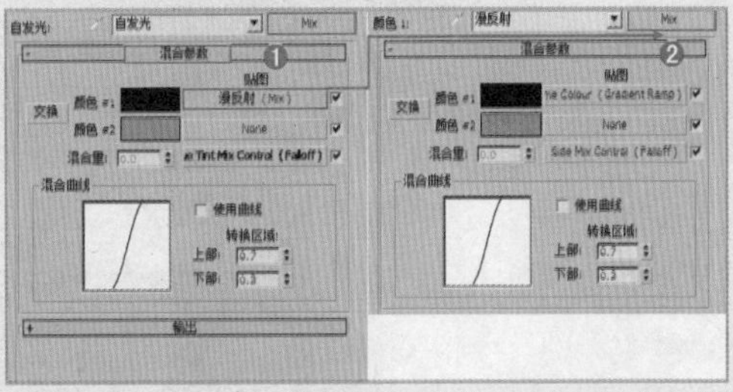

图F-38

STEP 8 展开【混合参数】卷展栏，在【颜色1】后面的通道上加载【Gradient Ramp（渐变坡度）】程序贴图，展开【坐标】卷展栏，设置【角度W】为90。展开【渐变坡度参数】卷展栏，设置【颜色】从左至右依次为橘红（红=180、绿=70、蓝=5）、橘红（红=180、绿=70、蓝=5）、白色（红=255、绿=255、蓝=255）、白色（红=255、绿=255、蓝=255）、浅黄（红=250、绿=220、蓝=190）、橘黄（红=255、绿=195、蓝=95）、橘黄（红=220、绿=115、蓝=50）。返回【混合参数】卷展栏，设置【颜色2】颜色为橘红色（红=220、绿=105、蓝=65），如图F-39所示。

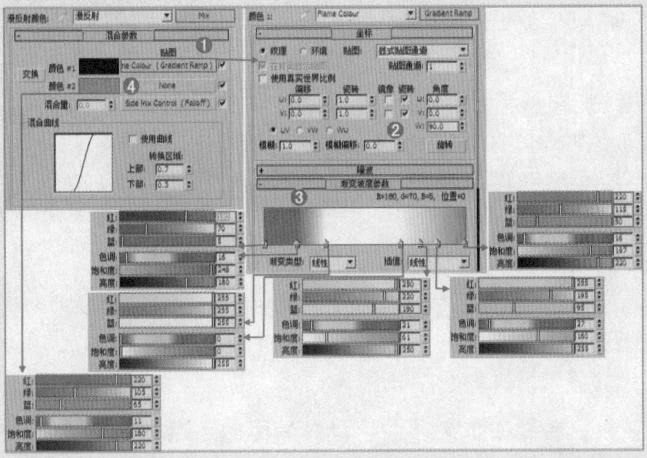

图F-39

STEP 9 展开【混合参数】卷展栏，在【混合量】后面的通道上加载【Falloff（衰减）】程序贴图，如图F-40所示。

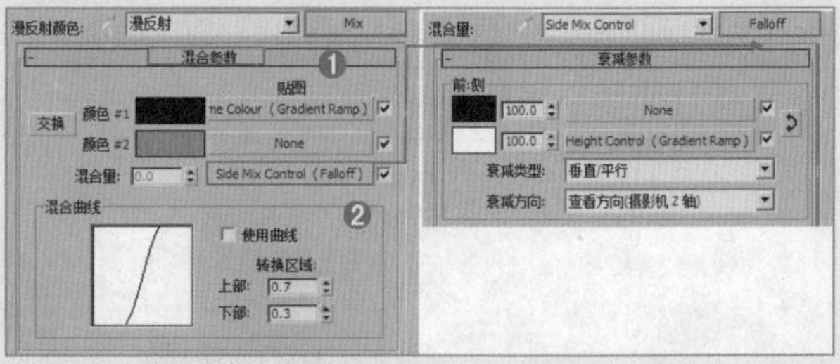

图F-40

STEP 10 展开【衰减参数】卷展栏，在【颜色2】后面的通道上加载【Gradient Ramp（渐变坡度）】程序贴图，展开【坐标】卷展栏，设置【角度W】为90。展开【渐变坡度参数】卷展栏，设置【颜色】从左至右依次为黑色（红=0、绿=0、蓝=0）、黑色（红=0、绿=0、蓝=0）、白色（红=255、绿=255、蓝=255）、白色（红=255、绿=255、蓝=255）、白色（红=228、绿=228、蓝=228）、灰色（红=117、绿=117、蓝=117），如图F-41所示。

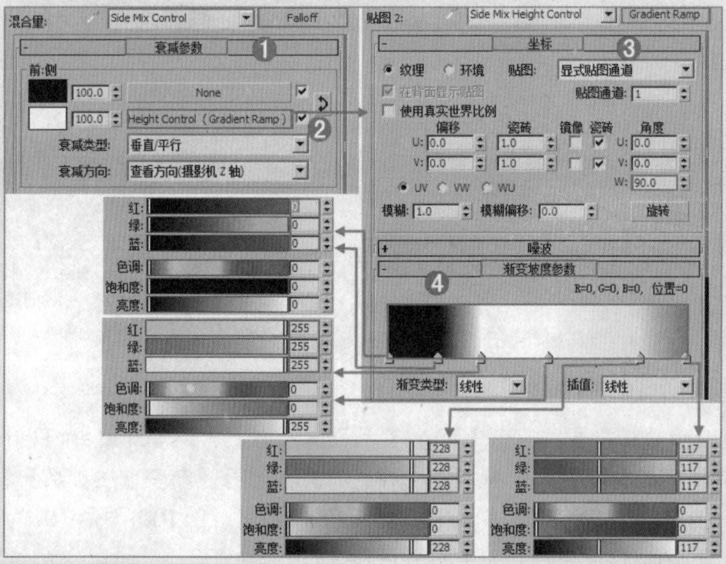

图F-41

STEP 11 返回【Standard（标准）】材质，在【不透明度】后面的通道上加载【Mix（混合）】程序贴图，如图F-42所示。

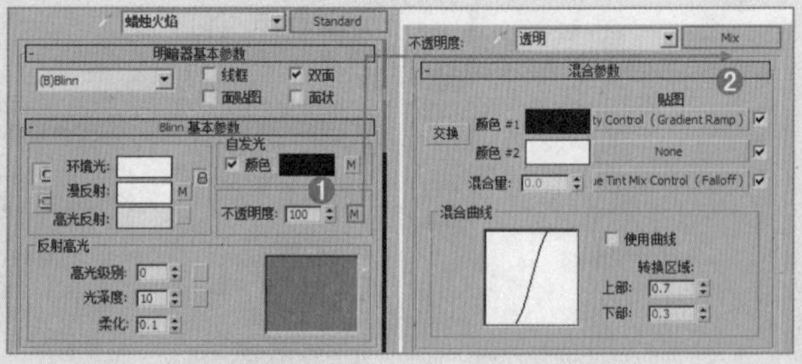

图F-42

STEP 12 展开【混合参数】卷展栏，在【颜色1】后面的通道上加载【Gradient Ramp（渐变坡度）】程序贴图，展开【坐标】卷展栏，设置【角度W】为90。展开【渐变坡度参数】卷展栏，设置【颜色】从左至右依次为黑色（红=0、绿=0、蓝=0）、黑色（红=0、绿=0、蓝=0）、白色（红=255、绿=255、蓝=255）、白色（红=255、绿=255、蓝=255）、黑色（红=0、绿=0、蓝=0）。设置【插值】为【缓入】，如图F-43所示。

STEP 13 展开【混合参数】卷展栏，在【混合量】后面的通道上加载【Falloff（衰减）】程序贴图，如图F-44所示。

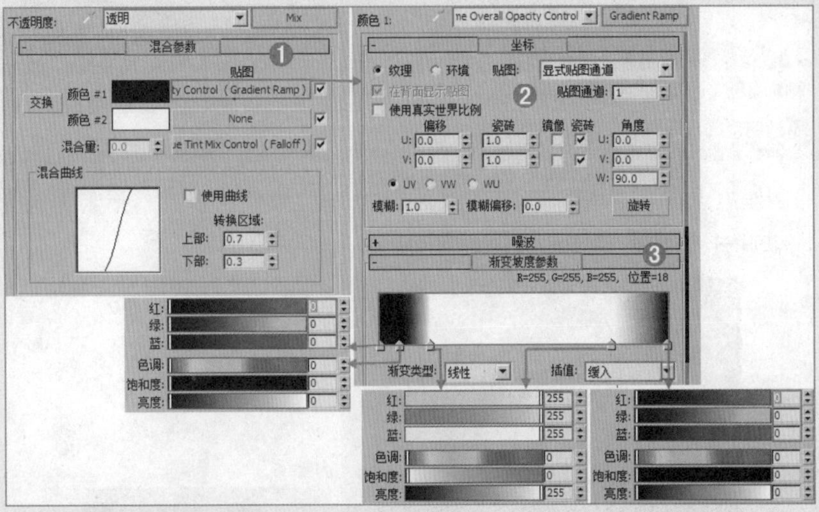

图F-43

STEP 14 展开【衰减参数】卷展栏，在【颜色2】后面的通道上加载【Gradient Ramp（渐变坡度）】程序贴图，展开【坐标】卷展栏，设置【角度W】为90。展开【渐变坡度参数】卷展栏，设置【颜色】从左至右依次为黑色（红=0、绿=0、蓝=0）、黑色（红=0、绿=0、蓝=0）、白色（红=255、绿=255、蓝=255）、白色（红=255、绿=255、蓝=255），如图F-45所示。

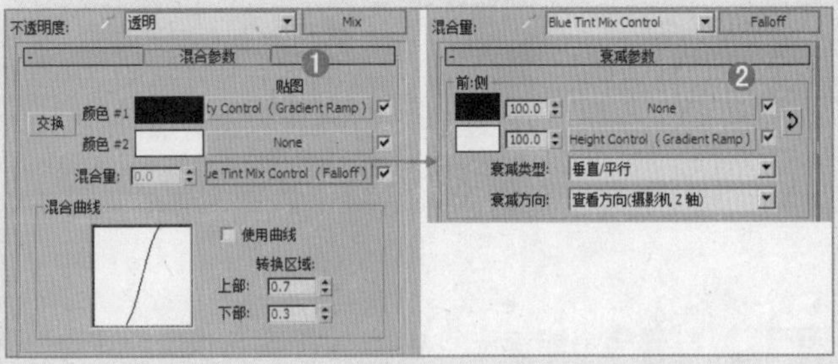

图F-44

STEP 15 将制作完成的蜡烛火焰材质赋予场景中的蜡烛火焰模型，并将其他材质制作完成，如图F-46所示。

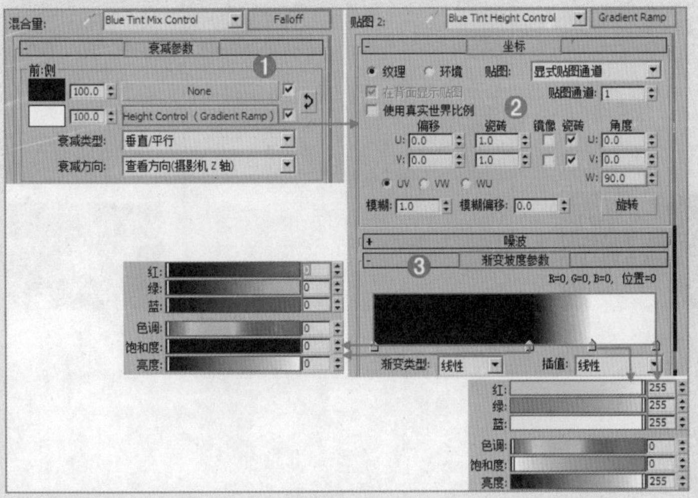

图F-45

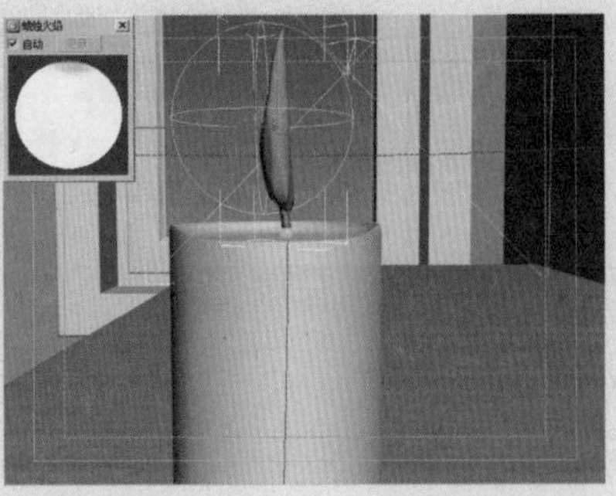

图F-46

扩展练习048——燃烧火焰

案例文件	材质案例文件\F\发光\燃烧火焰\燃烧火焰.max	视频教学	视频教学\材质\F\发光\燃烧火焰.flv
技术难点	不透明度的应用		

燃烧火焰的制作难点在于不透明度贴图模拟制作区域性镂空的质感，使其更好地表现出燃烧火焰的真实效果，如图F-47所示。

图F-47

STEP 1 打开随书配套光盘中的【材质场景文件\F\发光\扩展048.max】场景文件，设置材质类型为【VRayMtl】。然后在【漫反射】后面的通道上加载【ArchInteriors_14_06_flame1 alfa .jpg】贴图文件，如图F-48所示。

STEP 2 展开【贴图】卷展栏，在【不透明度】后面的通道上加载【ArchInteriors_14_06_flame1 alfa..jpg】贴图文件，如图F-49所示。

图F-48

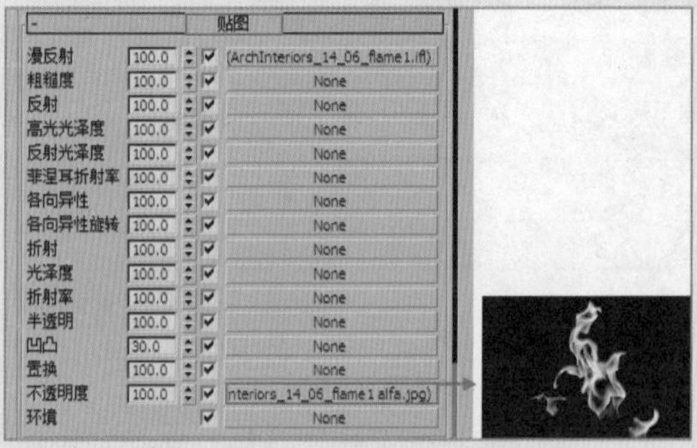

图F-49

J

镜子（镜子、茶镜、茶几、雕花镜子、黑镜）

镜子扩展（黑镜墙面、马赛克镜片、镜片装饰灯、浴室镜子、健身房镜子）

金属（水龙头、磨砂金属、拉丝金属、有色金属、旧金属、金色金属）

金属扩展（不锈钢金属、磨砂锅、拉丝水壶、金牛摆设、烛台金属、银色金属）

实例049　镜子

案例文件	材质案例文件\J\镜子\镜子\镜子.max	视频教学	视频教学\材质\J\镜子\镜子.flv
技术难点	反射颜色控制反射强度的方法		

案例分析：

【镜子】是一种表面光滑、具有反射光线能力的物品。如图J-1所示为分析并参考镜子材质的效果。本例通过为镜子设置镜子材质，学习镜子材质的设置方法，具体表现效果如图J-2所示。

图J-1

图J-2

操作步骤：

STEP 1 打开随书配套光盘中的场景文件【材质场景文件\J\镜子\049.max】，如图J-3所示。

STEP 2 按M键，打开材质编辑器。单击一个材质球，并设置材质类型为【VRayMtl】。设置【漫反射】颜色为黑色（红=0、绿=0、蓝=0），【反射】颜色为白色（红=255、绿=255、蓝=255），设置【反射光泽度】为0.99，如图J-4所示。

B C D F J M P Q R S T Y Z

STEP 3 将制作完成的镜子材质赋予场景中的镜子模型，并将其他材质制作完成，如图J-5所示。

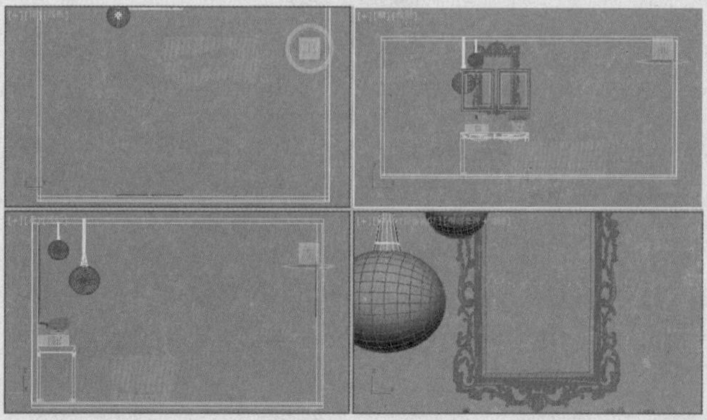

图J-3

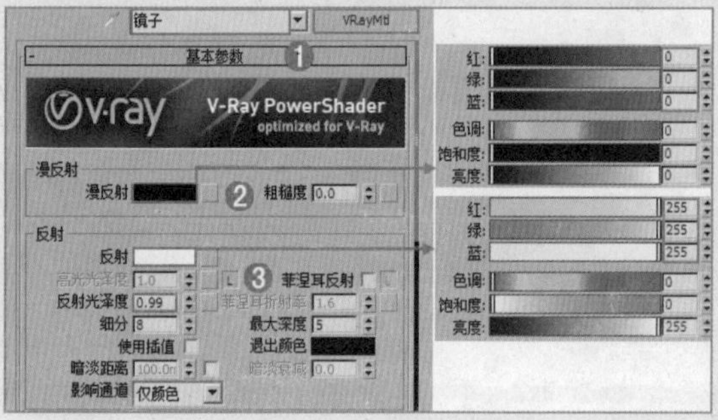

图J-4

图J-5

扩展练习049——黑镜墙面

案例文件	材质案例文件\J\镜子\黑镜墙面\黑镜墙面.max	视频教学	视频教学\材质\J\镜子\黑镜墙面.flv
技术难点	漫反射、反射、平铺程序贴图的应用		

黑镜墙面的制作难点在于如何把握制作黑镜反射效果和缝隙效果，以便更好地表现出黑镜的真实效果，如图J-6所示。

图J-6

STEP 1 打开随书配套光盘中的【材质场景文件\J\镜子\扩展049.max】场景文件，设置材质类型为【VRayMtl】。设置【漫反射】颜色为黑色，设置【反射】颜色为深灰色，设置【反射光泽度】为0.98，【细分】为10，如图J-7所示。

STEP 2 展开【贴图】卷展栏，在【凹凸】后面的通道上同样加载【Tiles（平铺）】程序贴图，勾选【使用真实世界比例】，并设置【平铺设置】的【纹理】为浅灰色，【水平数】为8，【垂直数】为7。设置【砖缝设置】的【纹理】为深灰色，【水平间距】为0.1，【垂直间距】为0.1。最后设置【凹凸】数量为40，如图J-8所示。

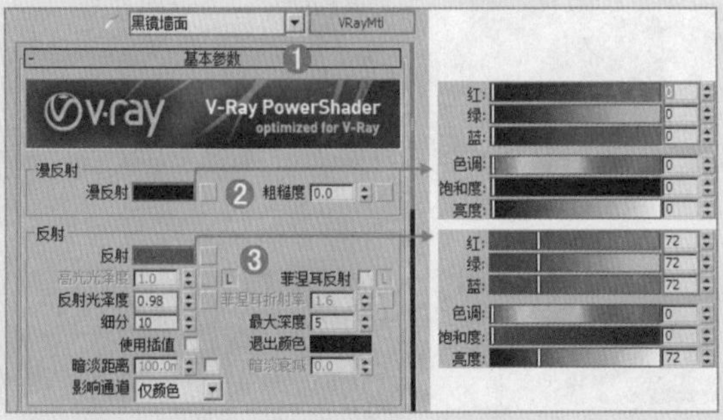

图J-7

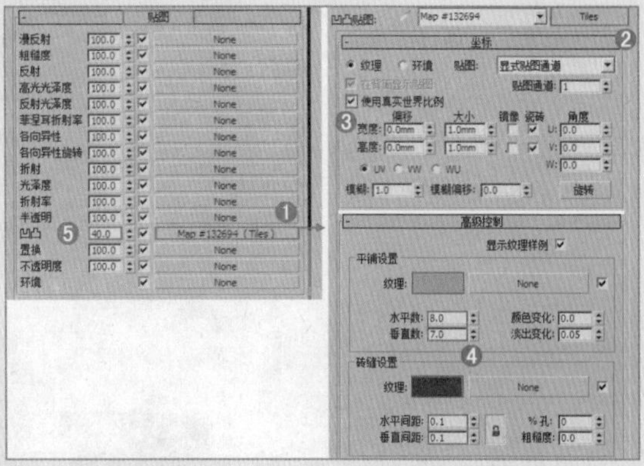

图J-8

实例050　茶镜

案例文件	材质案例文件\J\镜子\茶镜\茶镜.max	视频教学	视频教学\材质\J\镜子\茶镜.flv
技术难点	反射颜色控制反射强度的方法		

案例分析：

【茶镜】是用茶晶或茶色玻璃制成的银镜。如图J-9所示为分析并参考茶镜材质的效果。本例通过为镜子设置茶镜材质，学习茶镜材质的设置方法，具体表现效果如图J-10所示。

图J-9

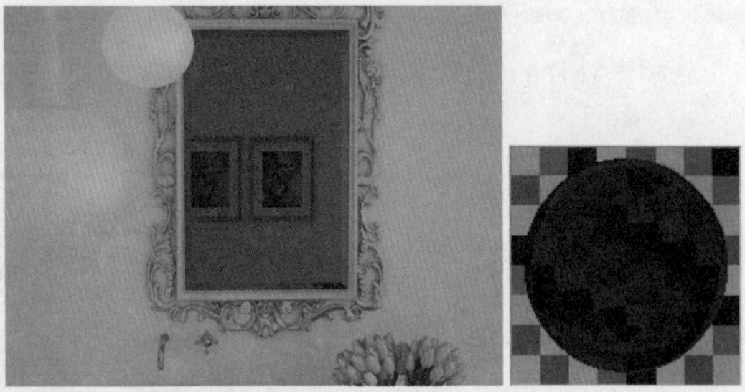

图J-10

操作步骤：

STEP 1 打开随书配套光盘中的场景文件【材质场景文件\J\镜子\050.max】，如图J-11所示。

STEP 2 按M键，打开材质编辑器。单击一个材质球，并设置材质类型为【VRayMtl】。设置【漫反射】颜色为黑色（红=0、绿=0、蓝=0），【反射】颜色为棕色（红=85、绿=63、蓝=45），设置【细分】为15，如图J-12所示。

STEP 3 将制作完成的茶镜材质赋予场景中的镜子模型，并将其他材质制作完成，如图J-13所示。

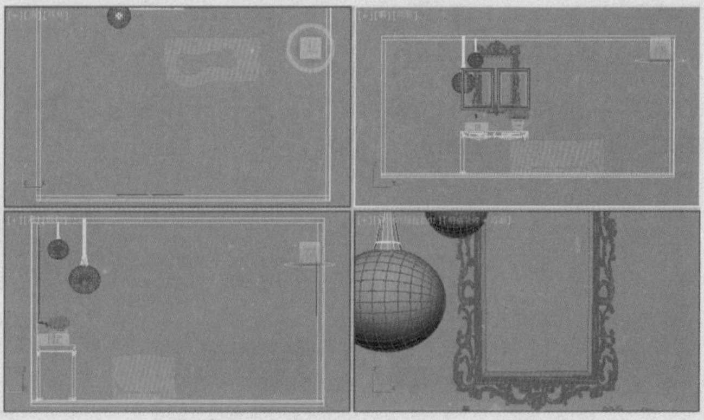

图J-11

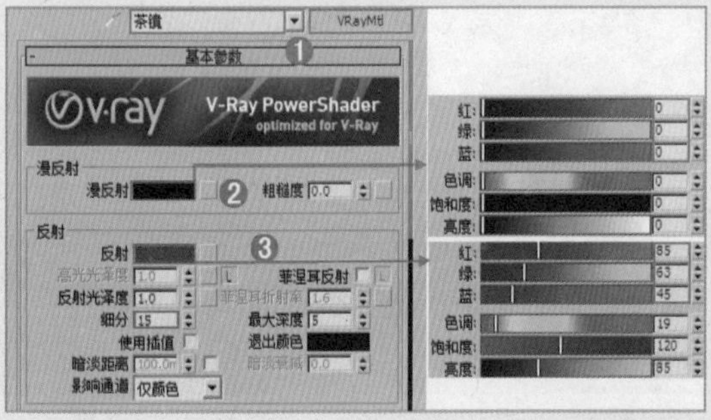

图J-12

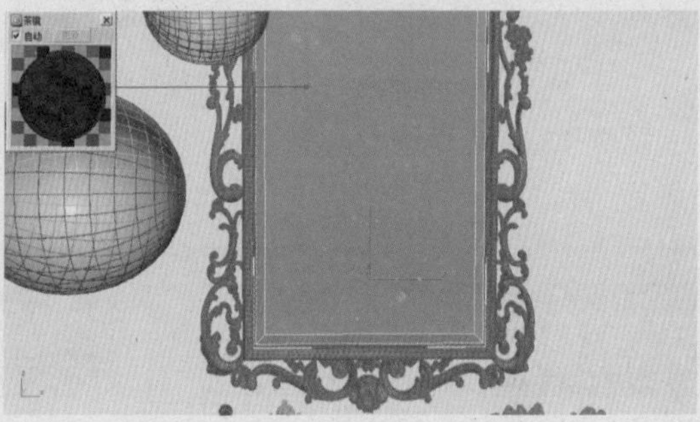

图J-13

扩展练习050——马赛克镜片

案例文件	材质案例文件\J\镜子\马赛克镜片\马赛克镜片.max	视频教学	视频教学\材质\J\镜子\马赛克镜片.flv
技术难点	漫反射、反射的应用		

马赛克镜片的制作难点在于如何把握漫反射、反射的应用，以便更好地表现出马赛克镜片的真实效果，如图J-14所示。

图J-14

打开随书配套光盘中的【材质场景文件\J\镜子\扩展050.max】场景文件，设置材质类型为【VRayMtl】。设置【漫反射】颜色为黑色，设置【反射】颜色为白色，设置【细分】为16，如图J-15所示。

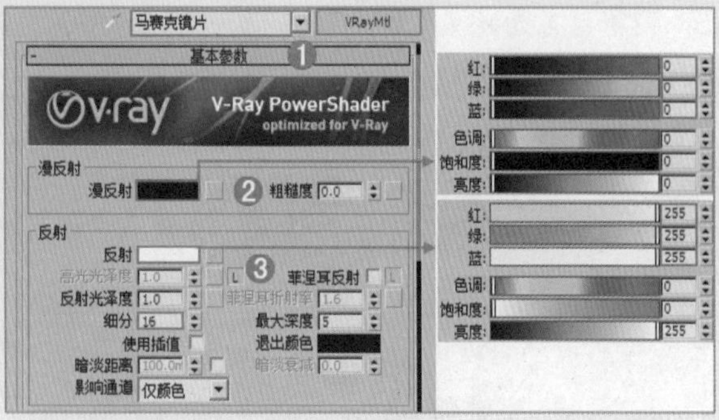

图J-15

实例051 茶几

案例文件	材质案例文件\J\镜子\茶几\茶几.max	视频教学	视频教学\材质\J\镜子\茶几.flv
技术难点	反射通道加衰减贴图控制反射强度的方法		

案例分析：

【茶几】一般分方形、矩形两种，高度与扶手椅的扶手相当。通常情况下是两把椅子中间夹一茶几，用以摆放杯盘茶具，故名茶几。如图J-16所示为分析并参考茶几材质的效果。本例通过为茶几设置茶几材质，学习茶几材质的设置方法，具体表现效果如图J-17所示。

图J-16

图J-17

操作步骤：

STEP 1 打开随书配套光盘中的场景文件【材质场景文件\J\镜子\051.max】，如图J-18所示。

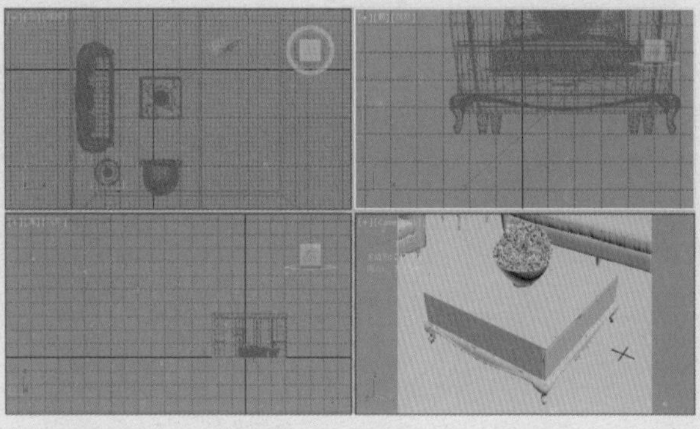

图J-18

STEP 2 按M键，打开材质编辑器。单击一个材质球，并设置材质类型为【VRayMtl】。设置【漫反射】颜色为深灰色（红=8、绿=8、蓝=8），在【反射】后面的通道上加载【Falloff（衰减）】程序贴图，展开【衰减参数】卷展栏，设置【衰减类型】为【Fresnel】，【折射率】

B C D F J M P Q R S T Y Z

为2.5。设置【高光光泽度】为0.8，【反射光泽度】为0.95，设置【细分】为50，如图J-19所示。

STEP 3 将制作完成的茶几材质赋予场景中的茶几模型，并将其他材质制作完成，如图J-20所示。

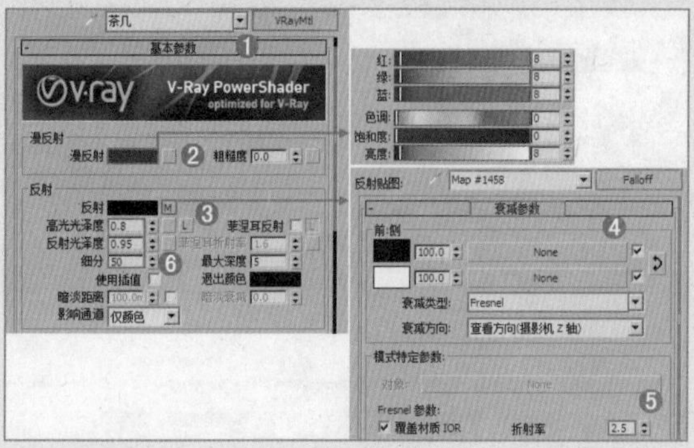

图J-19

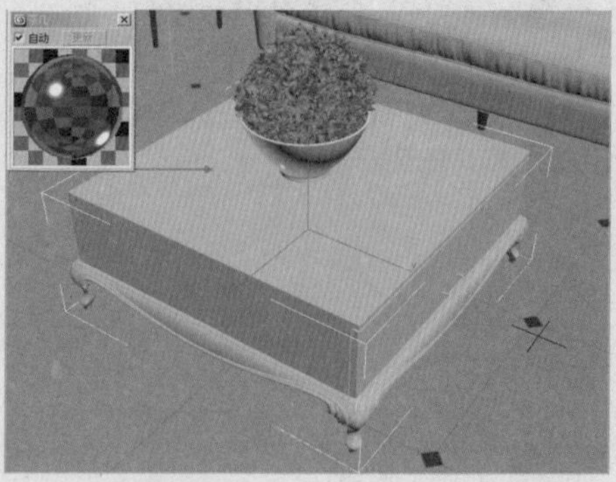

图J-20

扩展练习051——镜片装饰灯

案例文件	材质案例文件\J\镜子\镜片装饰灯\镜片装饰灯.max	视频教学	视频教学\材质\J\镜子\镜片装饰灯.flv
技术难点	漫反射、反射的应用		

镜片装饰灯的制作难点在于如何把握漫反射、反射的应用，以便更好地表现出镜片装饰灯的真实效果，如图J-21所示。

图J-21

打开随书配套光盘中的【材质场景文件\J\镜子\扩展051.max】场景文件，设置材质类型为【VRayMtl】。设置【漫反射】颜色为紫色，设置【反射】颜色为灰色，设置【细分】为16，如图J-22所示。

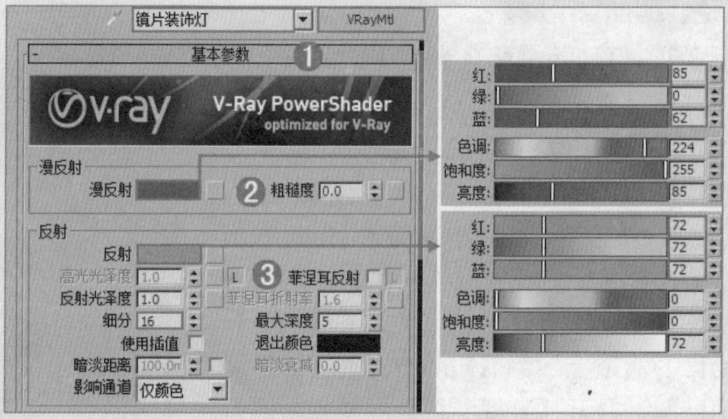

图J-22

实例052 雕花镜子

案例文件	材质案例文件\J\镜子\雕花镜子\雕花镜子.max	视频教学	视频教学\材质\J\镜子\雕花镜子.flv
技术难点	混合材质制作雕花镜子的方法		

案例分析：

【雕花镜子】是一种镜子表面带有花纹、图案的物品。如图J-23所示为分析并参考雕花镜子材质的效果。本例通过为镜子设置雕花材质，学习雕花镜子材质的设置方法，具体表现效果如图J-24所示。

图J-23

图J-24

操作步骤：

STEP 1 打开随书配套光盘中的场景文件【材质场景文件\J\镜子\052.max】，如图J-25所示。

STEP 2 按M键，打开材质编辑器。单击一个材质球，并设置材质类型为【Blend（混合）】。设置【材质1】为【VRayMtl】材质，设置【材质2】为【VRayMtl】材质，如图J-26所示。

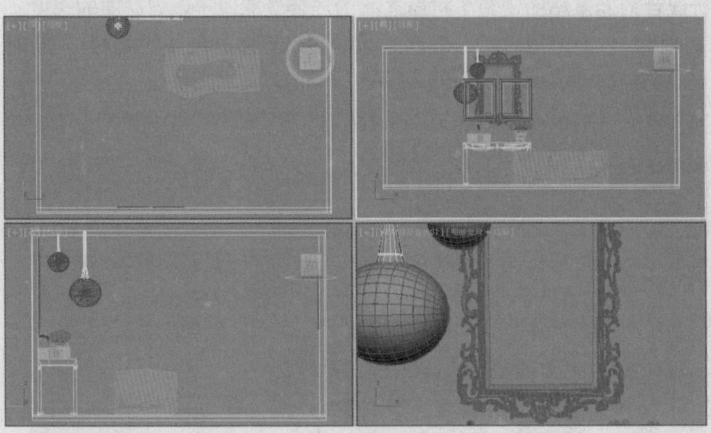

图J-25

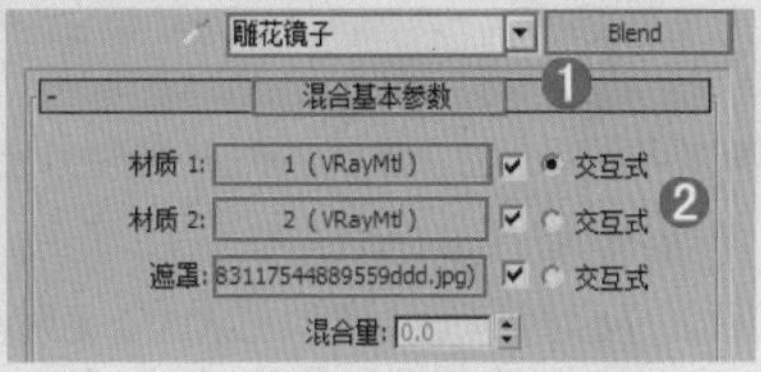

图J-26

STEP 3 单击进入【材质1】后面的通道，设置【漫反射】颜色为黑色（红=0、绿=0、蓝=0），设置【反射】颜色为白色（红=255、绿=255、蓝=255），设置【细分】为15，如图J-27所示。

STEP 4 单击进入【材质2】后面的通道，设置【漫反射】颜色为黑色（红=0、绿=0、蓝=0），设置【反射】颜色为棕色（红=85、绿=63、蓝=45），设置【细分】为15，如图J-28所示。

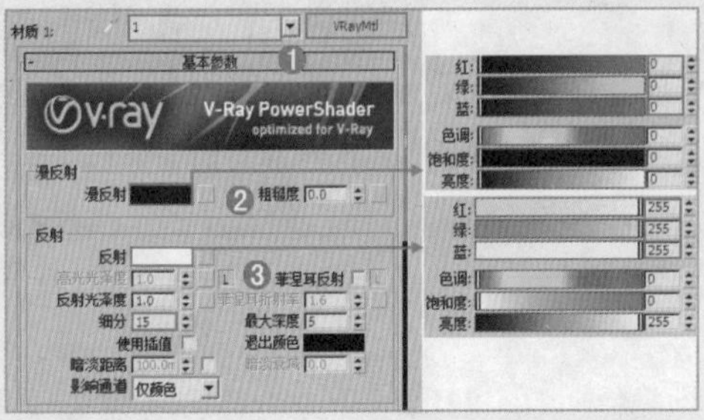

图 J-27

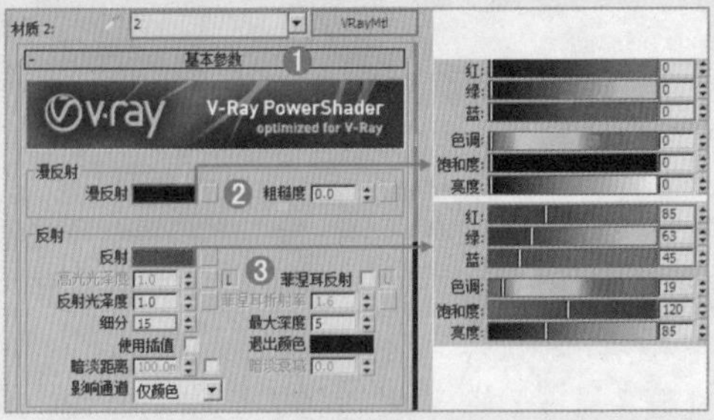

图 J-28

STEP 5 返回【混合基本参数】卷展栏，在【遮罩】后面的通道上加载【2008831175448895559ddd.jpg】贴图文件，如图J-29所示。

STEP 6 将制作完成的雕花材质赋予场景中的镜子模型，并将其他材质制作完成，如图J-30所示。

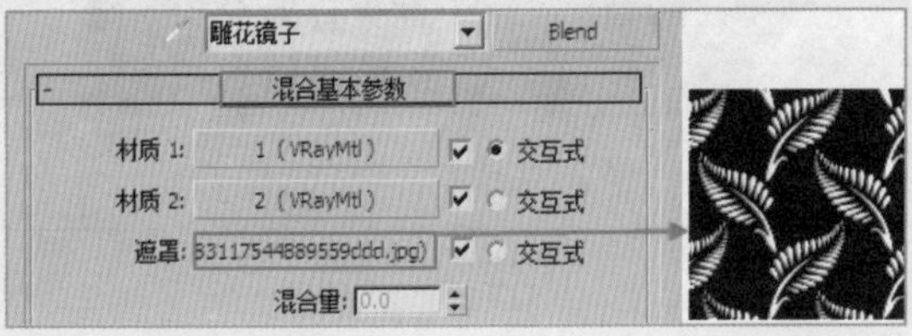

图 J-29

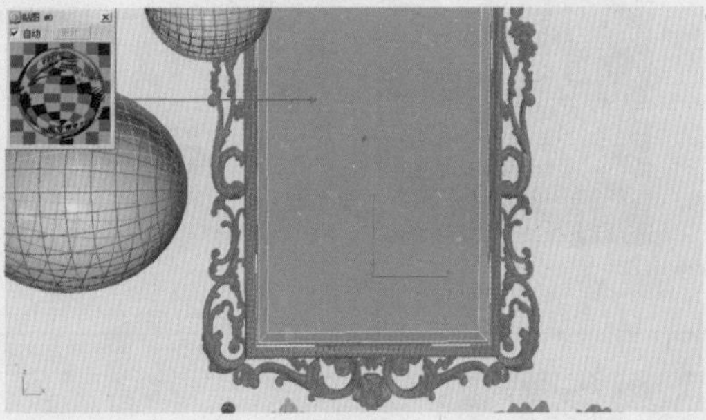

图 J-30

技巧一点通：

【遮罩】通道是用于使两种材质进行混合的遮罩贴图，两个材质之间的混合量取决于遮罩贴图的强度：遮罩较亮（较白）区域显示更多的是【材质1】，而遮罩较暗（较黑）区域显示更多的是【材质2】。此时【混合量】参数将处于禁用状态。

扩展练习052——浴室镜子

案例文件	材质案例文件\J\镜子\浴室镜子\浴室镜子.max	视频教学	视频教学\材质\J\镜子\浴室镜子.flv
技术难点	反射的应用		

浴室镜子的制作难点在于设置较浅的反射颜色以模拟强烈的反射效果，使其更好地表现出浴室镜子的真实效果，如图J-31所示。

图 J-31

打开随书配套光盘中的【材质场景文件\J\镜子\扩展052.max】场景文件，设置材质类型为【VRayMtl】。设置【漫反射】颜色为黑色，设置【反射】颜色为白色，如图J-32所示。

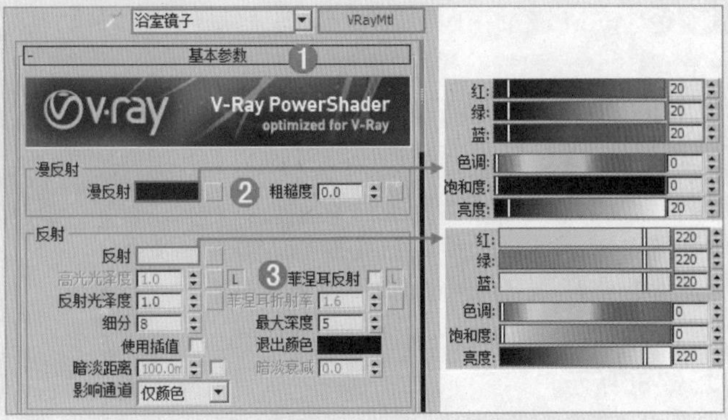

图J-32

技巧一点通：

制作一个材质之前，首先需要考虑材质的属性有哪些，考虑清楚后制作思路就有了。比如要制作镜子材质，先分析镜子材质的特点就是有非常强烈的反射，那么思路就有了，只需要将【反射】颜色设置为白色，就完成了材质的设置。

实例053 黑镜

案例文件	材质案例文件\J\镜子\黑镜\黑镜.max	视频教学	视频教学\材质\J\镜子\黑镜.flv
技术难点	衰减贴图控制反射强度的方法		

案例分析：

【黑镜】是一种表面光滑、具有反射光线能力的颜色为黑色的镜子。如图J-33所示为分析并参考黑镜材质的效果。本例通过为桌子设置黑镜材质，学习黑镜材质的设置方法，具体表现效果如图J-34所示。

图J-33

图J-34

操作步骤：

STEP 1 打开随书配套光盘中的场景文件【材质场景文件\J\镜子\053.max】，如图J-35所示。

STEP 2 按M键，打开材质编辑器。单击一个材质球，并设置材质类型为【VRayMtl】。设置【漫反射】颜色为黑色（红=5、绿=5、蓝=5），在【反射】后面的通道上加载【Falloff（衰减）】程序贴图，展开【衰减参数】卷展栏，设置【衰减类型】为【Fresnel】，【折射率】为1.8，最后设置【高光光泽度】为0.85，如图J-36所示。

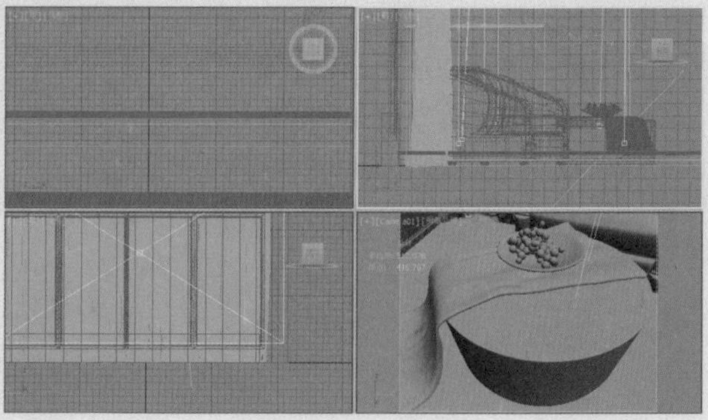

图J-35

STEP 3 将制作完成的黑镜材质赋予场景中的桌子模型，并将其他材质制作完成，如图J-37所示。

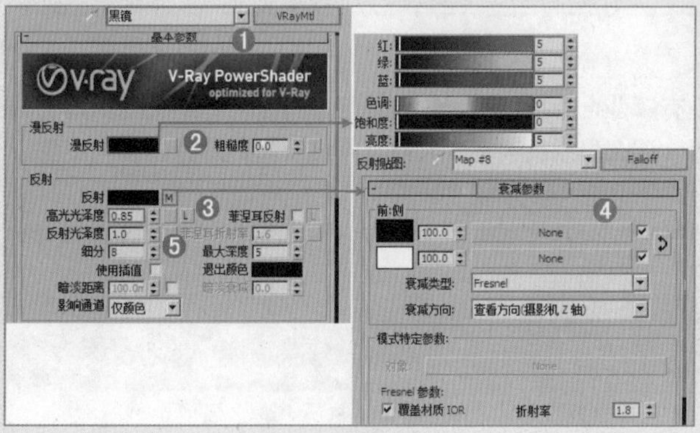

图J-36

图J-37

扩展练习053——健身房镜子

案例文件	材质案例文件\J\镜子\健身房镜子\健身房镜子.max	视频教学	视频教学\材质\J\镜子\健身房镜子.flv
技术难点	细分数值的控制		

健身房镜子的制作难点在于如何把握反射的细分数值，数值越大渲染得越精细，才能更好地表现出镜子的真实效果，如图J-38所示。

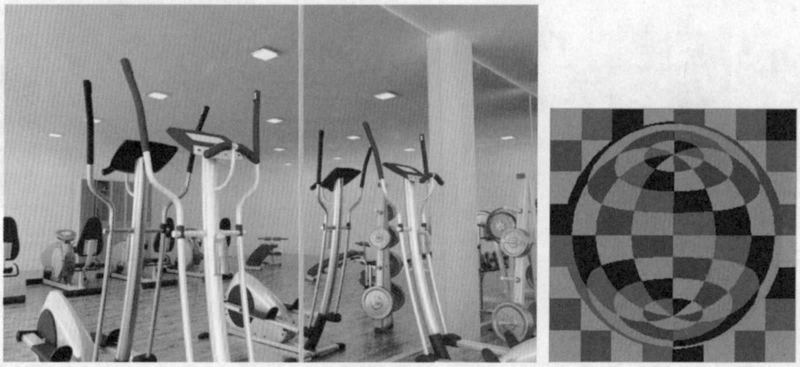

图J-38

打开随书配套光盘中的【材质场景文件\J\镜子\扩展053.max】场景文件，设置材质类型为【VRayMtl】。设置【漫反射】颜色为黑色，设置【反射】颜色为白色，【细分】为20，如图J-39所示。

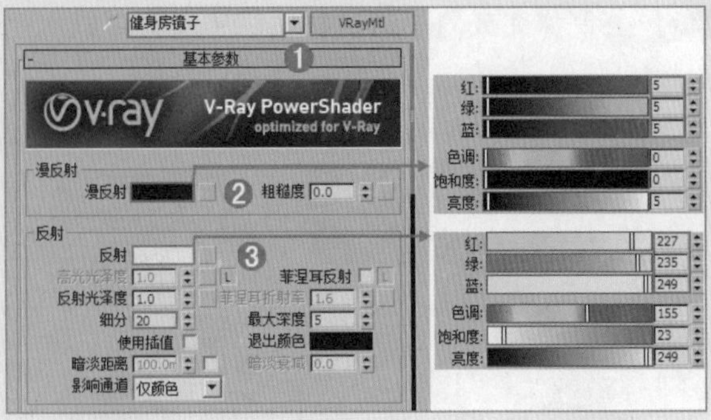

图J-39

实例054　水龙头

案例文件	材质案例文件\J\金属\水龙头\水龙头.max	视频教学	视频教学\材质\J\金属\水龙头.flv
技术难点	反射颜色控制反射强度的方法		

案例分析：

【水龙头】材质主要由不锈钢金属制成，表面光滑、细腻，反射较强。如图J-40所示为分析并参考不锈钢材质的效果。本例通过为水龙头设置不锈钢材质，学习不锈钢材质的设置方法，具体表现效果如图J-41所示。

图J-40

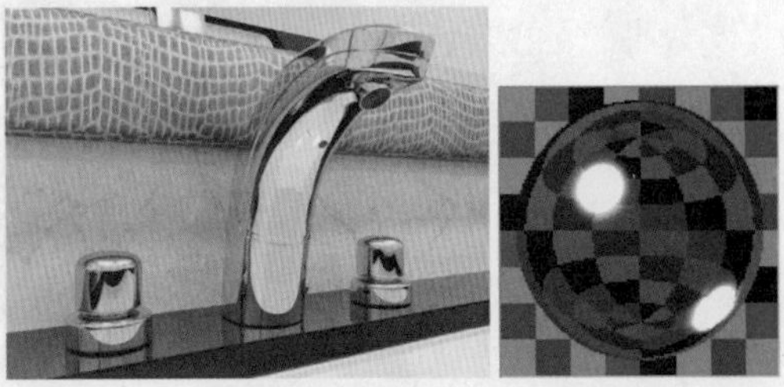

图J-41

操作步骤：

STEP 1 打开随书配套光盘中的场景文件【材质场景文件\J\金属\054.max】，如图J-42所示。

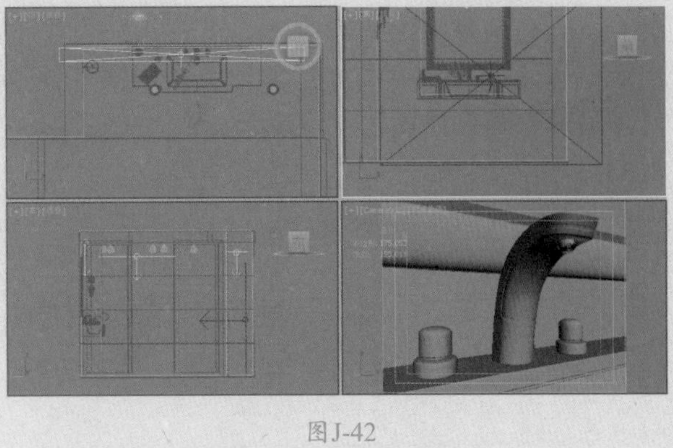

图J-42

STEP 2 按M键，打开材质编辑器。单击一个材质球，并设置材质类型为【VRayMtl】。设置【漫反射】颜色为黑色（红=15、绿=15、蓝=15），设置【反射】颜色为灰色（红=150、绿=150、蓝=150），设置【高光光泽度】为0.75，如图J-43所示。

STEP 3 将制作完成的不锈钢材质赋予场景中的水龙头模型，并将其他材质制作完成，如图J-44所示。

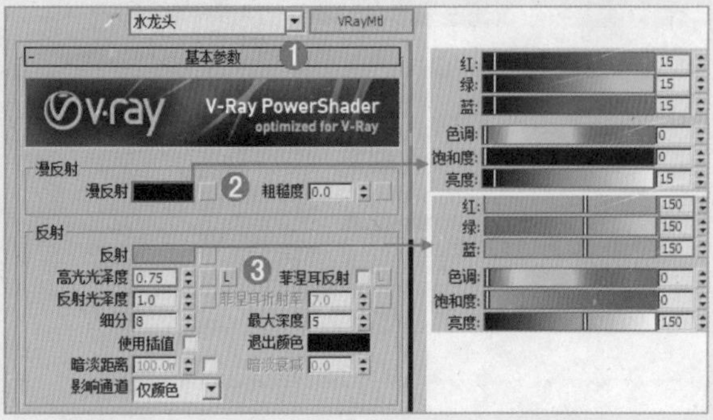

图J-43

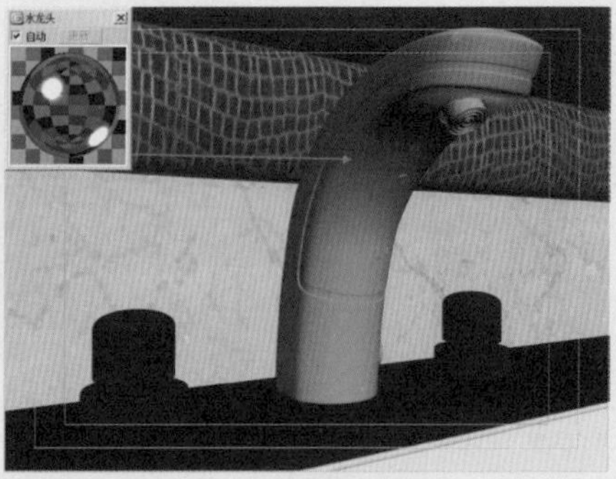

图J-44

扩展练习054——不锈钢金属

案例文件	材质案例文件\J\金属\不锈钢金属\不锈钢金属.max	视频教学	视频教学\材质\J\金属\不锈钢金属.flv
技术难点	漫反射、反射的颜色搭配		

不锈钢金属的制作难点在于如何把握漫反射、反射的颜色搭配，使其更好地表现出不锈钢金属的真实效果，如图J-45所示。

图J-45

打开随书配套光盘中的【材质场景文件\J\金属\扩展054.max】场景文件，设置材质类型为【VRayMtl】。设置【漫反射】颜色为黑色，【反射】颜色为灰色，【反射光泽度】为0.98，【细分】为15，如图J-46所示。

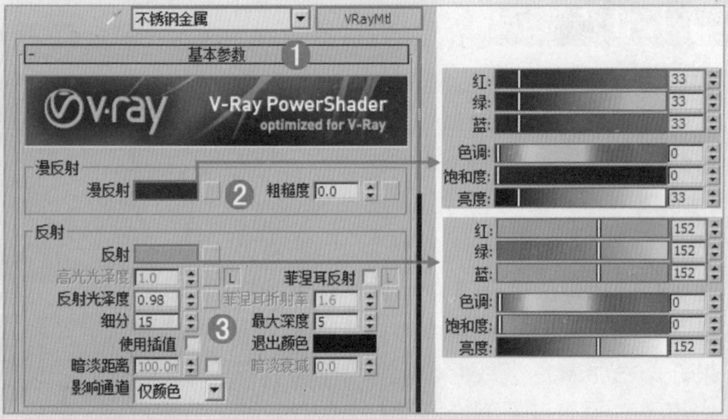

图J-46

实例055　磨砂金属

案例文件	材质案例文件\J\金属\磨砂金属\磨砂金属.max	视频教学	视频教学\材质\J\金属\磨砂金属.flv
技术难点	反射颜色控制反射强度的方法		

案例分析：

【磨砂金属】是通过机械方法（打磨、喷砂、喷丸等）、化学方法或电化学方法使金属表面沙面化。磨砂处理的表面不反光，柔和，还能增加涂覆层的结合力。如图J-47所示为分析并参考磨砂金属材质的效果。本例通过为杯子设置磨砂金属材质，学习磨砂金属材质的设置方法，具体表现效果如图J-48所示。

图J-47

图J-48

操作步骤：

STEP 1 打开随书配套光盘中的场景文件【材质场景文件\J\金属\055.max】，如图J-49所示。

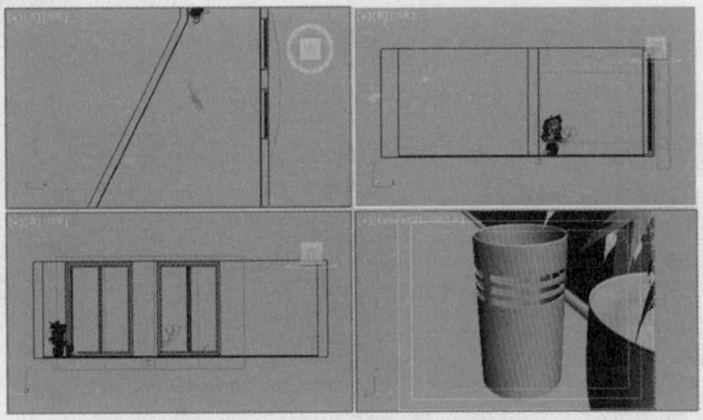

图J-49

STEP 2 按M键，打开材质编辑器。单击一个材质球，并设置材质类型为【VRayMtl】。设置【漫反射】颜色为灰色（红=143、绿=143、蓝=143），设置【反射】颜色为浅灰色（红=168、绿=168、蓝=168），设置【反射光泽度】为0.75，设置【细分】为20，如图J-50所示。

STEP 3 将制作完成的磨砂金属材质赋予场景中的杯子模型，并将其他材质制作完成，如图J-51所示。

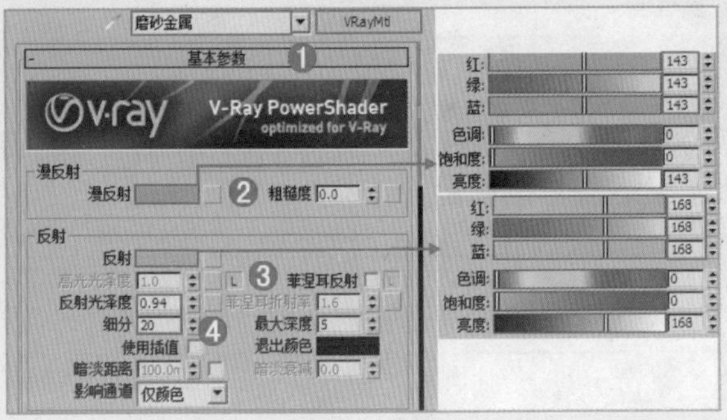

图J-50

图J-51

技巧一点通：

【反射】的颜色越接近白色，反射强度越大；颜色越接近黑色，反射强度越小。

扩展练习055——磨砂锅

案例文件	材质案例文件\J\金属\磨砂锅\磨砂锅.max	视频教学	视频教学\材质\J\金属\磨砂锅.flv
技术难点	反射光泽度和细分的数值		

磨砂锅的制作难点在于把握反射光泽度控制模糊效果、细分控制反射质量，以便更好地表现出磨砂锅的真实效果，如图J-52所示。

图J-52

打开随书配套光盘中的【材质场景文件\J\金属\扩展055.max】场景文件，设置材质类型为【VRayMtl】。设置【漫反射】颜色为深灰色，【反射】颜色为灰色，【反射光泽度】为0.85，【细分】为20，如图J-53所示。

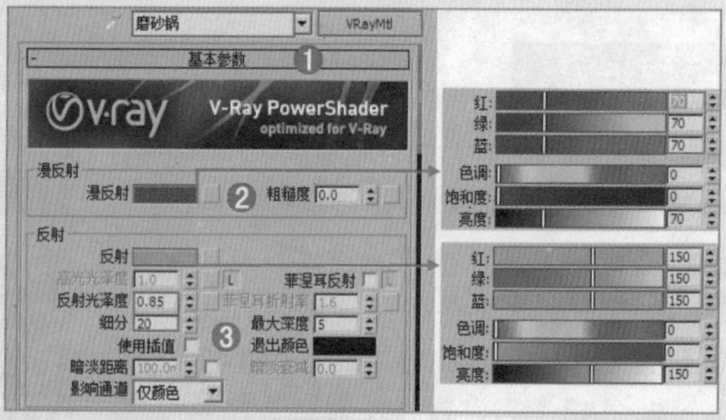

图J-53

技巧一点通：

不锈钢金属、磨砂金属的区别在于是否有磨砂的质感，而磨砂质感的决定因素就是【反射光泽度】：该数值越小，磨砂质感越强烈；该数值越大，磨砂质感越弱。

实例056 拉丝金属

案例文件	材质案例文件\J\金属\拉丝金属\拉丝金属.max	视频教学	视频教学\材质\J\金属\拉丝金属.flv
技术难点	凹凸通道加噪波贴图制作拉丝效果		

案例分析：

【拉丝金属】是反复用砂纸将铝板刮出线条的制造过程，其工艺主要流程分为脱酯、沙磨机、水洗3个部分。如图J-54所示为分析并参考拉丝金属材质的效果。本例通过为圆珠笔设置拉丝金属材质，学习拉丝金属材质的设置方法，具体表现效果如图J-55所示。

图J-54

图J-55

操作步骤：

STEP 1 打开随书配套光盘中的场景文件【材质场景文件\J\金属\056.max】，如图J-56所示。

STEP 2 按M键，打开材质编辑器。单击一个材质球，并设置材质类型为【VRayMtl】。设置【漫反射】颜色为浅灰色（红=185、绿=185、蓝=185），设置【反射】颜色为浅灰色（红=196、绿=196、蓝=196），设置【反射光泽度】为0.75，【细分】为6，如图J-57所示。

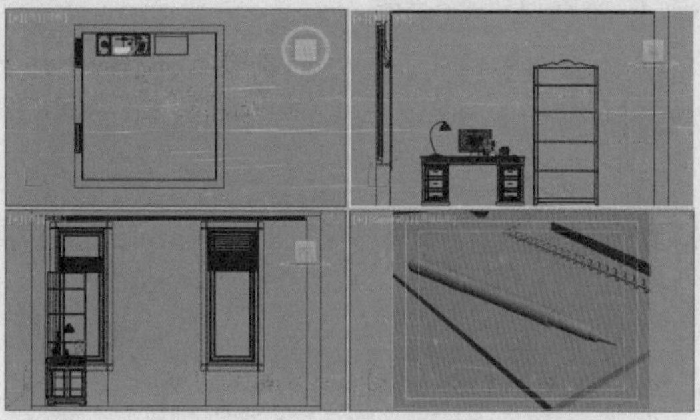

图J-56

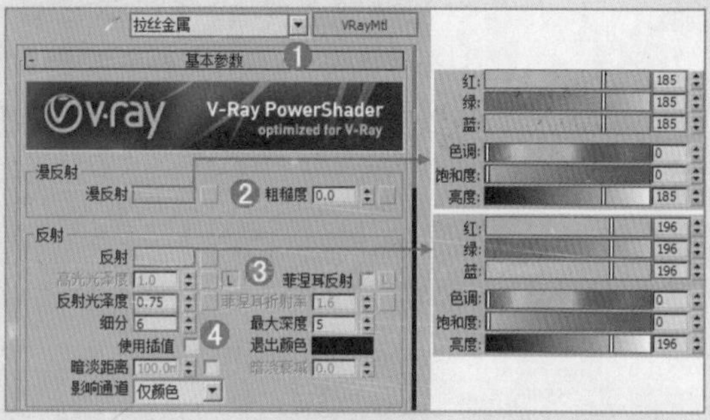

图J-57

STEP 3 展开【贴图】卷展栏，在【凹凸】后面的通道上加载【Noise（噪波）】程序贴图，展开【坐标】卷展栏，设置【瓷砖X】为0.039，【瓷砖Y】为0，【瓷砖Z】为0.039。接着展开【噪波参数】卷展栏，设置【噪波类型】为【分形】，【大小】为0.005。最后设置【凹凸】数量为30，如图J-58所示。

STEP 4 将制作完成的拉丝金属材质赋予场景中的圆珠笔模型，并将其他材质制作完成，如图J-59所示。

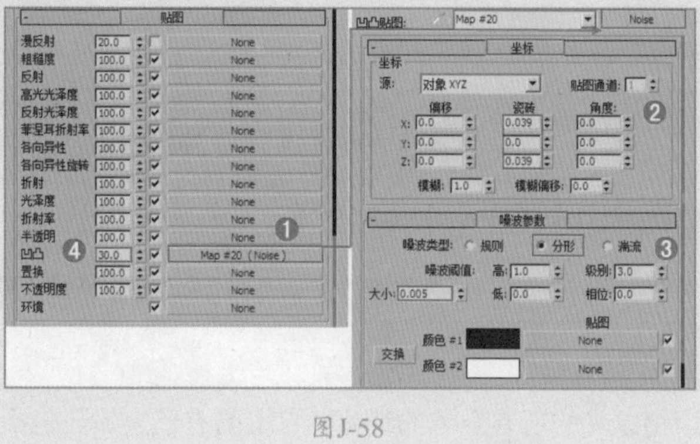

图J-58

图J-59

扩展练习056——拉丝水壶

案例文件	材质案例文件\J\金属\拉丝水壶\拉丝水壶.max	视频教学	视频教学\材质\J\金属\拉丝水壶.flv
技术难点	漫反射、反射、凹凸贴图的应用		

拉丝水壶的制作难点在于制作拉丝的质感，更好地表现出拉丝水壶的真实效果，如图J-60所示。

图J-60

STEP 1 打开随书配套光盘中的【材质场景文件\J\金属\扩展056.max】场景文件，设置材质类型为【VRayMtl】。设置【漫反射】颜色为浅灰色，在【反射】后面的通道上加载【20110402105952375845.jpg】贴图文件，设置【反射光泽度】为0.8，【细分】为32，如图J-61所示。

STEP 2 展开【贴图】卷展栏，在【凹凸】后面的通道上加载【20110402105952375845.jpg】贴图文件，设置【凹凸】数量为12，如图J-62所示。

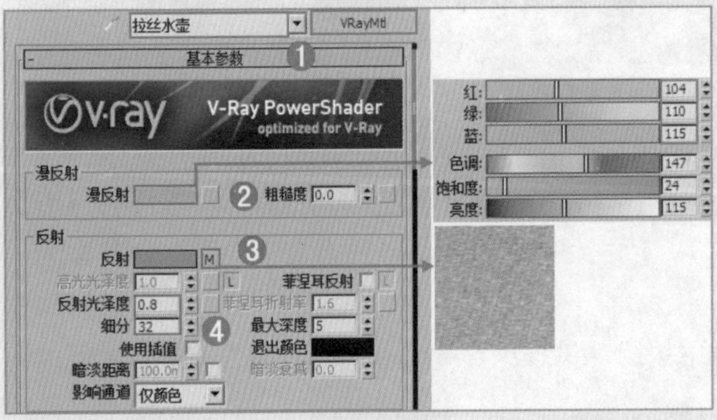

图J-61

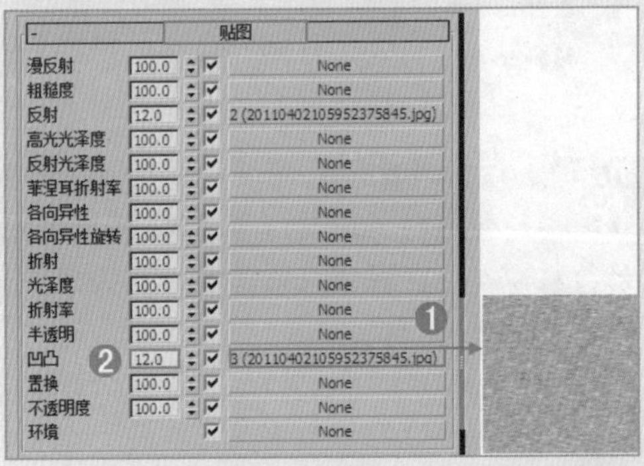

图J-62

实例057 有色金属

案例文件	材质案例文件\J\金属\有色金属\有色金属.max	视频教学	视频教学\材质\J\金属\有色金属.flv
技术难点	反射颜色控制金属反射强度的方法		

案例分析：

【有色金属】又称非铁金属，是铁、锰、铬以外的所有金属的统称，广义的有色金属还包括有色合金。如图J-63所示为分析并参考有色金属材质的效果。本例通过为装饰品设置有色金属材质，学习有色金属材质的设置方法，具体表现效果如图J-64所示。

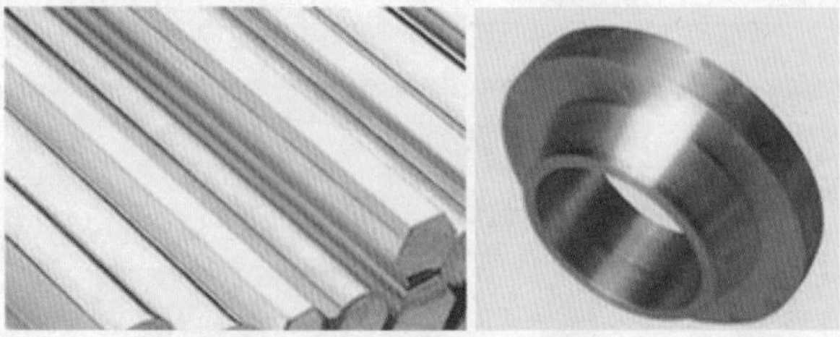

图J-63

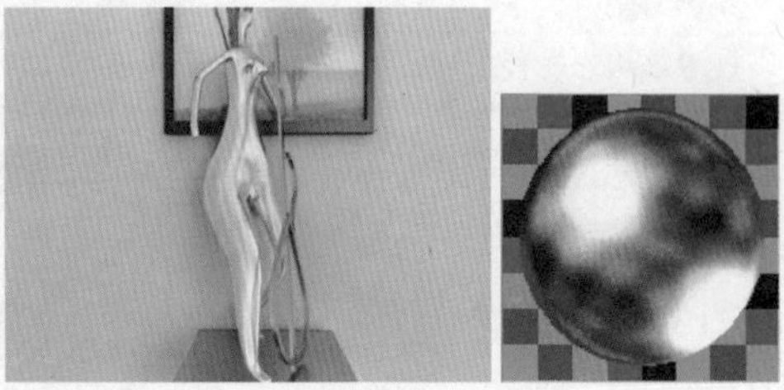

图J-64

操作步骤：

STEP 1 打开随书配套光盘中的场景文件【材质场景文件\J\金属\057.max】，如图J-65所示。

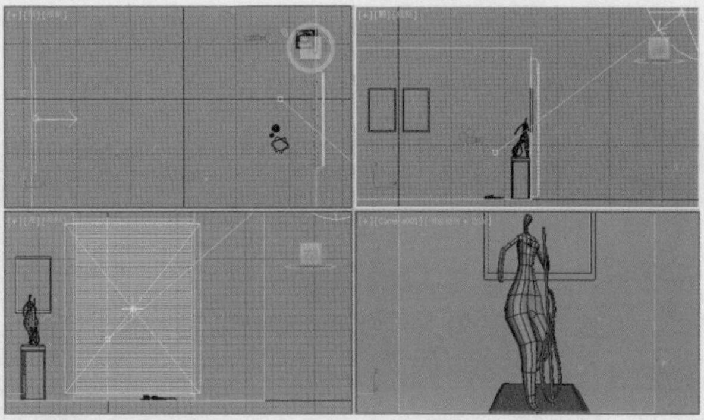

图J-65

STEP 2 按M键，打开材质编辑器。单击一个材质球，并设置材质类型为【VRayMtl】。设置【漫反射】颜色为棕色（红=115、绿=65、蓝=24），设置【反射】颜色为浅黄色（红=200、绿=196、蓝=148），设置【高光光泽度】为0.54，设置【反射光泽度】为0.78，如图J-66所示。

STEP 3 将制作完成的有色金属材质赋予场景中的装饰品模型，并将其他材质制作完成，如图J-67所示。

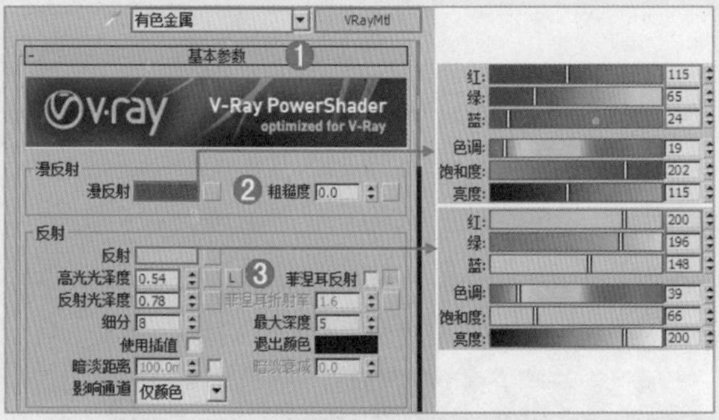

图J-66

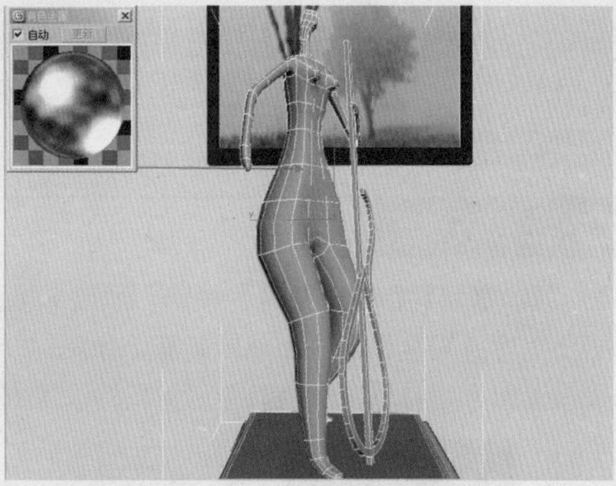

图J-67

技巧一点通：

在默认情况下，【高光光泽度】选项处于锁定状态，是不能改变其数值的。如果要修改参数值，需要单击后面的L按钮，对其解锁。

扩展练习057——金牛摆设

案例文件	材质案例文件\J\金属\金牛摆设\金牛摆设.max	视频教学	视频教学\材质\J\金属\金牛摆设.flv
技术难点	漫反射、反射、高光光泽度、反射光泽度的应用		

金牛摆设的制作难点在于把握金色金属质感的调节，以便更好地表现出金牛摆设的真实效果，如图J-68所示。

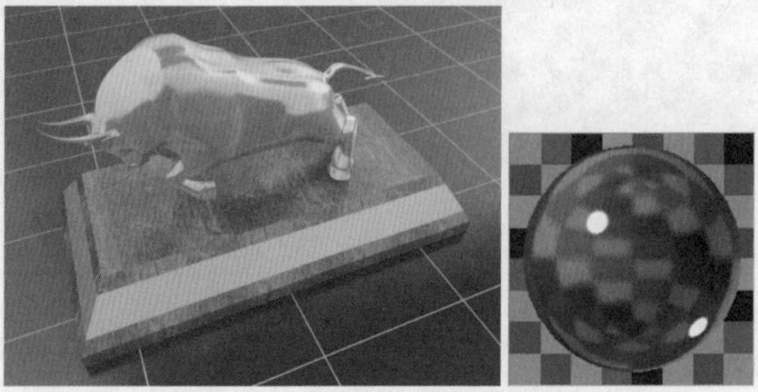

图J-68

打开随书配套光盘中的【材质场景文件\J\扩展057.max】场景文件，设置材质类型为【VRayMtl】。设置【漫反射】颜色为黄色，设置【反射】颜色为绿色，设置【高光光泽度】为0.86，设置【反射光泽度】为0.86，设置【细分】为15，如图J-69所示。

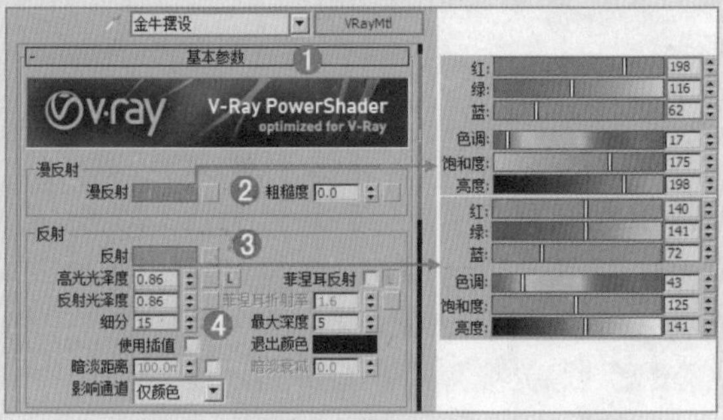

图J-69

实例058　旧金属

案例文件	材质案例文件\J\金属\旧金属\旧金属.max	视频教学	视频教学\材质\J\金属\旧金属.flv
技术难点	衰减通道加贴图控制反射强度的方法		

案例分析：

【旧金属】指用于建筑、铁路、通讯、电力、水利、油田、国防及其他生产领域，并已失去原有使用价值的金属材料和金属制品。如图J-70所示为分析并参考旧金属材质的效果。本例通过为屏风设置旧金属材质，学习旧金属材质的设置方法，具体表现效果如图J-71所示。

图J-70

图J-71

操作步骤：

STEP 1 打开随书配套光盘中的场景文件【材质场景文件\J\金属\058.max】，如图J-72所示。

STEP 2 按M键，打开材质编辑器。单击一个材质球，并设置材质类型为【VRayMtl】。在【漫反射】后面的通道上加载【Falloff（衰减）】程序贴图，展开【衰减参数】卷展栏，在【颜色1】后面的通道上加载【s378d2acSd.jpg】贴图文件，在【颜色2】后面的通道上加载【s378d2acSdd.jpg】贴图文件，如图J-73所示。

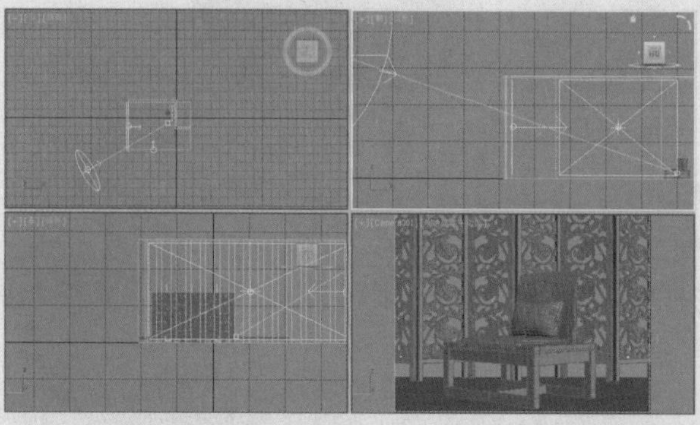

图J-72

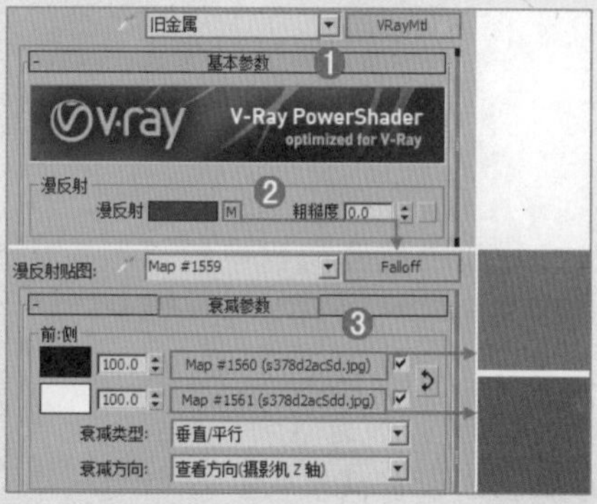

图J-73

STEP 3 在【反射】后面的通道上加载【Falloff（衰减）】程序贴图，展开【衰减参数】卷展栏，在【颜色1】后面的通道上加载【Archmodels59_ cloth_026e2.jpg】贴图文件，在【颜色2】后面的通道上加载【s378d2acSdd.jpg】贴图文件，勾选【菲涅耳反射】复选框，设置【菲涅耳折射率】为7，设置【高光光泽度】为0.65，【反射光泽度】为0.7，设置【细分】为20，如图J-74所示。

STEP 4 将制作完成的旧金属材质赋予场景中的屏风模型，并将其他材质制作完成，如图J-75所示。

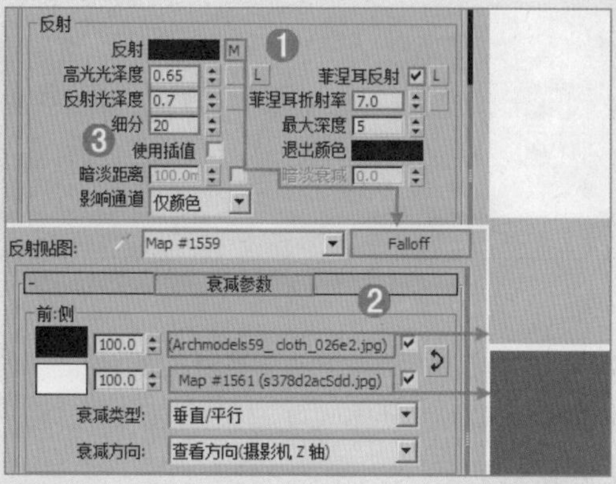

图J-74

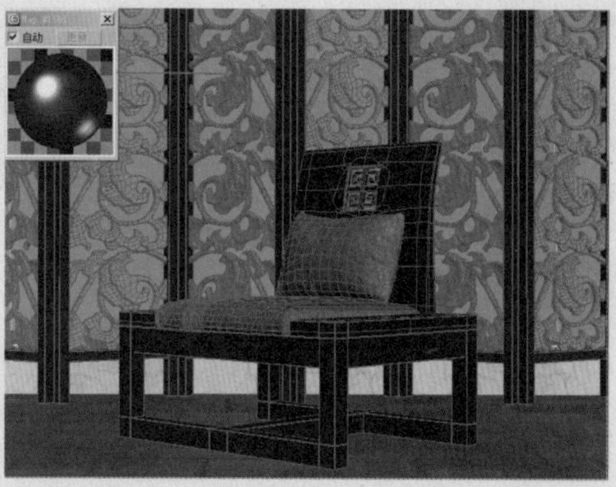

图J-75

扩展练习058——烛台金属

案例文件	材质案例文件\J\金属\烛台金属\烛台金属.max	视频教学	视频教学\材质\J\金属\烛台金属.flv
技术难点	漫反射、反射颜色的应用		

烛台金属的制作难点在于如何把握漫反射、反射颜色，使其更好地表现出烛台金属的真实效果，如图J-76所示。

图J-76

打开随书配套光盘中的【材质场景文件\J\扩展058.max】场景文件，设置材质类型为【VRayMtl】。设置【漫反射】颜色为褐色，设置【反射】颜色为黄色，如图J-77所示。

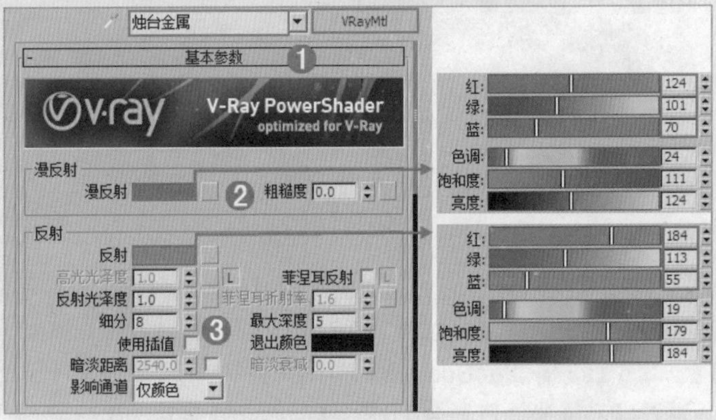

图J-77

实例059 金色金属

案例文件	材质案例文件\J\金属\金色金属\金色金属.max	视频教学	视频教学\材质\J\金属\金色金属.flv
技术难点	反射颜色控制反射强度的方法		

案例分析：

【金色金属】是带有特殊颜色的金属。如图J-78所示为分析并参考金色金属材质的效果。本例通过为装饰品设置金色金属材质，学习金色金属材质的设置方法，具体表现效果如图J-79所示。

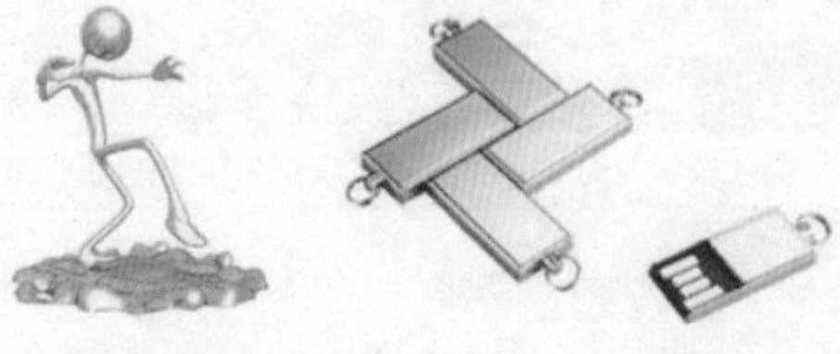

图J-78

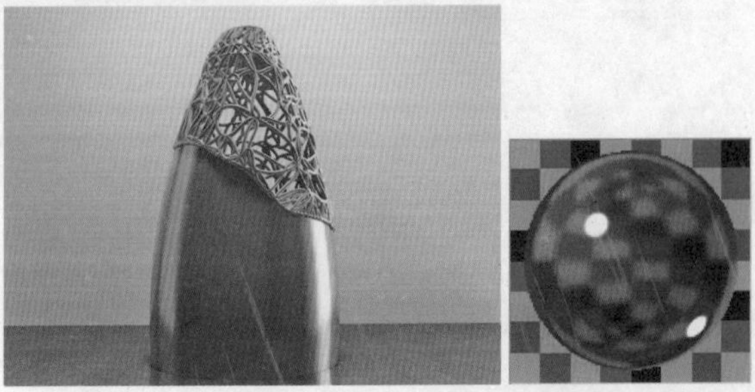

图J-79

操作步骤：

STEP 1 打开随书配套光盘中的场景文件【材质场景文件\J\金属\059.max】，如图J-80所示。

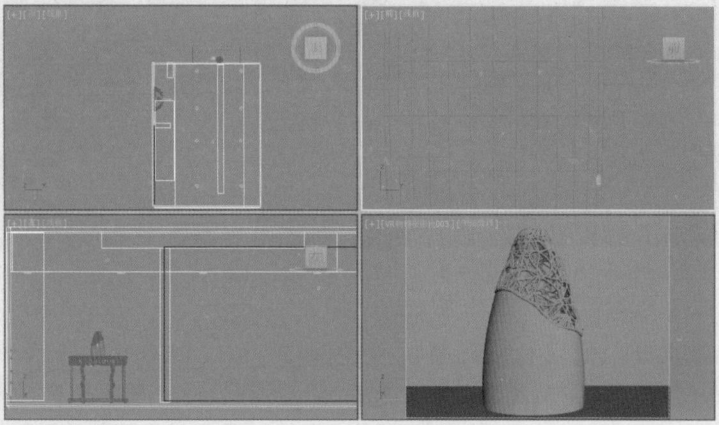

图J-80

STEP 2 按M键，打开材质编辑器。单击一个材质球，并设置材质类型为【VRayMtl】。设置【漫反射】颜色为棕色（红=134、绿=95、蓝=60），设置【反射】颜色为绿色（红=141、绿=150、蓝=84），设置【高光光泽度】为0.85，【反射光泽度】为0.85，【细分】为20，如图J-81所示。

STEP 3 将制作完成的金色金属材质赋予场景中的装饰品模型，并将其他材质制作完成，如图J-82所示。

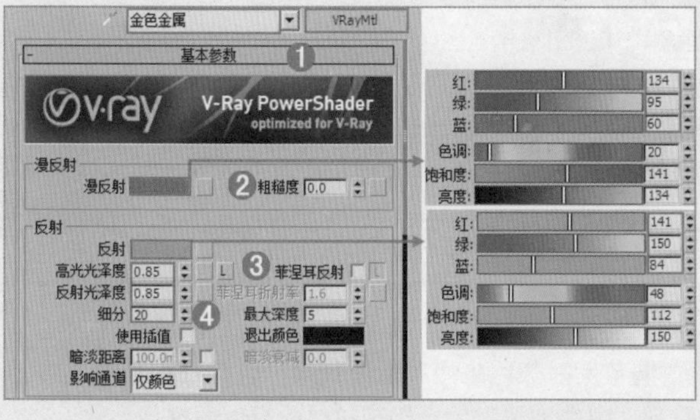

图J-81

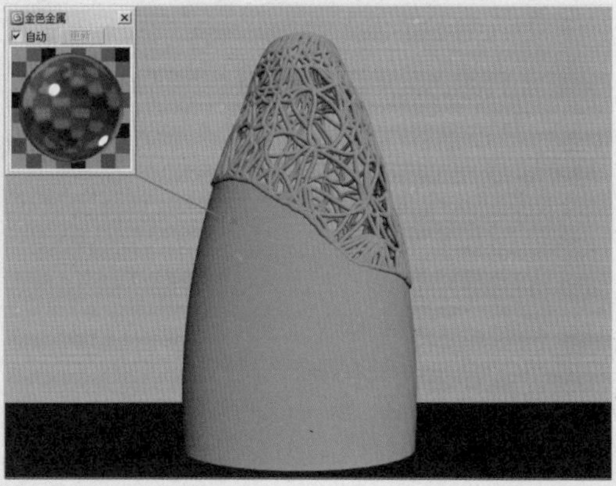

图J-82

扩展练习059——银色金属

案例文件	材质案例文件\J\金属\银色金属\银色金属.max	视频教学	视频教学\材质\J\金属\银色金属.flv
技术难点	在反射通道上添加贴图从而控制反射效果		

银色金属的制作难点在于在反射通道上添加贴图从而控制反射效果，使其更好地表现出银色金属的真实效果，如图J-83所示。

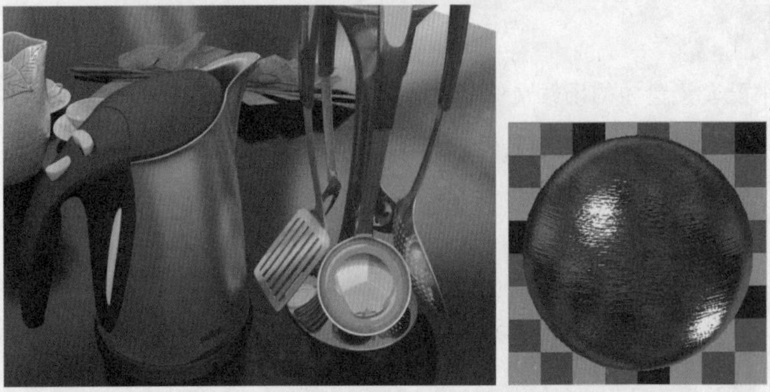

图J-83

打开随书配套光盘中的【材质场景文件\J\金属\扩展059.max】场景文件，设置材质类型为【VRayMtl】。设置【漫反射】颜色为深蓝色，在【反射】后面的通道上加载【archmodels82_006_001_bump.jpg】贴图文件，设置【反射光泽度】为0.8，【细分】为16，如图J-84所示。

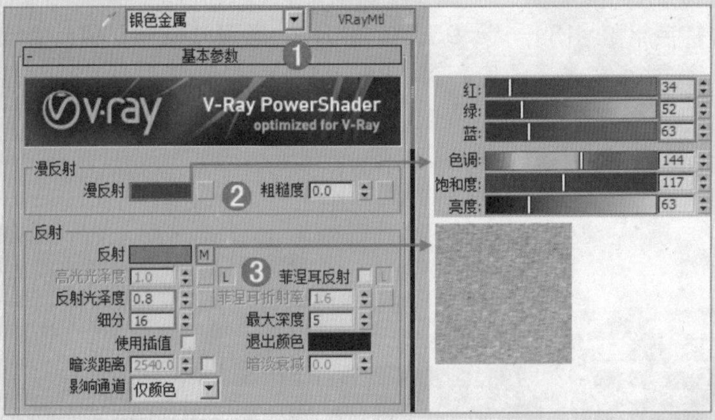

图J-84

技巧一点通：

使用VRayMtl材质调节反射效果时，不仅可以通过调节反射颜色来修改反射效果，也可以在反射通道上加载贴图控制反射的效果。比如添加一张拉丝金属的贴图，那么渲染时就会出现拉丝的反射质感。

M

木纹（木纹、抛光木地板、黑色柜子、柜子、木纹家具）

木纹扩展（凹凸木纹、木艺饰品、有缝木地板、竹靠椅、木地板）

实例060　木纹

案例文件	材质案例文件\M\木纹\木纹\木纹.max	视频教学	视频教学\材质\M\木纹\木纹.flv
技术难点	使用凹凸通道加贴图制作纹理的方法		

案例分析：

【木纹】由木板或其他材料做成。如图M-1所示为分析并参考木纹材质的效果。本例通过为墙面设置木纹材质，学习木纹材质的设置方法，具体表现效果如图M-2所示。

图M-1

图M-2

操作步骤：

STEP 1 打开随书配套光盘中的场景文件【材质场景文件\M\木纹\060.max】，如图M-3所示。

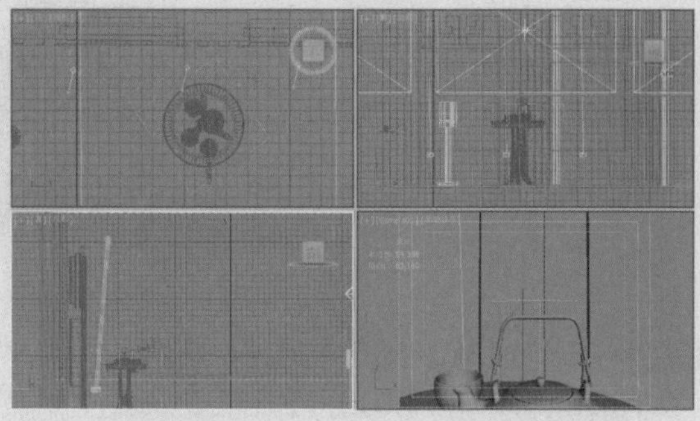

图M-3

STEP 2 按M键，打开材质编辑器。单击一个材质球，并设置材质类型为【VRayMtl】。在【漫反射】后面的通道上加载【20081227207413680 31.jpg】贴图文件，设置【反射】颜色为白色（红=255、绿=255、蓝=255），勾选【菲涅耳

B C D F J M P Q R S T Y Z

反射】复选框，设置【高光光泽度】为0.75，【反射光泽度】为0.9，【细分】为20，如图M-4所示。

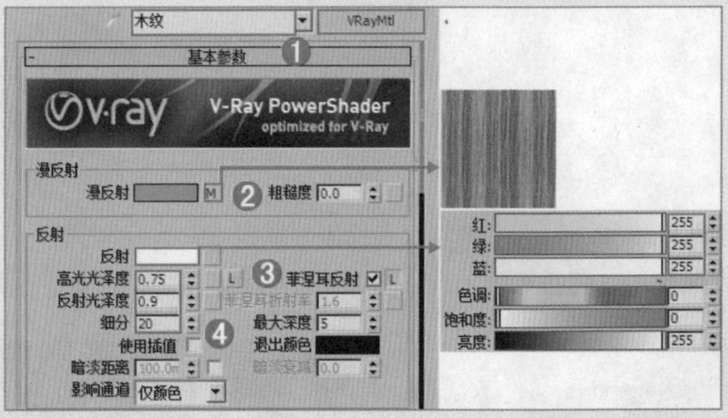

图M-4

STEP 3 展开【贴图】卷展栏，在【凹凸】后面的通道上加载【20081227207413680 31.jpg】贴图文件，最后设置【凹凸】数量为30，如图M-5所示。

STEP 4 将制作完成的木纹材质赋予场景中的墙面模型，并将其他材质制作完成，如图M-6所示。

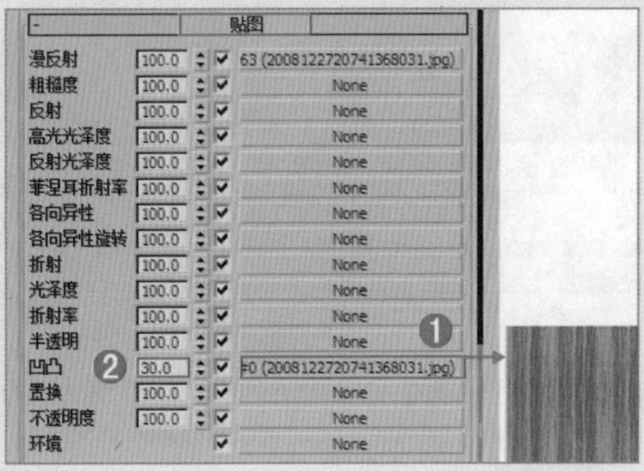

图M-5

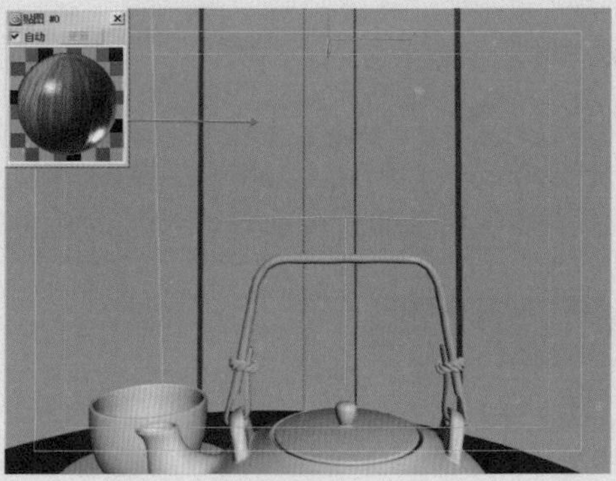

图M-6

扩展练习060——凹凸木纹

案例文件	材质案例文件\M\木纹\凹凸木纹\凹凸木纹.max	视频教学	视频教学\材质\M\木纹\凹凸木纹.flv
技术难点	漫反射、反射、凹凸的应用		

凹凸木纹的制作难点在于如何把握漫反射、反射、凹凸的应用，使其更好地表现出凹凸木纹的真实效果，如图M-7所示。

图M-7

STEP 1 打开随书配套光盘中的【材质场景文件\M\木纹\扩展060.max】场景文件，设置材质类型为【VRayMtl】。在【漫反射】后面的通道上加载【1.jpg】贴图文件。展开【坐标】卷展栏，设置【瓷砖U】为6，设置【瓷砖V】为7。设置【反射】颜色为深灰色，【反射光泽度】为0.88，

【细分】为20，如图M-8所示。

STEP 2 展开【贴图】卷展栏，在【凹凸】后面的通道上加载【1at.jpg】贴图文件。展开【坐标】卷展栏，设置【瓷砖U】为6，设置【瓷砖V】为7。最后设置【凹凸】数量为30，如图M-9所示。

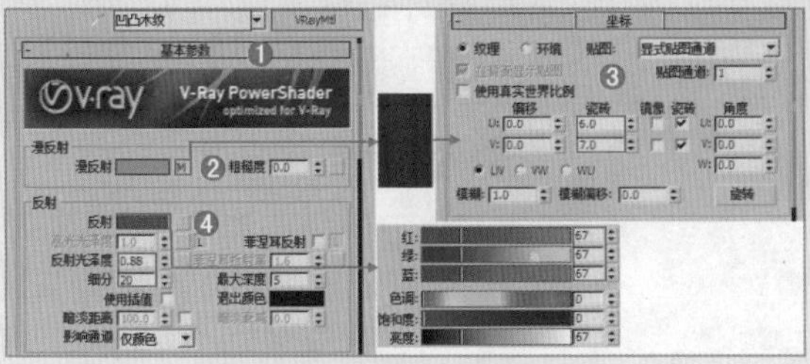

图M-8

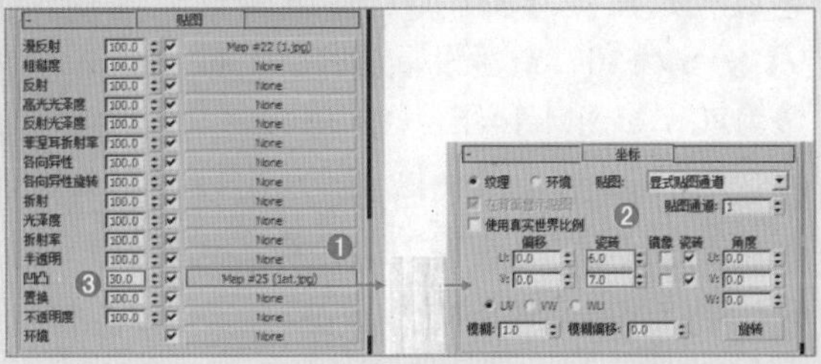

图M-9

实例061　抛光木地板

案例文件	材质案例文件\M\木纹\抛光木地板\抛光木地板.max	视频教学	视频教学\材质\M\木纹\抛光木地板.flv
技术难点	使用凹凸通道加贴图制作纹理的方法		

案例分析：

【抛光木地板】是指利用机械、化学或电化学的作用，使工件表面粗糙度降低，以获得光亮、平整表面的加工方法。如图M-10所示为分析并参考抛光木地板材质的效果。本例通过为地面设置抛光木地板材质，学习抛光木地板材质的设置方法，具体表现效果如图M-11所示。

图M-10

图M-11

操作步骤：

STEP 1 打开随书配套光盘中的场景文件【材质场景文件\M\木纹\061.max】，如图M-12所示。

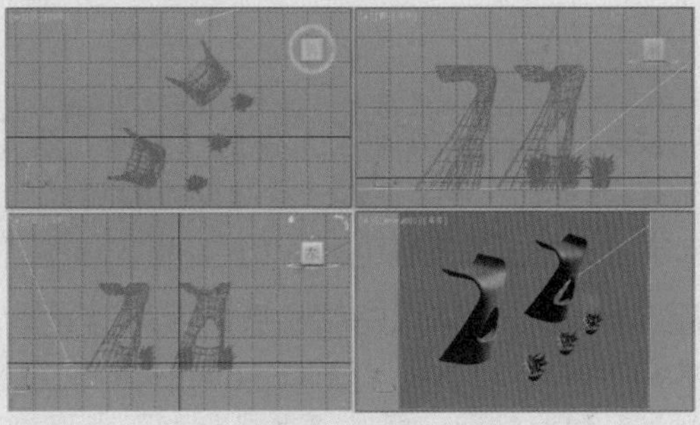

图M-12

STEP 2 按M键，打开材质编辑器。单击一个材质球，并设置材质类型为【VRayMtl】。在【漫反射】后面的通道上加载【木地板221.jpg】贴图文件，展开【坐标】卷展栏，设置【瓷砖U】、【瓷砖V】分别为10，设置【反射】颜色为灰色（红=79、绿=79、蓝=79），设置【反射光泽度】为0.9，【细分】为20，如图M-13所示。

STEP 3 展开【贴图】卷展栏，在【凹凸】后面的通道上加载【木地板221.jpg】贴图文件，展开【坐标】卷展栏，设置【瓷砖U】、【瓷砖V】分别为10，最后设置【凹凸】数量为20，如图M-14所示。

STEP 4 将制作完成的抛光木地板材质赋予场景中的地面模型，并将其他材质制作完成，如图M-15所示。

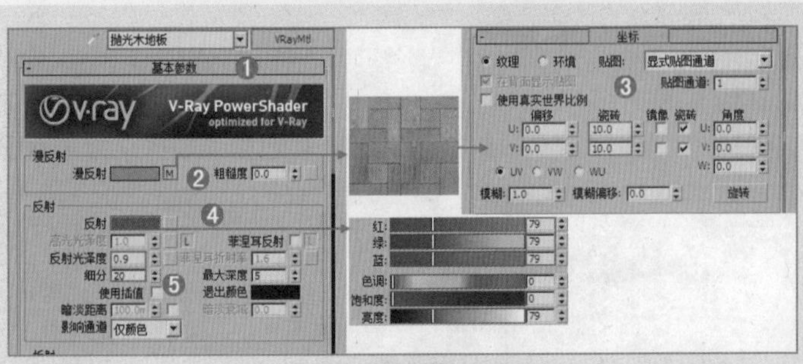

图M-13

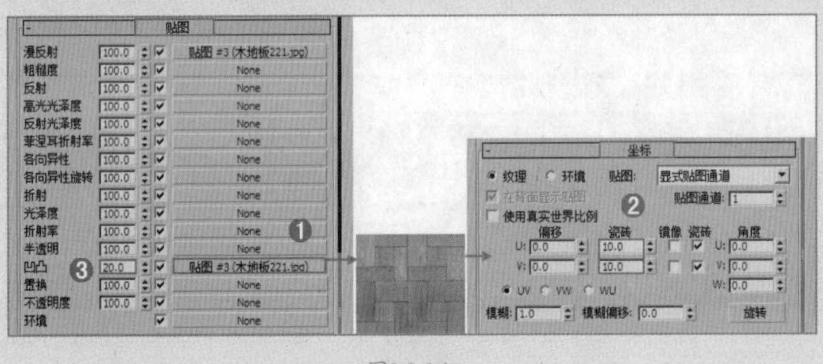

图M-14

图M-15

扩展练习061——木艺饰品

案例文件	材质案例文件\M\木纹\木艺饰品\木艺饰品.max	视频教学	视频教学\材质\M\木纹\木艺饰品.flv
技术难点	虫漆材质的应用		

木艺饰品的制作难点在于如何制作特殊的反射质感、凹凸质感，以便于更好地表现出木艺饰品的真实效果，如图M-16所示。

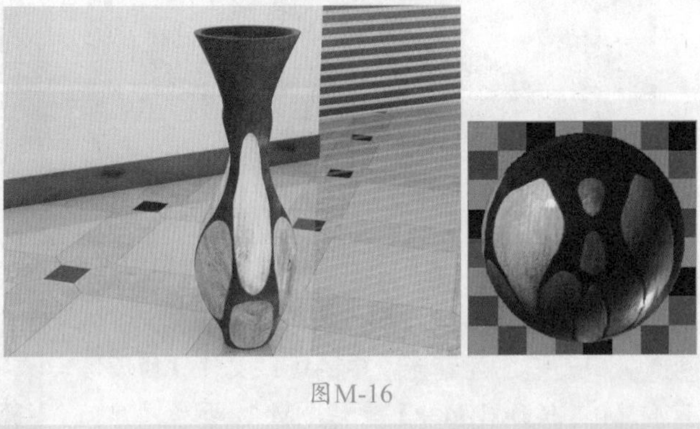
图M-16

STEP 1 打开随书配套光盘中的【材质场景文件\M\木纹\扩展061.max】场景文件，设置材质类型为【Shellac（虫漆）】。在【基础材质】后面的通道上加载【VRayMtl】材质，在【虫漆材质】后面的通道上加载【VRayMtl】材质。设置【虫漆颜色混合】为50，如图M-17所示。

STEP 2 单击进入【基础材质】后面的通道，在【漫反射】后面的通道上加载【RenderStuff_Mango_wood_vase_H43_dif.jpg】贴图文件，在【反射】后面的通道上加载【Falloff（衰减）】程序贴图。展开【衰减参数】卷展栏，设置【颜色2】颜色为灰色，设置【衰减类型】为【Fresnel】，在【反射光泽度】后面的通道上加载【RenderStuff_Mango_wood_vase_H43_

B C D F J M P Q R S T Y Z

spec.jpg】贴图文件，并设置【反射光泽度】为0.85，设置【最大深度】为1，如图M-18所示。

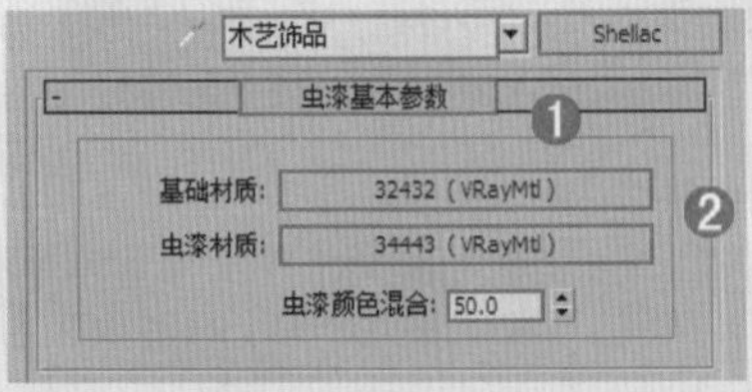

图M-17

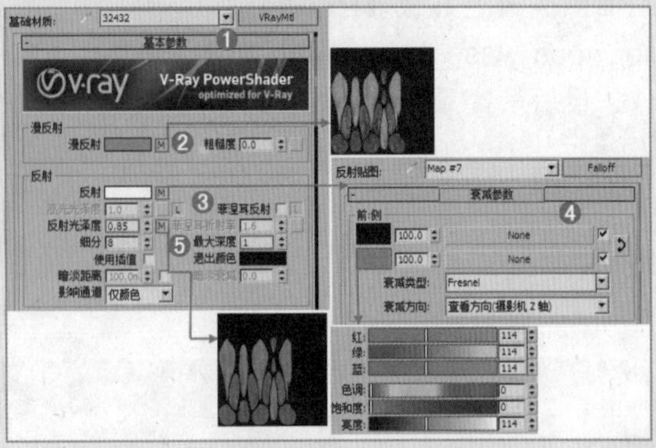

图M-18

STEP 3 展开【双向反射分布函数】卷展栏，设置【类型】为【沃德】，如图M-19所示。

STEP 4 展开【贴图】卷展栏，在【凹凸】后面的通道上加载【RenderStuff_Mango_wood_vase_H43_bump.jpg】贴图文件，最后设置【凹凸】数量为20，如图M-20所示。

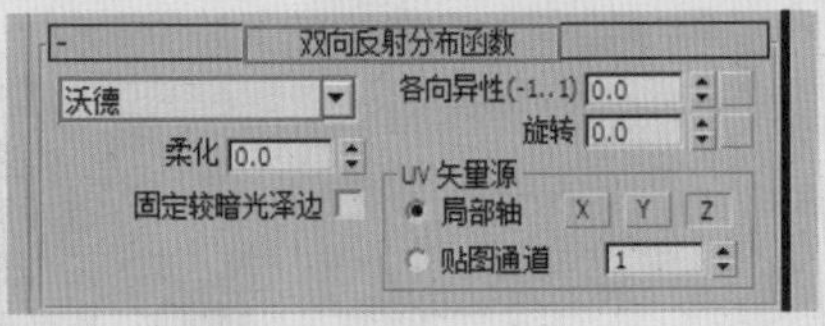

图M-19

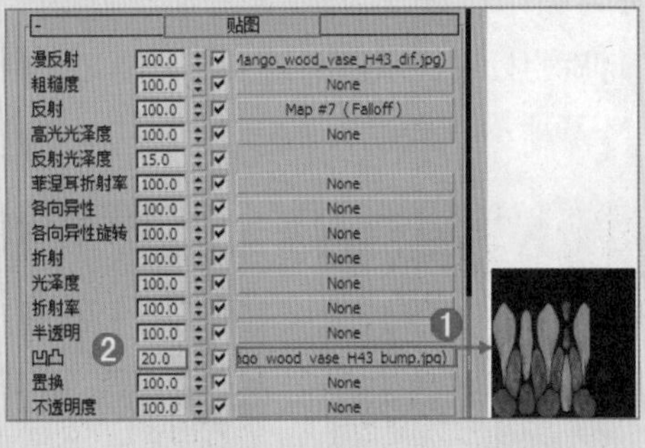

图M-20

STEP 5 单击进入【虫漆材质】后面的通道，在【漫反射】后面的通道上加载【RenderStuff_Mango_wood_vase_H43_dif.jpg】贴图文件，在【反射】后面的通道上加载【Falloff（衰减）】程序贴图，展开【衰减参数】卷展栏，设置【颜色2】颜色为灰色，设置【衰减类型】为【Fresnel】，设置【反射光泽度】为0.85，设置【最大深度】为1，如图M-21所示。

STEP 6 展开【双向反射分布函数】卷展栏，设置【类型】为【多面】，如图M-22所示。

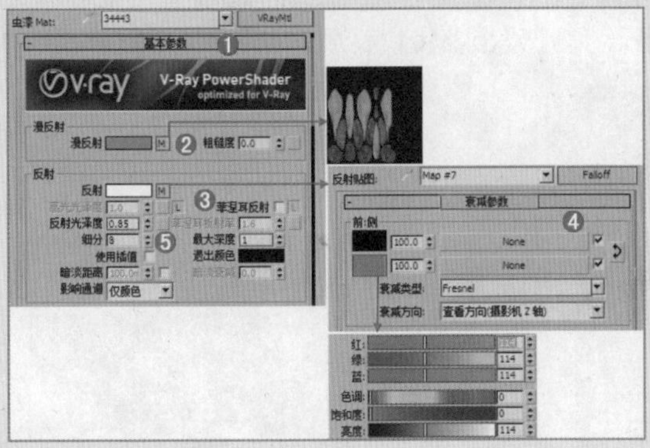

图M-21

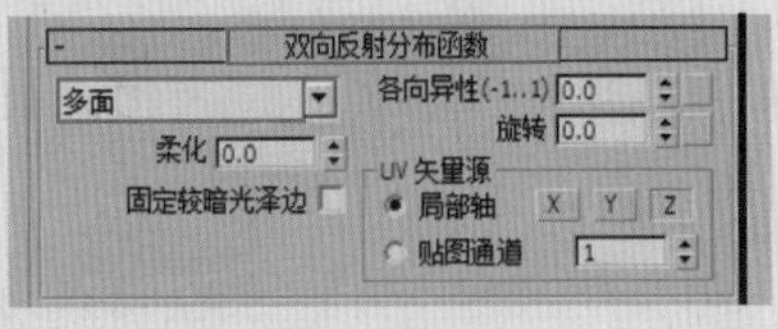

图M-22

STEP 7 展开【贴图】卷展栏，在【凹凸】后面的通道上加载【RenderStuff_Mango_wood_vase_H43_bump.jpg】贴图文件，最后设置【凹凸】数量为5，如图M-23所示。

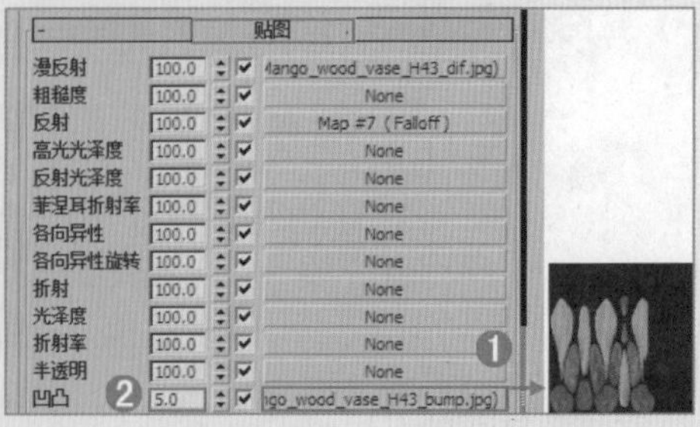

图M-23

实例062 黑色柜子

案例文件	材质案例文件\M\木纹\黑色柜子\黑色柜子.max	视频教学	视频教学\材质\M\木纹\黑色柜子.flv
技术难点	混合材质的应用		

案例分析：

【黑色柜子】是一种长方形家具，形体较高大，可存放物品。如图M-24所示为分析并参考黑色柜子材质的效果。本例通过为柜子设置黑色材质，学习黑色柜子材质的设置方法，具体表现效果如图M-25所示。

图M-24

图M-25

操作步骤：

STEP 1 打开随书配套光盘中的场景文件【材质场景文件\M\木纹\062.max】，如图M-26所示。

STEP 2 按M键，打开材质编辑器。单击一个材质球，并设置材质类型为【Blend（混合）】。设置【材质1】为【VRayMtl】材质，设置【材质2】为【VRayMtl】材质，如图M-27所示。

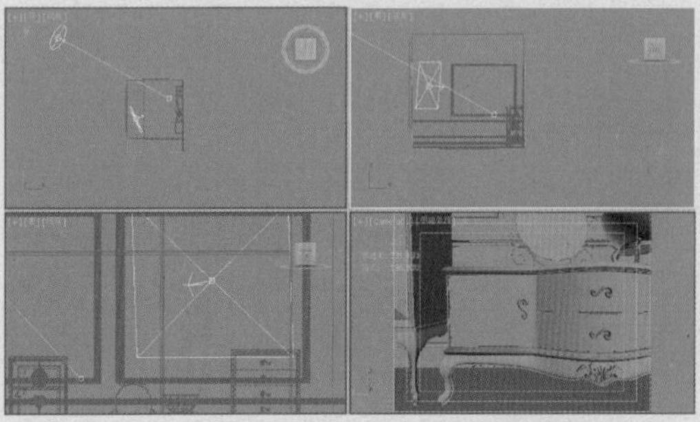

图M-26

图M-27

STEP 3 单击进入【材质1】后面的通道，设置【漫反射】颜色为黑色（红=3、绿=3、蓝=3），设置【反射】颜色为深灰色（红=30、绿=30、蓝=30），设置【高光光泽度】为0.5，设置【反射光泽度】为0.8，如图M-28所示。

STEP 4 单击进入【材质2】后面的通道，设置【漫反射】颜色为黑色（红=3、绿=3、蓝=3），设置【反射】颜色为白色（红=255、绿=255、蓝=255），勾选【菲涅耳反射】复选框，设置【高光光泽度】为0.82，【反射光泽度】为0.95，设置【细分】为25，如图M-29所示。

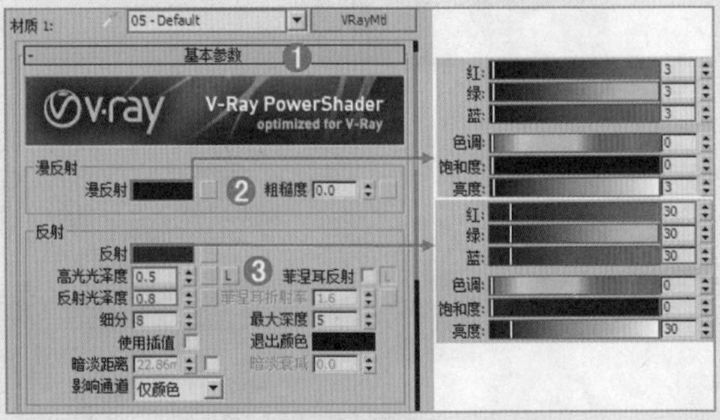

图M-28

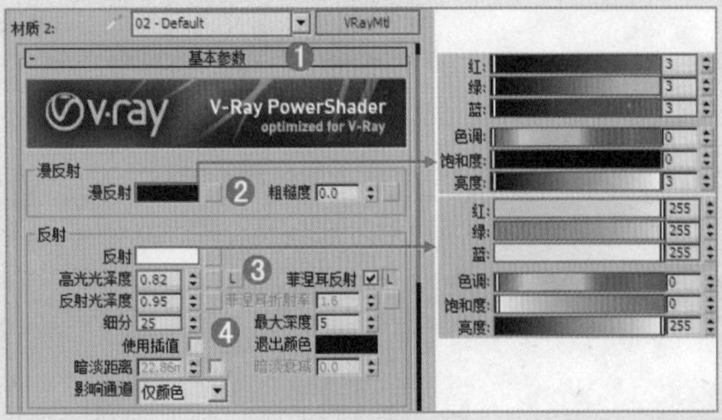

图M-29

STEP 5 返回【混合基本参数】卷展栏，在【遮罩】后面的通道上加载【Archinteriors_11_07_p01.jpg】贴图文件，如图M-30所示。

STEP 6 将制作完成的黑色柜子材质赋予场景中的柜子模型，并将其他材质制作完成，如图M-31所示。

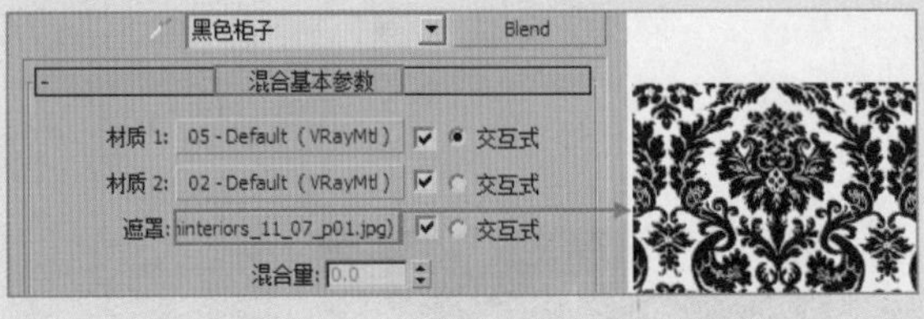

图M-30

图M-31

扩展练习062——有缝木地板

案例文件	材质案例文件\M\木纹\有缝木地板\有缝木地板.max	视频教学	视频教学\材质\M\木纹\有缝木地板.flv
技术难点	漫反射、反射的应用		

有缝木地板的制作难点在于如何把握地板特有的质感，使其更好地表现出地板的真实效果，如图M-32所示。

B C D F J M P Q R S T Y Z

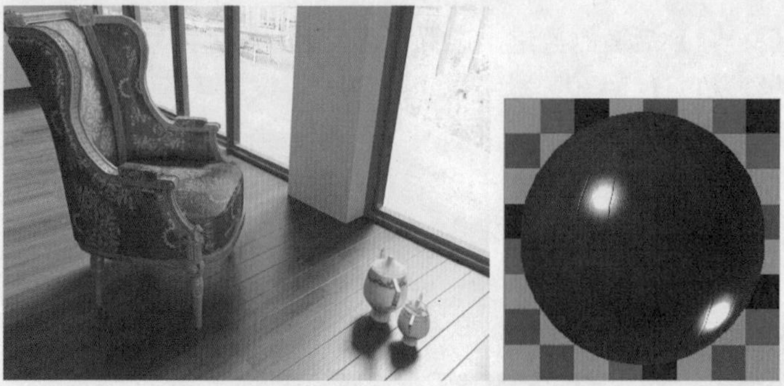

图M-32

打开随书配套光盘中的【材质场景文件\M\木纹\扩展062.max】场景文件，设置材质类型为【VRayMtl】。在【漫反射】后面的通道上加载【地板.jpg】贴图文件，展开【坐标】卷展栏，设置【瓷砖U】、【瓷砖V】分别为2，【模糊】为0.5，设置【反射】颜色为黑色，【反射光泽度】为0.75，【细分】为20，如图M-33所示。

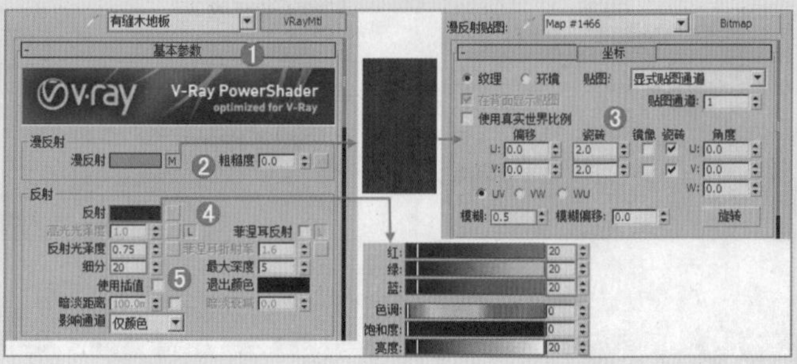

图M-33

实例063 柜子

案例文件	材质案例文件\M\木纹\柜子\柜子.max	视频教学	视频教学\材质\M\木纹\柜子.flv
技术难点	反射颜色控制反射强度的方法		

案例分析：

【柜子】是收藏衣物、文件等用的器具，多为长方形，一般为木制或铁制。如图M-34所示为分析并参考柜子材质的效果。本例通过为柜子设置柜子材质，学习柜子材质的设置方法，具体表现效果如图M-35所示。

图M-34

图M-35

操作步骤：

STEP 1 打开随书配套光盘中的场景文件【材质场景文件\M\木纹\063.max】，如图M-36所示。

STEP 2 按M键，打开材质编辑器。单击一个材质球，并设置材质类型为【VRayMtl】。在【漫反射】后面的通道上加载【023.jpg】贴图文件，展开【坐标】卷展栏，设置【瓷砖U】为3。设置【反射】颜色为浅灰色（红=180、绿=180、蓝=180），勾选【菲涅耳反射】复选框，设置【菲涅耳折射率】为2.2，设置【高光光泽度】为0.9，设置【细分】为15，如图M-37所示。

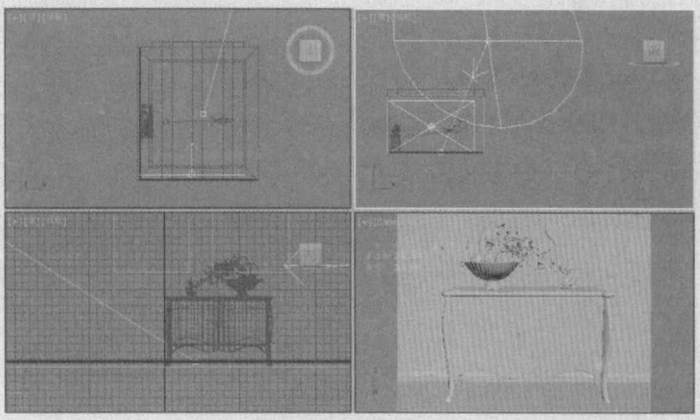

图M-36

STEP 3 将制作完成的柜子材质赋予场景中的柜子模型，并将其他材质制作完成，如图M-38所示。

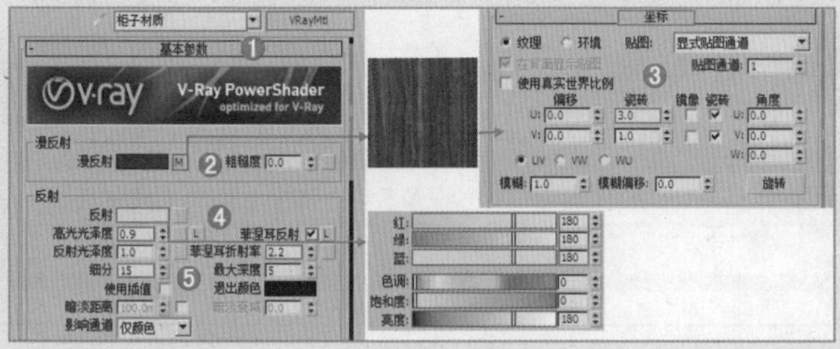

图M-37

图M-38

扩展练习063——竹靠椅

案例文件	材质案例文件\M\木纹\竹靠椅\竹靠椅.max	视频教学	视频教学\材质\M\木纹\竹靠椅.flv
技术难点	漫反射、不透明度的应用		

竹靠椅的制作难点在于如何把握漫反射、不透明度的应用，以便更好地表现出竹靠椅的真实效果，如图M-39所示。

图M-39

打开随书配套光盘中的【材质场景文件\M\木纹\扩展063.max】场景文件，设置材质类型为【Standard（标准）】。在【漫反射】后面的通道上加载【藤鞭.jpg】贴图文件，展开【坐标】

卷展栏，设置【瓷砖U】为1.6。在【不透明度】后面的通道上加载【藤鞭黑白.jpg】贴图文件。在【反射高光】选项组下，设置【高光级别】为61，如图M-40所示。

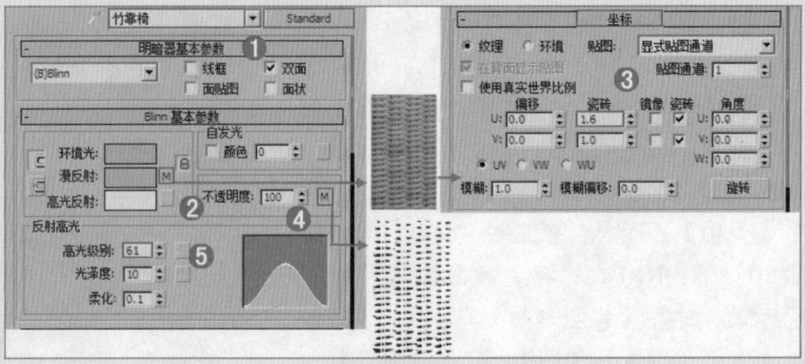

图M-40

技巧一点通：

不透明度贴图的制作思路遵循【黑透白不透】的原则，即贴图中黑色的区域在渲染时显示为透明，而白色的区域显示为不透明，最终会出现物体部分区域镂空的质感。

实例064　木纹家具

案例文件	材质案例文件\M\木纹\木纹家具\木纹家具.max	视频教学	视频教学\材质\M\木纹\木纹家具.flv
技术难点	凹凸通道加贴图制作纹理的方法		

案例分析：

【木纹家具】是人类维持正常生活、从事生产实践和开展社会活动必不可少的一类器具。如图M-41所示为分析并参考木纹家具材质的效果。本例通过为家具设置木纹材质，学习木纹家具材质的设置方法，具体表现效果如图M-42所示。

图M-41

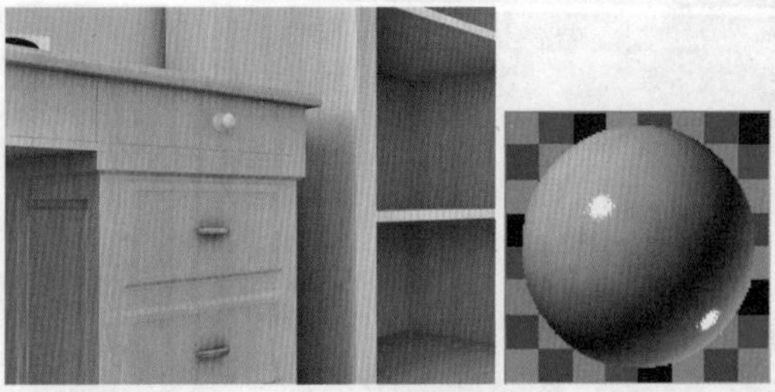

图M-42

操作步骤：

STEP 1 打开随书配套光盘中的场景文件【材质场景文件\M\木纹\064.max】，如图M-43所示。

STEP 2 按M键，打开材质编辑器。单击一个材质球，并设置材质类型为【VRayMtl】。在【漫反射】后面的通道上加载【Arch37_050_wood.jpg】贴图文件，展开【坐标】卷展栏，设置【模糊】为0.5，设置【反射】颜色为黑色（红=16、绿=16、蓝=16），设置【高光光泽度】为0.85，

【反射光泽度】为0.8，【细分】为20，如图M-44所示。

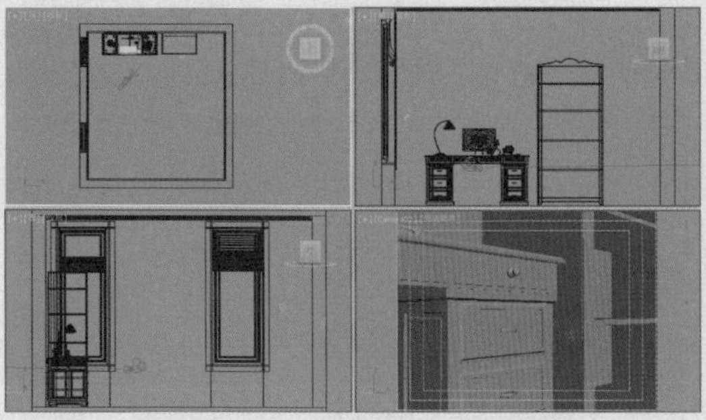

图M-43

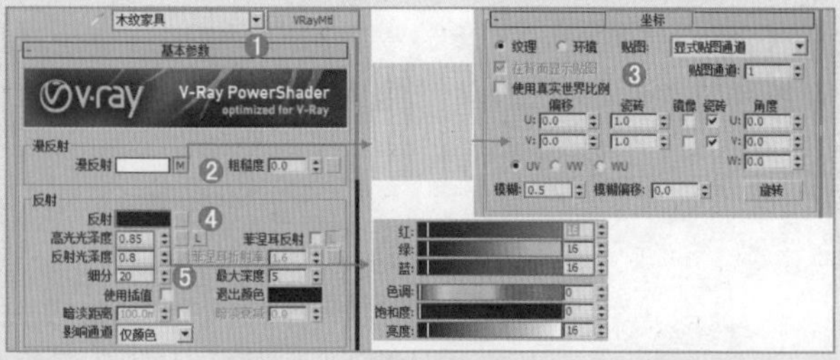

图M-44

STEP 3 展开【贴图】卷展栏，在【凹凸】后面的通道上加载【Arch37_050_wood.jpg】贴图文件，展开【坐标】卷展栏，设置【模糊】为0.5，最后设置【凹凸】数量为20，如图M-45所示。

STEP 4 将制作完成的木纹材质赋予场景中的家具模型，并将其他材质制作完成，如图M-46所示。

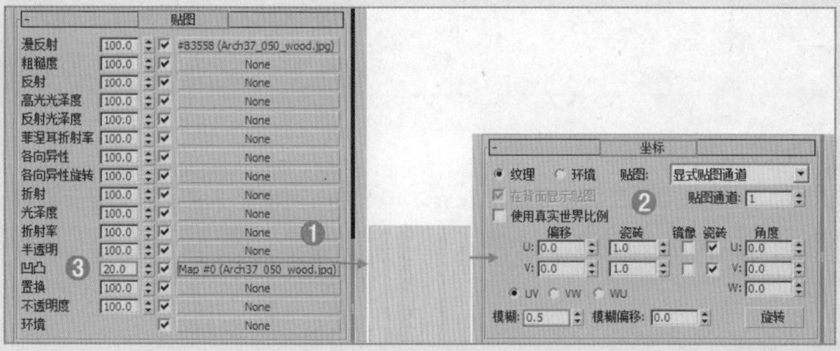

图M-45

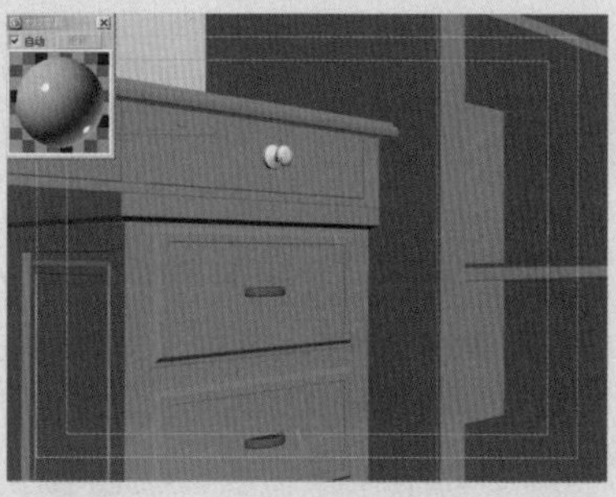

图M-46

扩展练习064——木地板

案例文件	材质案例文件\M\木纹\木地板\木地板.max	视频教学	视频教学\材质\M\木纹\木地板.flv
技术难点	漫反射、反射、凹凸的应用		

木地板的制作难点在于如何把握漫反射、反射、凹凸的应用，使其更好地表现出木地板的真实效果，如图M-47所示。

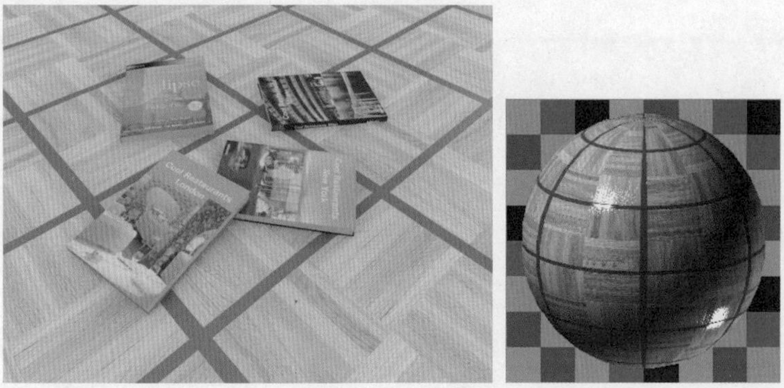

图M-47

STEP 1 打开随书配套光盘中的【材质场景文件\M\木纹\扩展064.max】场景文件，设置材质类型为【VRayMtl】。在【漫反射】后面的通道上加载【wood floor.jpg】贴图文件，展开【坐标】卷展栏，设置【瓷砖U】、【瓷砖V】分别为3，设置【模糊】为0.5。设置【反射】颜色为灰色，设置【反射光泽度】为0.86，【细分】为20。展开【选项】卷展栏，取消勾选【跟踪反射】和【雾系统单位比例】复选框，如图M-48所示。

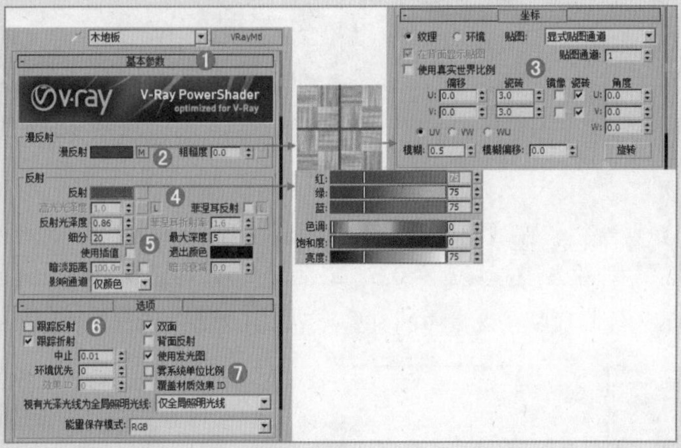

图M-48

STEP 2 展开【贴图】卷展栏，在【凹凸】后面的通道上加载【wood floor.jpg】贴图文件，展开【坐标】卷展栏，设置【瓷砖U】、【瓷砖V】分别为3，设置【模糊】为0.5。最后设置【凹凸】数量为30，如图M-49所示。

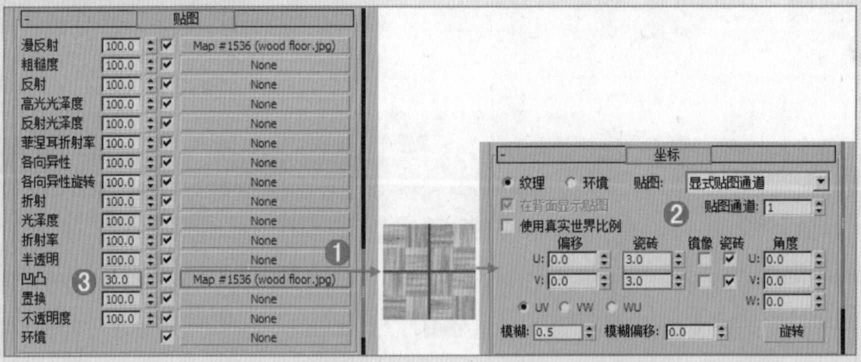

图M-49

P

皮革（皮沙发、皮椅子、皮床）

皮革扩展（白色皮革沙发、皮质靠垫、皮茶几）

实例065　皮沙发

案例文件	材质案例文件\P\皮革\皮沙发\皮沙发.max	视频教学	视频教学\材质\P\皮革\皮沙发.flv
技术难点	反射颜色控制反射强度的方法		

案例分析：

【皮沙发】是采用动物皮，如猪皮、牛皮、羊皮等动物皮，经过特定工艺加工成的皮革做成的座椅。由于制成的皮革具有透气、重要的是柔软性非常好等功能，因而用它来制成的座椅，人坐起来就非常舒服，也不容易脏。如图P-1所示为分析并参考皮沙发材质的效果。本例通过为沙发设置皮材质，学习皮沙发材质的设置方法，具体表现效果如图P-2所示。

图P-1

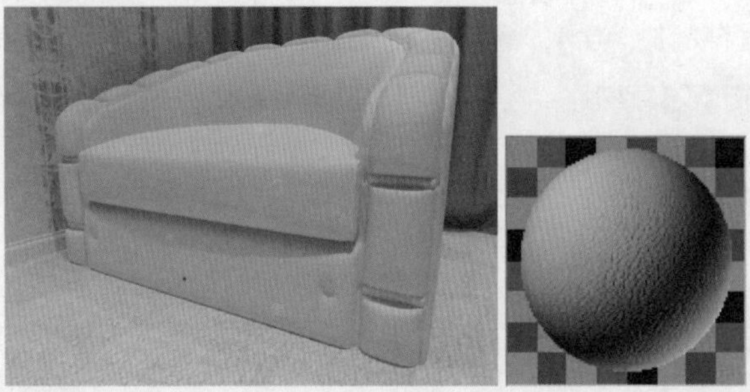

图P-2

操作步骤：

STEP 1 打开随书配套光盘中的场景文件【材质场景文件\P\皮革\065.max】，如图P-3所示。

STEP 2 按M键，打开材质编辑器。单击一个材质球，并设置材质类型为【VRayMtl】。在【漫反射】后面的通道上加载【Falloff（衰减）】程序贴图，展开【衰减参数】卷展栏，设置【颜色1】颜色为灰色（红=201、绿=193、蓝=185），设置【颜色2】颜色为浅灰色（红=230、绿=225、蓝=217），设置【衰减类型】为【Fresnel】，如图P-4所示。

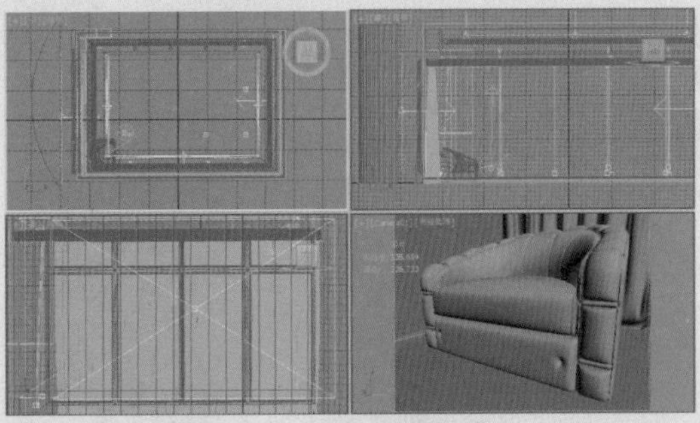

图P-3

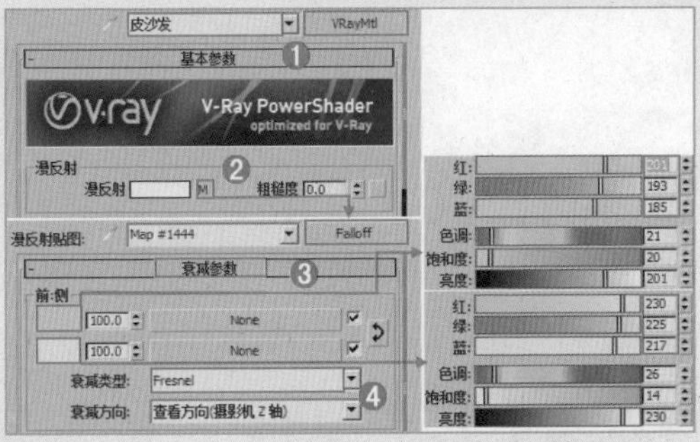

图P-4

STEP 3 设置【反射】颜色为深灰色（红=50、绿=50、蓝=50），勾选【菲涅耳反射】复选框，设置【菲涅耳折射率】为2，设置【高光光泽度】为0.4，【反射光泽度】为0.75，【细分】为20，如图P-5所示。

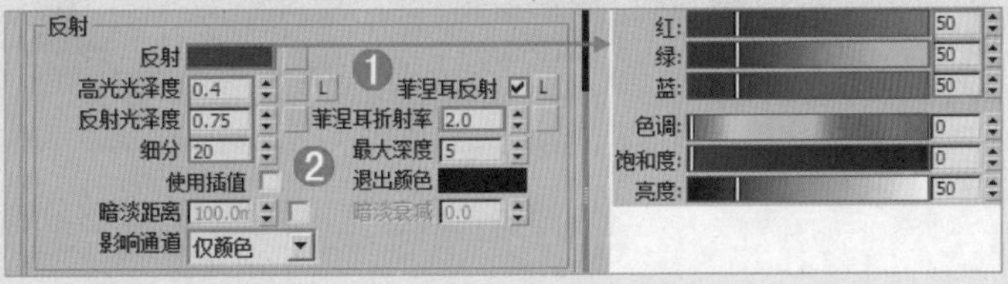

图P-5

技巧一点通：

如果勾选【菲涅耳反射】选项后不能设置【菲涅耳折射率】，可以单击菲涅耳反射后面的 L 按钮，对其解锁后再设置其数值。

STEP 4 展开【贴图】卷展栏，在【凹凸】数量后面的通道上加载【ArchInteriors_12_02_leather_bump.jpg】贴图文件，展开【坐标】卷展栏，设置【瓷砖U】、【瓷砖V】分别为2.5，【模糊】为0.6，最后设置【凹凸数量】为40，如图P-6所示。

STEP 5 将制作完成的皮材质赋予场景中的沙发模型，并将其他材质制作完成，如图P-7所示。

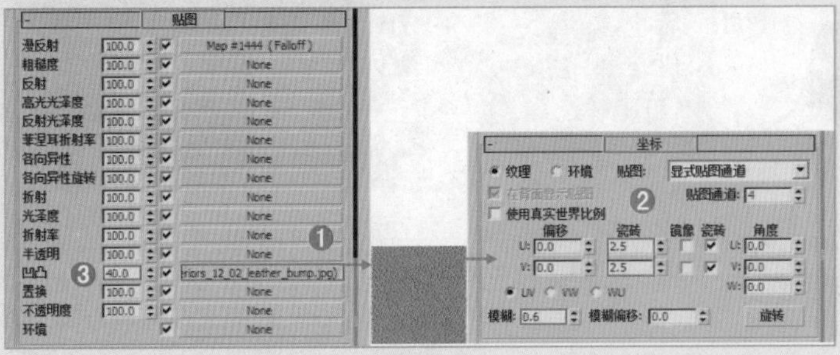

图P-6

图P-7

扩展练习065——白色皮革沙发

案例文件	材质案例文件\P\皮革\白色皮革沙发\白色皮革沙发.max	视频教学	视频教学\材质\P\皮革\白色皮革沙发.flv
技术难点	漫反射、反射、凹凸的应用		

白色皮革沙发的制作难点在于把握皮革的特殊纹理质感，使其更好地表现出白色皮革沙发的真实效果，如图P-8所示。

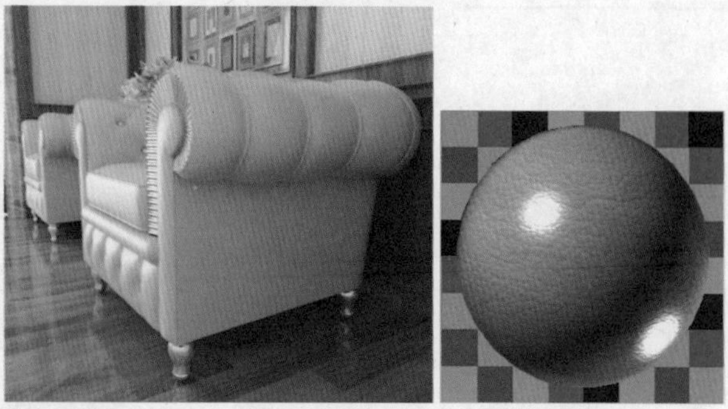

图P-8

STEP 1 打开随书配套光盘中的【材质场景文件\P\皮革\扩展065.max】场景文件，设置材质类型为【VRayMtl】。在【漫反射】后面的通道上加载【皮贴图.jpg】贴图文件，展开【坐标】卷展栏，设置【模糊】为0.01。在【反射】后面的通道上加载【Falloff（衰减）】程序贴图，展开【衰减参数】卷展栏，设置【衰减类型】为【Fresnel】，【折射率】为2。设置【高光光泽度】为0.74，设置【反射光泽度】为0.75，设置【细分】为20，如图P-9所示。

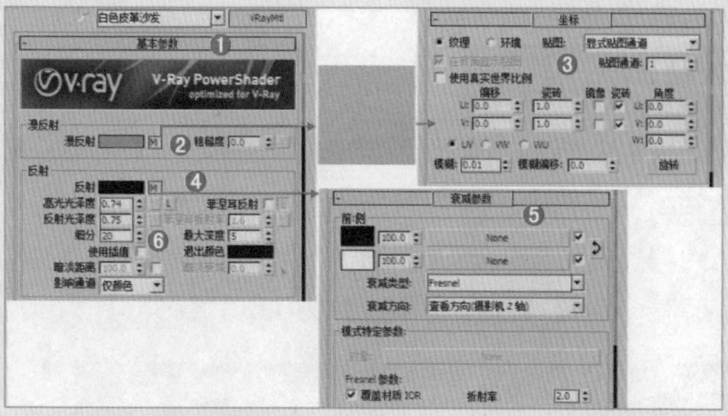

图P-9

STEP 2 展开【贴图】卷展栏，在【凹凸】数量后面的通道上加载【皮贴图.jpg】贴图文件，展开【坐标】卷展栏，设置【模糊】为0.01。最后设置【凹凸数量】为10，如图P-10所示。

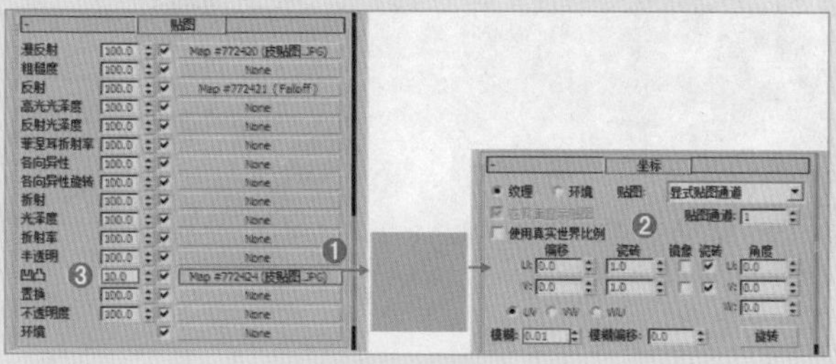

图P-10

技巧一点通：

皮革材质制作思路与木地板材质基本一致，不同点在于皮革材质的凹凸贴图需要设置为皮革特有的效果。

实例066 皮椅子

案例文件	材质案例文件\P\皮革\皮椅子\皮椅子.max	视频教学	视频教学\材质\P\皮革\皮椅子.flv
技术难点	凹凸通道加细胞贴图制作纹理的方法		

案例分析：

【皮椅子】是随着人们生活水平不断提高，对舒适度要求越来越高而发展起来的新兴椅子。如图P-11所示为分析并参考皮椅子材质的效果。本例通过为椅子设置皮材质，学习皮椅子材质的设置方法，具体表现效果如图P-12所示。

图P-11

图P-12

操作步骤：

STEP 1 打开随书配套光盘中的场景文件【材质场景文件\P\皮革\066.max】，如图P-13所示。

STEP 2 按M键，打开材质编辑器。单击一个材质球，并设置材质类型为【VRayMtl】。设置【漫反射】颜色为黑色（红=8、绿=8、蓝=8），设置【反射】颜色为深灰色（红=67、绿=67、蓝=67），设置【反射光泽度】为0.8，【细分】为20，如图P-14所示。

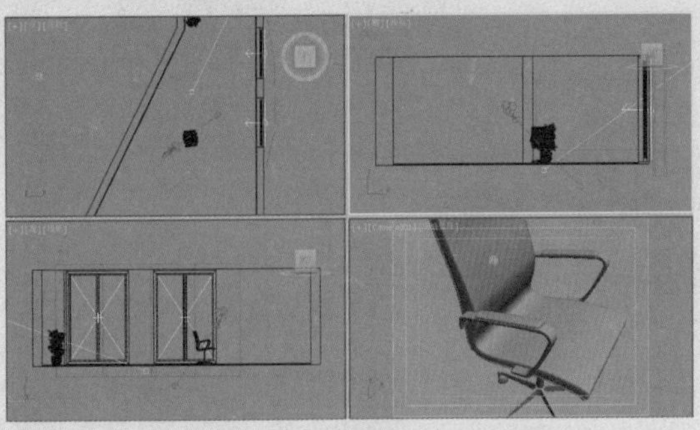

图P-13

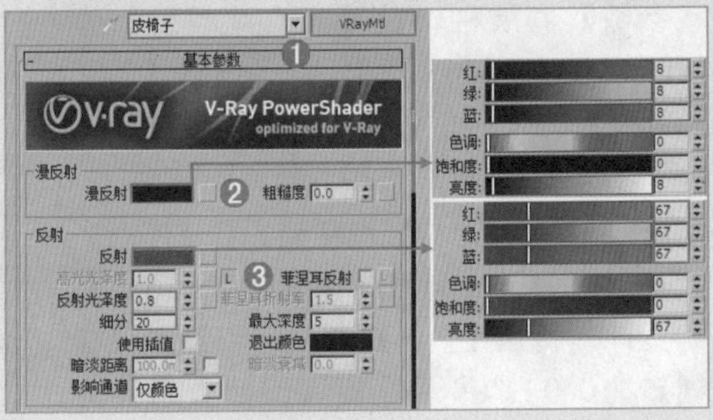

图P-14

STEP 3 展开【贴图】卷展栏，在【凹凸】数量后面的通道上加载【Cellular（细胞）】程序贴图，展开【细胞参数】卷展栏，设置类型为【碎片】，勾选【分形】复选框，设置【大小】为2。最后设置【凹凸数量】为10，如图P-15所示。

STEP 4 将制作完成的皮材质赋予场景中的椅子模型，并将其他材质制作完成，如图P-16所示。

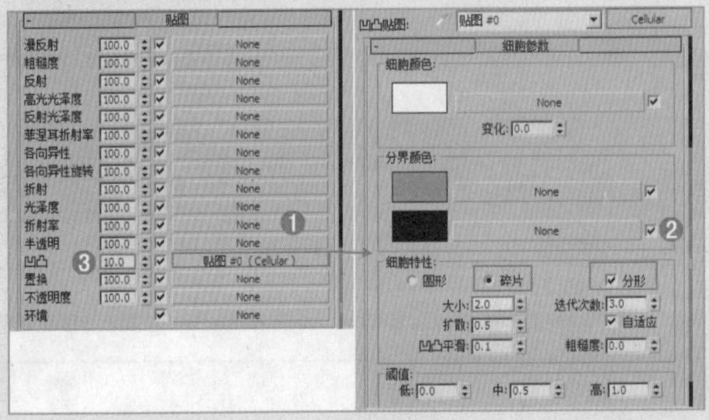

图P-15

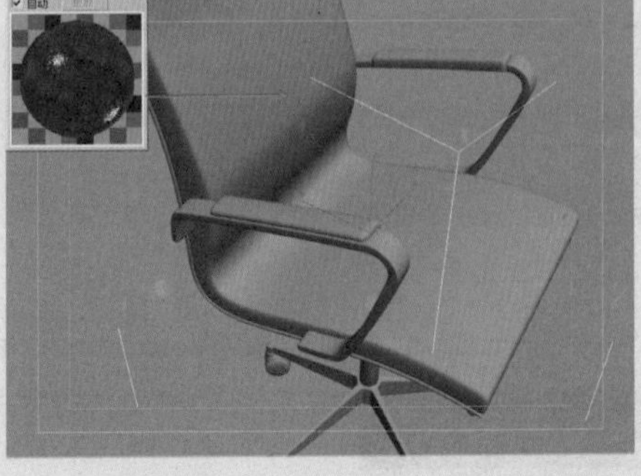

图P-16

扩展练习066——皮质靠垫

案例文件	材质案例文件\P\皮革\皮质靠垫\皮质靠垫.max	视频教学	视频教学\材质\P\皮革\皮质靠垫.flv
技术难点	漫反射、反射的应用		

皮质靠垫的制作难点在于如何把握漫反射、反射的应用，使其更好地表现出皮质靠垫的真实效果，如图P-17所示。

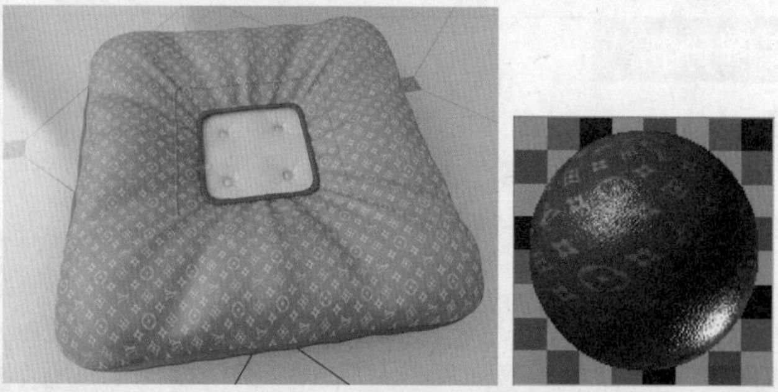

图P-17

STEP 1 打开随书配套光盘中的【材质场景文件\P\皮革\扩展066.max】场景文件，设置材质类型为【VRayMtl】。在【漫反射】后面的通道上加载【louis vuitton.jpg】贴图文件。在【反射】后面的通道上加载【Falloff（衰减）】程序贴图，展开【衰减参数】卷展栏，设置【颜色1】颜色为黑色，【颜色2】颜色为深灰色。设置【反射光泽度】为0.7，【细分】为20，如图P-18所示。

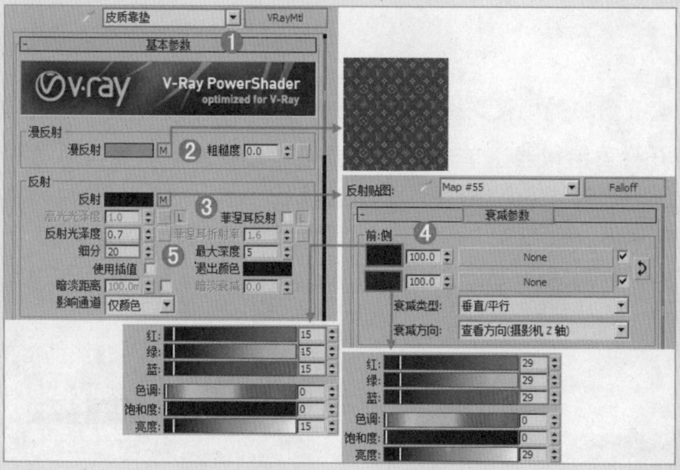

图P-18

STEP 2 展开【贴图】卷展栏，在【凹凸】数量后面的通道上加载【Bump map.jpg】贴图文件，展开【坐标】卷展栏，设置【瓷砖U】、【瓷砖V】分别为4，设置【模糊】为0.5。最后设置【凹凸数量】为80，如图P-19所示。

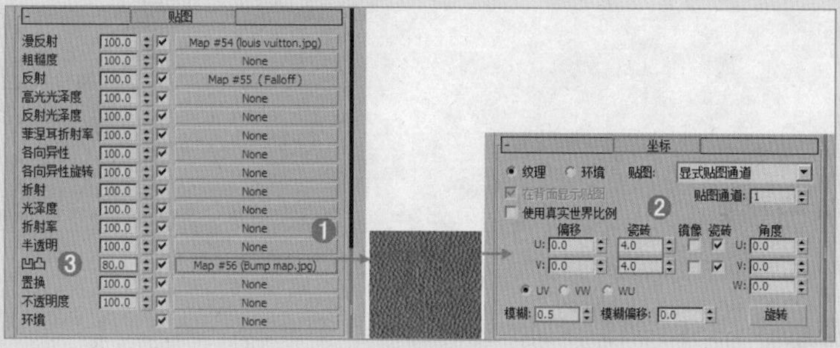

图P-19

实例067 皮床

案例文件	材质案例文件\P\皮革\皮床\皮床.max	视频教学	视频教学\材质\P\皮革\皮床.flv
技术难点	反射通道加衰减制作反射强度的方法		

案例分析：

【皮床】是随着人们生活水平不断提高，对睡眠质量要求越来越高而发展起来的新兴床铺。如图P-20所示为分析并参考皮床材质的效果。本例通过为床设置皮材质，学习皮床材质的设置方法，具体表现效果如图P-21所示。

图P-20

图P-21

操作步骤：

STEP 1 打开随书配套光盘中的场景文件【材质场景文件\P\皮革\067.max】，如图P-22所示。

STEP 2 按M键，打开材质编辑器。单击一个材质球，并设置材质类型为【VRayMtl】。在【漫反射】后面的通道上加载【Falloff（衰减）】程序贴图，展开【衰减参数】卷展栏，设置【颜色1】颜色为深棕色（红=36、绿=23、蓝=15），设置【颜色2】颜色为棕色（红=49、绿=37、蓝=30），设置【衰减类型】为【Fresnel】，设置【折射率】为2.1，如图P-23所示。

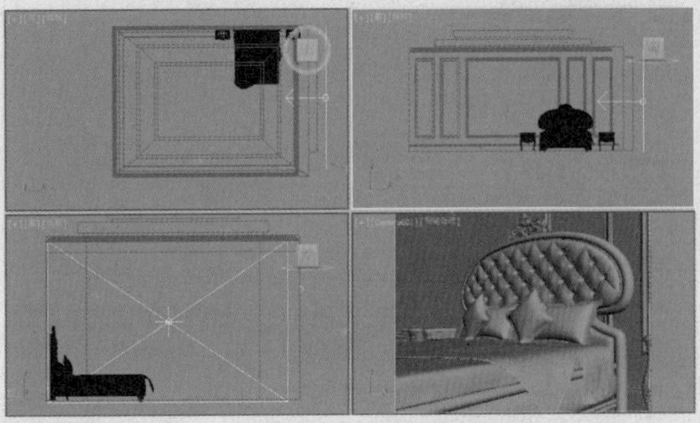
图P-22

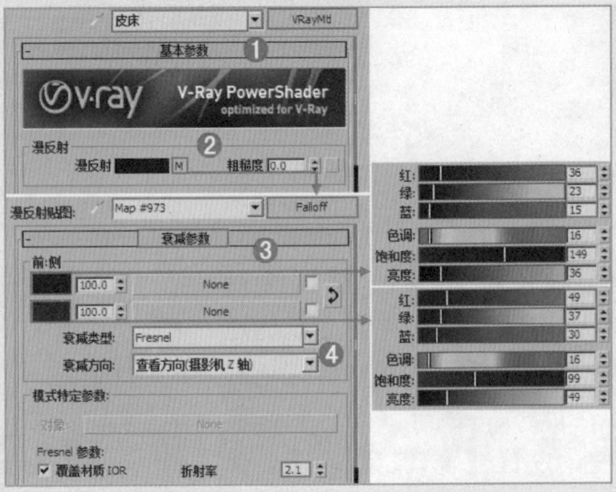

图P-23

STEP 3 在【反射】后面的通道上加载【Falloff（衰减）】程序贴图，展开【衰减参数】卷展栏，设置【颜色1】颜色为深灰色（红=40、绿=40、蓝=40），设置【颜色2】颜色为黑色（红=29、

B C D F J M P Q R S T Y Z

绿=29、蓝=29），设置【衰减类型】为【Fresnel】，设置【高光光泽度】为0.5，【反射光泽度】为0.85，【细分】为24，如图P-24所示。

STEP 4 展开【双向反射分布函数】卷展栏，设置【各向异性（-1..1）】为0.4，如图P-25所示。

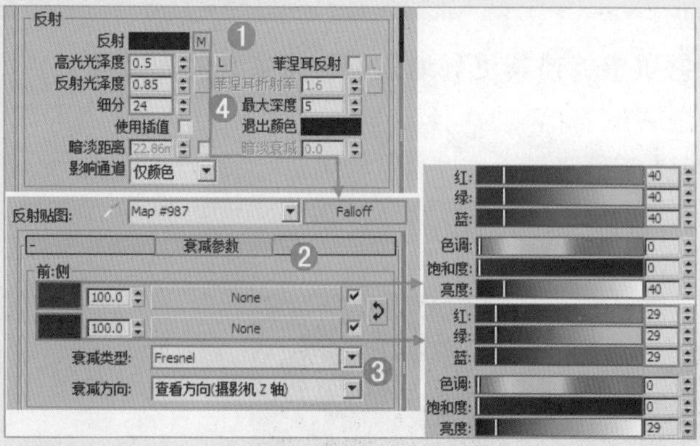

图P-24

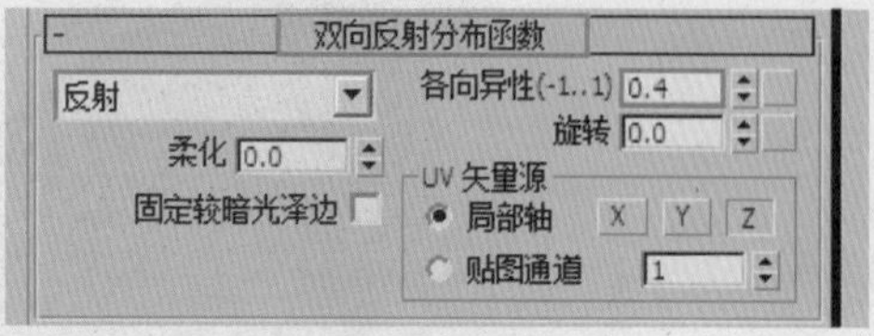

图P-25

STEP 5 展开【贴图】卷展栏，在【凹凸】数量后面的通道上加载【Arch60_005_bump.jpg】贴图文件。展开【坐标】卷展栏，设置【瓷砖U】为0.7，【瓷砖V】为0.5，最后设置【凹凸数量】为60，如图P-26所示。

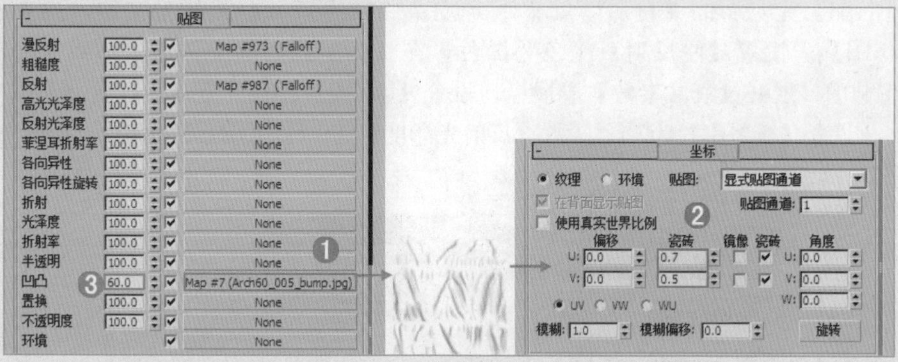

图P-26

STEP 6 将制作完成的皮材质赋予场景中的床模型，并将其他材质制作完成，如图P-27所示。

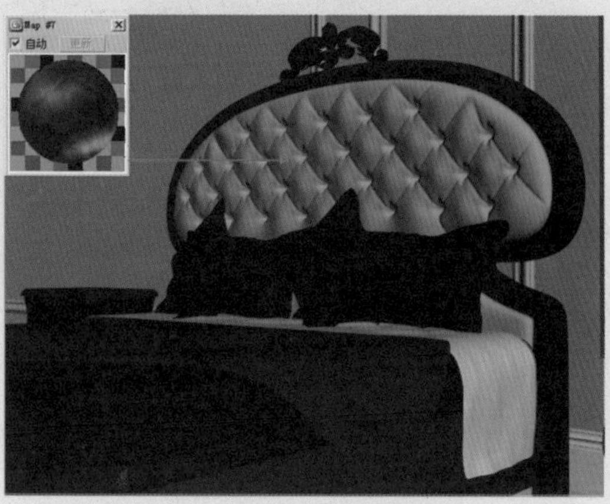

图P-27

B C D F J M P Q R S T Y Z

扩展练习067——皮茶几

案例文件	材质案例文件\P\皮革\皮茶几\皮茶几.max	视频教学	视频教学\材质\P\皮革\皮茶几.flv
技术难点	衰减程序贴图的应用		

皮茶几的制作难点在于如何把握皮的反射质感，使其更好地表现出皮茶几的真实效果，如图P-28所示。

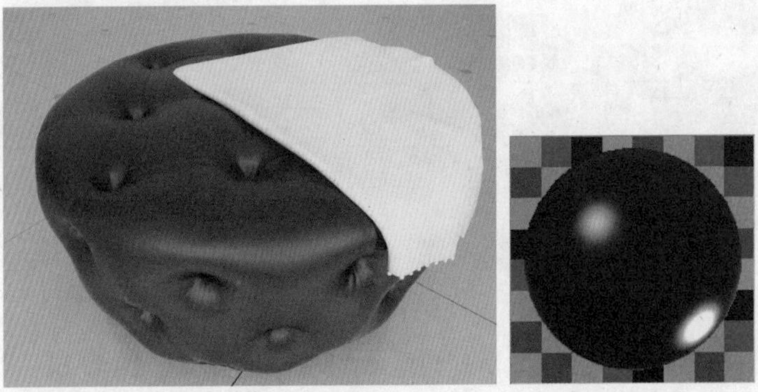

图P-28

打开随书配套光盘中的【材质场景文件\P\皮革\扩展067.max】场景文件，设置材质类型为【VRayMtl】。设置【漫反射】颜色为黑色，在【反射】后面的通道上加载【Falloff（衰减）】程序贴图，展开【衰减参数】卷展栏，设置【颜色2】颜色为蓝色，设置【衰减类型】为【Fresnel】，设置【折射率】为2.1。设置【反射光泽度】为0.7，【细分】为20，如图P-29所示。

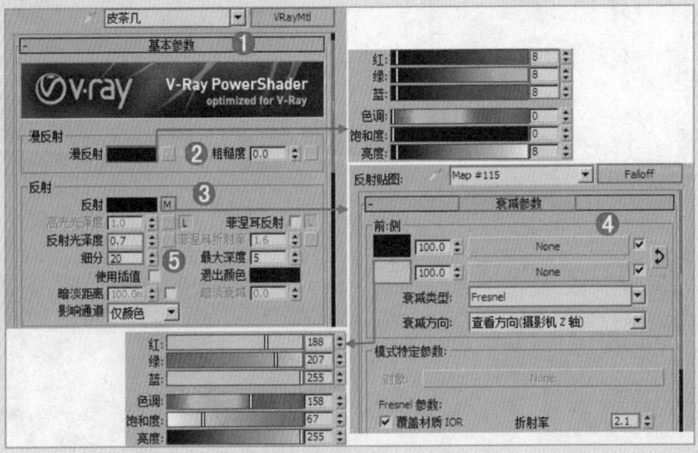

图P-29

Q

墙面（马赛克、大理石墙面、砖墙、乳胶漆、手绘墙、石灰墙、浮雕墙面、肌理墙、无色乳胶漆、彩釉砖墙面）
墙面扩展（红砖墙面、腰线、3D肌理墙体、石膏、条纹墙面、白色墙面、凹凸墙面、凹纹砖墙、儿童房墙面、双材质墙面）

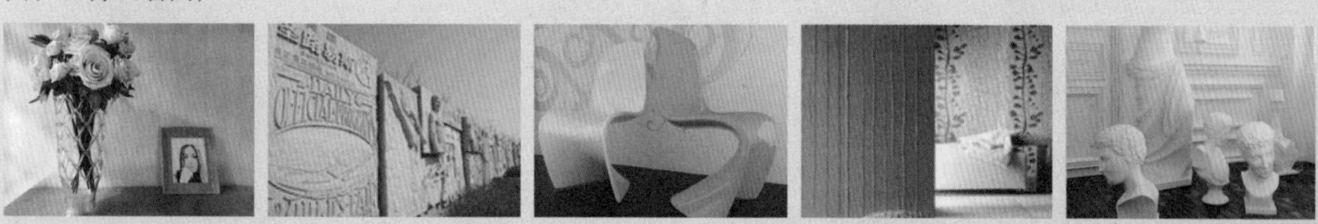

实例068　马赛克

案例文件	材质案例文件\Q\墙面\马赛克\马赛克.max	视频教学	视频教学\材质\Q\墙面\马赛克.flv
技术难点	凹凸通道加贴图制作纹理的方法		

案例分析：

【马赛克】建筑专业名词为锦砖，分为陶瓷锦砖和玻璃锦砖两种。如图Q-1所示为分析并参考马赛克材质的效果。本例通过为墙面设置马赛克材质，学习马赛克材质的设置方法，具体表现效果如图Q-2所示。

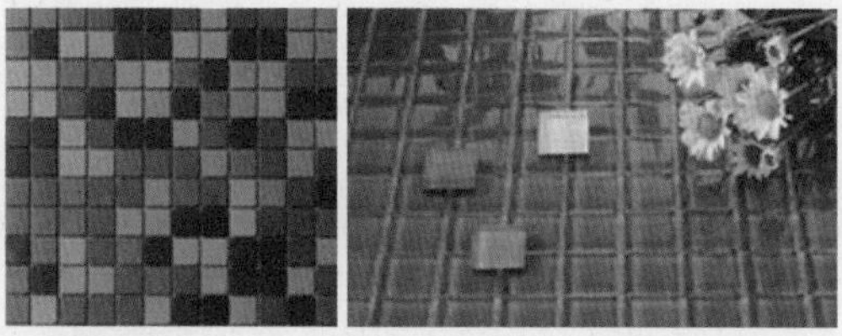

图Q-1

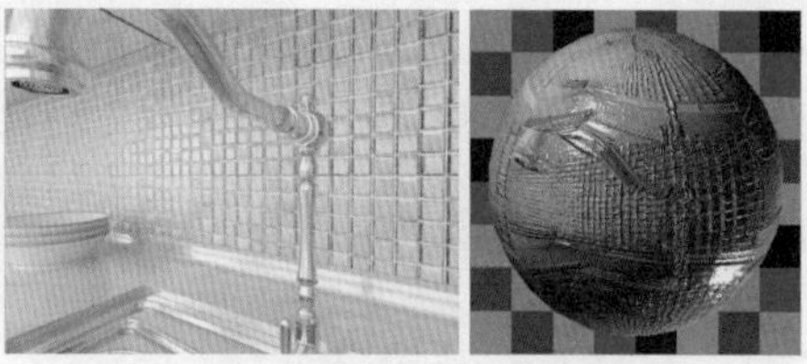

图Q-2

操作步骤：

STEP 1 打开随书配套光盘中的场景文件【材质场景文件\Q\墙面\068.max】，如图Q-3所示。

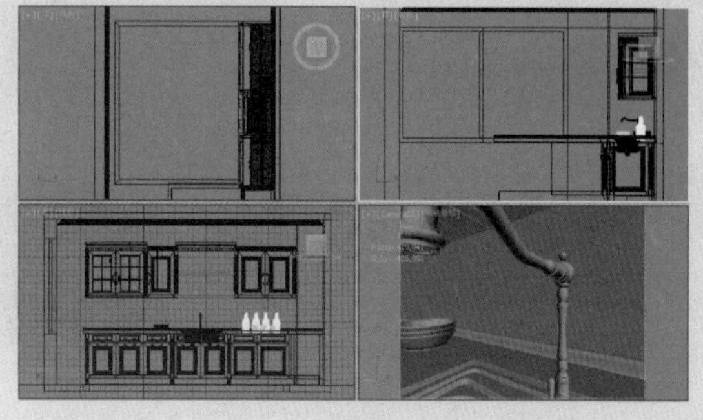

图Q-3

STEP 2 按M键，打开材质编辑器。单击一个材质球，并设置材质类型为【VRayMtl】。在【漫反射】后面的通道上加载【马赛克.jpg】贴图文件，展开【坐标】卷展栏，设置【瓷砖U】、【瓷砖V】分别为3，设置【反射】颜色为深灰色（红=37、绿=37、蓝=37），设置【高光光泽度】为0.8，【反射光泽度】为

0.8，设置【细分】为20，如图Q-4所示。

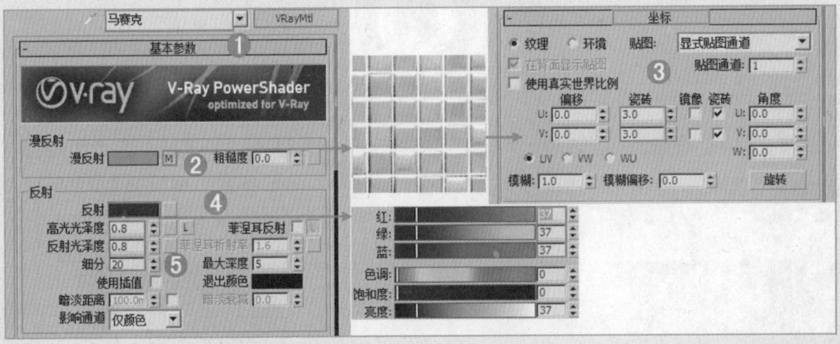

图Q-4

STEP 3 展开【贴图】卷展栏，在【凹凸】后面的通道上加载【马赛克.jpg】贴图文件，展开【坐标】卷展栏，设置【瓷砖U】、【瓷砖V】分别为3，最后设置【凹凸】数量为-300，如图Q-5所示。

STEP 4 将制作完成的马赛克材质赋予场景中的墙面模型，并将其他材质制作完成，如图Q-6所示。

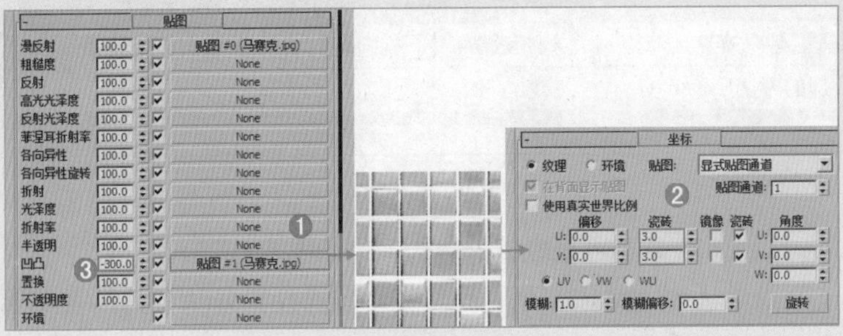

图Q-5

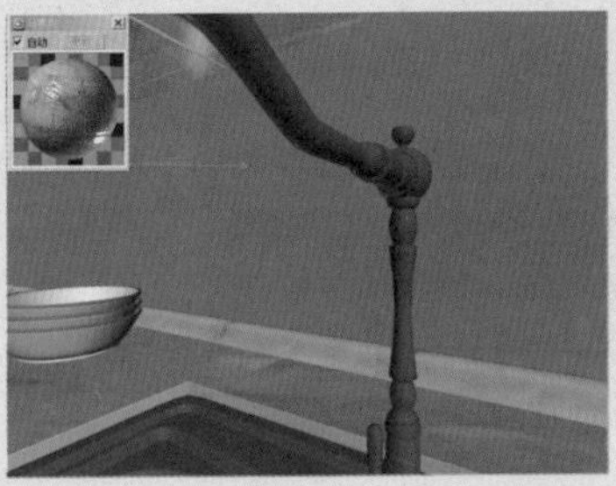

图Q-6

扩展练习068——红砖墙面

案例文件	材质案例文件\Q\墙面\红砖墙面\红砖墙面.max	视频教学	视频教学\材质\Q\墙面\红砖墙面.flv
技术难点	漫反射、凹凸的应用		

红砖墙面的制作难点在于如何把握漫反射、凹凸的应用，才能更好地表现出红砖墙面的真实效果，如图Q-7所示。

图Q-7

STEP 1 打开随书配套光盘中的【材质场景文件\Q\墙面\扩展068.max】场景文件，设置材质类型为【Standard（标准）】。在【漫反射】后面的通道上加载【砖墙.jpg】贴图文件，展开【坐标】卷展栏，设置【瓷砖U】、【瓷砖V】分别为4，如图Q-8所示。

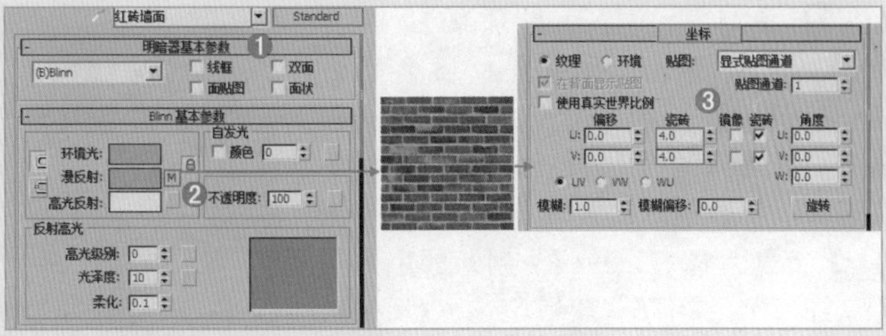

图Q-8

STEP 2 展开【贴图】卷展栏，在【凹凸】后面的通道上加载【砖墙.jpg】贴图文件，展开【坐标】卷展栏，设置【瓷砖U】、【瓷砖V】分别为4。最后设置【凹凸】数量为-100，如图Q-9所示。

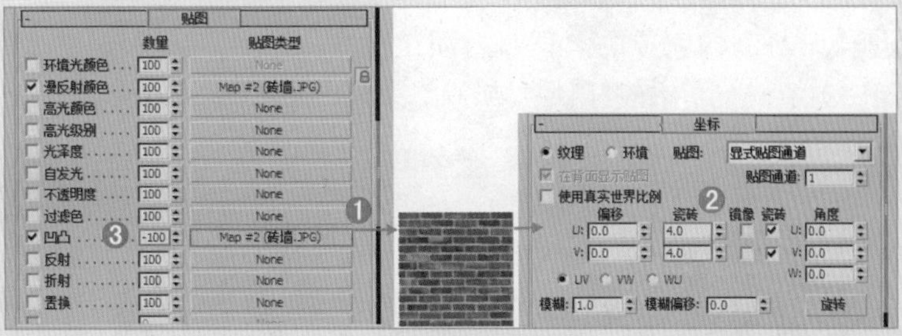

图Q-9

实例069 大理石墙面

案例文件	材质案例文件\Q\墙面\大理石墙面\大理石墙面.max	视频教学	视频教学\材质\Q\墙面\大理石墙面.flv
技术难点	反射颜色控制墙面反射强度的方法		

案例分析：

【大理石墙面】原指产于云南省大理的白色带有黑色花纹的石灰岩，古代常选取具有成型花纹的大理石用来制作画屏或镶嵌画，后来大理石这个名称逐渐发展成称呼一切有各种颜色花纹的、用来做建筑装饰材料的石灰岩，白色大理石一般称为汉白玉。如图Q-10所示为分析并参考大理石墙面材质的效果。本例通过为墙面设置大理石材质，学习大理石墙面材质的设置方法，具体表现效果如图Q-11所示。

图Q-10

图Q-11

操作步骤：

STEP 1 打开随书配套光盘中的场景文件【材质场景文件\Q\墙面\069.max】，如图Q-12所示。

STEP 2 按M键，打开材质编辑器。单击一个材质球，并设置材质类型为【VRayMtl】。在【漫反射】后面的通道上加载【01洞石.jpg】贴图文件，展开【坐标】卷展栏，设置【瓷砖U】、【瓷砖V】分别为10，设置【反射】颜色为灰色（红=75、绿=75、蓝=75），【反射光泽度】为0.9，【细分】为20，如图Q-13所示。

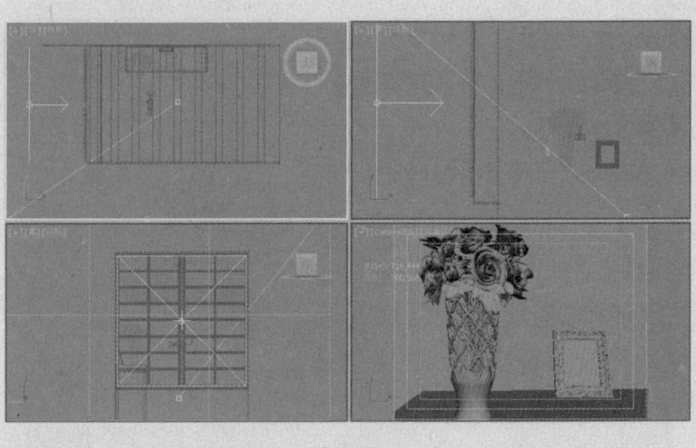

图Q-12

STEP 3 将制作完成的大理石材质赋予场景中的墙面模型，并将其他材质制作完成，如图Q-14所示。

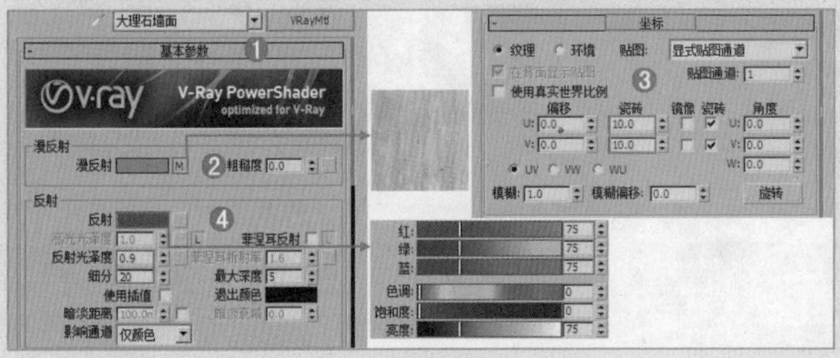

图Q-13

图Q-14

扩展练习069——腰线

案例文件	材质案例文件\Q\墙面\腰线\腰线.max	视频教学	视频教学\材质\Q\墙面\腰线.flv
技术难点	漫反射、反射的应用		

腰线的制作难点在于如何把握漫反射、反射的应用，才能更好地表现出腰线的真实效果，如图Q-15所示。

图Q-15

打开随书配套光盘中的【材质场景文件\Q\墙面\扩展069.max】场景文件，设置材质类型为【VRayMtl】。在【漫反射】后面的通道上加载【h-st003.jpg】贴图文件，展开【坐标】卷展栏，设置【瓷砖U】分别为5。设置【反射】颜色为黑色，【反射光泽度】为0.75，设置【细分】为15，如图Q-16所示。

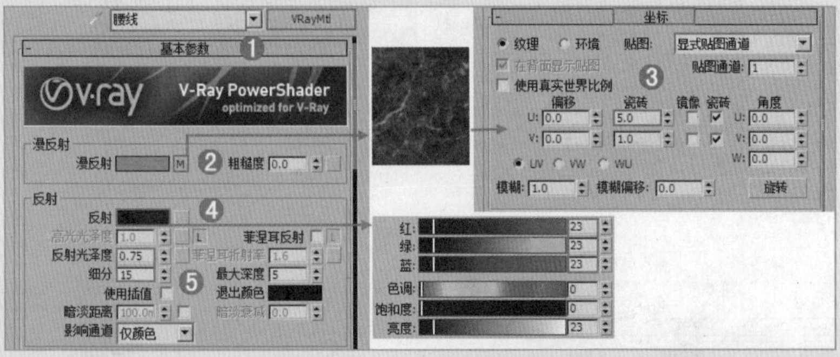

图Q-16

实例070　砖墙

案例文件	材质案例文件\Q\墙面\砖墙\砖墙.max	视频教学	视频教学\材质\Q\墙面\砖墙.flv
技术难点	VRay置换模式制作凹凸的方法		

案例分析：

【砖墙】是用砖块砌筑的墙，具有较好的承重、保温、隔热、隔声、防火、耐久等性能，为低层和多层房屋所广泛采用。砖墙可用作承重墙、外围护墙和内分隔墙。如图Q-17所示为分析并参考砖墙材质的效果。本例通过为墙面设置砖墙材质，学习砖墙材质的设置方法，具体表现效果如图Q-18所示。

图Q-17

图Q-18

操作步骤：

STEP 1 打开随书配套光盘中的场景文件【材质场景文件\Q\墙面\070.max】，如图Q-19所示。

STEP 2 按M键，打开材质编辑器。单击一个材质球，并设置材质类型为【VRayMtl】。在【漫反射】后面的通道上加载【22.jpg】贴图文件，展开【坐标】卷展栏，设置【瓷砖U】为3，设置【瓷砖V】为5，如图Q-20所示。

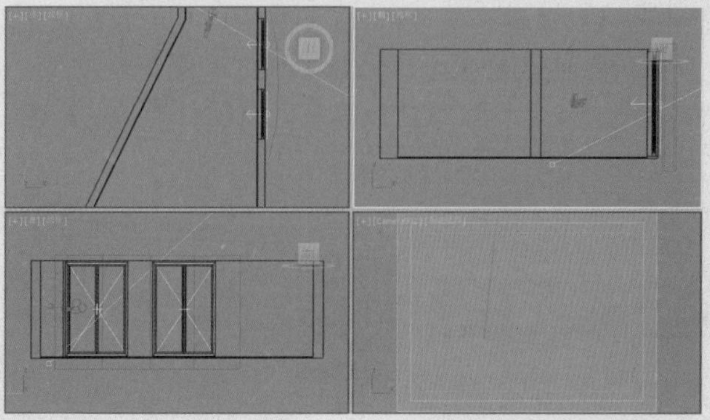

图Q-19

图Q-20

STEP 3 选中墙面模型，在【修改】面板中添加【VRay置换模式】命令，展开【参数】卷展栏，在【纹理贴图】下面的通道上加载【22.jpg】贴图文件，设置【数量】为3，如图Q-21所示。

STEP 4 单击【VR置换模式】中【纹理贴图】下面通道上的【22.jpg】贴图文件，并将其拖曳到一个材质球上，在弹出的【实例（副本）贴图】对话框中选择【实例】，如图Q-22所示。

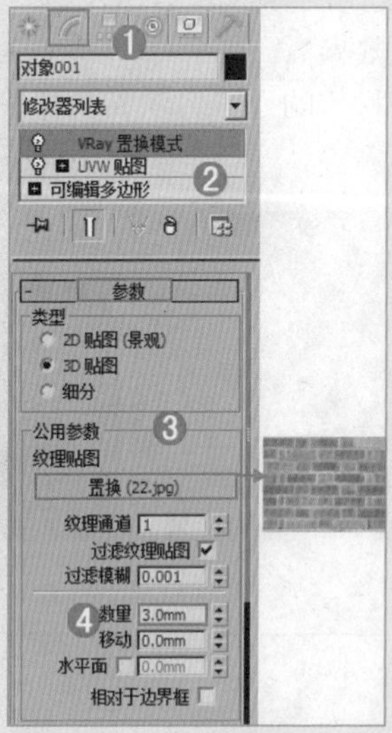

图Q-21

图Q-22

STEP 5 单击被拖曳后的材质球，命名为【置换】，展开【坐标】卷展栏，设置【瓷砖U】为3，设置【瓷砖V】为5，如图Q-23所示。

STEP 6 将制作完成的砖墙材质赋予场景中的墙面模型，并将其他材质制作完成，如图Q-24所示。

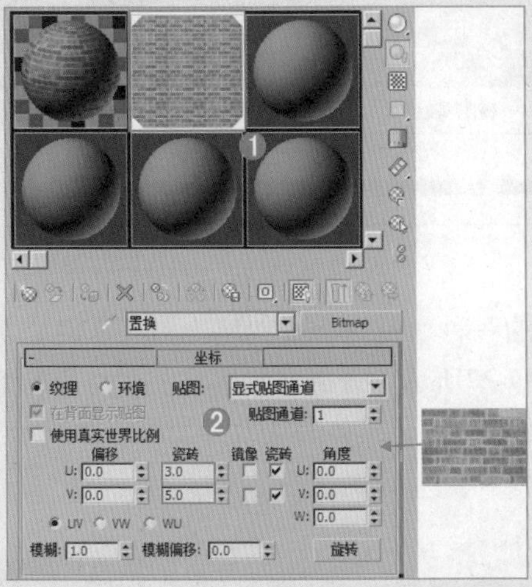

图Q-23

图Q-24

扩展练习070——3D肌理墙体

案例文件	材质案例文件\Q\墙面\3D肌理墙体\3D肌理墙体.max	视频教学	视频教学\材质\Q\墙面\3D肌理墙体.flv
技术难点	漫反射、凹凸的应用		

3D肌理墙体的制作难点在于如何把握漫反射、凹凸的应用，才能更好地表现出墙体的真实效果，如图Q-25所示。

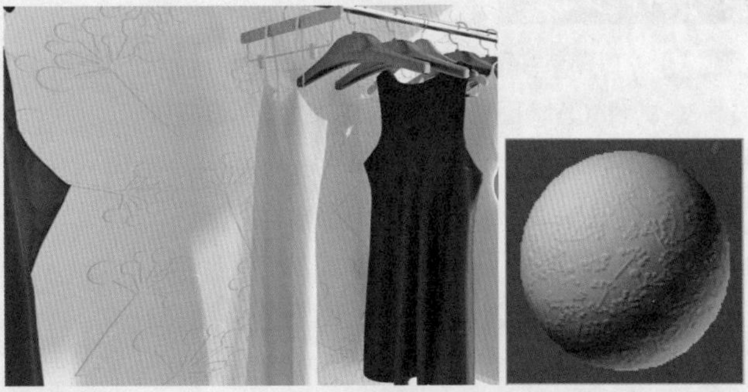

图Q-25

打开随书配套光盘中的【材质场景文件\Q\墙面\扩展070.max】场景文件，设置材质类型为【VRayMtl】。设置【漫反射】颜色为浅黄色，并展开【贴图】卷展栏，在【凹凸】后面的通道上加载【1_20120822142201d6z0.thumb.jpg】贴图文件，最后设置【凹凸】数量为50，如图Q-26所示。

图Q-26

技巧一点通：

墙体设计在室内设计中非常重要，好的墙体设计方案可以为整个空间增色不少。近年来，3D纹理墙体的设计非常流行，它不但有稍许的怀旧感，更增添了一份设计感。

B C D F J M P Q R S T Y Z

实例071 乳胶漆

案例文件	材质案例文件\Q\墙面\乳胶漆\乳胶漆.max	视频教学	视频教学\材质\Q\墙面\乳胶漆.flv
技术难点	漫反射制作乳胶漆的方法		

案例分析：

【乳胶漆】又称为合成树脂乳液涂料，有机涂料的一种，是以合成树脂乳液为基料，加入颜料、填料及各种助剂配制而成的一类水性涂料。如图Q-27所示为分析并参考乳胶漆材质的效果。本例通过为墙面设置乳胶漆材质，学习乳胶漆材质的设置方法，具体表现效果如图Q-28所示。

图Q-27

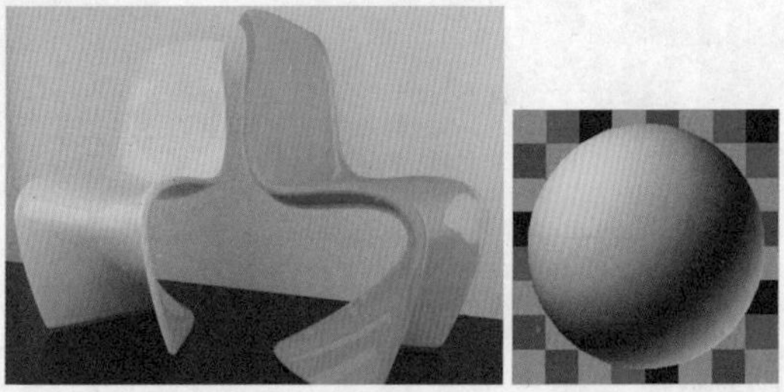

图Q-28

操作步骤：

STEP 1 打开随书配套光盘中的场景文件【材质场景文件\Q\墙面\071.max】，如图Q-29所示。

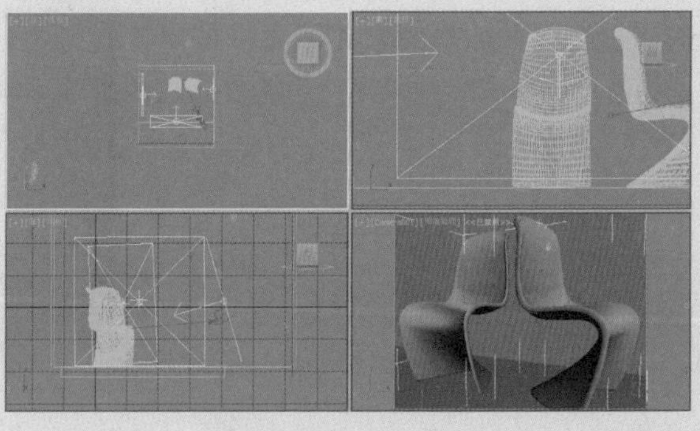

图Q-29

STEP 2 按M键，打开材质编辑器。单击一个材质球，并设置材质类型为【VRayMtl】。设置【漫反射】颜色为黄色（红=249、绿=221、蓝=110），如图Q-30所示。

STEP 3 将制作完成的乳胶漆材质赋予场景中的墙面模型，并将其他材质制作完成，如图Q-31所示。

图Q-30

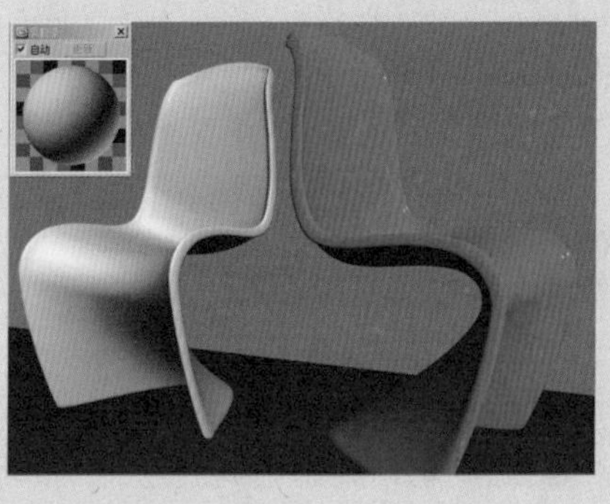

图Q-31

技巧一点通：

【漫反射】颜色是指物体的固有色，是人们直接看到的颜色。

扩展练习071——石膏

案例文件	材质案例文件\Q\墙面\石膏\石膏.max	视频教学	视频教学\材质\Q\墙面\石膏.flv
技术难点	噪波程序贴图的应用		

石膏的制作难点在于如何把握噪波程序贴图的应用，才能更好地表现出石膏的真实效果，如图Q-32所示。

图Q-32

STEP 1 打开随书配套光盘中的【材质场景文件\Q\墙面\扩展071.max】场景文件，设置材质类型为【Standard（标准）】。设置【漫反射】颜色为白色，在【反射高光】选项组下，设置【高光级别】为12，【光泽度】为0，如图Q-33所示。

STEP 2 展开【贴图】卷展栏，在【凹凸】后面的通道上加载【Noise（噪波）】程序贴图，最后设置【凹凸】数量为30，如图Q-34所示。

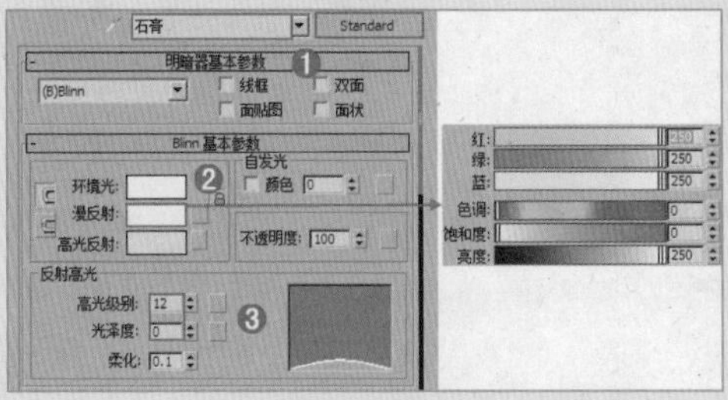

图Q-33

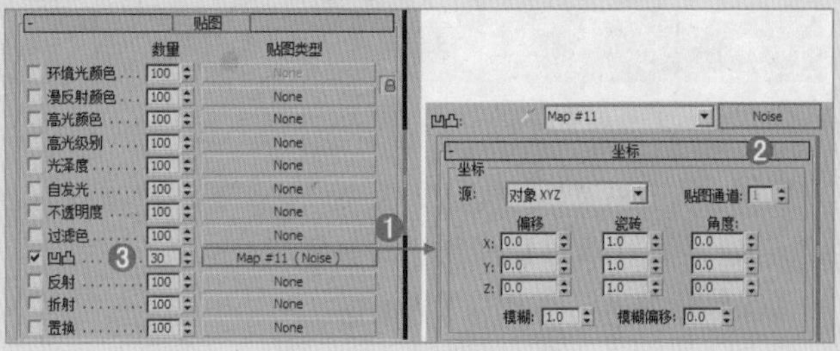

图Q-34

实例072　手绘墙

案例文件	材质案例文件\Q\墙面\手绘墙\手绘墙.max	视频教学	视频教学\材质\Q\墙面\手绘墙.flv
技术难点	混合材质制作手绘墙的方法		

案例分析：

【手绘墙】来源于古老的壁画艺术，结合了欧美的涂鸦，被众多前卫设计师带入了现代家居文化设计中，形成了独具一格的家居装修风格。如图Q-35所示为分析并参考手绘墙材质的效果。本例通过为墙面设置手绘材质，学习手绘墙材质的设置方法，具体表现效果如图Q-36所示。

图Q-35

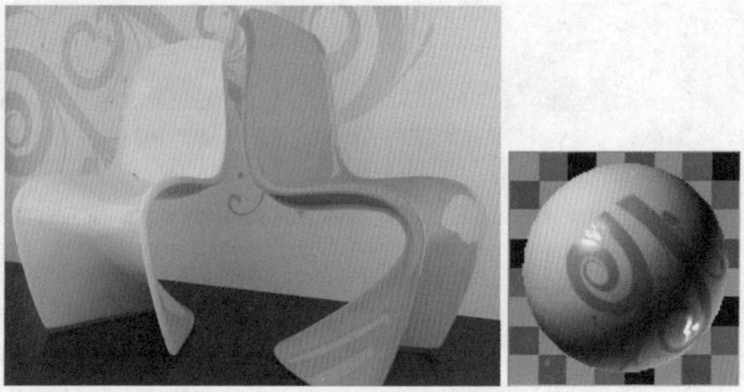

图Q-36

操作步骤：

STEP 1 打开随书配套光盘中的场景文件【材质场景文件\Q\墙面\072.max】，如图Q-37所示。

STEP 2 按M键，打开材质编辑器。单击一个材质球，并设置材质类型为【混合】。设置【材质1】为【VRayMtl】材质，设置【材质2】为【VRayMtl】材质，如图Q-38所示。

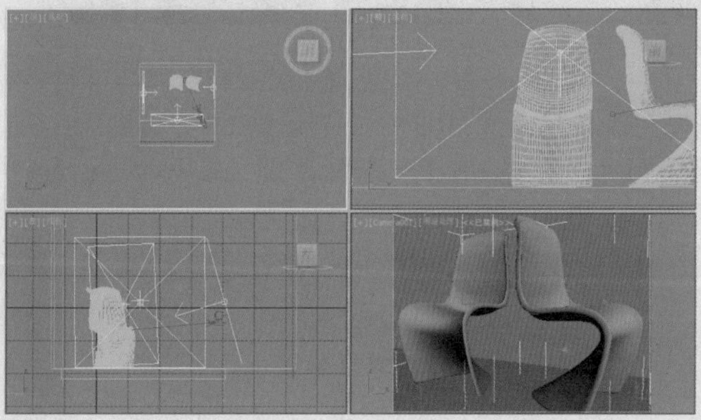

图Q-37

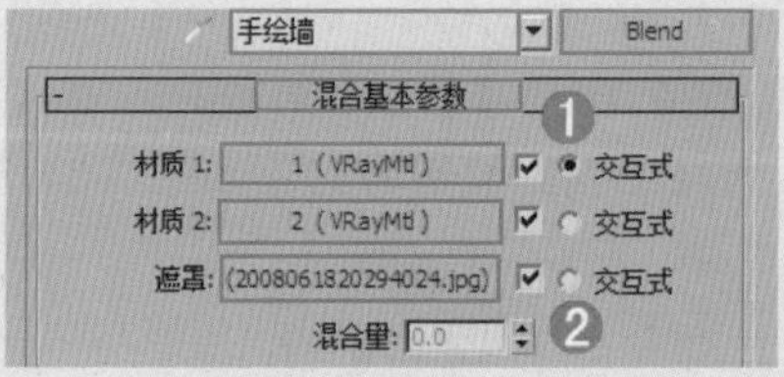

图Q-38

STEP 3 单击进入【材质1】后面的通道，设置【漫反射】颜色为绿色（红=42、绿=144、蓝=75），设置【反射】颜色为深灰色（红=25、绿=25、蓝=25），设置【反射光泽度】为0.75，设置【细分】为20，如图Q-39所示。

STEP 4 单击进入【材质2】后面的通道，设置【漫反射】颜色为黄色（红=249、绿=221、蓝=110），如图Q-40所示。

STEP 5 返回【混合基本参数】卷展栏，在【遮罩】后面的通道上加载【2008061820294024.jpg】贴图文件，如图Q-41所示。

STEP 6 将制作完成的手绘墙材质赋予场景中的墙面模型，并将其他材质制作完成，如图Q-42所示。

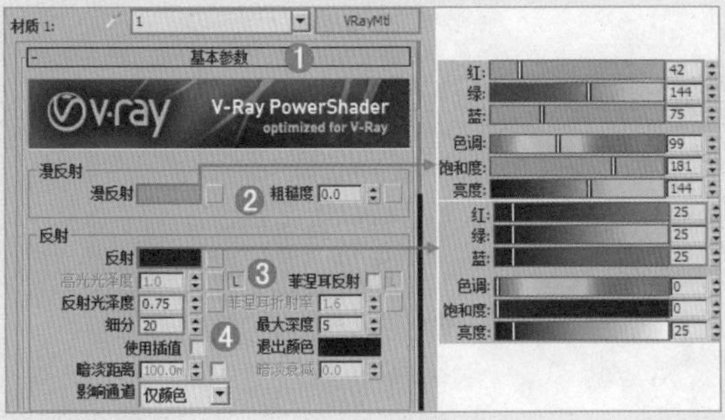

图Q-39

图Q-40

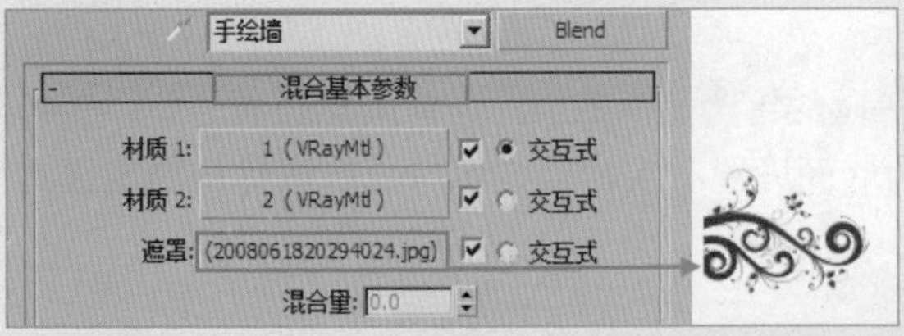

图Q-41

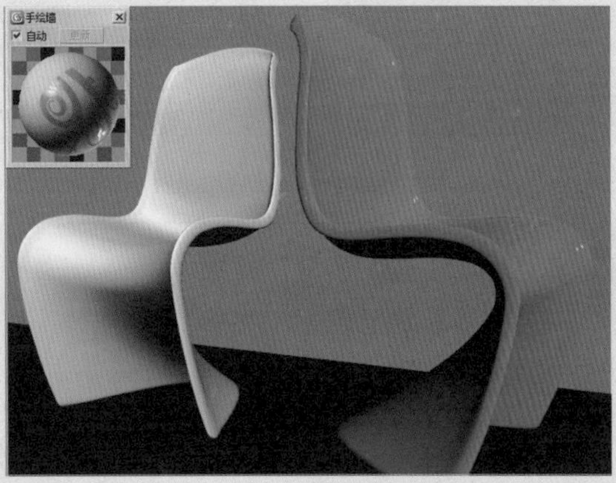

图Q-42

扩展练习072——条纹墙面

案例文件	材质案例文件\Q\墙面\条纹墙面\条纹墙面.max	视频教学	视频教学\材质\Q\墙面\条纹墙面.flv
技术难点	反射颜色、反射光泽度的应用		

条纹墙面的制作难点在于把握带有略微模糊反射的质感，才能更好地表现出条纹墙面的真实效果，如图Q-43所示。

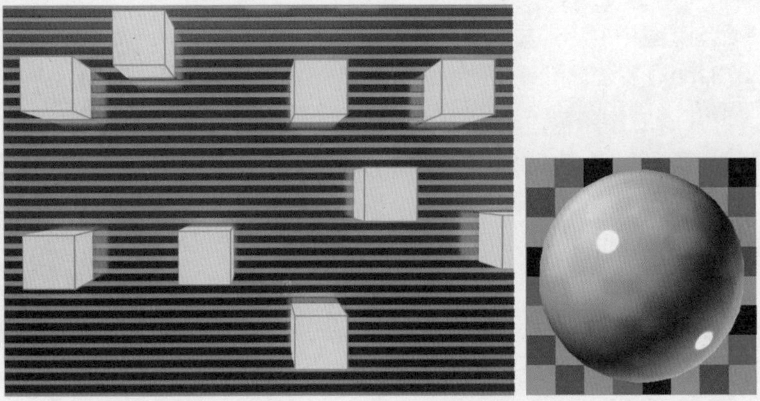

图Q-43

B C D F J M P Q R S T Y Z

打开随书配套光盘中的【材质场景文件\Q\墙面\扩展072.max】场景文件，设置材质类型为【VRayMtl】。设置【漫反射】颜色为白色，设置【反射】颜色为深灰色。设置【反射光泽度】为0.85，如图Q-44所示。

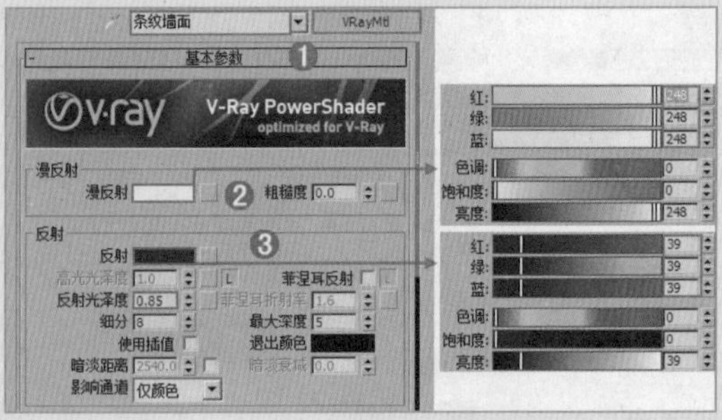

图Q-44

实例073　石灰墙

案例文件	材质案例文件\Q\墙面\石灰墙\石灰墙.max	视频教学	视频教学\材质\Q\墙面\石灰墙.flv
技术难点	凹凸通道加贴图制作墙表面纹理的方法		

案例分析：

【石灰墙】是用石灰石、白云石、白垩、贝壳等碳酸钙含量高的原料，经煅烧而成。如图Q-45所示为分析并参考石灰墙材质的效果。本例通过为墙面设置石灰材质，学习石灰墙材质的设置方法，具体表现效果如图Q-46所示。

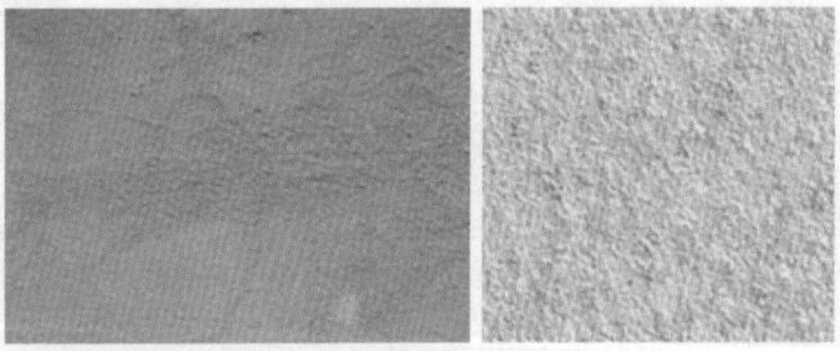
图Q-45

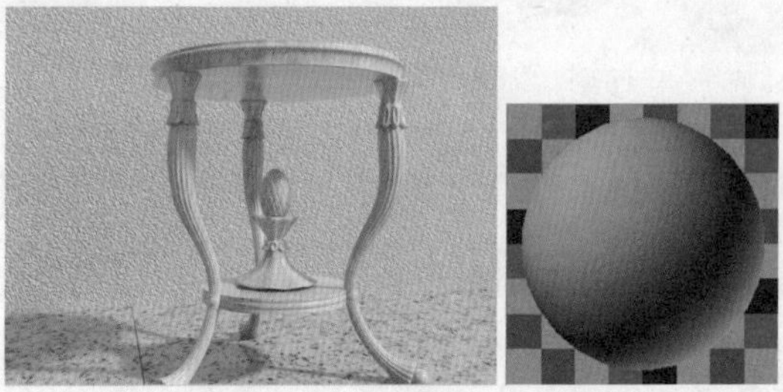
图Q-46

操作步骤：

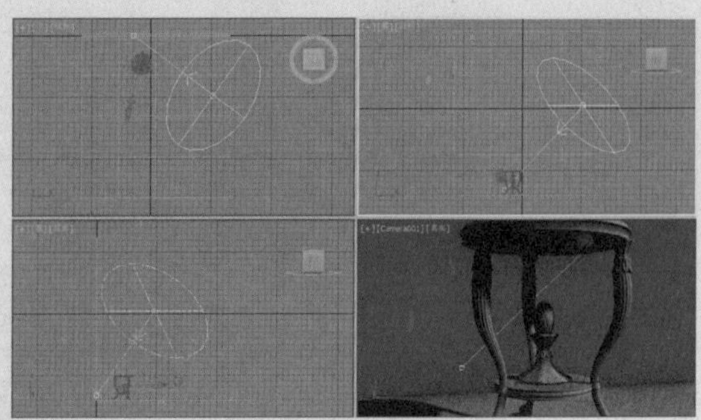
图Q-47

STEP 1 打开随书配套光盘中的场景文件【材质场景文件\Q\墙面\073.max】，如图Q-47所示。

STEP 2 按M键，打开材质编辑器。单击一个材质球，并设置材质类型为【Standard（标准）】。设置【漫反射】颜色为浅灰色（红=164、绿=164、蓝=164），如图Q-48所示。

STEP 3 展开【贴图】卷展栏，在【凹凸】后面的通道上加载【贴图.jpg】贴图文件，展开【坐标】卷展栏，设置【瓷砖U】、【瓷砖V】分别为6，最后设置【凹凸】数量为70，如图Q-49所示。

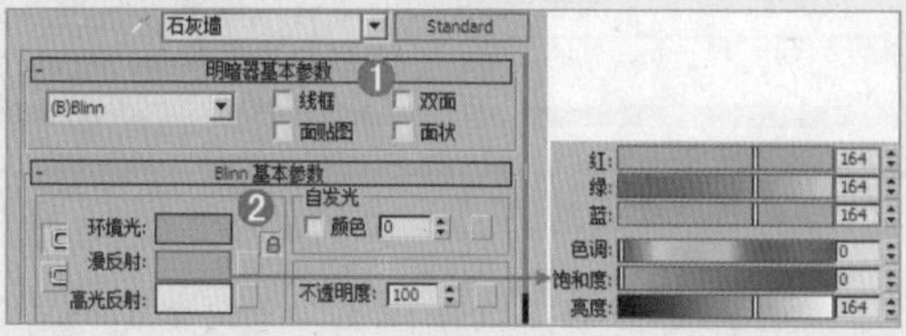

图Q-48

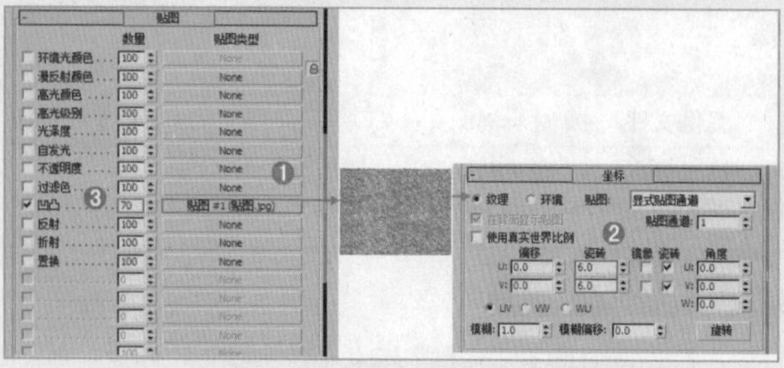

图Q-49

STEP 4 将制作完成的石灰材质赋予场景中的墙面模型，并将其他材质制作完成，如图Q-50所示。

图Q-50

扩展练习073——白色墙面

案例文件	材质案例文件\Q\墙面\白色墙面\白色墙面.max	视频教学	视频教学\材质\Q\墙面\白色墙面\白色墙面.flv
技术难点	漫反射的应用		

白色墙面的制作难点在于如何把握漫反射颜色控制固有色的应用，使其更好地表现出墙面的真实效果，如图Q-51所示。

图Q-51

打开随书配套光盘中的【材质场景文件\Q\墙面\扩展073.max】场景文件，设置材质类型为【Standard（标准）】，设置【漫反射】颜色为白色，如图Q-52所示。

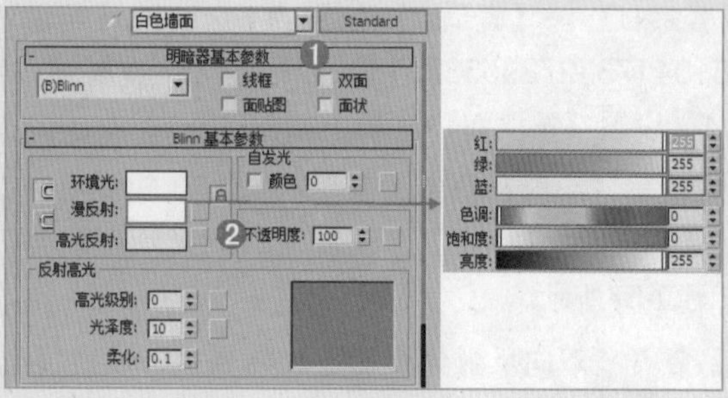

图Q-52

实例074　浮雕墙面

案例文件	材质案例文件\Q\墙面\浮雕墙面\浮雕墙面.max	视频教学	视频教学\材质\Q\墙面\浮雕墙面.flv
技术难点	衰减贴图制作浮雕墙面材质的方法		

案例分析：

【浮雕墙面】是浮雕艺术工艺中的系列之一。近年来，它在城市美化环境中占了越来越重要的地位，不仅增加了城市文化气息，同时又丰富了人们的视觉享受。如图Q-53所示为分析并参考浮雕墙面材质的效果。本例通过为墙面设置浮雕材质，学习浮雕墙面材质的设置方法，具体表现效果如图Q-54所示。

图Q-53

图Q-54

操作步骤：

STEP 1 打开随书配套光盘中的场景文件【材质场景文件\Q\墙面\074.max】，如图Q-55所示。

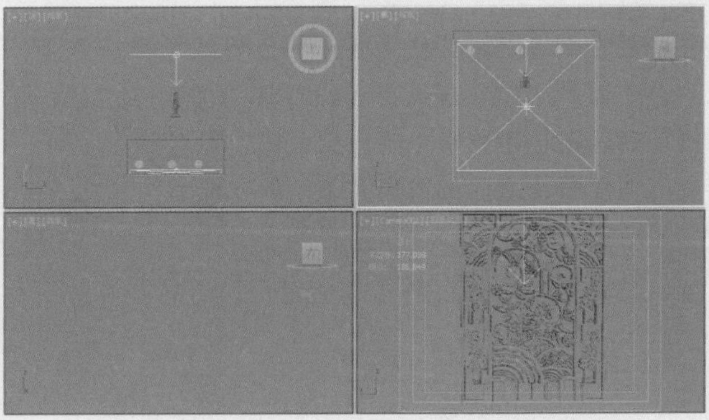

图Q-55

STEP 2 按M键，打开材质编辑器。单击一个材质球，并设置材质类型为【VRayMtl】。在【漫反射】后面的通道上加载【Falloff（衰减）】程序贴图，展开【衰减参数】卷展栏，在【颜色1】后面的通道上加载【20081041733272953 3ff.jpg】贴图文件，展开【坐标】卷展栏，设置【瓷砖U】、【瓷砖V】分别为4，设置【角度W】为45。在【颜色2】后面的通道上加载【20081041733272953 3ffa1.jpg】贴图文件，展开【坐标】卷展栏，设置【瓷砖U】、【瓷砖V】分别为4，设置【角度W】为45，如图Q-56所示。

STEP 3 设置【反射】颜色为灰色（红=60、绿=60、蓝=60），勾选【菲涅耳反射】复选框，设置【菲涅耳折射率】为2.2，设置【高光光泽度】为0.45，【反射光泽度】为0.55，【细分】为50，如图Q-57所示。

STEP 4 展开【双向反射分布函数】卷展栏，设置【类型】为【沃德】，如图Q-58所示。

STEP 5 将制作完成的浮雕材质赋予场景中的墙面模型，并将其他材质制作完成，如图Q-59所示。

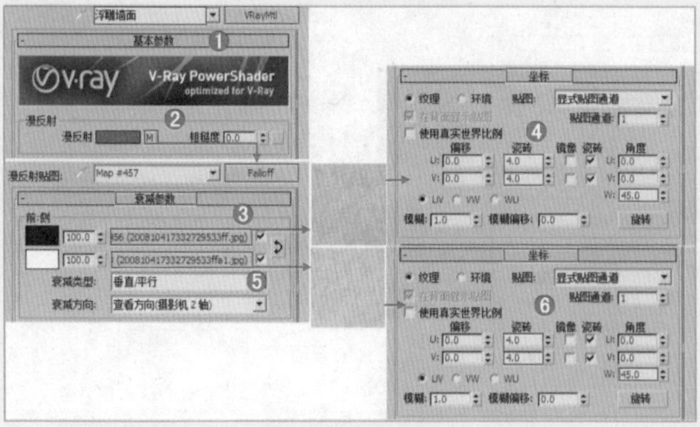

图Q-56

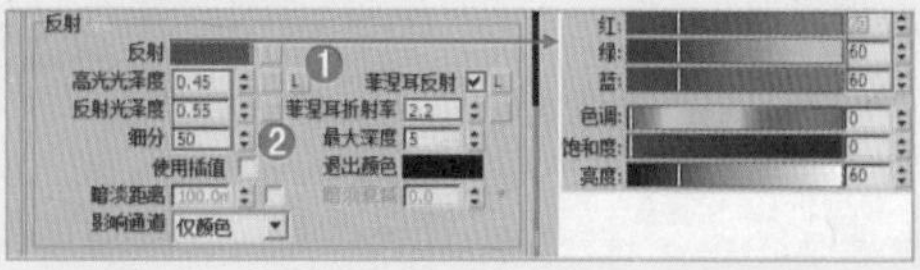

图Q-57

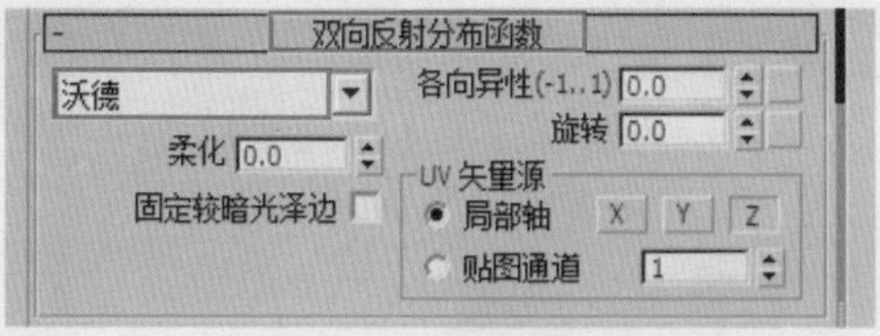

图Q-58

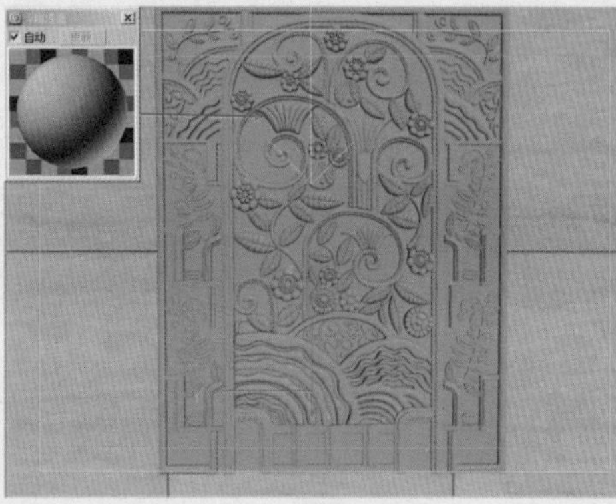

图Q-59

扩展练习074——凹凸墙面

案例文件	材质案例文件\Q\墙面\凹凸墙面\凹凸墙面.max	视频教学	视频教学\材质\Q\墙面\凹凸墙面.flv
技术难点	漫反射、反射的应用		

凹凸墙面的制作难点在于如何把握漫反射、反射的应用，使其更好地表现出纹理墙面的真实效果，如图Q-60所示。

图Q-60

打开随书配套光盘中的【材质场景文件\Q\墙面\扩展074.max】场景文件，设置材质类型为【VRayMtl】。在【漫反射】后面的通道上加载【墙面.jpg】贴图文件，展开【坐标】卷展栏，设置【角度W】为45。设置【反射】颜色为灰色，勾选【菲涅耳反射】复选框，设置【菲涅耳折射率】为2，设置【反射光泽度】为0.7，设置【细分】为20，如图Q-61所示。

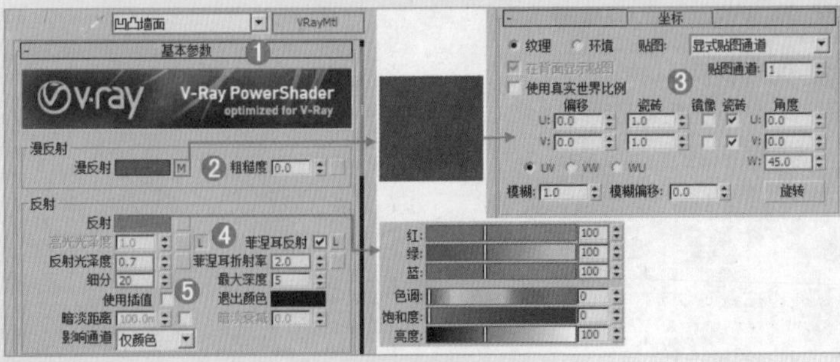

图Q-61

实例075　肌理墙

案例文件	材质案例文件\Q\墙面\肌理墙\肌理墙.max	视频教学	视频教学\材质\Q\墙面\肌理墙.flv
技术难点	漫反射通道加贴图制作肌理墙的方法		

案例分析：

【肌理墙】是指物体表面的组织纹理结构，即各种纵横交错、高低不平、粗糙平滑的纹理变化，是表达人对设计物表面纹理特征的感受。如图Q-62所示为分析并参考肌理墙材质的效果。本例通过为墙面设置肌理材质，学习肌理墙材质的设置方法，具体表现效果如图Q-63所示。

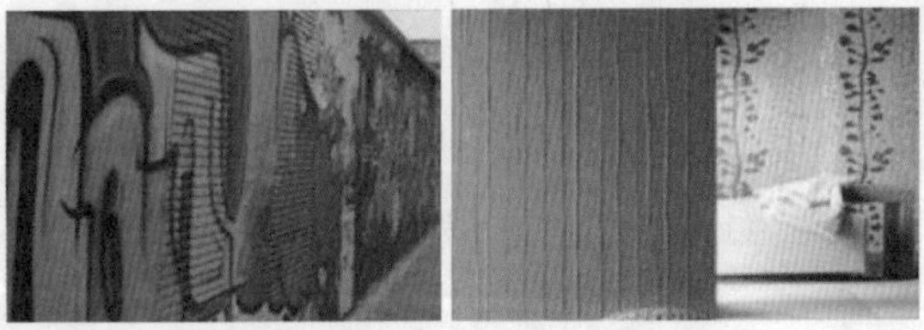
图Q-62

图Q-63

操作步骤：

STEP 1 打开随书配套光盘中的场景文件【材质场景文件\Q\墙面\075.max】，如图Q-64所示。

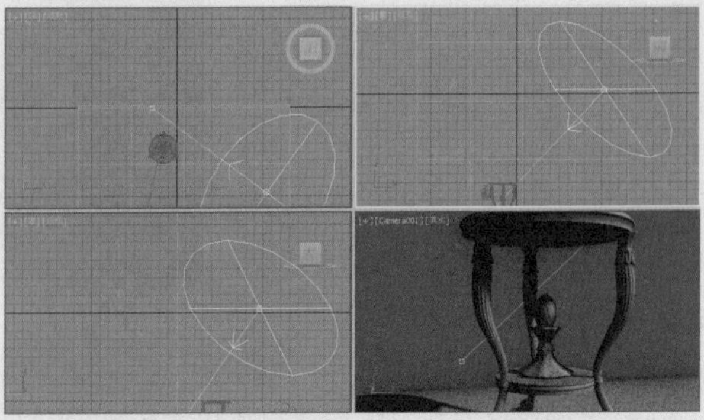
图Q-64

STEP 2 按M键，打开材质编辑器。单击一个材质球，并设置材质类型为【Standard（标准）】。在【漫反射】后面的通道上加载【3.jpg】贴图文件，展开【坐标】卷展栏，设置【瓷砖U】、【瓷砖V】分别为3，如图Q-65所示。

STEP 3 将制作完成的肌理材质赋予场景

中的墙面模型，并将其他材质制作完成，如图Q-66所示。

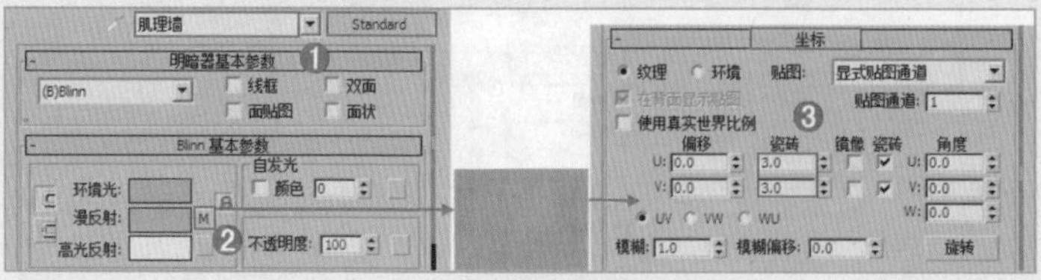

图Q-65

图Q-66

扩展练习075——凹纹砖墙

案例文件	材质案例文件\Q\墙面\凹纹砖墙\凹纹砖墙.max	视频教学	视频教学\材质\Q\墙面\凹纹砖墙.flv
技术难点	法线凹凸的应用		

凹纹砖墙的制作难点在于如何把握法线凹凸模拟墙体凹纹质感的应用，更好地表现出凹纹砖墙的真实效果，如图Q-67所示。

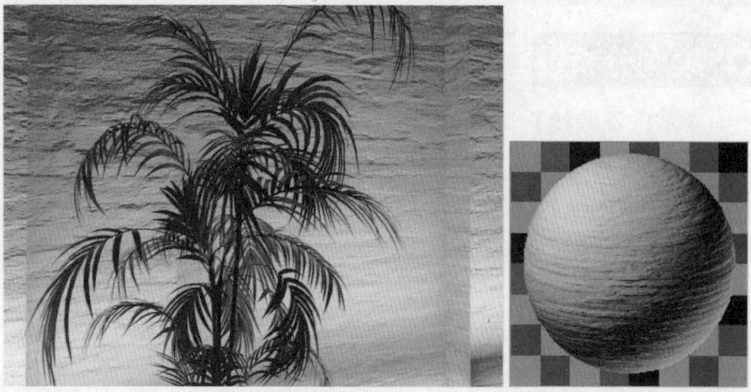

图Q-67

STEP 1 打开随书配套光盘中的【材质场景文件\Q\墙面\扩展075.max】场景文件，设置材质类型为【VRayMtl】。设置【漫反射】颜色为白色，【反射】颜色为黑色，设置【细分】为15，如图Q-68所示。

STEP 2 展开【贴图】卷展栏，在【凹凸】后面的通道上加载【法线凹凸】程序贴图，展开【参数】卷展栏，设置【数量】为1.2，在【法线】后面的通道上加载【Arch_Interiors_18_010_normal bump wall.jpg】贴图文件，展开【坐标】卷展栏，设置【瓷砖U】为1.5，设置【瓷砖V】为2.5，设置【模糊】为0.7。最后设置【凹凸】数量为50，如图Q-69所示。

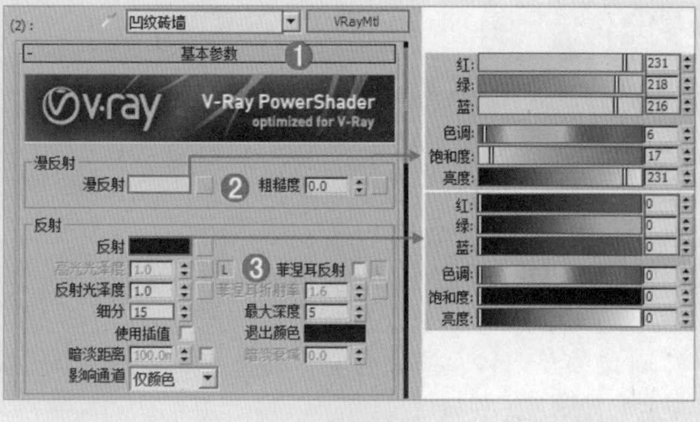

图Q-68

B C D F J M P Q R S T Y Z

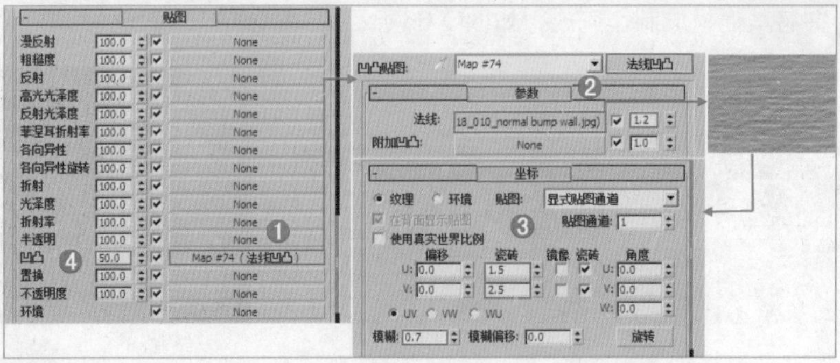

图Q-69

实例076　无色乳胶漆

案例文件	材质案例文件\Q\墙面\无色乳胶漆\无色乳胶漆.max	视频教学	视频教学\材质\Q\墙面\无色乳胶漆.flv
技术难点	漫反射制作无色乳胶漆		

案例分析：

【无色乳胶漆】又称为合成树脂乳液涂料，有机涂料的一种，是以合成树脂乳液为基料加入颜料、填料及各种助剂配制而成的一类水性涂料。如图Q-70所示为分析并参考无色乳胶漆材质的效果。本例通过为墙面设置无色乳胶漆材质，学习无色乳胶漆材质的设置方法，具体表现效果如图Q-71所示。

图Q-70

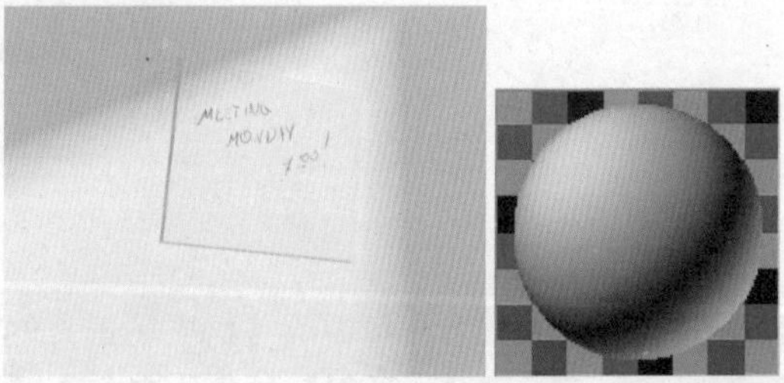

图Q-71

操作步骤：

STEP 1 打开随书配套光盘中的场景文件【材质场景文件\Q\墙面\076.max】，如图Q-72所示。

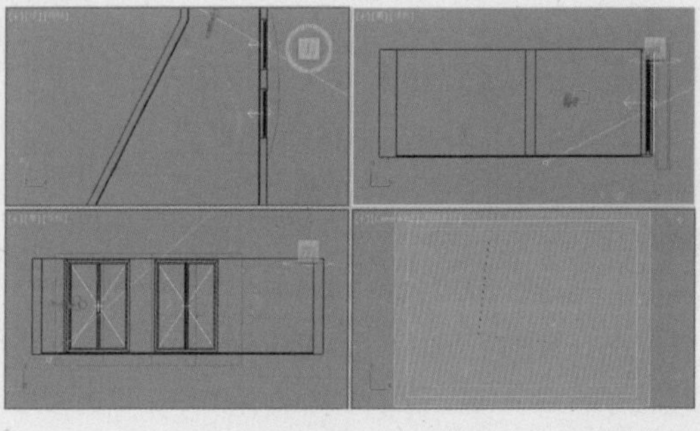

图Q-72

STEP 2 按M键，打开材质编辑器。单击一个材质球，并设置材质类型为【VRayMtl】。设置【漫反射】颜色为浅灰色（红=220、绿=220、蓝=220），设置【反射】颜色为灰色（红=112、绿=112、蓝=112），勾选【菲涅耳反射】复选框，设置【反射光泽度】为0.4，【细分】为15，如图Q-73所示。

STEP 3 将制作完成的无色乳胶漆材质赋予场景中的墙面模型，并将其他材质制作完成，如图Q-74所示。

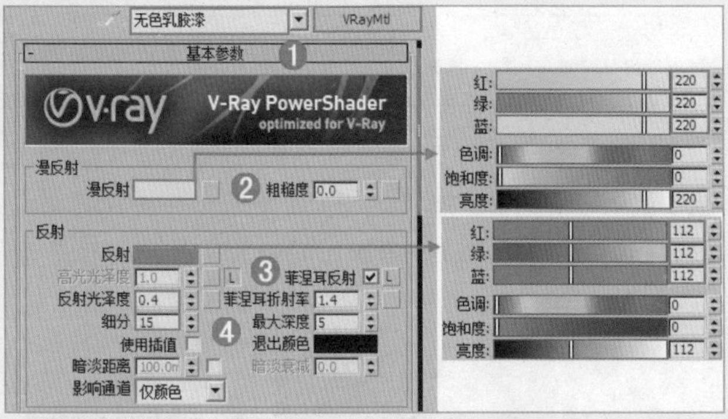

图Q-73

图Q-74

扩展练习076——儿童房墙面

案例文件	材质案例文件\Q\墙面\儿童房墙面\儿童房墙面.max	视频教学	视频教学\材质\Q\墙面\儿童房墙面.flv
技术难点	漫反射的应用		

儿童房墙面的制作难点在于如何把握漫反射的应用，才能更好地表现出儿童房墙面的真实效果，如图Q-75所示。

图Q-75

打开随书配套光盘中的【材质场景文件\Q\墙面\扩展076.max】场景文件，设置材质类型为【VRayMtl】。在【漫反射】后面的通道上加载【201007191706514bhjo.jpg】贴图文件，展开【坐标】卷展栏，设置【模糊】为0.01，如图Q-76所示。

图Q-76

实例077　彩釉砖墙面

案例文件	材质案例文件\Q\墙面\彩釉砖墙面\彩釉砖墙面.max	视频教学	视频教学\材质\Q\墙面\彩釉砖墙面.flv
技术难点	凹凸通道加贴图制作彩釉砖质感的方法		

案例分析：

【彩釉砖墙面】中的彩釉砖，表面施有美观艳丽的釉色和图案。如图Q-77所示为分析并参考彩釉砖墙面材质的效果。本例通过为墙面设置彩釉砖材质，学习彩釉砖材质的设置方法，具体表现效果如图Q-78所示。

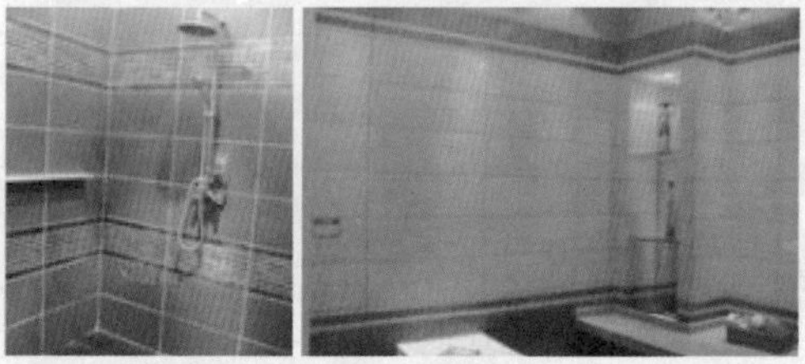

图Q-77

图Q-78

操作步骤：

STEP① 打开随书配套光盘中的场景文件【材质场景文件\Q\墙面\077.max】，如图Q-79所示。

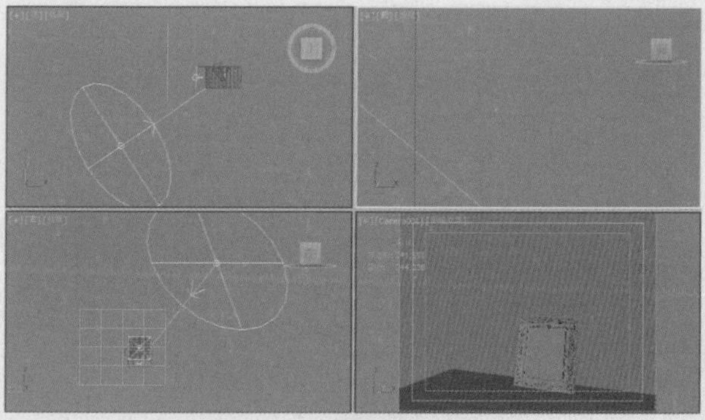

图Q-79

STEP② 按M键，打开材质编辑器。单击一个材质球，并设置材质类型为【VRayMtl】。在【漫反射】后面的通道上加载【彩釉砖.jpg】贴图文件，展开【坐标】卷展栏，设置【瓷砖U】为3.7，【瓷砖V】为3。设置【反射】颜色为浅灰色（红=196、绿=196、蓝=196），勾选【菲涅耳反射】复选框，设置【反射光泽度】为0.85，【细分】为20，如图Q-80所示。

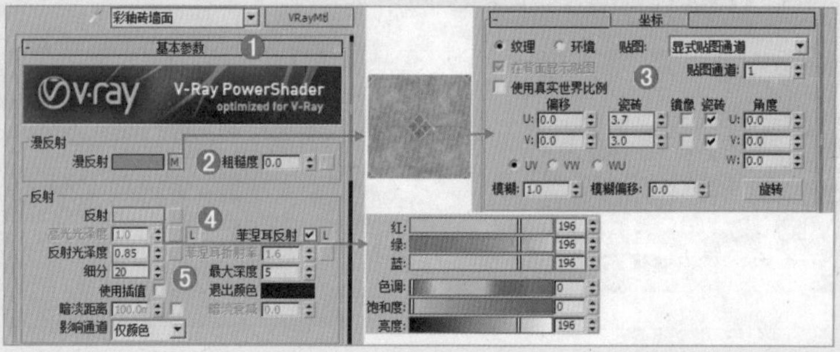

图Q-80

STEP 3 展开【贴图】卷展栏，在【凹凸】后面的通道上加载【彩釉砖.jpg】贴图文件，展开【坐标】卷展栏，设置【瓷砖U】为3.7，【瓷砖V】为3。最后设置【凹凸】数量为-80，如图Q-81所示。

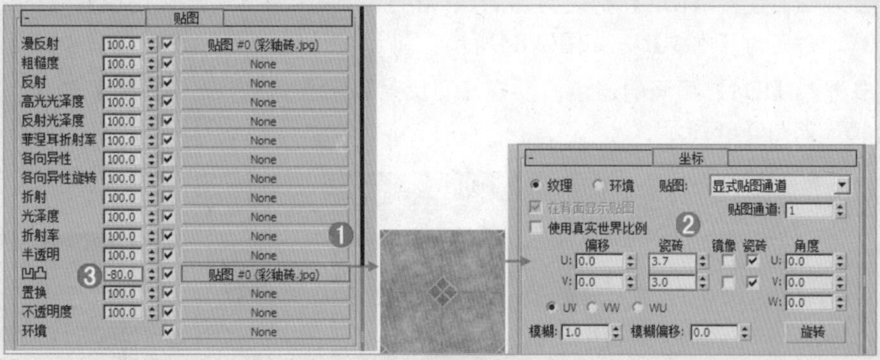

图Q-81

STEP 4 将制作完成的彩釉砖材质赋予场景中的墙面模型，并将其他材质制作完成，如图Q-82所示。

图Q-82

扩展练习077——双材质墙面

案例文件	材质案例文件\Q\墙面\双材质墙面\双材质墙面.max	视频教学	视频教学\材质\Q\墙面\双材质墙面.flv
技术难点	多维/子对象材质的应用		

双材质墙面的制作难点在于如何把握多维/子对象材质的应用，才能更好地表现出双材质墙面的真实效果，如图Q-83所示。

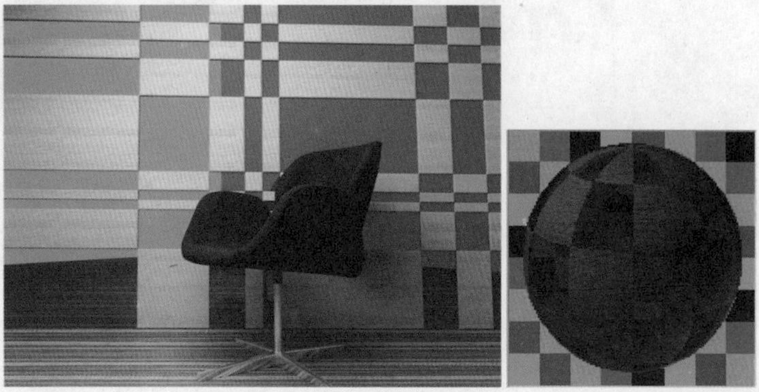

图Q-83

STEP 1 打开随书配套光盘中的【材质场景文件\Q\墙面\扩展077.max】场景文件，设置材质类型为【Multi/Sub-Object（多维/子对象）】。展开【多维/子对象基本参数】卷展栏，【设置数量】为2，设置【ID1】材质为【VRayMtl】，命名为【镜片】；设置【ID2】材质为【VRayMtl】，命名为【木纹】，如图Q-84所示。

STEP 2 单击进入【ID1】后面的通道，设置【漫反射】颜色为黑色，【反射】颜色为深灰色，【细分】为15，如图Q-85所示。

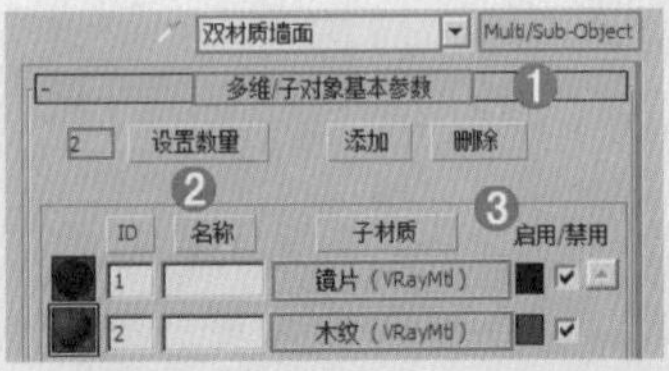

图Q-84

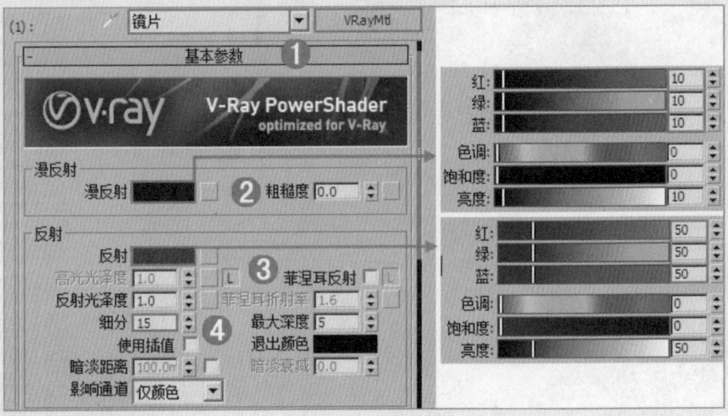

图Q-85

STEP 3 单击进入【ID2】后面的通道，在【漫反射】后面的通道上加载【hua象木2.jpg】贴图文件，展开【坐标】卷展栏，设置【角度W】为90，在【反射】后面的通道上加载【Falloff（衰减）】程序贴图，展开【衰减参数】卷展栏，设置【衰减类型】为【Fresnel】。勾选【菲涅耳反射】复选框，设置【高光光泽度】为0.7，【反射光泽度】为0.8，设置【细分】为15，如图Q-86所示。

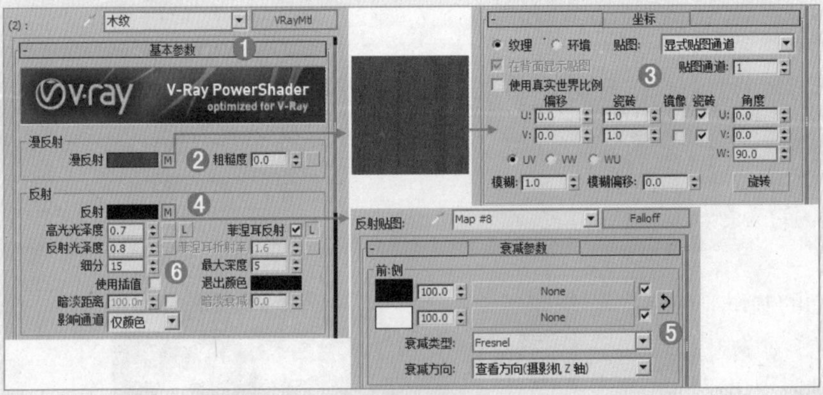

图Q-86

R

软包（皮革软包、丝绸软包、漆皮软包）

软包扩展（绒布软包、抱枕、漆皮沙发）

实例078　皮革软包

案例文件	材质案例文件\R\软包\皮革软包\皮革软包.max	视频教学	视频教学\材质\R\软包\皮革软包.flv
技术难点	衰减贴图控制反射的方法		

案例分析：

【皮革软包】是指一种在室内墙表面用柔性材料加以包装的墙面装饰方法。它所使用的材料质地柔软、色彩柔和，能够柔化整体空间氛围，其纵深的立体感亦能提升家居档次。如图R-1所示为分析并参考皮革软包材质的效果。本例通过为软包设置皮革材质，学习皮革软包材质的设置方法，具体表现效果如图R-2所示。

图R-1

图R-2

操作步骤：

STEP 1 打开随书配套光盘中的场景文件【材质场景文件\R\软包\078.max】，如图R-3所示。

STEP 2 按M键，打开材质编辑器。单击一个材质球，并设置材质类型为【VRayMtl】。设置【漫反射】颜色为深绿色（红=62、绿=77、蓝=80），在【反射】后面的通道上加载【Falloff（衰减）】程序贴图，展开【衰减参数】卷展栏，设置【衰减类型】为【Fresnel】，设置【折射率】为2，设置【高光光泽度】为0.6，【反射光泽度】为0.7，【细分】为20，如图R-4所示。

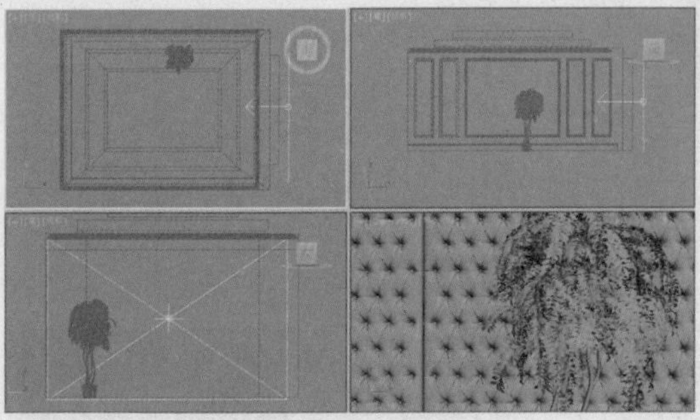

图R-3

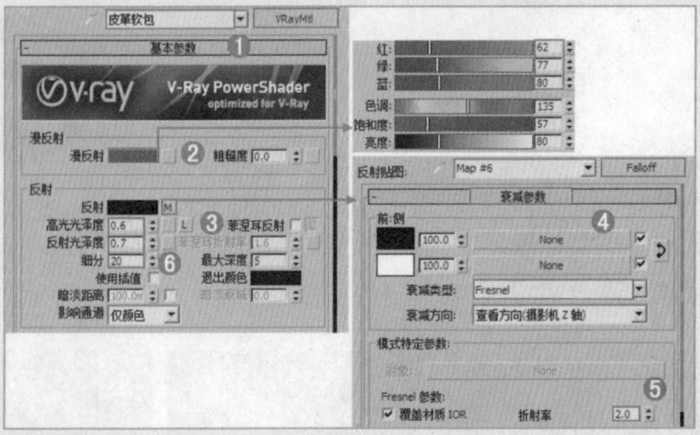

图R-4

技巧一点通：

设置【Fresnel】反射后，反射强度会与物体的入射角度有关系，入射角度越小，反射越强烈。当垂直入射角的时候，反射强度最弱。

STEP 3 将制作完成的皮革材质赋予场景中的软包模型，并将其他材质制作完成，如图R-5所示。

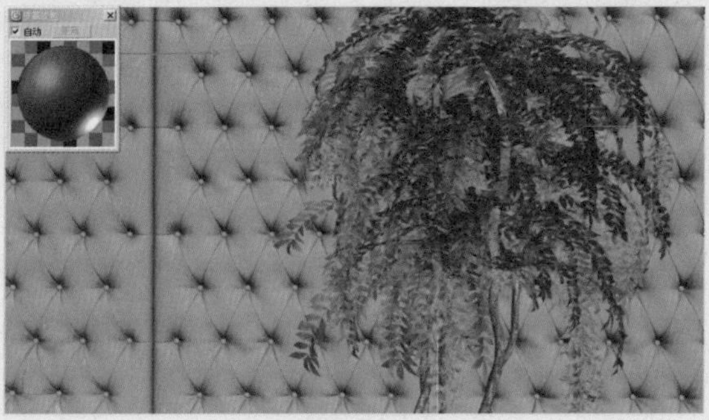

图R-5

扩展练习078——绒布软包

案例文件	材质案例文件\R\软包\绒布软包\绒布软包.max	视频教学	视频教学\材质\R\软包\绒布软包.flv
技术难点	漫反射的应用		

绒布软包的制作难点在于如何把握漫反射的应用，才能更好地表现出绒布软包的真实效果，如图R-6所示。

图R-6

STEP 1 打开随书配套光盘中的【材质场景文件\R\软包\扩展078.max】场景文件，设置材质类型为【VRayMtl】。在【漫反射】后面的通道上加载【Falloff（衰减）】程序贴图，展开【衰减参数】卷展栏，设置【颜色1】颜色为紫色，【颜色2】颜色为浅紫色，设置【衰减类型】为【Fresnel】，如图R-7所示。

STEP 2 展开【双向反射分布函数】卷展栏，设置【类型】为【多面】，如图R-8所示。

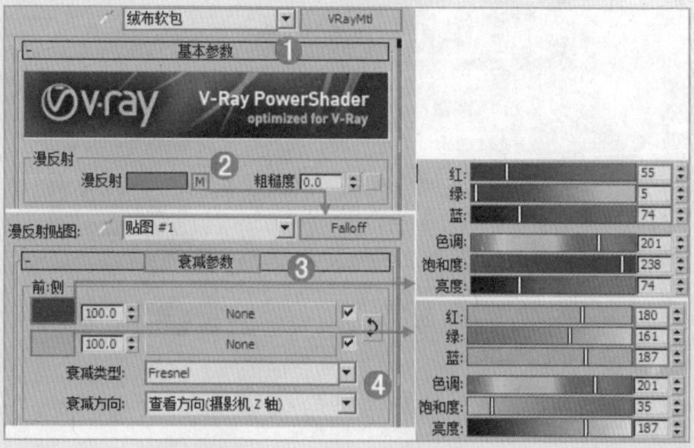

图R-7

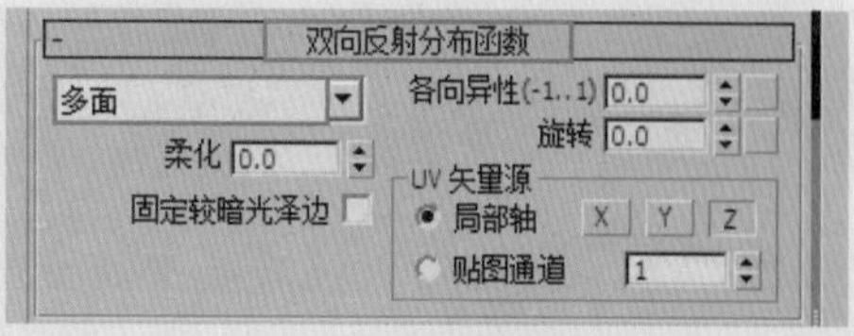

图R-8

实例079　丝绸软包

案例文件	材质案例文件\R\软包\丝绸软包\丝绸软包.max	视频教学	视频教学\材质\R\软包\丝绸软包.flv
技术难点	衰减贴图控制反射的方法		

案例分析：

【丝绸软包】用的丝绸是一种纺织品，用蚕丝或合成纤维、人造纤维、长丝织成；用蚕丝或人造丝纯织或交织而成的织品的总称；也特指桑蚕丝所织造的纺织品。如图R-9所示为分析并参考丝绸软包材质的效果。本例通过为床设置丝绸材质，学习丝绸软包材质的设置方法，具体表现效果如图R-10所示。

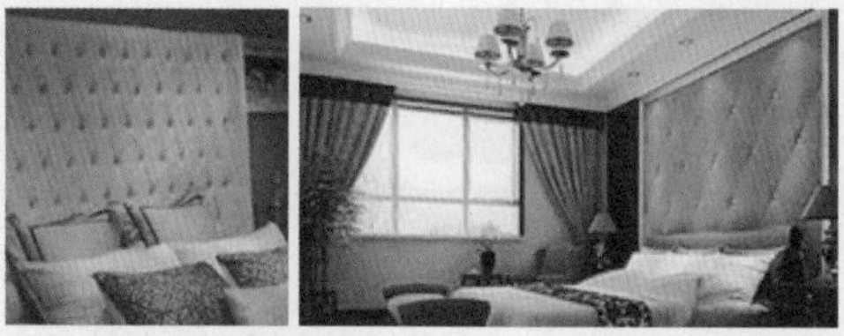

图R-9

图R-10

操作步骤：

STEP 1 打开随书配套光盘中的场景文件【材质场景文件\R\软包\079.max】，如图R-11所示。

STEP 2 按M键，打开材质编辑器。单击一个材质球，并设置材质类型为【VRayMtl】。在【漫反射】后面的通道上加载【Falloff（衰减）】程序贴图，展开【衰减参数】卷展栏，设置【颜色1】颜色为深棕色（红=36、绿=23、蓝=15），设置【颜色2】颜色为棕色（红=49、绿=37、蓝=30），设置【衰减类型】为【Fresnel】，设置【折射率】为2.1，如图R-12所示。

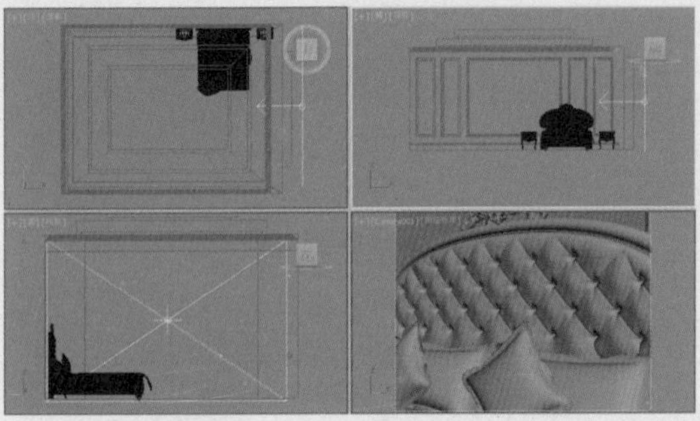

图R-11

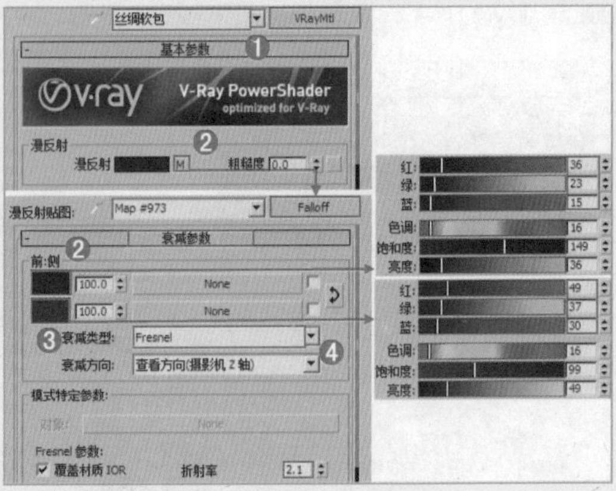

图R-12

STEP 3 在【反射】后面的通道上加载【Falloff（衰减）】程序贴图，展开【衰减参数】卷展栏，设置【颜色1】颜色为深灰色（红=40、绿=40、蓝=40），设置【颜色2】颜色为黑色（红=29、绿=29、蓝=29），设置【衰减类型】为【Fresnel】，设置【反射光泽度】为0.55，【细分】为20，如图R-13所示。

STEP 4 展开【双向反射分布函数】卷展栏，设置【各向异性（-1..1）】为0.4，如图R-14所示。

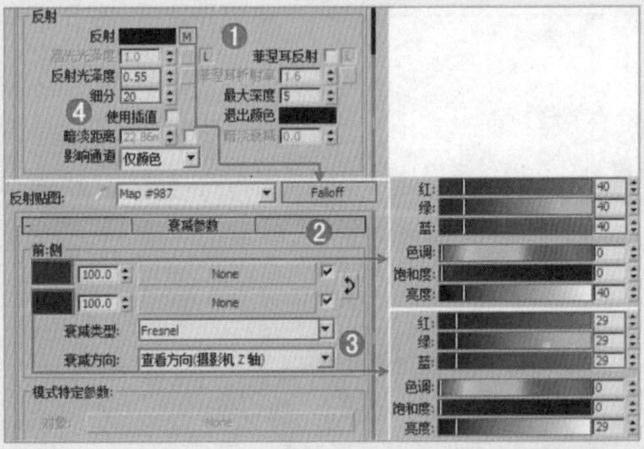

图R-13

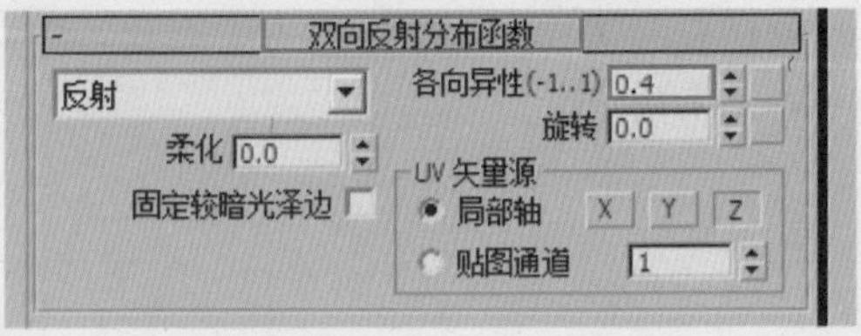

图R-14

STEP 5 展开【贴图】卷展栏，在【凹凸】后面的通道上加载【Arch60_005_bump.jpg】贴图文件，展开【坐标】卷展栏，设置【瓷砖U】为0.7，【瓷砖V】为0.5，最后设置【凹凸】数量为60，如图R-15所示。

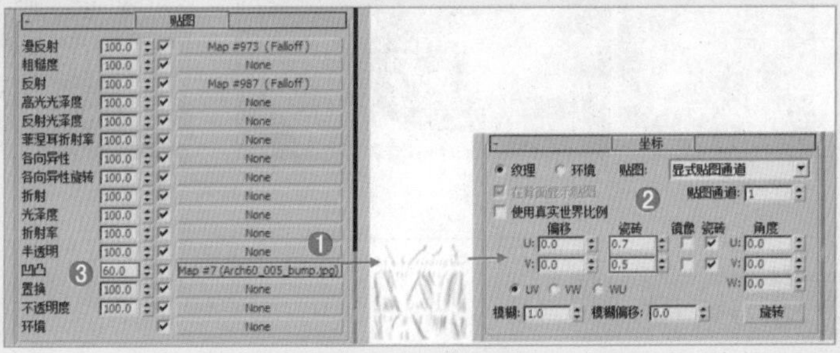

图R-15

STEP 6 将制作完成的丝绸材质赋予场景中的床模型，并将其他材质制作完成，如图R-16所示。

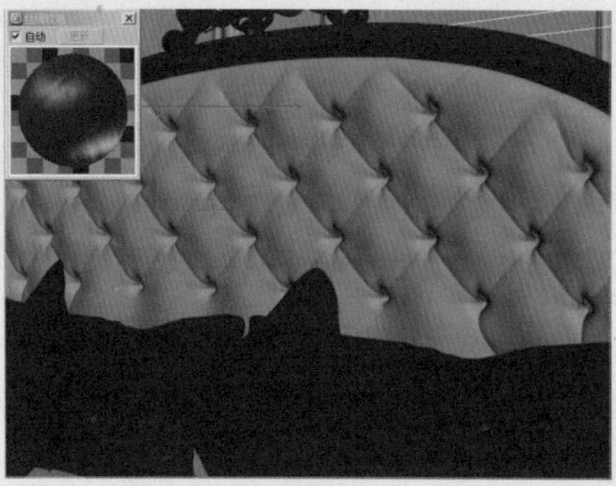

图R-16

扩展练习079——抱枕

案例文件	材质案例文件\R\软包\抱枕\抱枕.max	视频教学	视频教学\材质\R\软包\抱枕.flv
技术难点	衰减程序贴图、凹凸程序贴图的应用		

抱枕的制作难点在于如何把握衰减程序贴图、凹凸程序贴图的应用，才能更好地表现出抱枕的真实效果，如图R-17所示。

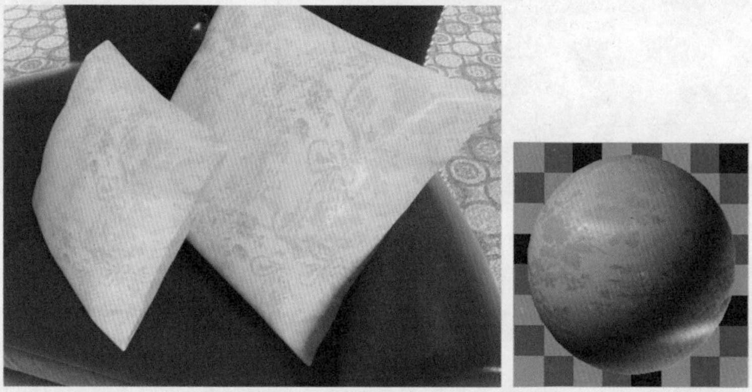

图R-17

STEP 1 打开随书配套光盘中的【材质场景文件\R\软包\扩展079.max】场景文件，设置材质类型为【VRayMtl】。在【漫反射】后面的通道上加载【Falloff（衰减）】程序贴图，展开【衰减参数】卷展栏，在【颜色1】后面的通道上加载【Arch33_019_fabric_color.jpg】贴图文件，在【颜色2】后面的通道上加载【Arch33_019_fabric_colord.jpg】贴图文件，设置【衰减类型】为【Fresnel】，【折射率】为2.1，如图R-18所示。

STEP 2 在【反射】后面的通道上加载【Falloff（衰减）】程序贴图，展开【衰减参数】卷展栏，设置【颜色2】颜色为黑色，设置【衰减类型】为【Fresnel】，设置【高光光泽度】为0.7，【反射光泽度】为0.7。设置【双向反射分布函数】的方式为【反射】，【各向异性】为0.5，如图R-19所示。

STEP 3 展开【贴图】卷展栏，在【凹凸】后面的通道上加载【ArchInteriors_12_08_mohair_bump.jpg】贴图文件，展开【坐标】卷展栏，设置【瓷砖U】、【瓷砖V】分别为2.5，【模糊】为0.6，最后设置【凹凸】数量为15，如图R-20所示。

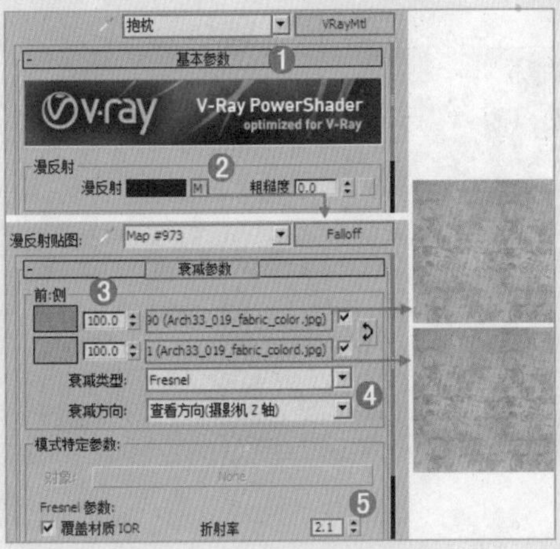

图R-18

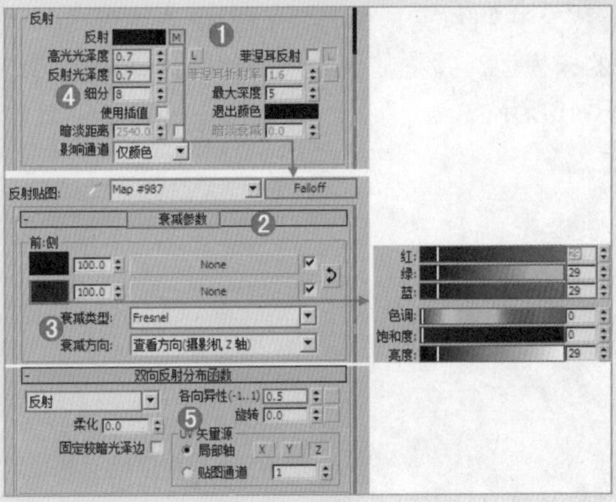

图R-19

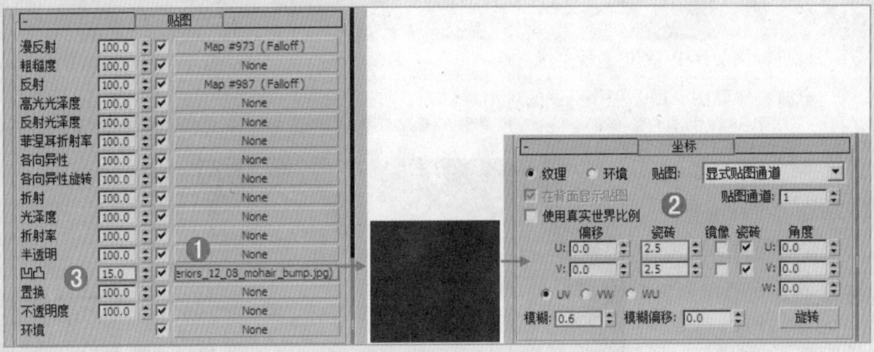

图R-20

技巧一点通：

通过更改【双向反射分布函数】卷展栏下的参数，可以更改材质的高光反射的形状、角度，使其产生特殊的质感效果。

实例080　漆皮软包

案例文件	材质案例文件\R\软包\漆皮软包\漆皮软包.max	视频教学	视频教学\材质\R\软包\漆皮软包.flv
技术难点	衰减贴图控制反射的方法		

案例分析：

【漆皮软包】用的漆皮是一种加工工艺，指在真皮或者PU皮等材料上淋漆，其特点是色泽光亮、自然，防水、防潮，不易变形、容易清洁打理等特点。如图R-21所示为分析并参考漆皮软包材质的效果。本例通过为软包设置漆皮材质，学习漆皮软包材质的设置方法，具体表现效果如图R-22所示。

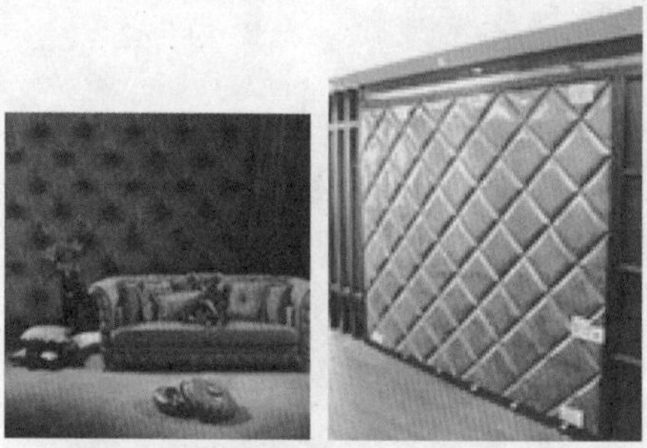

图R-21

图R-22

操作步骤：

STEP 1 打开随书配套光盘中的场景文件【材质场景文件\R\软包\080.max】，如图R-23所示。

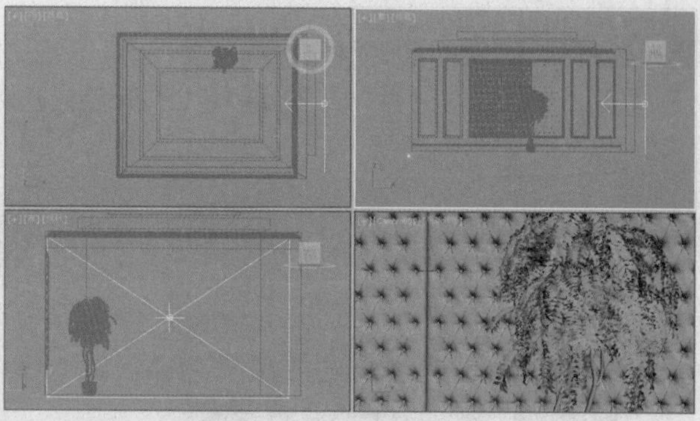

图R-23

STEP 2 按M键，打开材质编辑器。单击一个材质球，并设置材质类型为【VRayMtl】。设置【漫反射】颜色为棕色（红=101、绿=76、蓝=62），在【反射】后面的通道上加载【Falloff（衰减）】程序贴图，展开【衰减参数】卷展栏，设置【衰减类型】为【Fresnel】，设置【折射率】为2，设置【反射光泽度】为0.95，【细分】为20，如图R-24所示。

STEP 3 将制作完成的漆皮材质赋予场景中的软包模型，并将其他材质制作完成，如图R-25所示。

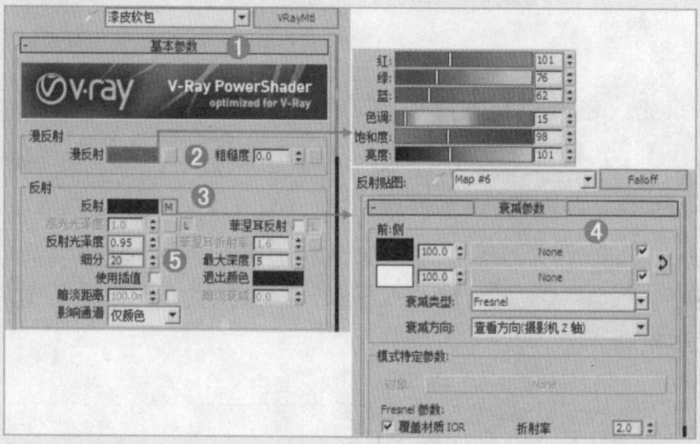

图R-24

图R-25

扩展练习080——漆皮沙发

案例文件	材质案例文件\R\软包\漆皮沙发\漆皮沙发.max	视频教学	视频教学\材质\R\软包\漆皮沙发.flv
技术难点	VR材质包裹器的应用		

漆皮沙发的制作难点在于VR材质包裹器的应用，更好地表现出漆皮沙发的真实效果，如图R-26所示。

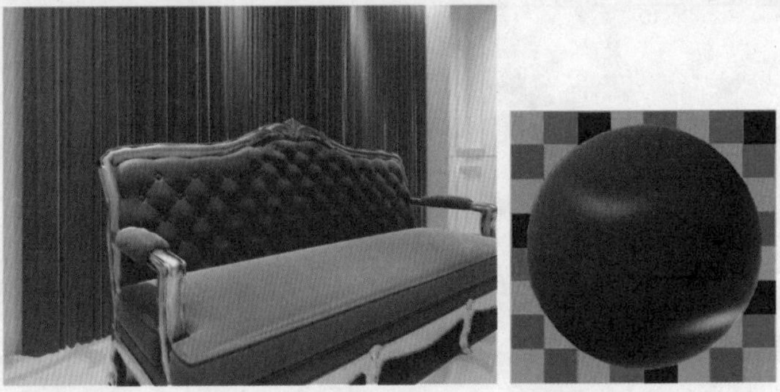

图R-26

STEP 1 打开随书配套光盘中的【材质场景文件\R\软包\扩展080.max】场景文件，设置材质类型为【VR材质包裹器】。在【基本材质】后面的通道上加载【VRayMtl】材质，如图R-27所示。

STEP 2 打开【VRayMtl】材质，在【漫反射】后面的通道上加载【Falloff（衰减）】程序贴图，展开【衰减参数】卷展栏，设置【颜色2】颜色为灰色，设置【衰减类型】为【Fresnel】，【折射率】为2.1，如图R-28所示。

图R-27

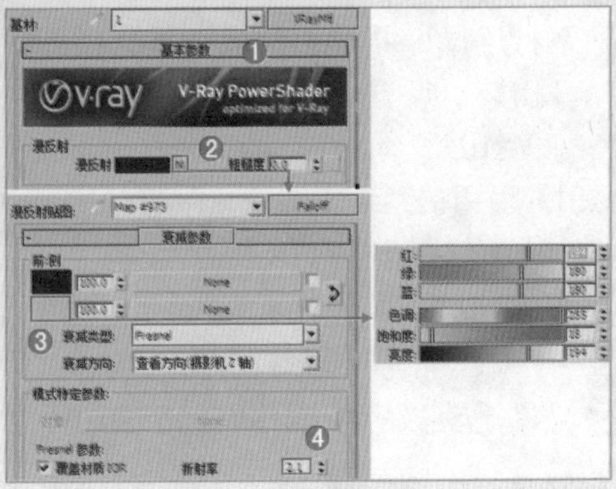

图R-28

STEP 3 在【反射】后面的通道上加载【Falloff（衰减）】程序贴图，展开【衰减参数】卷展栏，设置【颜色2】颜色为黑色，设置【衰减类型】为【Fresnel】。设置【高光光泽度】为0.7，【反射光泽度】为0.7，如图R-29所示。

STEP 4 展开【贴图】卷展栏，在【凹凸】后面的通道上加载【ArchInteriors_12_08_mohair_bump.jpg】贴图文件，展开【坐标】卷展栏，设置【瓷砖U】、【瓷砖V】分别为2.5，【模糊】为0.6，最后设置【凹凸】数量为15，如图R-30所示。

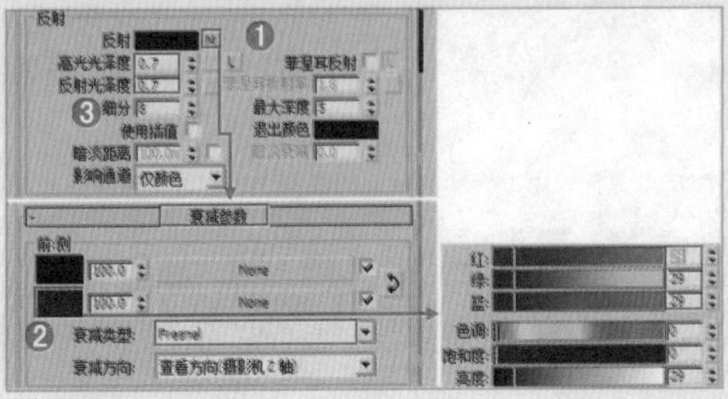

图R-29

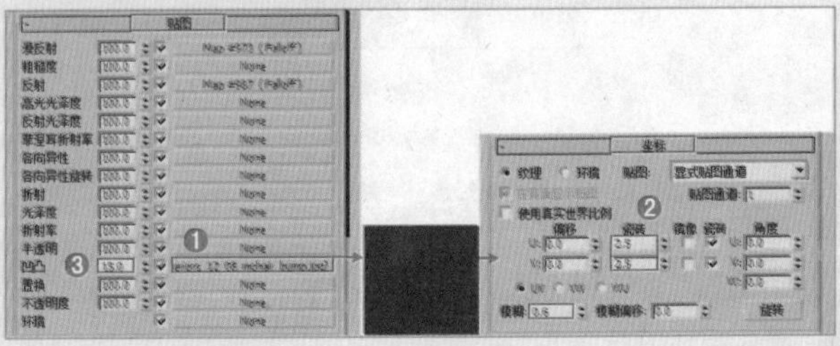

图R-30

S

塑料（塑料椅子、电脑、塑料玩具、塑料、鼠标）

塑料扩展（键盘、塑料吊灯、时尚椅子、相机、蜡烛）

食物（蛋糕、水果、饼干、樱桃、汤食）

食物扩展（披萨、桃子、奶油饼干、玉米、抹茶咖啡）

实例081　塑料椅子

案例文件	材质案例文件\S\塑料\塑料椅子\塑料椅子.max	视频教学	视频教学\材质\S\塑料\塑料椅子.flv
技术难点	双向反射分布函数制作反射效果的方法		

案例分析：

【塑料椅子】用的塑料为合成的高分子化合物，又可称为高分子或巨分子，也是一般所俗称的塑料或树脂，可以自由改变形体样式。如图S-1所示为分析并参考塑料椅子材质的效果。本例通过为椅子设置塑料材质，学习塑料椅子材质的设置方法，具体表现效果如图S-2所示。

图S-1

图S-2

操作步骤：

STEP 1 打开随书配套光盘中的场景文件【材质场景文件\S\塑料\081.max】，如图S-3所示。

STEP 2 按M键，打开材质编辑器。单击一个材质球，并设置材质类型为【VRayMtl】。设置【漫反射】颜色为白色（红=221、绿=221、蓝=221），在【反射】后面的通道上加载【Falloff（衰减）】程序贴图，展开【衰减参数】卷展栏，设置【颜色2】颜色为蓝色（红=163、绿=200、蓝=254），设置【衰减类型】为【Fresnel】，设置【高光光泽度】为0.8，设置【细分】为20，如图S-4所示。

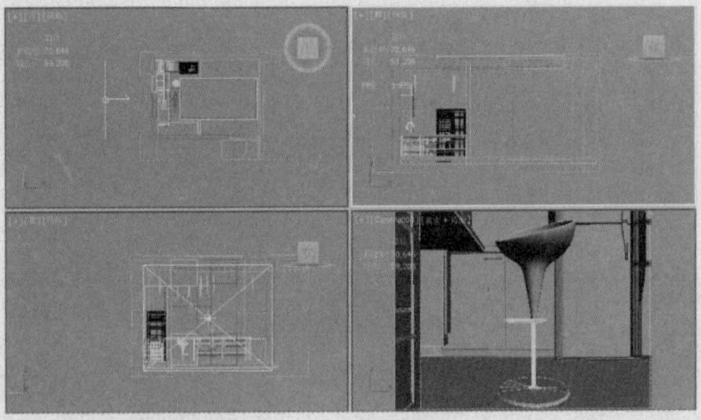

图S-3

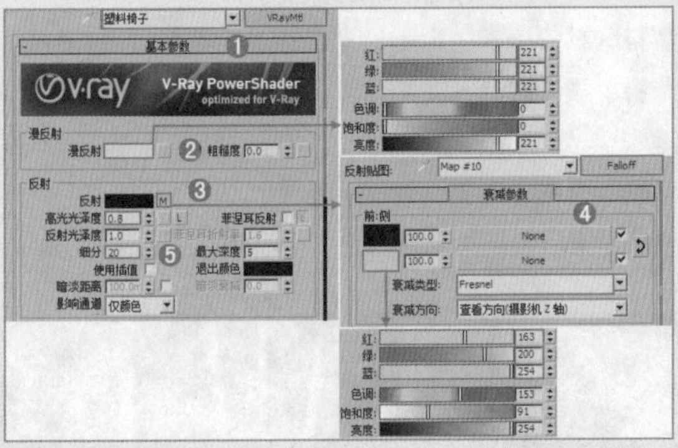

图S-4

STEP 3 展开【双向反射分布函数】卷展栏，设置【各向异性（-1..1）】为0.4，【旋转】为90，如图S-5所示。

> **技巧一点通：**
>
> 光线照到一个物体，首先产生反射、吸收和透射，所以双向反射分布函数的关键因素即为多少光被反射、吸收和透射，是怎样变化的。

STEP 4 将制作完成的塑料材质赋予场景中的椅子模型，并将其他材质制作完成，如图S-6所示。

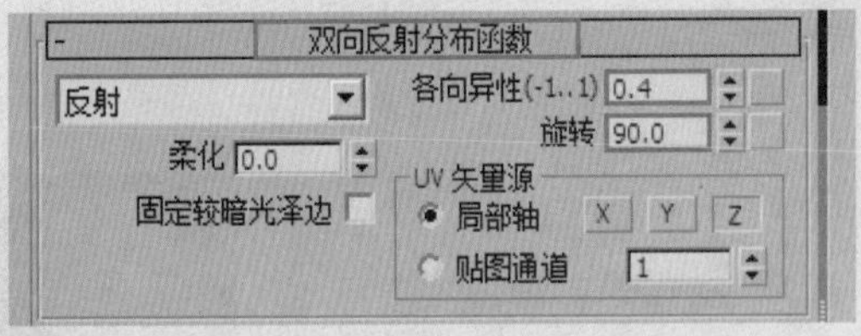

图S-5

图S-6

扩展练习081——键盘

案例文件	材质案例文件\S\塑料\键盘\键盘.max	视频教学	视频教学\材质\S\塑料\键盘.flv
技术难点	反射通道添加贴图控制反射效果的方法		

键盘的制作难点在于如何把握键盘特殊反射质感和凹凸质感，使其更好地表现出键盘的真实效果，如图S-7所示。

图S-7

STEP 1 打开随书配套光盘中的【材质场景文件\S\塑料\扩展081.max】场景文件，设置材质类型为【VRayMtl】。设置【漫反射】颜色为黑色，在【反射】后面的通道上加载【键盘反射.jpg】贴图文件，设置【反射光泽度】为0.75，【细分】为20，如图S-8所示。

STEP 2 展开【贴图】卷展栏，在【凹凸】后面的通道上加载【cgaxis_electronics_26_02_bump.jpg】贴图文件，最后设置【凹凸】数量为100，如图S-9所示。

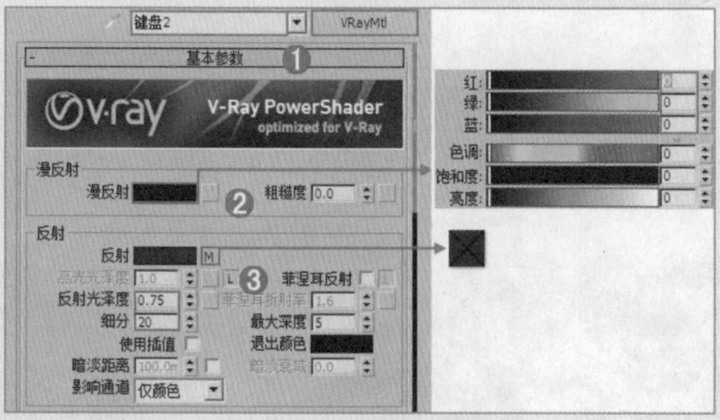

图S-8

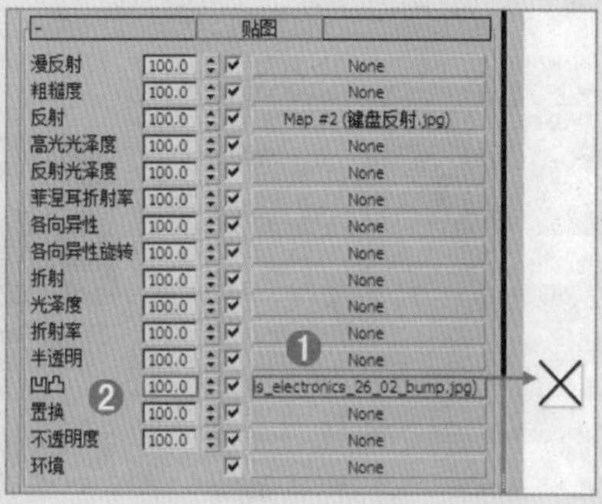

图S-9

实例082　电脑

案例文件	材质案例文件\S\塑料\电脑\电脑.max	视频教学	视频教学\材质\S\塑料\电脑.flv
技术难点	反射颜色控制反射强度的方法		

案例分析：

【电脑】颜色一般为黑色，有较强的塑料质感。如图S-10所示为分析并参考电脑材质的效果。本例通过为电脑设置电脑材质，学习电脑材质的设置方法，具体表现效果如图S-11所示。

图S-10

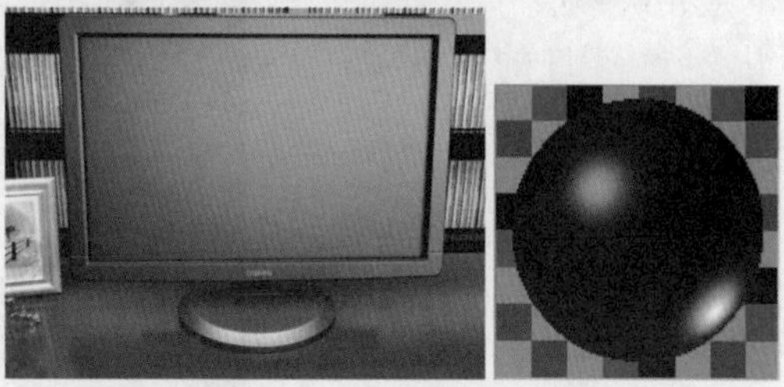

图S-11

操作步骤：

STEP 1 打开随书配套光盘中的场景文件【材质场景文件\S\塑料\082.max】，如图S-12所示。

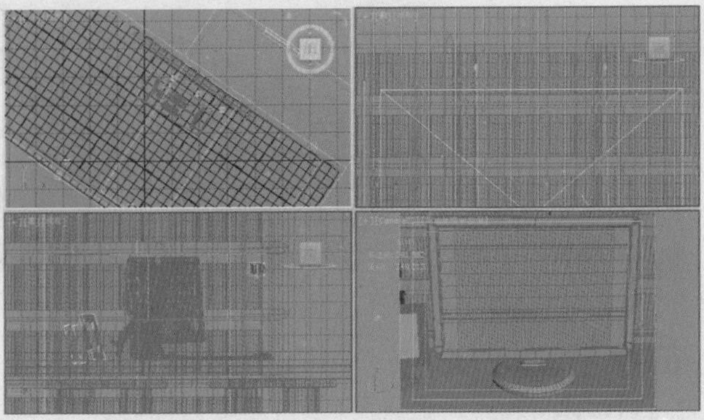

图S-12

STEP 2 按M键，打开材质编辑器。单击一个材质球，并设置材质类型为【VRayMtl】。在【漫反射】后面的通道上加载【cgaxis_electronics_19_01.jpg】贴图文件，设置【反射】颜色为灰色（红=57、绿=57、蓝=57），勾选【菲涅耳反射】复选框，设置【菲涅耳折射率】为5，设置【高光光泽度】为0.65，【反射光泽度】为0.7，设置【细分】为50，如图S-13所示。

STEP 3 将制作完成的电脑材质赋予场景中的电脑模型，并将其他材质制作完成，如图S-14所示。

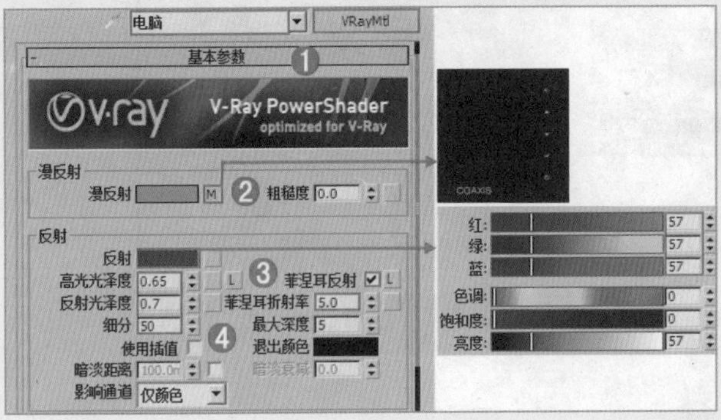

图S-13

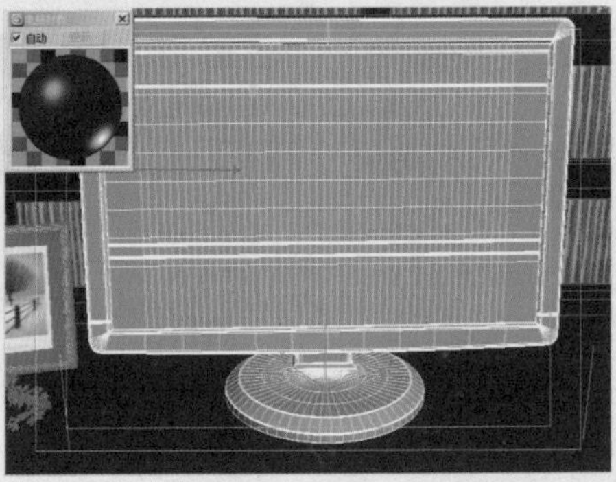

图S-14

扩展练习082——塑料吊灯

案例文件	材质案例文件\S\塑料\塑料吊灯\塑料吊灯.max	视频教学	视频教学\材质\S\塑料\塑料吊灯.flv
技术难点	漫反射、反射、折射的应用		

塑料吊灯的制作难点在于如何把握漫反射、反射、折射的应用，以便于更好地表现出塑料吊灯的真实效果，如图S-15所示。

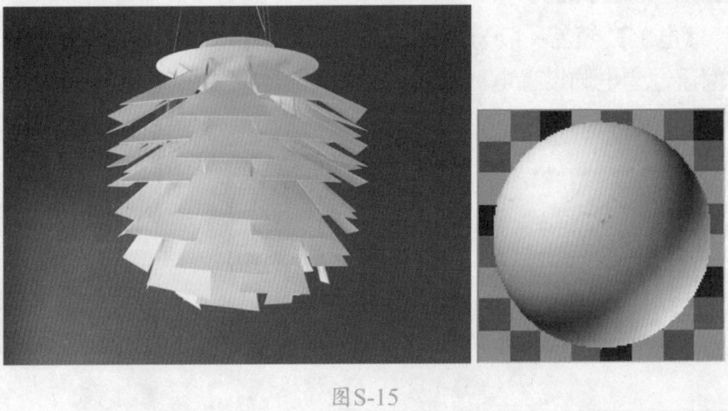

图S-15

STEP 1 打开随书配套光盘中的【材质场景文件\S\塑料\扩展082.max】场景文件，设置材质类型为【VRayMtl】。设置【漫反射】颜色为白色，设置【反射】颜色为灰色，设置【高光光泽度】为0.4，设置【细分】为20，如图S-16所示。

STEP 2 在【折射】选项组下，在【折射】后面的通道上加载【Falloff（衰减）】程序贴图，展开【衰减参数】卷展栏，设置【颜色1】颜色为灰色，【颜色2】颜色为黑色。设置【光泽度】为0.75，勾选【影响阴影】复选框，设置【影响通道】为【颜色+alpha】，如图S-17所示。

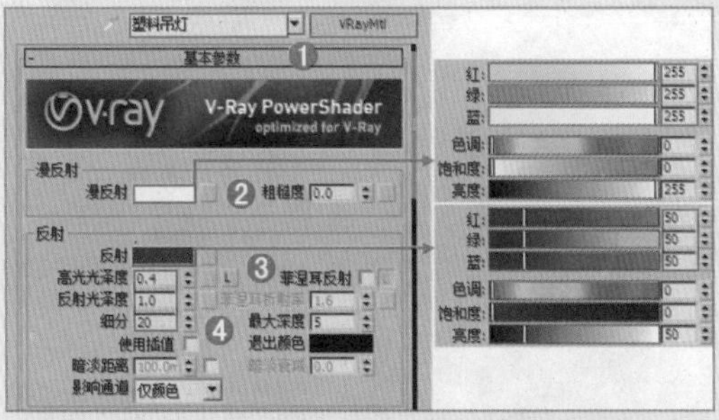

图S-16

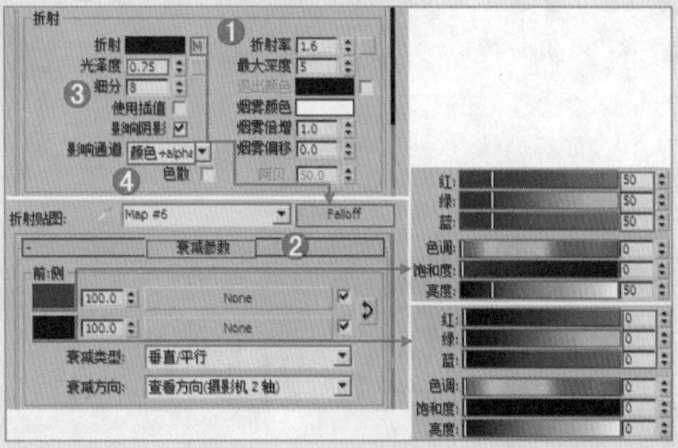

图S-17

实例083 塑料玩具

案例文件	材质案例文件\S\塑料\塑料玩具\塑料玩具.max	视频教学	视频教学\材质\S\塑料\塑料玩具.flv
技术难点	反射颜色控制反射强度的方法		

案例分析：

【塑料玩具】用的塑料原材料大部是从一些油类中提炼出来的，最熟悉的PC料是从石油中提炼出来的。如图S-18所示为分析并参考塑料玩具材质的效果。本例通过为玩具设置塑料材质，学习塑料玩具材质的设置方法，具体表现效果如图S-19所示。

图S-18

图S-19

操作步骤：

STEP 1 打开随书配套光盘中的场景文件【材质场景文件\S\塑料\083.max】，如图S-20所示。

STEP 2 按M键，打开材质编辑器。单击一个材质球，并设置材质类型为【VRayMtl】。设置【漫反射】颜色为白色（红=255、绿=255、蓝=255），设置【反射】颜色为白色（红=255、绿=255、蓝=255），勾选【菲涅耳反射】复选框，设置【细分】为15，如图S-21所示。

STEP 3 将制作完成的塑料材质赋予场景中的玩具模型，并将其他材质制作完成，如图S-22所示。

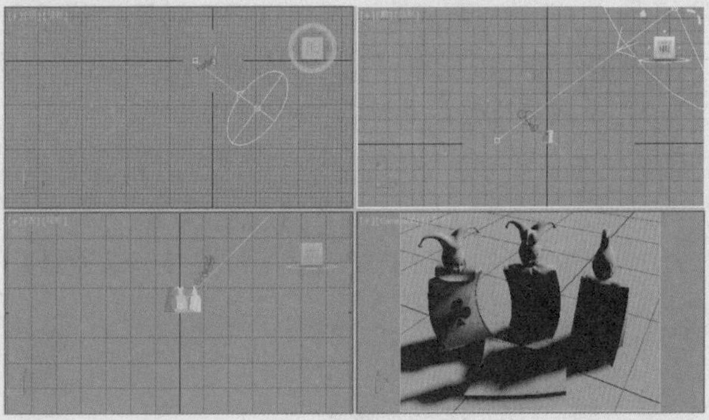

图S-20

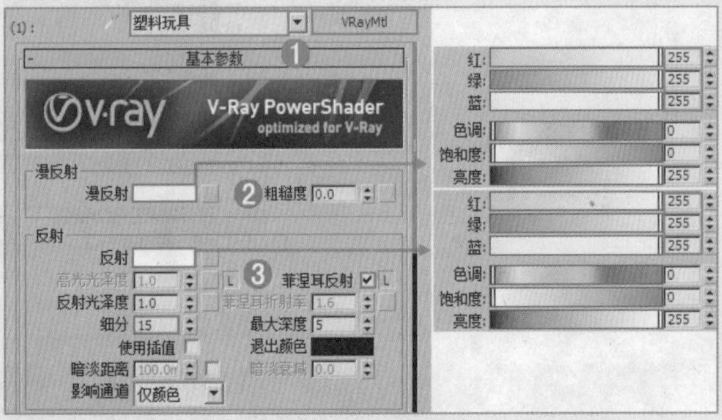

图S-21

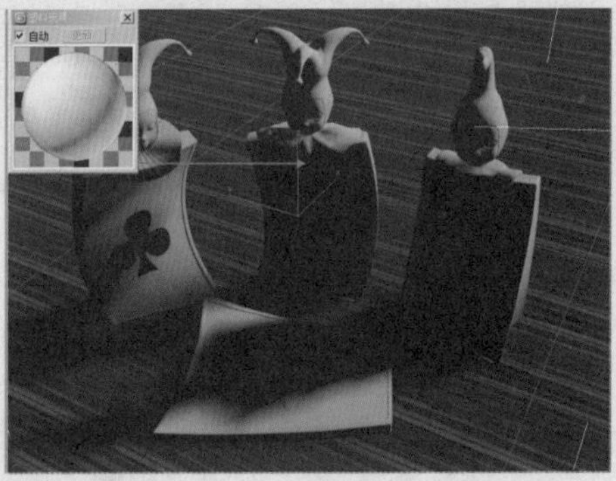

图S-22

扩展练习083——时尚椅子

案例文件	材质案例文件\S\塑料\时尚椅子\时尚椅子.max	视频教学	视频教学\材质\S\塑料\时尚椅子.flv
技术难点	漫反射、反射的应用		

时尚椅子的制作难点在于如何把握漫反射、反射的应用，以便于更好地表现出时尚椅子的真实效果，如图S-23所示。

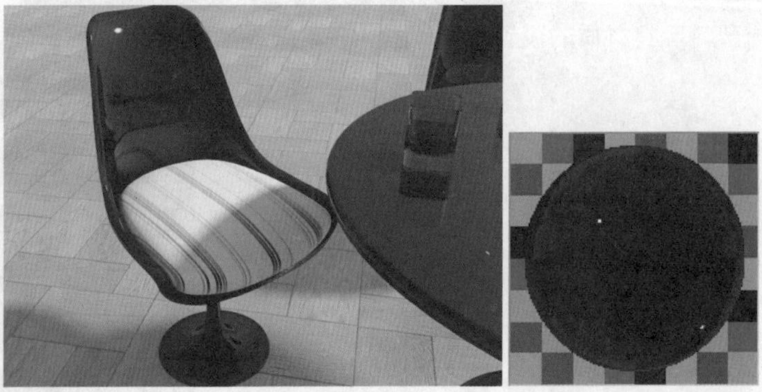

图S-23

打开随书配套光盘中的【材质场景文件\S\塑料\扩展083.max】场景文件，设置材质类型为【VRayMtl】。设置【漫反射】颜色为黑色，在【反射】后面的通道上加载【Falloff（衰减）】程序贴图，设置【反射光泽度】为0.95，【细分】为20，如图S-24所示。

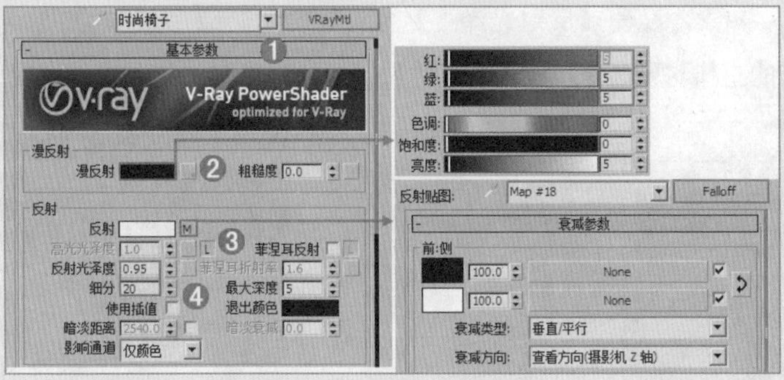

图S-24

实例084　塑料

案例文件	材质案例文件\S\塑料\塑料\塑料.max	视频教学	视频教学\材质\S\塑料\塑料.flv
技术难点	反射颜色控制反射强度的方法		

案例分析：

【塑料】又可称为高分子或巨分子，也是一般所俗称的塑料或树脂，可以自由改变形体样式。如图S-25所示为分析并参考塑料材质的效果。本例通过为文件夹设置塑料材质，学习塑料材质的设置方法，具体表现效果如图S-26所示。

图S-25

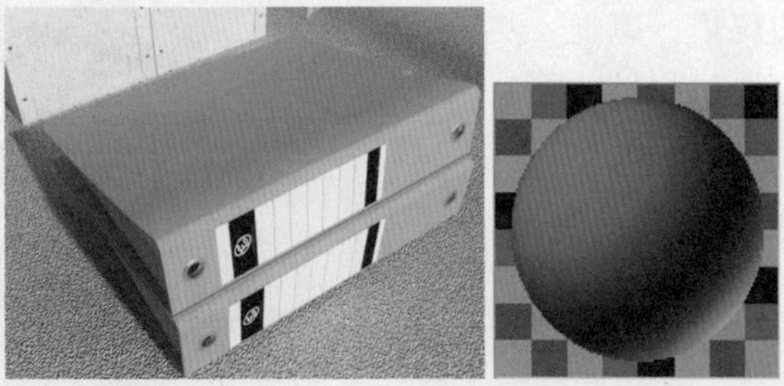

图S-26

操作步骤：

STEP 1 打开随书配套光盘中的场景文件【材质场景文件\S\塑料\084.max】，如图S-27所示。

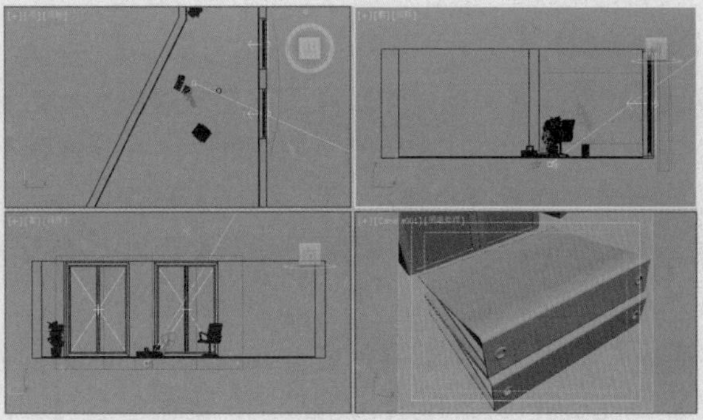

图S-27

STEP 2 按M键，打开材质编辑器。单击一个材质球，并设置材质类型为【VRayMtl】。设置【漫反射】颜色为蓝色（红=52、绿=81、蓝=156），设置【反射】颜色为灰色（红=141、绿=141、蓝=141），勾选【菲涅耳反射】复选框，设置【菲涅耳折射率】为1.2，设置【反射光泽度】为0.5，【细分】为20，如图S-28所示。

STEP 3 将制作完成的塑料材质赋予场景中的文件夹模型，并将其他材质制作完成，如图S-29所示。

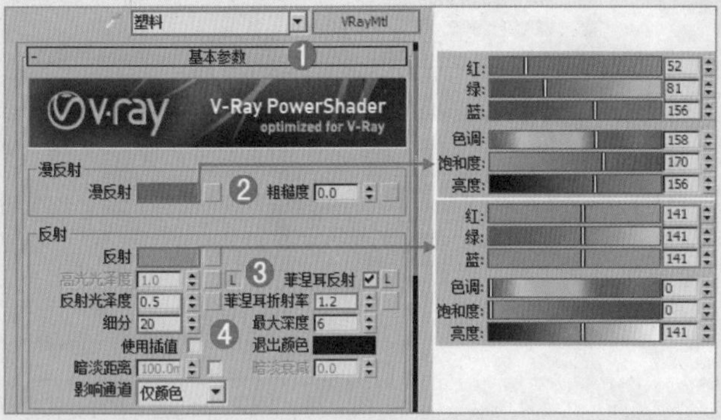

图S-28

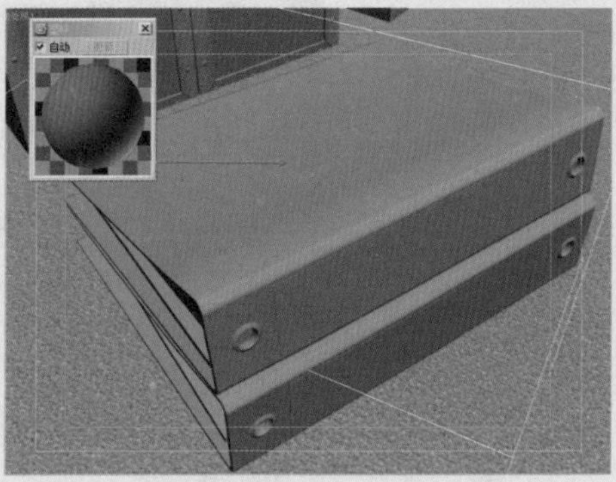

图S-29

扩展练习084——相机

案例文件	材质案例文件\S\塑料\相机\相机.max	视频教学	视频教学\材质\S\塑料\相机.flv
技术难点	VR材质包裹器的应用		

相机的制作难点在于如何把握VR材质包裹器的应用，以便于更好地表现出相机的真实效果，如图S-30所示。

图S-30

STEP 1 打开随书配套光盘中的【材质场景文件\S\塑料\扩展084.max】场景文件，设置材质类型为【VR材质包裹器】。在【VR材质包裹器参数】卷展栏下，在【基本材质】后面的通道上加载【VRayMtl】材质，如图S-31所示。

STEP 2 打开【VRayMtl】材质，在【漫反射】后面的通道上加载【相机01.jpg】贴图文件，在【反射】后面的通道上加载【相机反射贴图.jpg】贴图文件，设置【反射光泽度】为0.68，设置【细分】为20，如图S-32所示。

STEP 3 展开【贴图】卷展栏，在【凹凸】后面的通道上加载【相机1凹凸.jpg】贴图文件，最后设置【凹凸】数量为10，如图S-33所示。

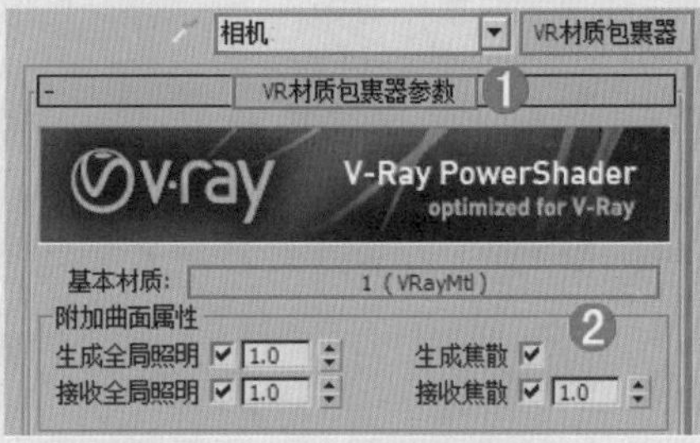

图S-31

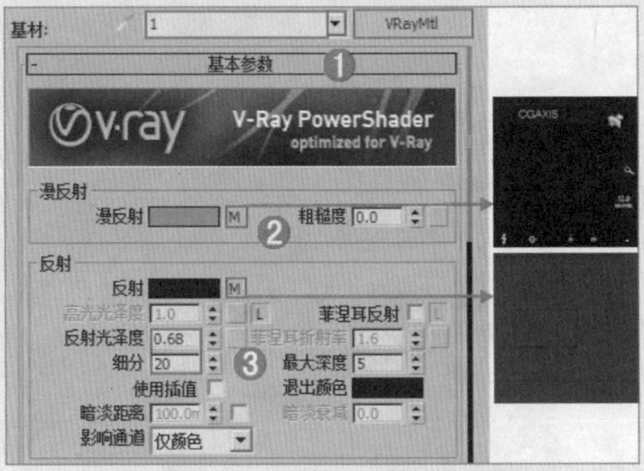

图S-32

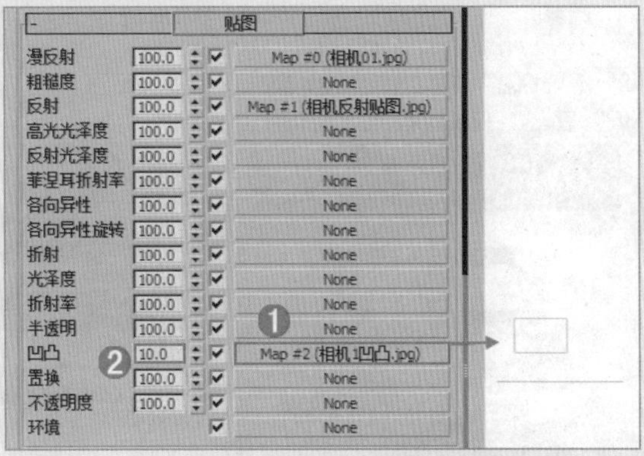

图S-33

实例085　鼠标

案例文件	材质案例文件\S\塑料\鼠标\鼠标.max	视频教学	视频教学\材质\S\塑料\鼠标.flv
技术难点	反射颜色控制反射强度的方法		

案例分析：

【鼠标】是计算机输入设备的简称，分有线和无线两种。如图S-34所示为分析并参考鼠标材质的效果。本例通过为鼠标设置鼠标材质，学习鼠标材质的设置方法，具体表现效果如图S-35所示。

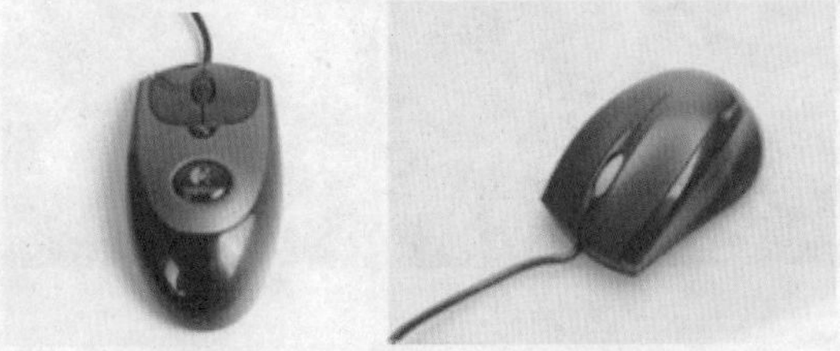

图S-34

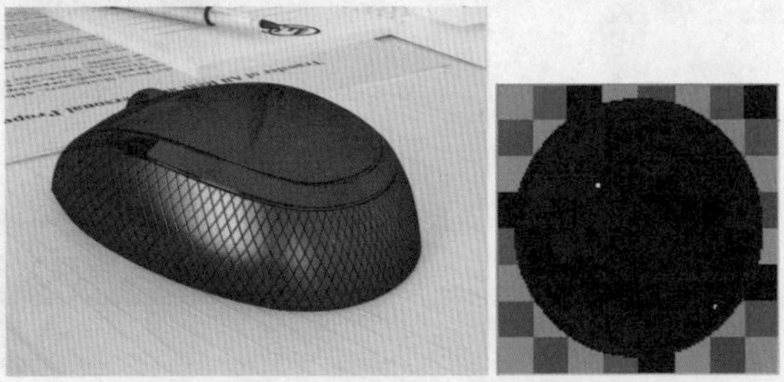

图S-35

操作步骤：

STEP 1 打开随书配套光盘中的场景文件【材质场景文件\S\塑料\085.max】，如图S-36所示。

STEP 2 按M键，打开材质编辑器。单击一个材质球，并设置材质类型为【VRayMtl】。设置【漫反射】颜色为黑色（红=0、绿=0、蓝=0），设置【反射】颜色为深灰色（红=29、绿=29、蓝=29），设置【反射光泽度】为0.95，设置【细分】为12，如图S-37所示。

STEP 3 将制作完成的鼠标材质赋予场景中的

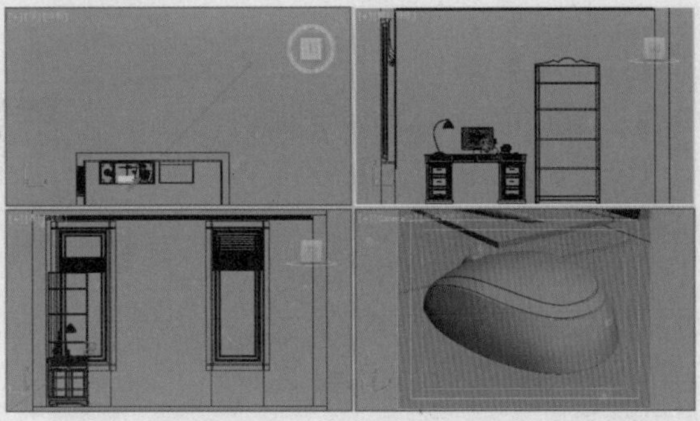

图S-36

鼠标模型，并将其他材质制作完成，如图S-38所示。

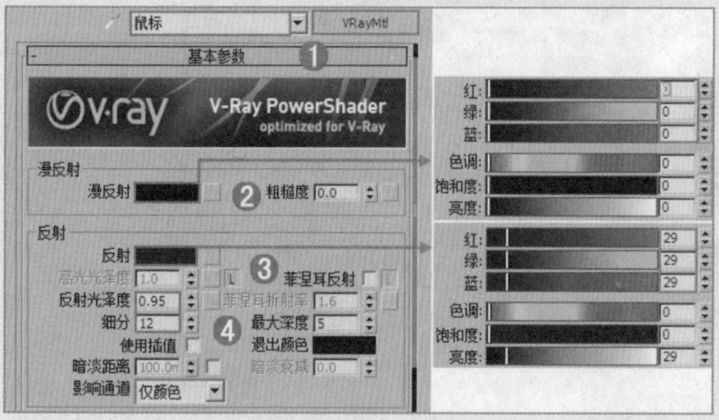

图S-37

图S-38

扩展练习085——蜡烛

案例文件	材质案例文件\S\塑料\蜡烛\蜡烛.max	视频教学	视频教学\材质\S\塑料\蜡烛.flv
技术难点	漫反射、反射的应用		

蜡烛的制作难点在于如何把握漫反射、反射的应用，以便于更好地表现出蜡烛的真实效果，如图S-39所示。

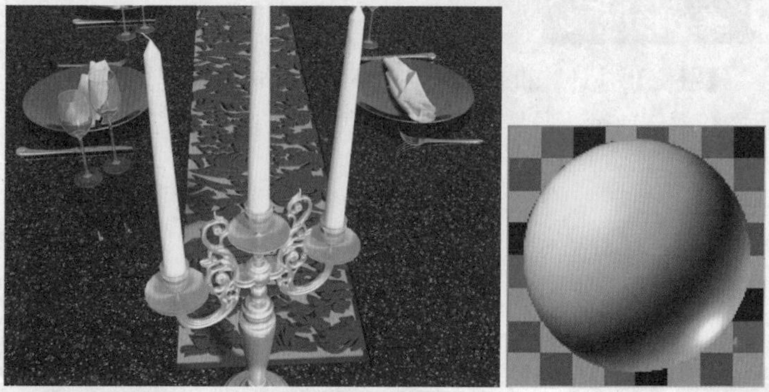

图S-39

打开随书配套光盘中的【材质场景文件\S\塑料\扩展085.max】场景文件，设置材质类型为【VRayMtl】。设置【漫反射】颜色为白色，在【反射】后面的通道上加载【Falloff（衰减）】程序贴图，设置【衰减类型】为【Fresnel】，设置【折射率】为1.2，设置【反射光泽度】为0.7，设置【细分】为20，如图S-40所示。

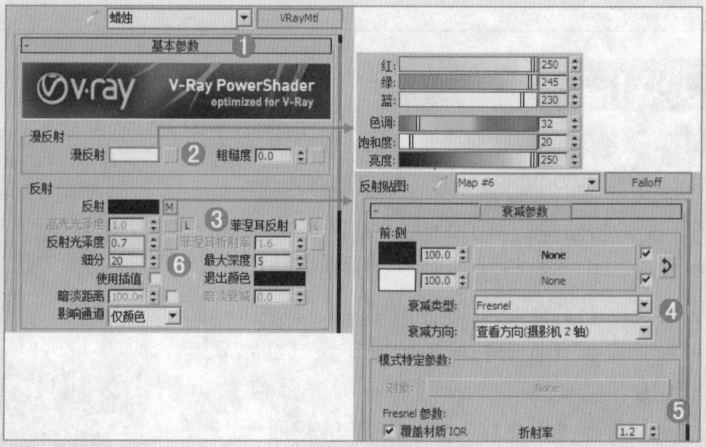

图S-40

实例086 蛋糕

案例文件	材质案例文件\S\食物\蛋糕\蛋糕.max	视频教学	视频教学\材质\S\食物\蛋糕.flv
技术难点	衰减通道加贴图制作反射效果的方法		

案例分析：

【蛋糕】是一种古老的西点，一般是由烤箱制作的，是用鸡蛋、白糖、小麦粉为主要原料，以牛奶、果汁、奶粉、香粉、色拉油、水、起酥油、泡打粉为辅料，经过搅拌、调制、烘烤后制成一种像海绵的点心。如图S-41所示为分析并参考蛋糕材质的效果。本例通过为蛋糕设置蛋糕材质，学习蛋糕材质的设置方法，具体表现效果如图S-42所示。

图S-41

图S-42

操作步骤：

STEP 1 打开随书配套光盘中的场景文件【材质场景文件\S\食物\086.max】，如图S-43所示。

STEP 2 按M键，打开材质编辑器。单击一个材质球，并设置材质类型为【VRayMtl】。在【漫反射】后面的通道上加载【archmodels76_008_cake-diff.jpg】贴图文件，如图S-44所示。

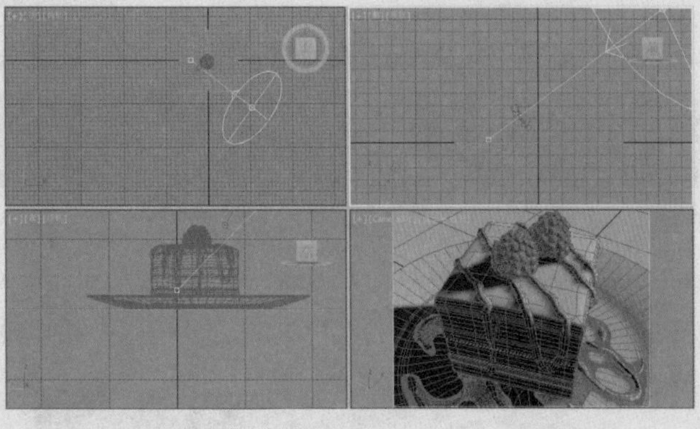

图S-43

图S-44

STEP 3 在【反射】后面的通道上加载【Falloff（衰减）】程序贴图，展开【衰减参数】卷展栏，在【颜色2】后面的通道上加载【archmodels76_008_cake-diff.jpg】贴图文件，设置【衰减类型】为【Fresnel】，在【反射光泽度】后面的通道上加载【archmodels76_008_cake-diff.jpg】贴图文件，设置【细分】为12。在【折射】选项组下，设置【折射】颜色为灰色（红=31、绿=31、蓝=31），设置【光泽度】为0.6，勾选【影响阴影】复选框，如图S-45所示。

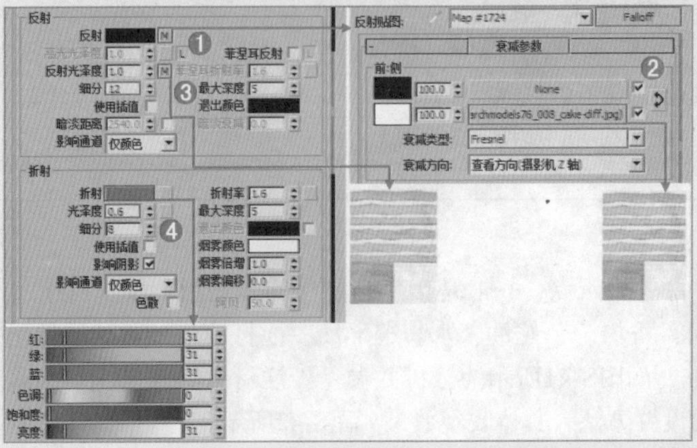

图S-45

STEP 4 展开【贴图】卷展栏，在【凹凸】后面的通道上加载【archmodels76_008_cake-bump.jpg】贴图文件，如图S-46所示。

STEP 5 将制作完成的蛋糕材质赋予场景中的蛋糕模型，并将其他材质制作完成，如图S-47所示。

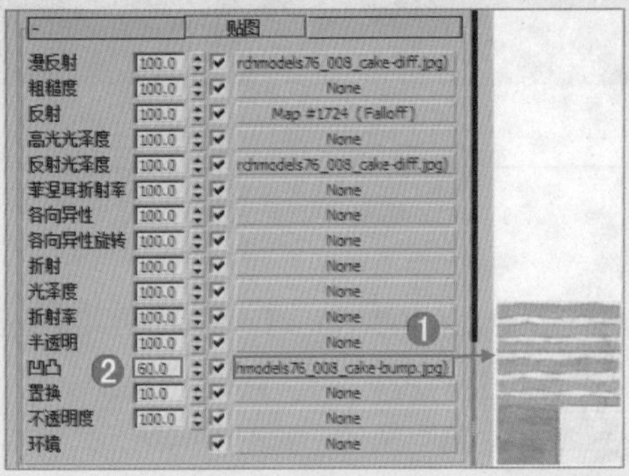

图S-46

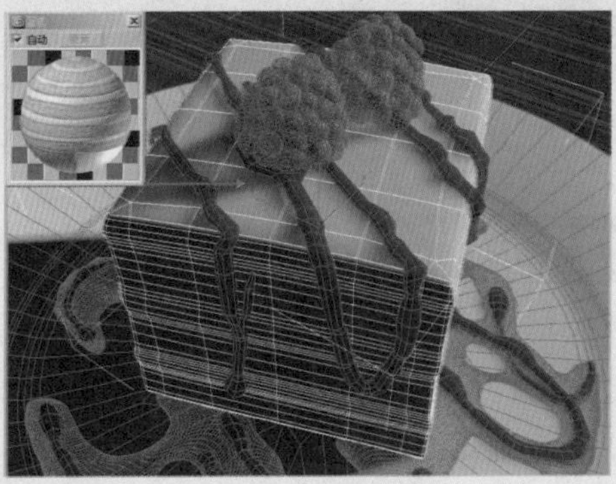

图S-47

扩展练习086——披萨

案例文件	材质案例文件\S\食物\披萨\披萨.max	视频教学	视频教学\材质\S\食物\披萨.flv
技术难点	VR快速SSS2的应用		

披萨的制作难点在于如何把握披萨美味的质感诱惑，使其更好地表现出披萨的真实效果，如图S-48所示。

图S-48

STEP 1 打开随书配套光盘中的【材质场景文件\S\食物\扩展086.max】场景文件，设置材质类型为【VR快速SSS2】。展开【漫反射和子曲面散射层】卷展栏，设置【漫反射量】为0.4，展开【高光反射层】卷展栏，设置【高光光泽度】为0.82，【高光细分】为14，如图S-49所示。

STEP 2 展开【贴图】卷展栏，在【凹凸】后面的通道上加载【archmodels76023_pizza-bump.jpg】贴图文件，在【漫反射颜色】后面的通道上加载【archmodels76_023_pizza-diff.jpg】贴图文件，如图S-50所示。

STEP 3 展开【贴图】卷展栏，在【SSS颜色】后面的通道上加载【archmodels76_023_pizza-diff.jpg】贴图文件，在【散布颜色】后面的通道上加载【archmodels76_023_pizza-diff.jpg】贴图文件，如图S-51所示。

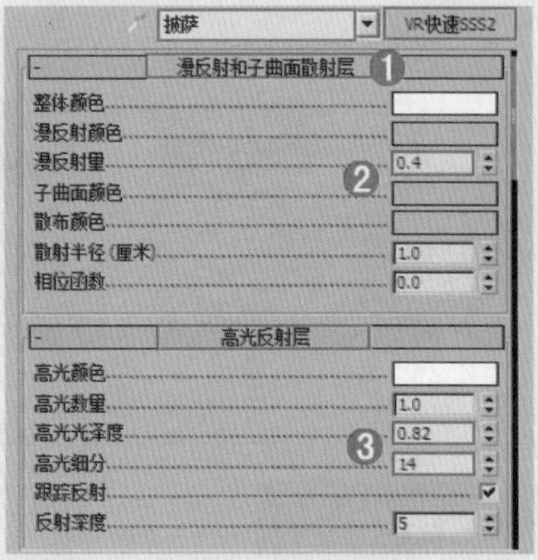

图S-49

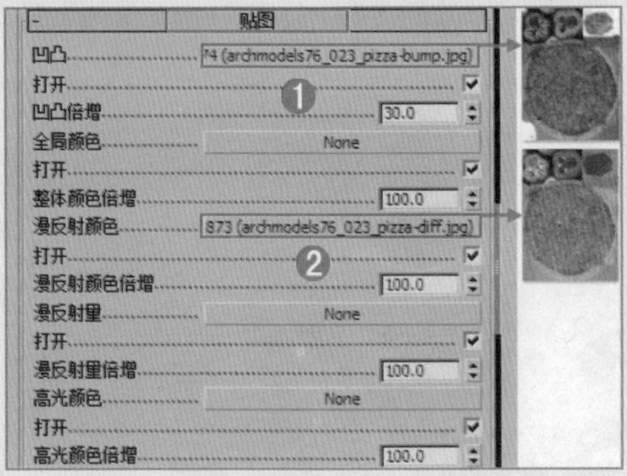

图S-50

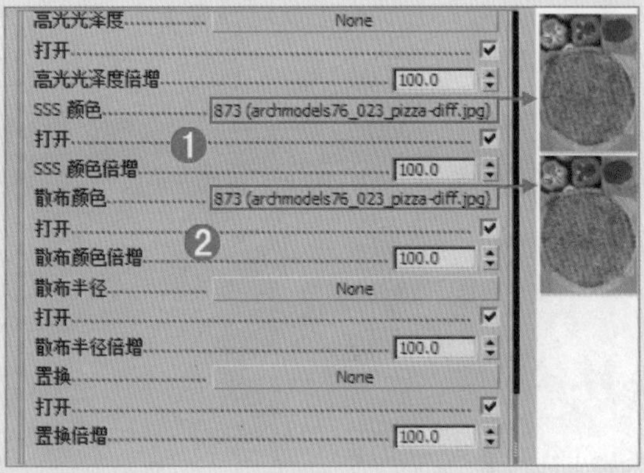

图S-51

技巧一点通：

【VR快速SSS2】材质是一种比较特殊的材质，比较适合模拟制作带有一定透光性的物体，比如玉石、皮肤等，而披萨也带有此类质感，因此可以使用该材质进行模拟。

实例087 水果

案例文件	材质案例文件\S\食物\水果\水果.max	视频教学	视频教学\材质\S\食物\水果.flv
技术难点	VR快速SSS2制作水果		

案例分析：

【水果】是指多汁且有甜味的植物果实，不但含有丰富的营养且能够帮助消化。水果是对部分可以食用的植物果实和种子的统称。如图S-52所示为分析并参考水果材质的效果。本例通过为水果设置水果材质，学习水果材质的设置方法，具体表现效果如图S-53所示。

图S-52

图S-53

操作步骤：

STEP 1 打开随书配套光盘中的场景文件【材质场景文件\S\食物\087.max】，如图S-54所示。

STEP 2 按M键，打开材质编辑器。单击一个材质球，并设置材质类型为【VR快速SSS2】。展开【高光反射层】卷展栏，设置【高光光泽度】为0.7，【高光细分】为14，勾选【跟踪反射】复选框，如图S-55所示。

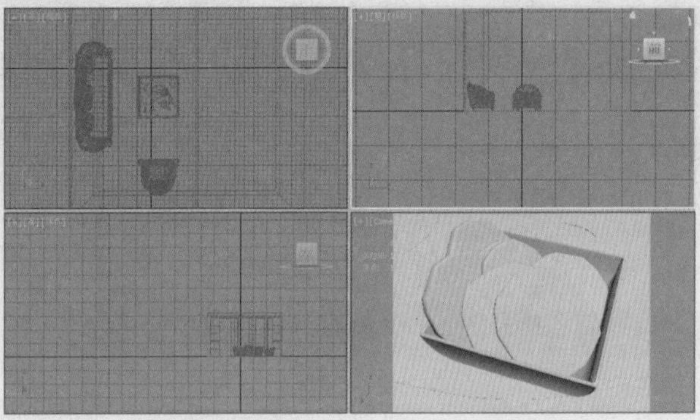

图S-54

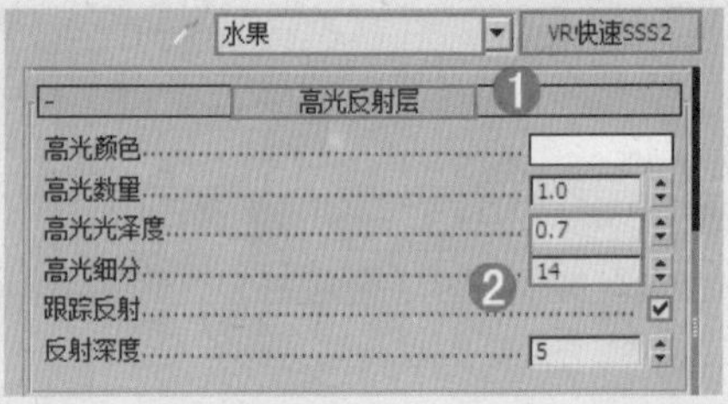

图S-55

STEP 3 展开【贴图】卷展栏，在【凹凸】后面的通道上加载【法线凹凸】程序贴图，展开【参数】卷展栏，在【法线】后面的通道上加载【archmodels76_038_kiwi-nrm.jpg】贴图文件，设置【凹凸】数量为3。在【漫反射颜色】后面的通道上加载【archmodels76_038_kiwi-diff.jpg】贴图文件，如图S-56所示。

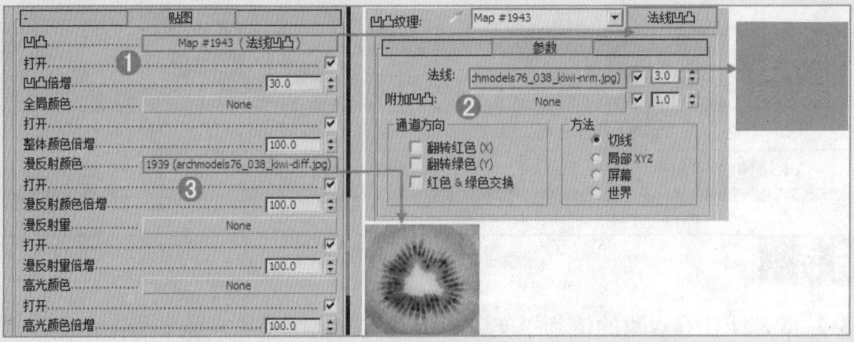

图S-56

STEP 4 在【贴图】卷展栏向下拖动列表，在【高光光泽度】后面的通道上加载

【archmodels76_038_kiwi-gloss.jpg】贴图文件，在【SSS颜色】后面的通道上加载【archmodels76_038_kiwi-diff.jpg】贴图文件，在【散布颜色】后面的通道上加载【archmodels76_038_kiwi-diff.jpg】贴图文件，如图S-57所示。

STEP 5 将制作完成的水果材质赋予场景中的水果模型，并将其他材质制作完成，如图S-58所示。

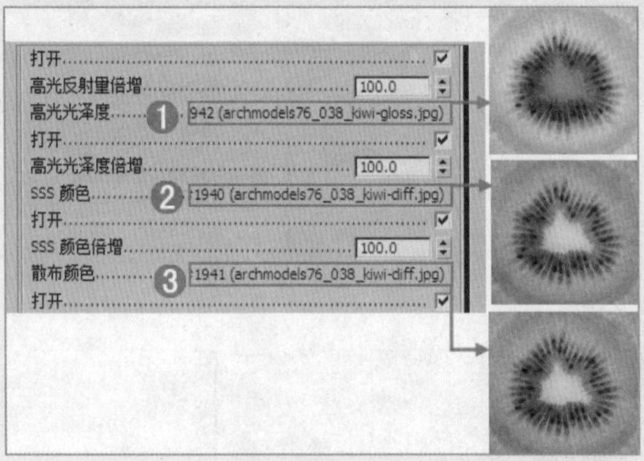

图S-57

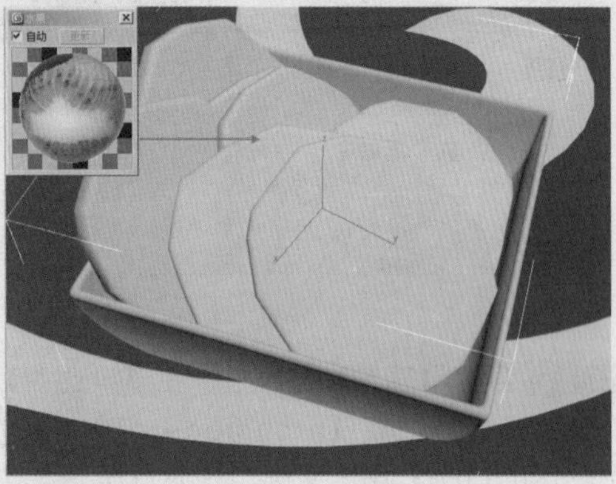

图S-58

扩展练习087——桃子

案例文件	材质案例文件\S\食物\桃子\桃子.max	视频教学	视频教学\材质\S\食物\桃子.flv
技术难点	漫反射、反射、折射的应用		

桃子的制作难点在于如何把握桃子绒毛质感的应用，使其更好地表现出桃子的真实效果，如图S-59所示。

图S-59

STEP 1 打开随书配套光盘中的【材质场景文件\S\食物\扩展087.max】场景文件，设置材质类型为【VRayMtl】。在【漫反射】后面的通道上加载【Falloff（衰减）】程序贴图，展开【衰减参数】卷展栏，在【颜色1】后面的通道上加载【archmodels76_040_peach-diff.jpg】贴图文件，在【颜色2】后面的通道上加载【archmodels76_040_peach-diff.jpg】贴图文件，设置【衰减类型】为【Fresnel】，【折射率】为3，如图S-60所示。

STEP 2 设置【反射】颜色为灰色，勾选【菲涅耳反射】复选框，设置【反射光泽度】为0.6，【细分】为14。在【折射】选项组下，设置【折射】颜色为深灰色，设置【光泽度】为0.64，【细分】为14。勾选【影响阴影】复选框，如图S-61所示。

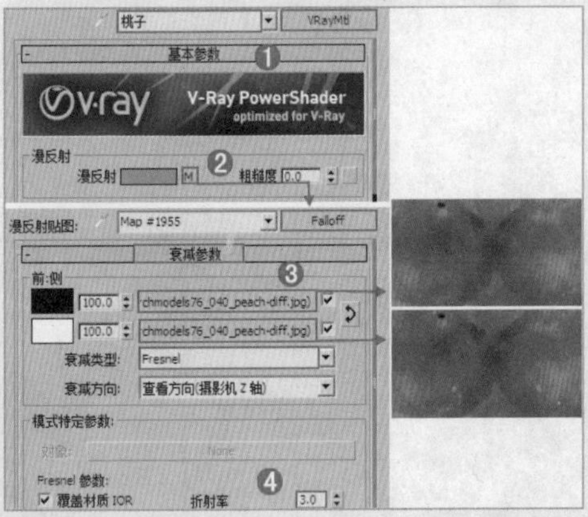

图S-60

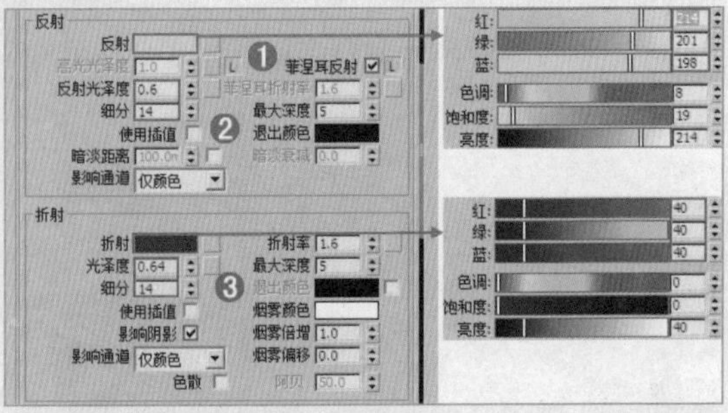

图S-61

STEP 3 展开【贴图】卷展栏，在【半透明】后面的通道上加载【archmodels76_040_peach-diff.jpg】贴图文件，设置【半透明度数量】为100。在【凹凸】后面的通道上加载【archmodels76_040_peach-bump.jpg】贴图文件，最后设置【凹凸】数量为30，如图S-62所示。

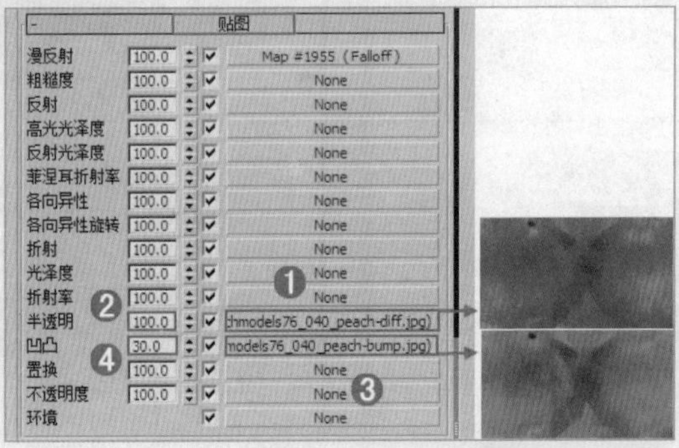

图S-62

实例088 饼干

案例文件	材质案例文件\S\食物\饼干\饼干.max	视频教学	视频教学\材质\S\食物\饼干.flv
技术难点	凹凸通道加贴图制作纹理的方法		

案例分析：

【饼干】以小麦粉（可添加糯米粉、淀粉等）为主要原料，加入（或不加入）糖、油脂及其他原料，经调粉（或调浆）、成形、烘烤等工艺制成的口感酥松或松脆的食品。如图S-63所示为分析并参考饼干材质的效果。本例通过为饼干设置饼干材质，学习饼干材质的设置方法，具体表现效果如图S-64所示。

图S-63

图S-64

操作步骤：

STEP 1 打开随书配套光盘中的场景文件【材质场景文件\S\食物\088.max】，如图S-65所示。

STEP 2 按M键，打开材质编辑器。单击一个材质球，并设置材质类型为【VRayMtl】。在【漫反射】后面的通道上加载【archmodels76_049_doughnuts-diff.jpg】贴图文件，设置【反射】颜色为灰色（红=100、绿=100、蓝=100），勾选【菲涅耳反射】复选框，设置【反射光泽度】为0.64，如图S-66所示。

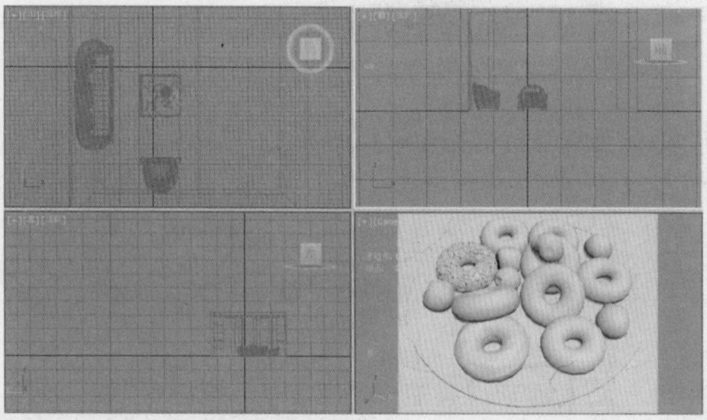

图S-65

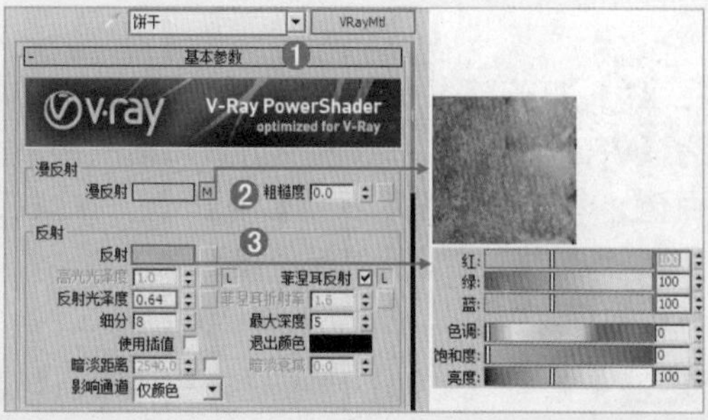

图S-66

STEP 3 展开【贴图】卷展栏，在【凹凸】后面的通道上加载【archmodels76_049_doughnuts-bump.jpg】贴图文件，如图S-67所示。

STEP 4 将制作完成的饼干材质赋予场景中的饼干模型，并将其他材质制作完成，如图S-68所示。

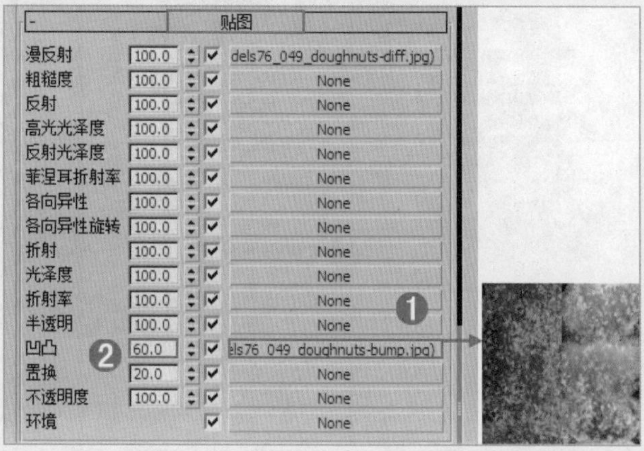

图S-67

图S-68

扩展练习088——奶油饼干

案例文件	材质案例文件\S\食物\奶油饼干\奶油饼干.max	视频教学	视频教学\材质\S\食物\奶油饼干.flv
技术难点	漫反射、反射、折射、凹凸的应用		

奶油饼干的制作难点在于如何把握漫反射、反射、折射、凹凸的应用，以便于更好地表现出奶油饼干的真实效果，如图S-69所示。

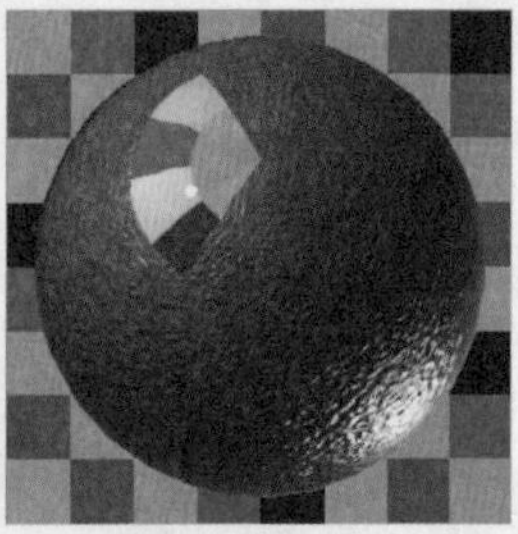

图S-69

STEP 1 打开随书配套光盘中的【材质场景文件\S\食物\扩展088.max】场景文件，设置材质类型为【VRayMtl】。在【漫反射】后面的通道上加载【食物1.jpg】贴图文件，设置【反射】颜色为白色，勾选【菲涅耳反射】复选框，在【反射光泽度】后面的通道上加载【食物1黑白.jpg】贴图文件，并设置【反射光泽度】为0.71，在【折射】选项组下，设置【折射】颜色为黑色，勾选【影响阴影】复选框，如图S-70所示。

STEP 2 展开【贴图】卷展栏，在【凹凸】后面的通道上加载【食物1凹凸.jpg】贴图文件，最后设置【凹凸】数量为30，如图S-71所示。

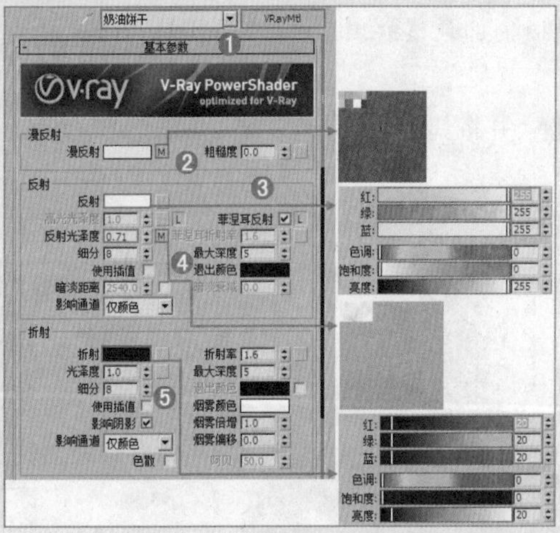

图S-70

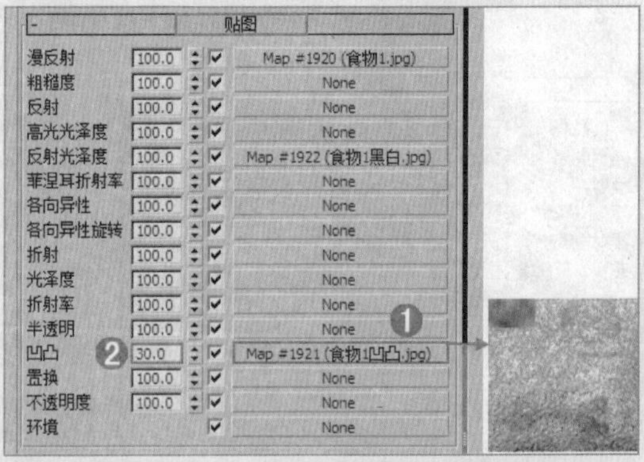

图S-71

技巧一点通：

饼干材质的模拟需要注意4点：①饼干本身的贴图；②饼干本身特有的反光效果；③饼干的透光效果；④饼干的粗糙凹凸质感。把握好了这4点，那么材质就会非常真实了。

实例089 樱桃

案例文件	材质案例文件\S\食物\樱桃\樱桃.max	视频教学	视频教学\材质\S\食物\樱桃.flv
技术难点	折射颜色控制樱桃颜色质感的方法		

案例分析：

【樱桃】水果颜色为红色，有一定的透光质感。如图S-72所示为分析并参考樱桃材质的效果。本例通过为樱桃设置樱桃材质，学习樱桃材质的设置方法，具体表现效果如图S-73所示。

图S-72

图S-73

操作步骤：

STEP 1 打开随书配套光盘中的场景文件【材质场景文件\S\食物\089.max】，如图S-74所示。

STEP 2 按M键，打开材质编辑器。单击一个材质球，并设置材质类型为【VRayMtl】。在【漫反射】后面的通道上加载【Falloff（衰减）】程序贴图，展开【衰减参数】卷展栏，设置【颜色1】颜色为红色（红=205、绿=17、蓝=26），设置【颜色2】颜色为深红色（红=64、绿=5、蓝=12），设置【衰减类型】为【Fresnel】，如图S-75所示。

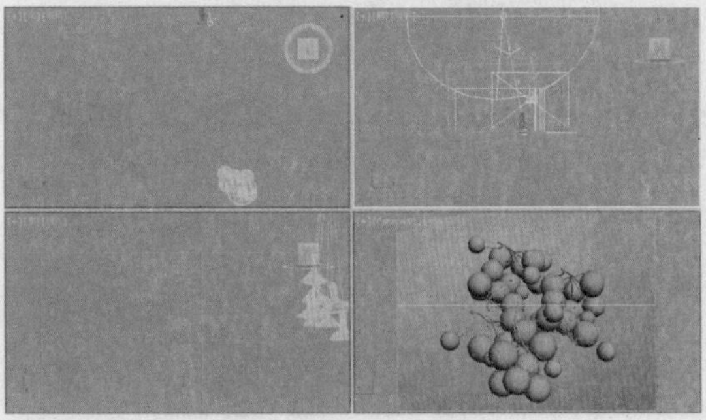

图S-74

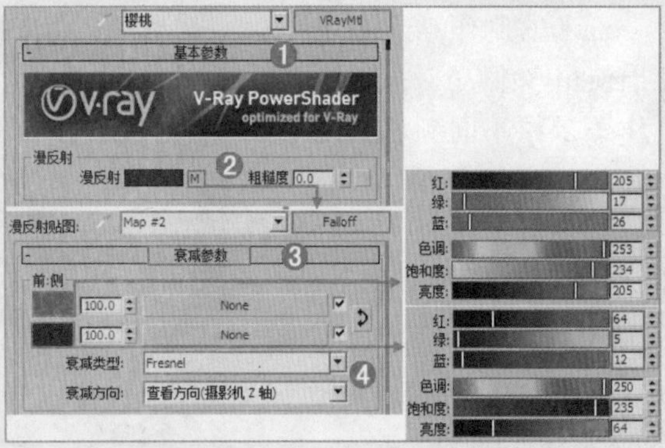

图S-75

STEP 3 设置【反射】颜色为白色（红=255、绿=255、蓝=255），勾选【菲涅耳反射】复选框，设置【反射光泽度】为0.85，【细分】为20。在【折射】选项组下，设置【折射】颜色为黑色（红=10、绿=10、蓝=10），设置【烟雾颜色】为浅粉色（红=253、绿=227、蓝=226），设置【烟雾倍增】为0.8，如图S-76所示。

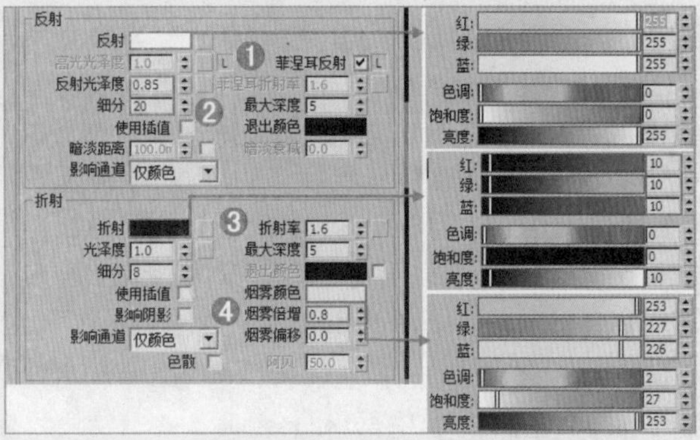

图S-76

STEP 4 在【半透明】选项组下，设置【类型】为【硬（蜡）模型】，设置【背面颜色】为粉色（红=255、绿=206、蓝=193），【厚度】为39.37。展开【双向反射分布函数】卷展栏，设置【各向异性（-1..1）】为0.4，【旋转】为62，如图S-77所示。

STEP 5 将制作完成的樱桃材质赋予场景中的樱桃模型，并将其他材质制作完成，如图S-78所示。

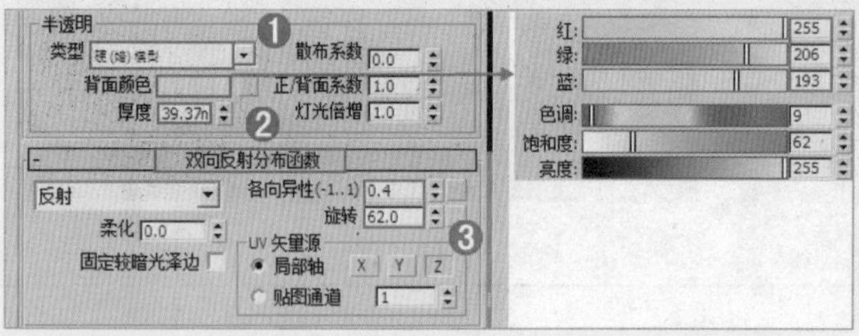

图S-77

图S-78

扩展练习089——玉米

案例文件	材质案例文件\S\食物\玉米\玉米.max	视频教学	视频教学\材质\S\食物\玉米.flv
技术难点	多维/子对象材质、VR混合材质、VRayMtl材质的应用		

玉米的制作难点在于把握使用多维/子对象材质制作玉米粒不同颜色相间的效果，如图S-79所示。

图S-79

STEP 1 打开随书配套光盘中的【材质场景文件\S\食物\扩展089.max】场景文件，设置材质类型为【Multi/Sub-Object（多维/子对象）】。在【多维/子对象基本参数】卷展栏下，设置【设置数量】为3，然后在【ID1】、【ID2】、【ID3】通道上分别加载【VR混合材质】、【VRayMtl】和【VRayMtl】材质，如图S-80所示。

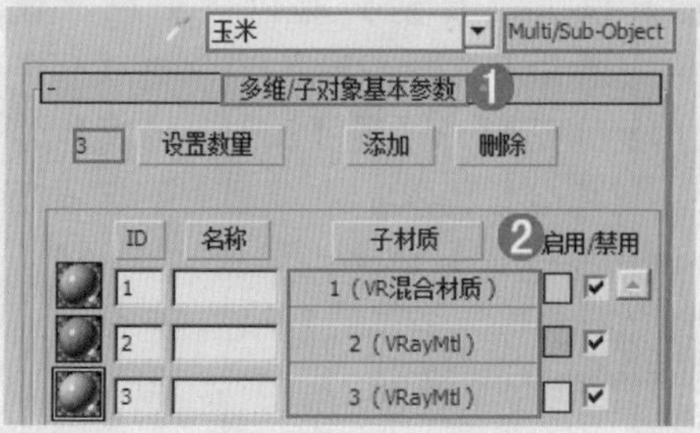

图S-80

STEP 2 单击进入【ID1】的通道，在【基本材质】后面的通道上加载【VRayMtl】材质，在【镀膜材质】后面的通道上加载【VRayMtl】材质，在【混合数量】后面的通道上加载【VR污垢】材质，如图S-81所示。

STEP 3 单击进入【基本材质】后面的通道，设置【漫反射】颜色为黄色，设置【反射】颜色为白色，勾选【菲涅耳反射】复选框，设置【反射光泽度】为0.79，【细分】为13。在【折射】选项组下，设置【折射】颜色为黑色，设置【光泽度】为0.6，设置【细分】为14，勾选【影响阴影】复选框。在【半透明】选项组下，设置【背面颜色】为黄色，如图S-82所示。

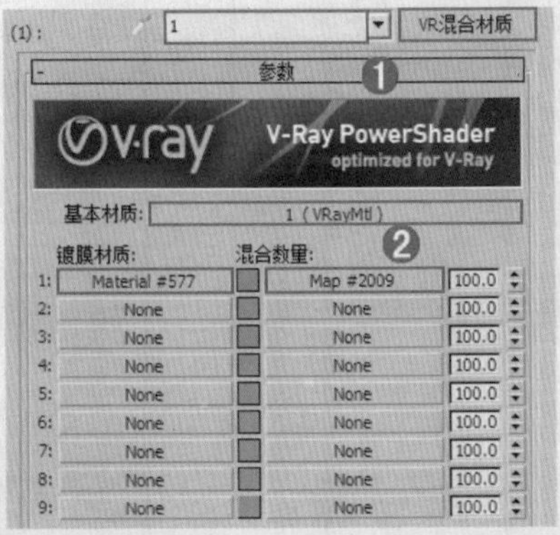

图S-81

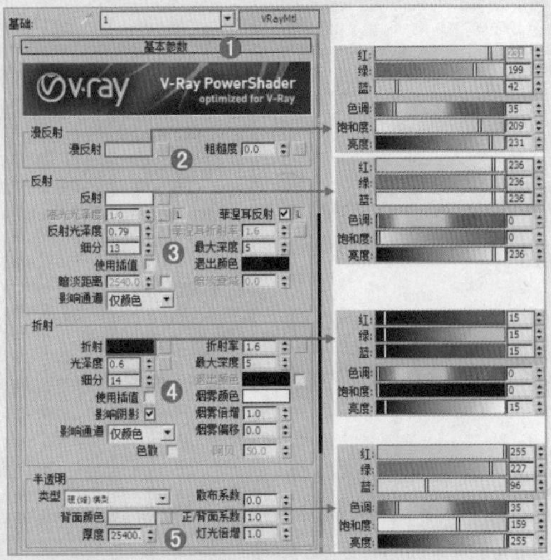

图S-82

STEP 4 单击进入【镀膜材质】后面的通道，设置【漫反射】颜色为黄色，如图S-83所示。

STEP 5 单击进入【混合数量】的通道，设置【半径】为4mm，设置【阻光颜色】为白色，【非阻光颜色】为黑色，如图S-84所示。

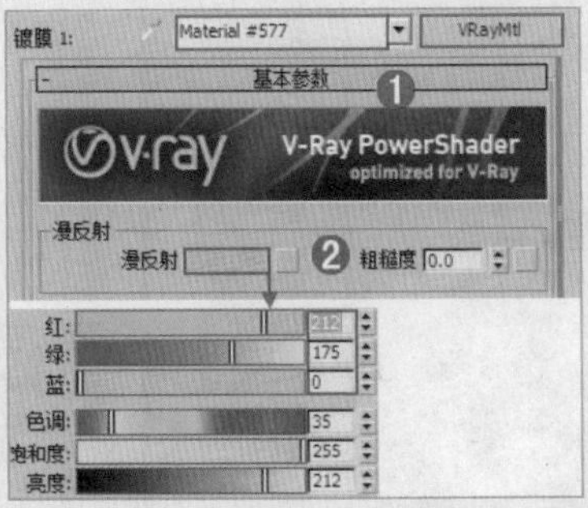

图S-83

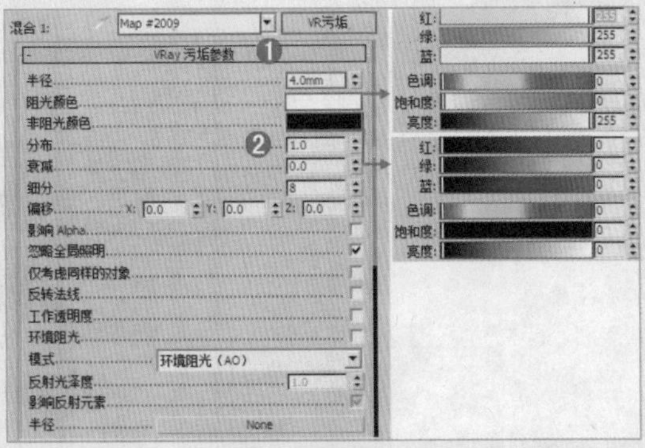

图S-84

STEP 6 单击进入【ID2】的通道，设置【漫反射】颜色为黄色，设置【反射】颜色为白色，勾选【菲涅耳反射】复选框，设置【反射光泽度】为0.79，【细分】为13。在【折射】选项组下，设置【折射】颜色为黑色，设置【光泽度】为0.6，【细分】为14，勾选【影响阴影】复选框。在【半透明】选项组下，设置【背面颜色】为黄色，如图S-85所示。

STEP 7 单击进入【ID3】的通道，设置【漫反射】颜色为黄色，设置【反射】颜色为白色，勾选【菲涅耳反射】复选框，设置【反射光泽度】为0.79，【细分】为13。在【折射】选项组下，设置【折射】颜色为黑色，设置【光泽度】为0.6，【细分】为14，勾选【影响阴影】复选框。在【半透明】选项组下，设置【背面颜色】为黄色，如图S-86所示。

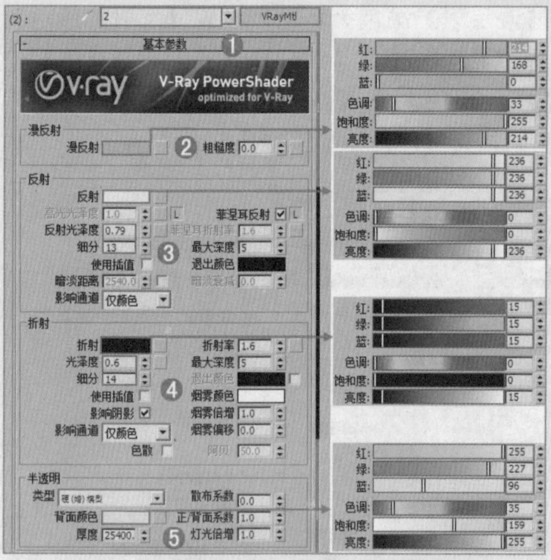

图S-85

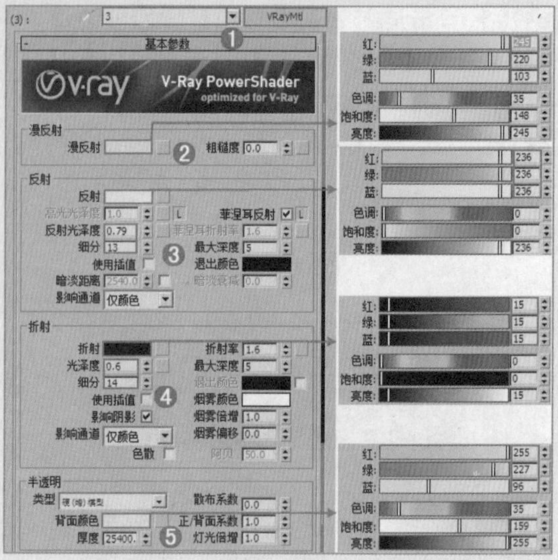

图S-86

实例090　汤食

案例文件	材质案例文件\S\食物\汤食\汤食.max	视频教学	视频教学\材质\S\食物\汤食.flv
技术难点	使用折射颜色制作汤食效果的方法		

案例分析：

【汤食】是烹调后汁特别多的副食。如图S-87所示为分析并参考汤食材质的效果。本例通过为汤食设置汤食材质，学习汤食材质的设置方法，具体表现效果如图S-88所示。

图S-87

图S-88

操作步骤：

STEP 1 打开随书配套光盘中的场景文件【材质场景文件\S\食物\090.max】，如图S-89所示。

STEP 2 按M键，打开材质编辑器。单击一个材质球，并设置材质类型为【VRayMtl】。设置【漫反射】颜色为白色（红=245、绿=234、蓝=207），设置【反射】颜色为白色（红=255、绿=255、蓝=255），勾选【菲涅耳反射】复选框，设置【反射光泽度】为0.99，如图S-90所示。

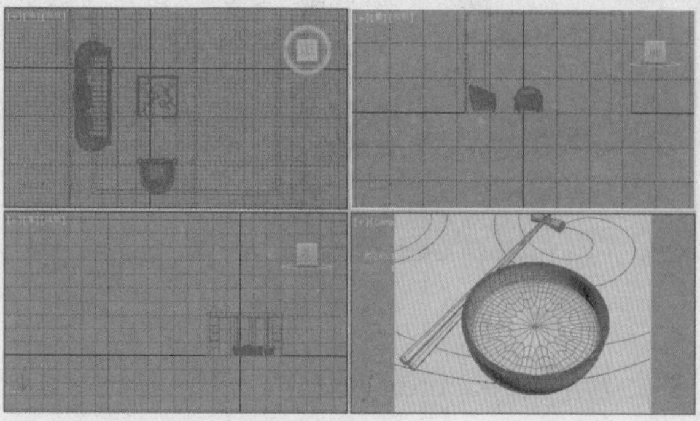

图S-89

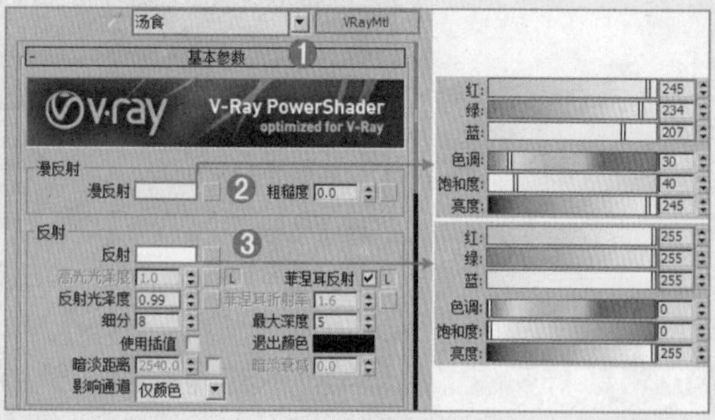

图S-90

STEP 3 在【折射】选项组下，设置【折射】颜色为白色（红=254、绿=254、蓝=254），设置【折射率】为1.2，【光泽度】为0.76，设置【烟雾颜色】为浅粉色（红=254、绿=231、蓝=174），设置【烟雾倍增】为2，【烟雾偏移】为4，勾选【影响阴影】复选框。在【半透明】选项组下，设置【背面颜色】为浅粉色（红=245、绿=219、蓝=158），如图S-91所示。

STEP 4 将制作完成的汤食材质赋予场景中的汤食模型，并将其他材质制作完成，如图S-92所示。

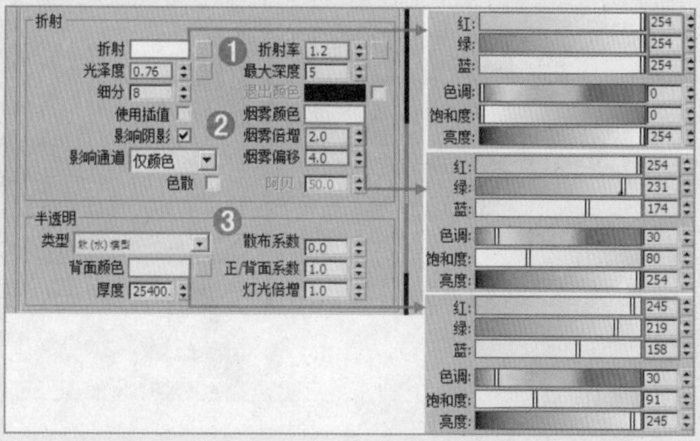

图S-91

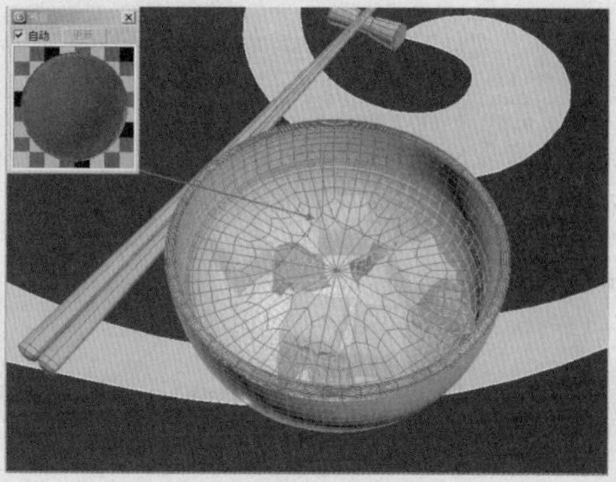

图S-92

技巧一点通：

【背面颜色】用来控制半透明效果的颜色。

扩展练习090——抹茶咖啡

案例文件	材质案例文件\S\食物\抹茶咖啡\抹茶咖啡.max	视频教学	视频教学\材质\S\食物\抹茶咖啡.flv
技术难点	漫反射、反射、折射的应用		

抹茶咖啡的制作难点在于如何把握漫反射、反射、折射的应用，才能更好地表现出抹茶咖啡的真实效果，如图S-93所示。

图S-93

STEP 1 打开随书配套光盘中的【材质场景文件\S\食物\扩展090.max】场景文件，设置材质类型为【VRayMtl】。在【漫反射】后面的通道上加载【archmodels76_025_pea-soup-diff.jpg】贴图文件，设置【反射】颜色为白色，勾选【菲涅耳反射】复选框，设置【反射光泽度】为0.86，【细分】为12，如图S-94所示。

STEP 2 在【折射】选项组下，在【折射】后面的通道上加载【archmodels76_025_pea-soup-refr.jpg】贴图文件，设置【烟雾颜色】为黄色，【烟雾倍增】为0.1，【烟雾偏移】为2，设置【光泽度】为0.6，【细分】为12，勾选【影响阴影】复选框。在【半透明】选项组下，设置【类型】为【混合模型】，设置【背景颜色】为黄色，如图S-95所示。

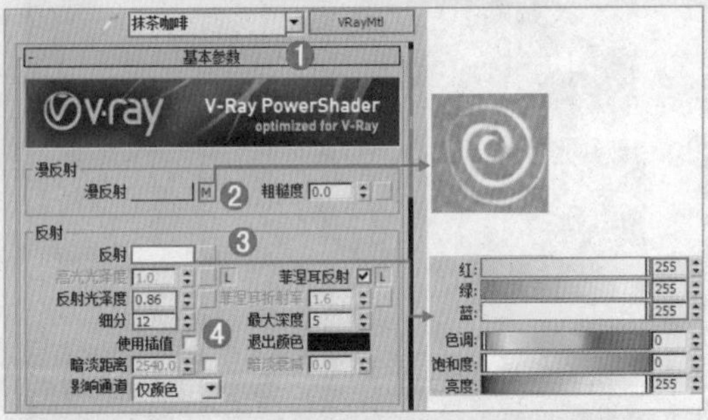

图S-94

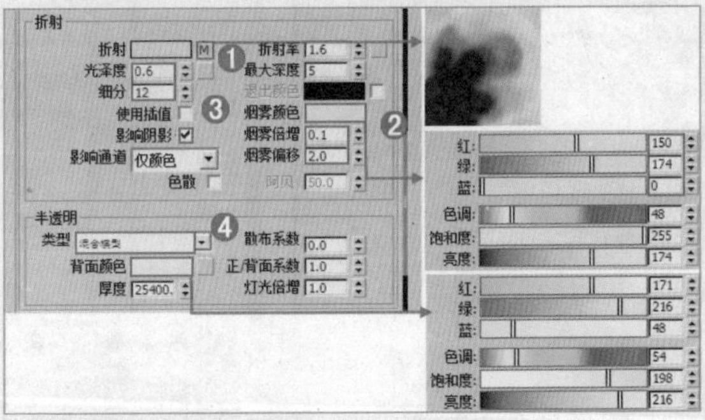

图S-95

STEP 3 展开【贴图】卷展栏，在【凹凸】后面的通道上加载【archmodels76_025_pea-soup-bump.jpg】贴图文件，展开【坐标】卷展栏，设置【模糊】为0.51，最后设置【凹凸】数量为30，如图S-96所示。

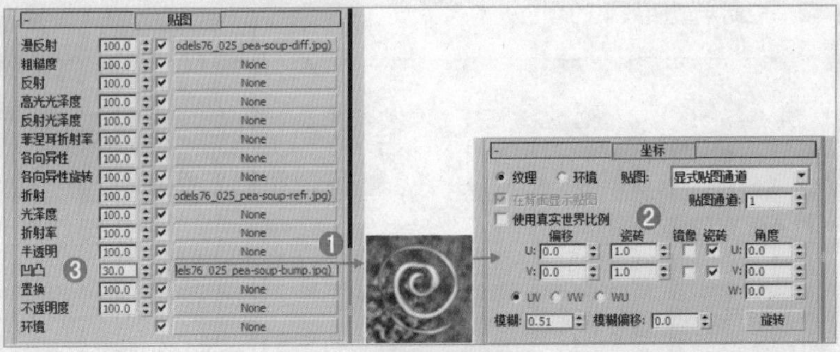

图S-96

T

陶瓷（浴缸白瓷、杯子、钢琴烤漆、陶瓷花瓶、青花瓷）

陶瓷扩展（瓷盘组合、面盆、白色钢琴、陶瓷盘子、古代瓷器）

实例091　浴缸白瓷

案例文件	材质案例文件\T\陶瓷\浴缸白瓷\浴缸白瓷.max	视频教学	视频教学\材质\T\陶瓷\浴缸白瓷.flv
技术难点	衰减贴图颜色控制反射效果的方法		

案例分析：

【浴缸白瓷】是中国传统瓷器分类（青瓷、青花瓷、彩瓷、白瓷）的一种，以含铁量低的瓷坯施以纯净的透明釉烧制而成。如图T-1所示为分析并参考浴缸白瓷材质的效果。本例通过为浴缸设置白瓷材质，学习浴缸白瓷材质的设置方法，具体表现效果如图T-2所示。

图T-1

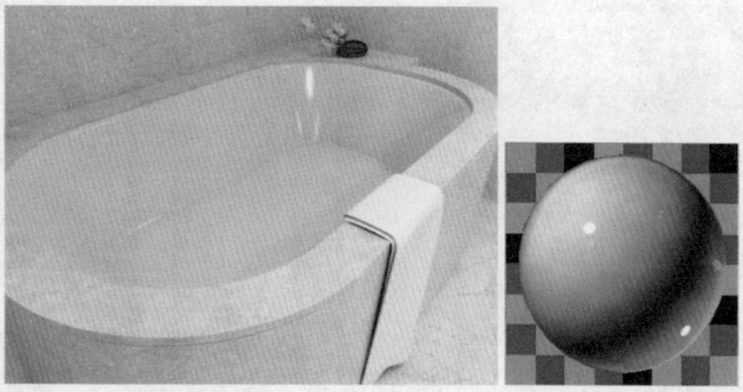

图T-2

操作步骤：

STEP 1 打开随书配套光盘中的场景文件【材质场景文件\T\陶瓷\091.max】，如图T-3所示。

STEP 2 按M键，打开材质编辑器。单击一个材质球，并设置材质类型为【VRayMtl】。在【漫反射】后面的通道上加载【Falloff（衰减）】程序贴图，展开【衰减参数】卷展栏，设置【颜色1】颜色为浅灰色（红=220、绿=214、蓝=207），设置【颜色2】颜色为白色（红=240、绿=235、蓝=230），设置【衰减类型】为【Fresnel】，如图T-4所示。

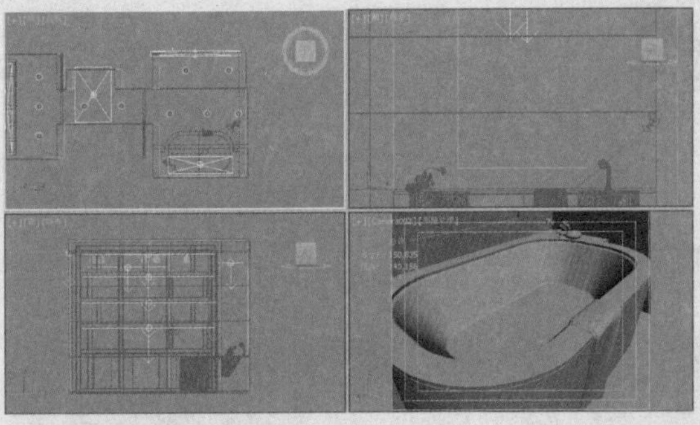

图T-3

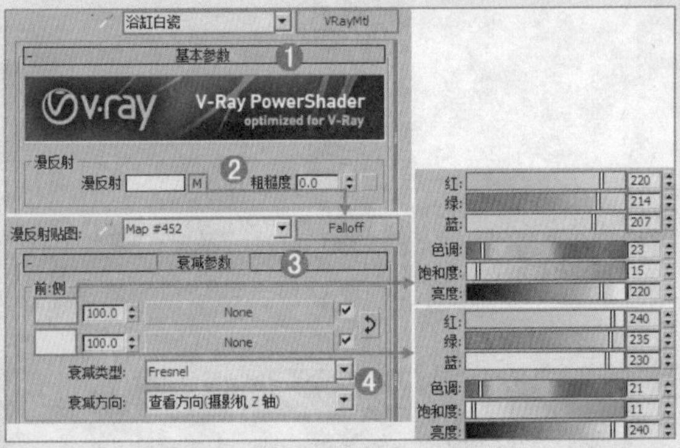

图T-4

STEP 3 在【反射】后面的通道上加载【Falloff（衰减）】程序贴图，展开【衰减参数】卷展栏，设置【衰减类型】为【Fresnel】，设置【反射光泽度】为0.9，【细分】为15，如图T-5所示。

STEP 4 将制作完成的白瓷材质赋予场景中的浴缸模型，并将其他材质制作完成，如图T-6所示。

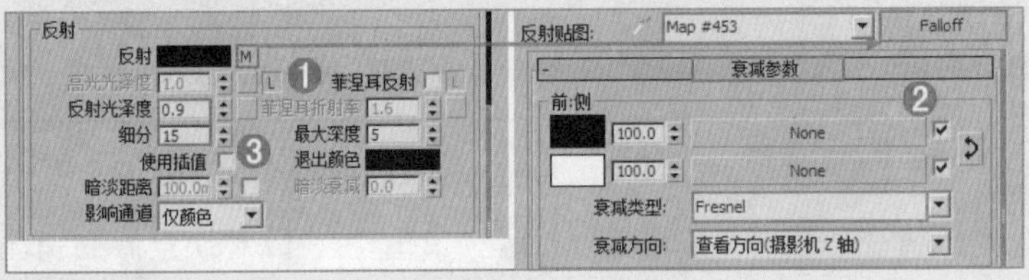

图T-5

图T-6

扩展练习091——瓷盘组合

案例文件	材质案例文件\T\陶瓷\瓷盘组合\瓷盘组合.max	视频教学	视频教学\材质\T\陶瓷\瓷盘组合.flv
技术难点	多维/子对象的应用		

瓷盘组合的制作难点在于如何把握多维/子对象的应用，使其更好地表现出瓷盘的真实效果，如图T-7所示。

图T-7

STEP 1 打开随书配套光盘中的【材质场景文件\T\陶瓷\扩展091.max】场景文件，设置材质类型为【Multi/Sub-Object（多维/子对象）】材质。在【多维/子对象基本参数】卷展栏下，并设置

【设置数量】为2，然后在【ID1】、【ID2】通道上分别加载【Blend（混合）】和【VRayMtl】材质，如图T-8所示。

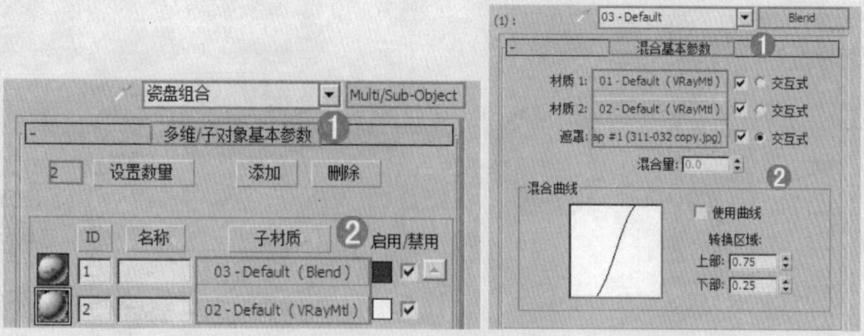

图T-8

STEP 2 单击进入【ID1】后面的通道，将【材质1】、【材质2】分别设置为【VRayMtl】。单击进入【材质1】后面的通道，设置【漫反射】颜色为棕色，【反射】颜色为棕色，设置【反射光泽度】为0.75，【细分】为50。勾选【使用插值】复选框，如图T-9所示。

STEP 3 展开【贴图】卷展栏，在【凹凸】后面的通道上加载【311-032 copy.jpg】贴图文件，展开【坐标】卷展栏，设置【模糊】为2，最后设置【凹凸】数量为-15，如图T-10所示。

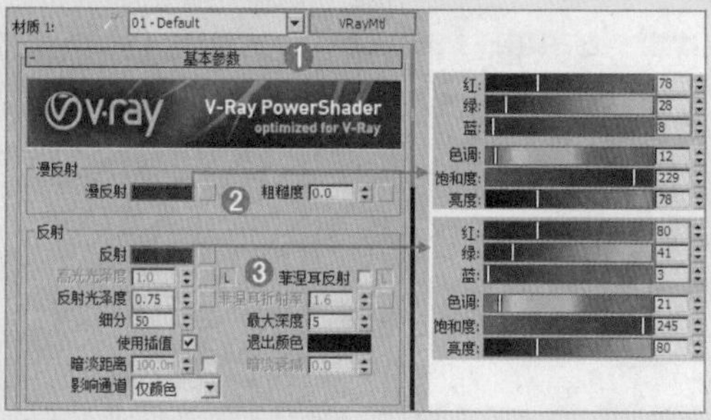

图T-9

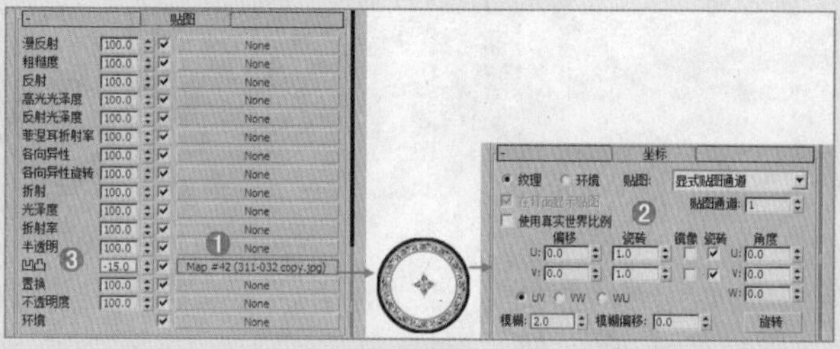

图T-10

STEP 4 单击进入【材质2】后面的通道，设置【漫反射】颜色为白色，【反射】颜色为黑色，设置【反射光泽度】为0.97，【细分】为30，如图T-11所示。

STEP 5 展开【贴图】卷展栏，在【凹凸】后面的通道上加载【311-032 copy.jpg】贴图文件，展开【坐标】卷展栏，设置【模糊】为2，最后设置【凹凸】数量为-15，如图T-12所示。

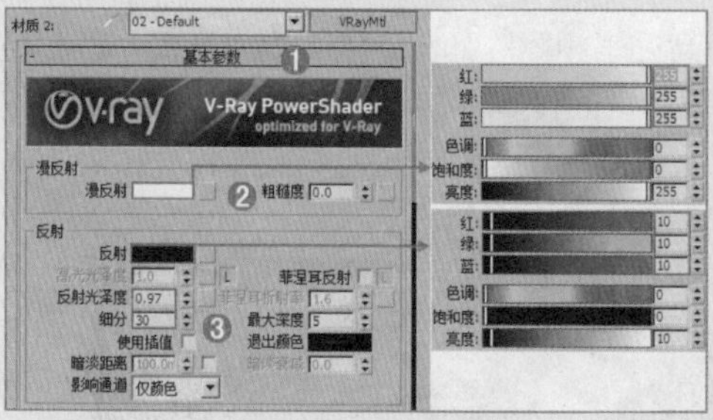

图T-11

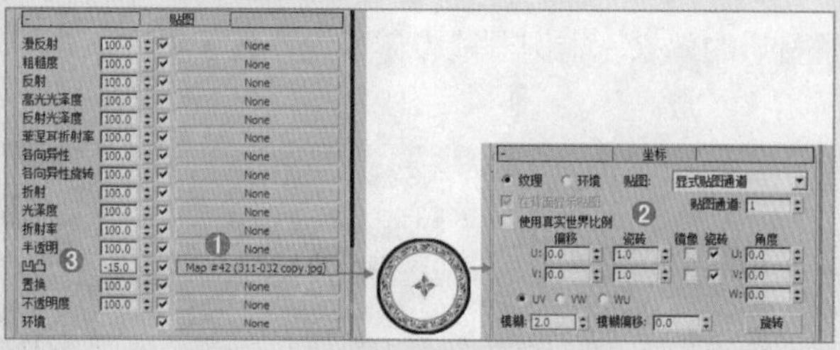

图T-12

STEP 6 返回【混合基本参数】卷展栏，在【遮罩】后面的通道上加载【311-032 copy.jpg】贴图文件，如图T-13所示。

STEP 7 单击进入【ID2】后面的通道，设置【漫反射】颜色为白色，【反射】颜色为黑色，设置【反射光泽度】为0.97，【细分】为30，如图T-14所示。

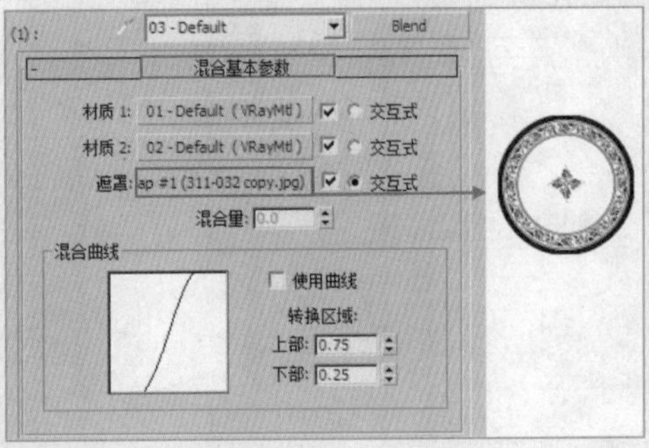

图T-13

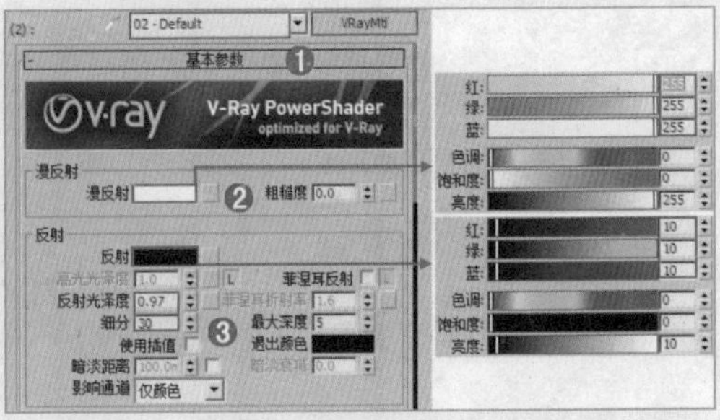

图T-14

STEP 8 展开【贴图】卷展栏，在【凹凸】后面的通道上加载【311-032 copy.jpg】贴图文件，展开【坐标】卷展栏，设置【模糊】为2，最后设置【凹凸】数量为-15，如图T-15所示。

图T-15

实例092　杯子

案例文件	材质案例文件\T\陶瓷\杯子\杯子.max	视频教学	视频教学\材质\T\陶瓷\杯子.flv
技术难点	反射颜色控制反射强度的方法		

案例分析：

【杯子】基本器型大多是直口或敞口，口沿直径与杯高近乎相等。如图T-16所示为分析并参考杯子材质的效果。本例通过为杯子设置杯子材质，学习杯子材质的设置方法，具体表现效果如图T-17所示。

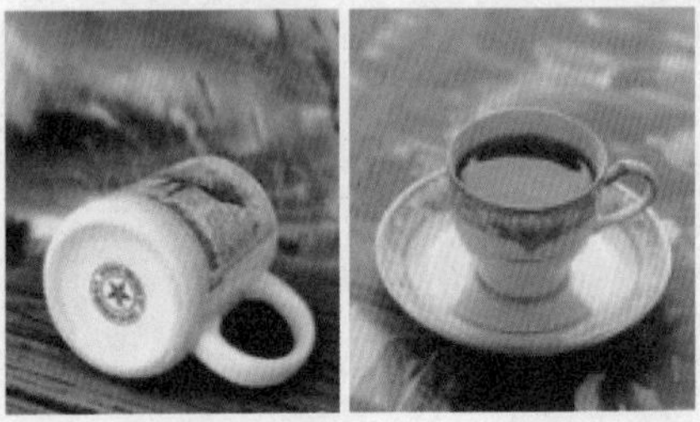

图T-16

图T-17

操作步骤：

STEP 1 打开随书配套光盘中的场景文件【材质场景文件\T\陶瓷\092.max】，如图T-18所示。

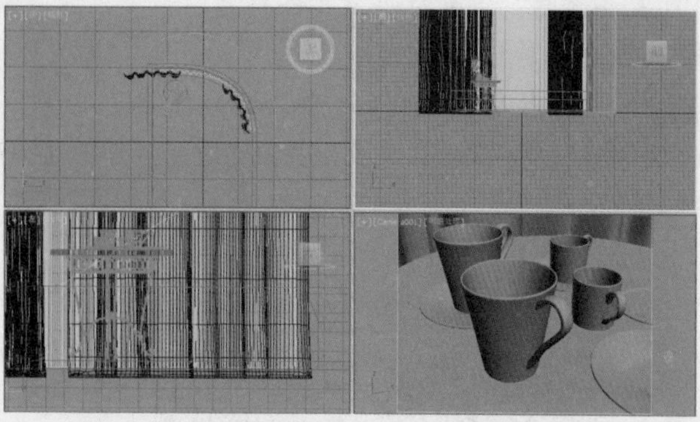

图T-18

STEP 2 按M键，打开材质编辑器。单击一个材质球，并设置材质类型为【VRayMtl】。在【漫反射】后面的通道上加载【Archmodels57_065.jpg】贴图文件，设置【反射】颜色为灰色（红=200、绿=200、蓝=200），勾选【菲涅耳反射】复选框，设置【细分】为20，如图T-19所示。

STEP 3 将制作完成的杯子材质赋予场景中的杯子模型，并将其他材质制作完成，如图T-20所示。

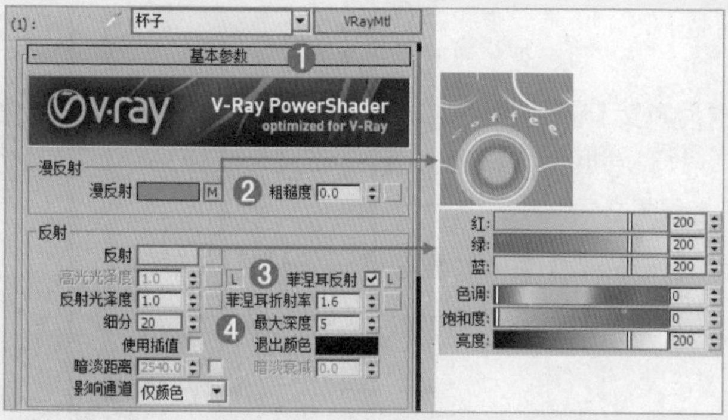

图T-19

图T-20

扩展练习092——面盆

案例文件	材质案例文件\T\陶瓷\面盆\面盆.max	视频教学	视频教学\材质\T\陶瓷\面盆.flv
技术难点	VR覆盖材质、输出程序贴图的应用		

面盆的制作难点在于如何把握VR覆盖材质、输出程序贴图的应用，使其更好地表现出面盆的真实效果，如图T-21所示。

图T-21

B C D F J M P Q R S T Y Z

STEP 1 打开随书配套光盘中的【材质场景文件\T\陶瓷\扩展092.max】场景文件，设置材质类型为【VR覆盖材质】。在【参数】卷展栏下，在【基本材质】后面的通道上加载【VR材质包裹器】材质，如图T-22所示。

STEP 2 单击进入【VR材质包裹器】材质，在【VR材质包裹器参数】卷展栏下，设置【生成全局照明】为0.8，在【基本材质】后面的通道上加载【VRayMtl】材质，如图T-23所示。

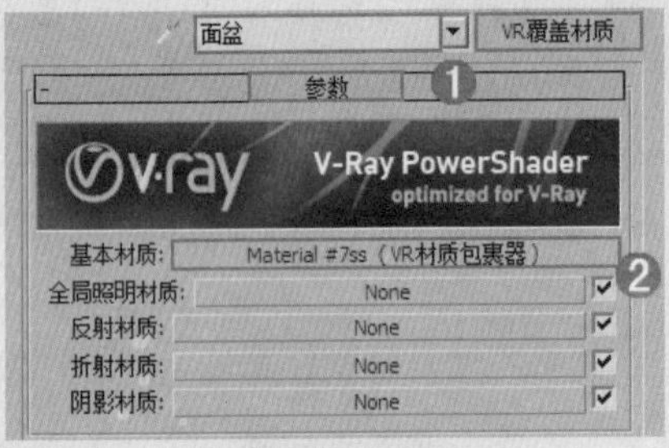

图T-22

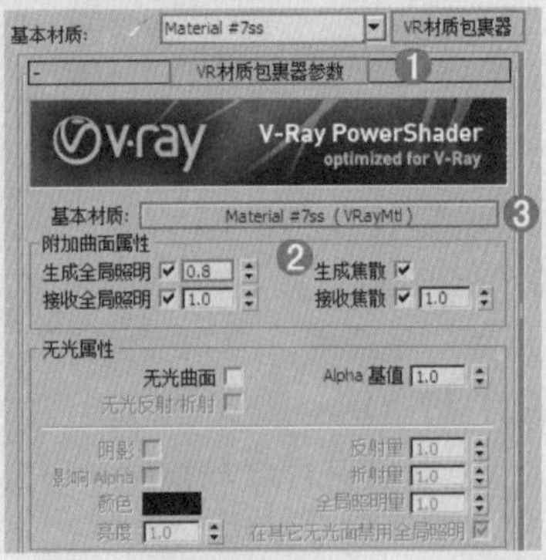

图T-23

STEP 3 单击进入【VRayMtl】材质，设置【漫反射】颜色为白色，在【反射】后面的通道上加载【Falloff（衰减）】程序贴图，展开【衰减参数】卷展栏，设置【衰减类型】为【Fresnel】，【折射率】为2.8，设置【高光光泽度】为0.92，如图T-24所示。

STEP 4 展开【贴图】卷展栏，在【环境】通道上加载【输出】程序贴图，如图T-25所示。

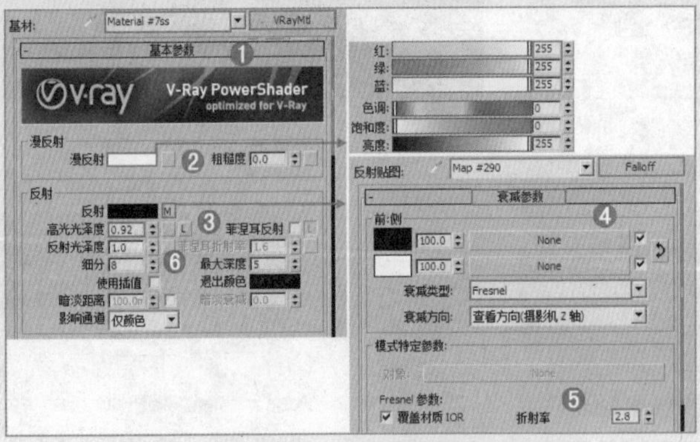

图T-24

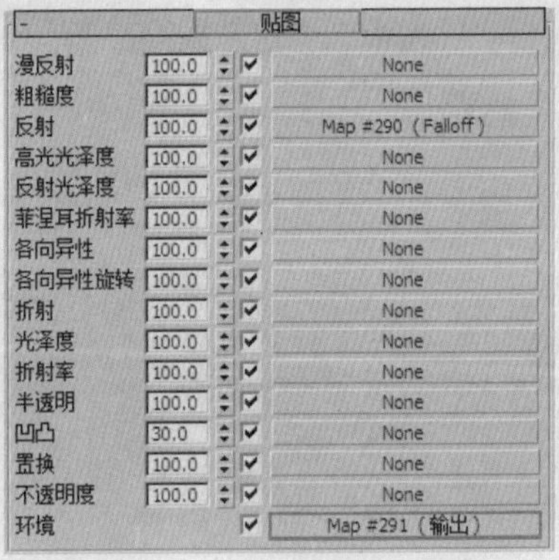

图T-25

实例093 钢琴烤漆

案例文件	材质案例文件\T\陶瓷\钢琴烤漆\钢琴烤漆.max	视频教学	视频教学\材质\T\陶瓷\钢琴烤漆.flv
技术难点	反射颜色控制钢琴反射强度的方法		

案例分析：

【钢琴烤漆】是烤漆工艺的一种，它的工序非常复杂，需要在木板上涂以腻子，作为喷漆的底层；将腻子找平后待腻子干透，进行抛光打磨光滑；反复喷涂底漆，用水砂纸和磨布抛光喷涂亮光型的面漆，使用高温烘烤，使漆层固化。如图T-26所示为分析并参考钢琴烤漆材质的效果。本例通过为钢琴设置烤漆材质，学习钢琴烤漆材质的设置方法，具体表现效果如图T-27所示。

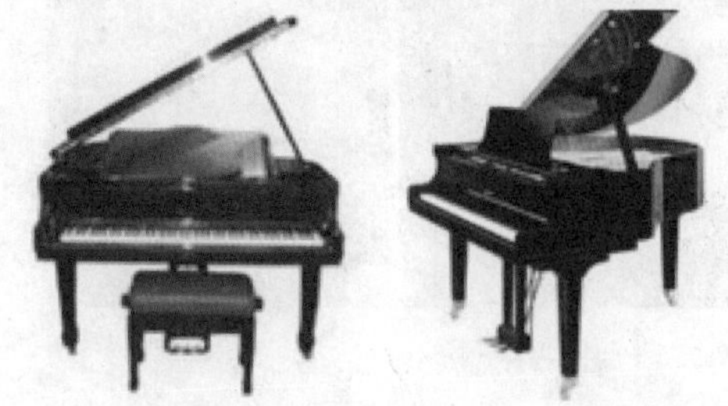

图T-26

图T-27

操作步骤：

STEP 1 打开随书配套光盘中的场景文件【材质场景文件\T\陶瓷\093.max】，如图T-28所示。

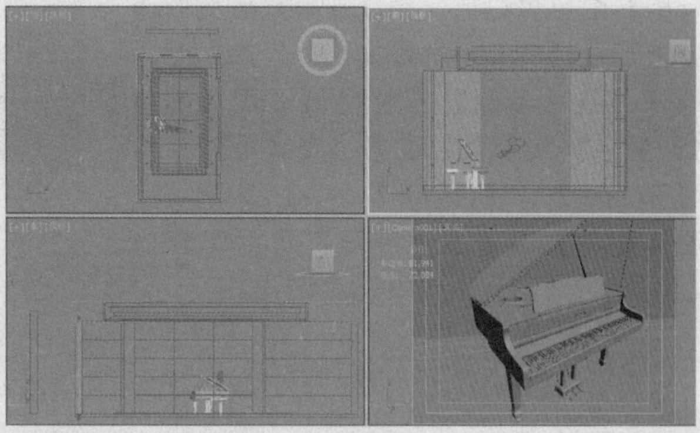

图T-28

STEP 2 按M键，打开材质编辑器。单击一个材质球，并设置材质类型为【VRayMtl】。设置【漫反射】颜色为黑色（红=0、绿=0、蓝=0），【反射】颜色为白色（红=233、绿=233、蓝=233），勾选【菲涅耳反射】复选框，设置【反射光泽度】为0.9，【细分】为20，如图T-29所示。

STEP 3 将制作完成的烤漆材质赋予场景中的钢琴模型，并将其他材质制作完成，如图T-30所示。

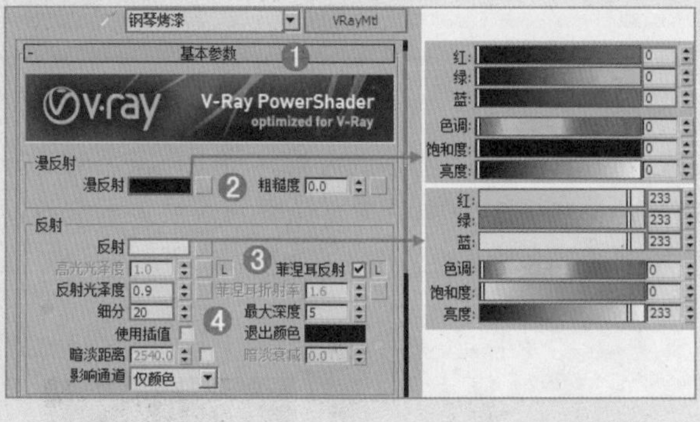

图T-29

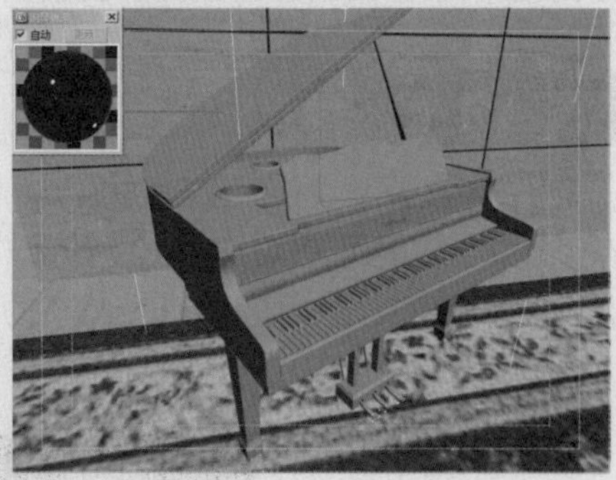

图T-30

扩展练习093——白色钢琴

案例文件	材质案例文件\T\陶瓷\白色钢琴\白色钢琴.max	视频教学	视频教学\材质\T\陶瓷\白色钢琴.flv
技术难点	衰减程序贴图、菲涅耳反射的应用		

白色钢琴的制作难点在于在反射通道上添加衰减程序贴图以出现柔和的过渡、使用菲涅耳反射减弱反射效果，以便于更好地表现出白色钢琴的真实效果，如图T-31所示。

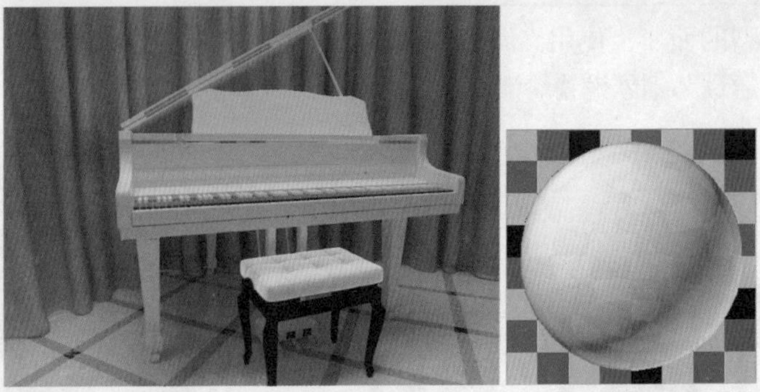

图T-31

打开随书配套光盘中的【材质场景文件\T\陶瓷\扩展093.max】场景文件，设置材质类型为【VRayMtl】材质。设置【漫反射】颜色为白色，在【反射】后面的通道上加载【Falloff（衰减）】程序贴图，展开【衰减参数】卷展栏，设置【颜色1】颜色为浅灰色，设置【衰减类型】为【Fresnel】，【折射率】为1.8。勾选【菲涅耳反射】，设置【菲涅耳折射率】为2.5，设置【细分】为15，如图T-32所示。

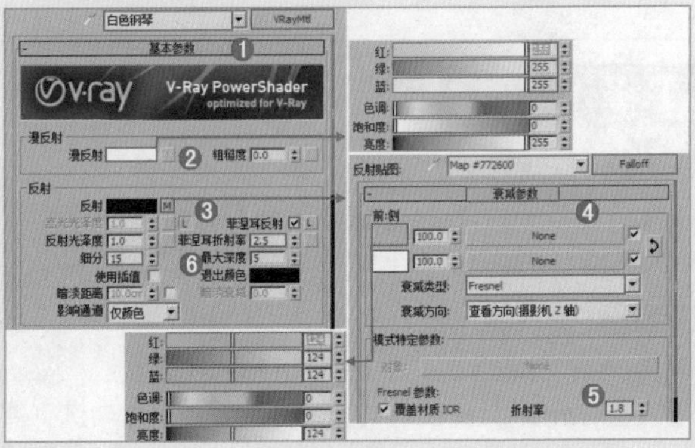

图T-32

实例094 陶瓷花瓶

案例文件	材质案例文件\T\陶瓷\陶瓷花瓶\陶瓷花瓶.max	视频教学	视频教学\材质\T\陶瓷\陶瓷花瓶.flv
技术难点	衰减贴图颜色控制反射效果的方法		

案例分析：

【陶瓷花瓶】是现代的家居装饰品，越来越多的设计者融入巧妙的心思，将美化家居的功能应用在于这种平凡的家居装饰品上。如图T-33所示为分析并参考陶瓷花瓶材质的效果。本例通过为花瓶设置陶瓷材质，学习陶瓷花瓶材质的设置方法，具体表现效果如图T-34所示。

图T-33

图T-34

操作步骤：

STEP 1 打开随书配套光盘中的场景文件【材质场景文件\T\陶瓷\094.max】，如图T-35所示。

STEP 2 按M键，打开材质编辑器。单击一个材质球，并设置材质类型为【VRayMtl】。在【漫反射】后面的通道上加载【wall11M.jpg】贴图文件，展开【坐标】卷展栏，设置【模糊】为0.01，如图T-36所示。

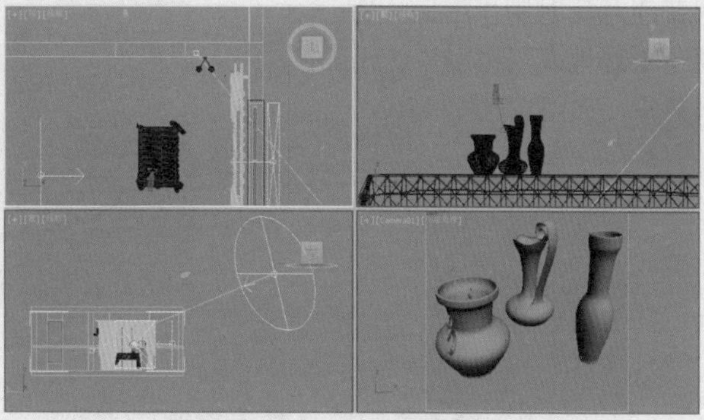

图T-35

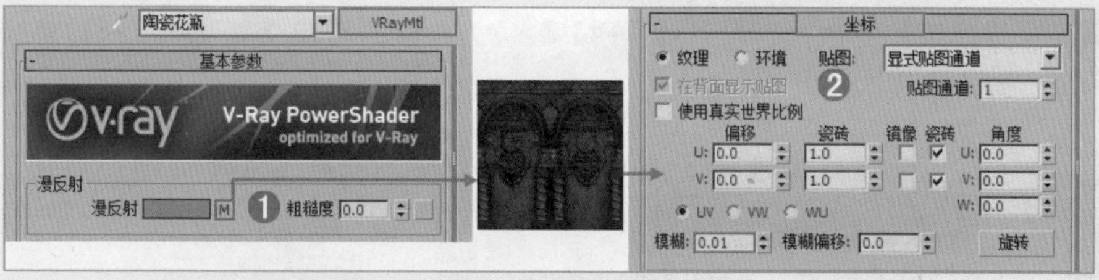

图T-36

STEP 3 在【反射】后面的通道上加载【衰减】程序贴图，展开【衰减参数】卷展栏，设置【颜色1】颜色为黑色（红=0、绿=0、蓝=0），设置【颜色2】颜色为深灰色（红=87、绿=87、蓝=87），设置【高光光泽度为】0.7，设置【反射光泽度】为0.54，设置【细分】为10，如图T-37所示。

STEP 4 将制作完成的陶瓷材质赋予场景中的花瓶模型，并将其他材质制作完成，如图T-38所示。

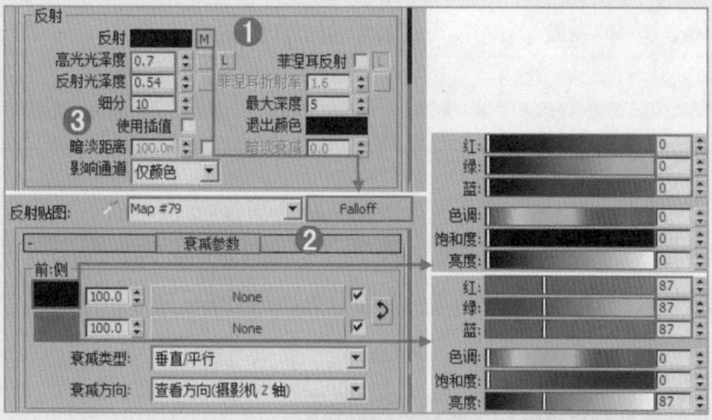

图T-37

图T-38

扩展练习094——陶瓷盘子

案例文件	材质案例文件\T\陶瓷\陶瓷盘子\陶瓷盘子.max	视频教学	视频教学\材质\T\陶瓷\陶瓷盘子.flv
技术难点	菲涅耳反射的应用		

陶瓷盘子的制作难点在于使用菲涅耳反射制作陶瓷质感，以便于更好地表现出陶瓷盘子的真实效果，如图T-39所示。

图T-39

打开随书配套光盘中的【材质场景文件\T\陶瓷\扩展094.max】场景文件，设置材质类型为【VRayMtl】。在【漫反射】后面的通道上加载【花纹.jpg】贴图文件，展开【坐标】卷展栏，勾选【使用真实世界比例】复选框，设置【反射】颜色为白色，勾选【菲涅耳反射】复选框，设置【细分】为20，如图T-40所示。

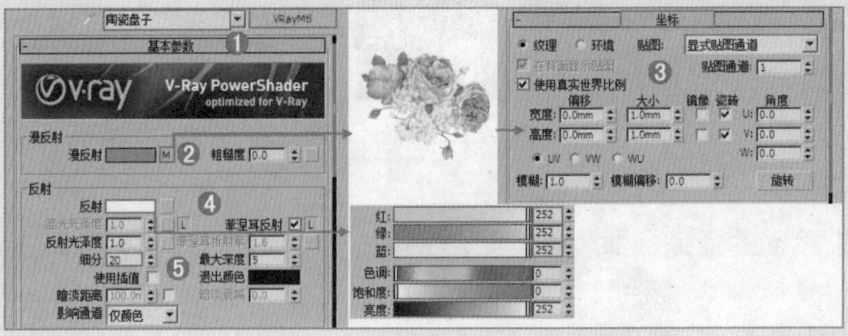

图T-40

实例095 青花瓷

案例文件	材质案例文件\T\陶瓷\青花瓷\青花瓷.max	视频教学	视频教学\材质\T\陶瓷\青花瓷.flv
技术难点	反射颜色控制反射强度的方法		

案例分析：

【青花瓷】又称白地青花瓷，常简称青花，是中国瓷器的主流品种之一，属釉下彩瓷。如图T-41所示为分析并参考青花瓷材质的效果。本例通过为花瓶设置青花瓷材质，学习青花瓷材质的设置方法，具体表现效果如图T-42所示。

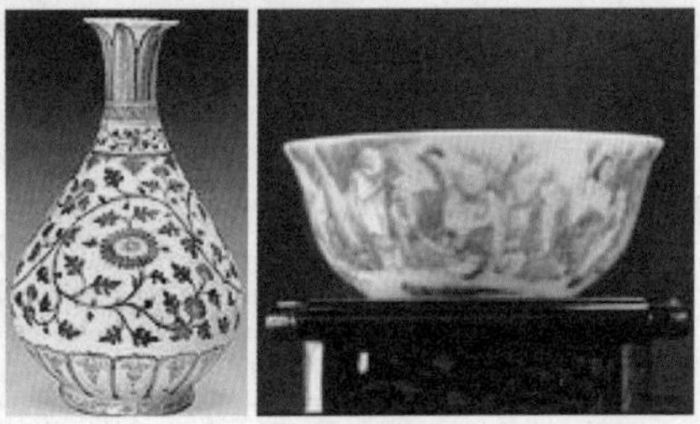

图T-41

图T-42

操作步骤：

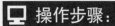

STEP 1 打开随书配套光盘中的场景文件【材质场景文件\T\陶瓷\095.max】，如图T-43所示。

STEP 2 按M键，打开材质编辑器。单击一个材质球，并设置材质类型为【VRayMtl】。在【漫反射】后面的通道上加载【909723_000619361_2.jpg】贴图文件，设置【反射】颜色为白色（红=255、绿=255、蓝=255），，勾选【菲涅耳反射】复选框，设置【细分】为20，如图T-44所示。

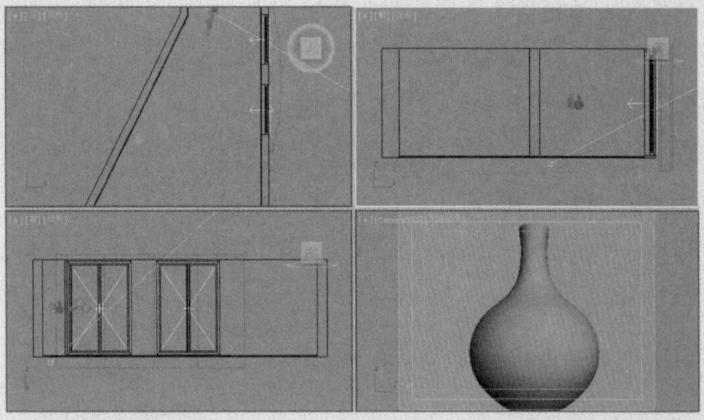

图T-43

STEP 3 将制作完成的青花瓷材质赋予场景中的花瓶模型，并将其他材质制作完成，如图T-45所示。

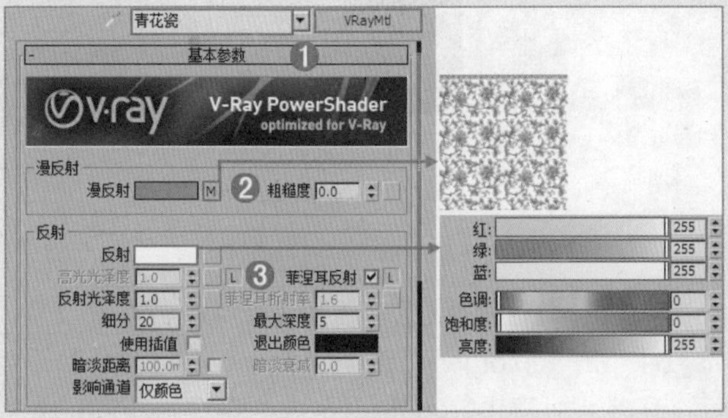

图T-44

图T-45

扩展练习095——古代瓷器

案例文件	材质案例文件\T\陶瓷\古代瓷器\古代瓷器.max	视频教学	视频教学\材质\T\陶瓷\古代瓷器.flv
技术难点	VR混合材质、VR污垢程序贴图的应用		

古代瓷器的制作难点在于把握陈旧质感，以便于更好地表现出古代瓷器的真实效果，如图T-46所示。

图T-46

STEP 1 打开随书配套光盘中的【材质场景文件\T\陶瓷\扩展095.max】场景文件，设置材质类型为【VR混合材质】。在【基本材质】后面的通道中加载【VRayMtl】材质，在【镀膜材质】下面的通道上加载【VRayMtl】材质，在【混合数量】下面的通道上加载【VRayMtl】材质，如图T-47所示。

STEP 2 单击进入【基本材质】后面的通道，在【漫反射】后面的通道上加载【Falloff（衰减）】程序贴图，展开【衰减参数】卷展栏，在【颜色1】后面的通道上加载【Archmodels_64_020_color.jpg】贴图文件，展开【坐标】卷展栏，设置【模糊】为0.01。在【颜色2】后面的通道上加载【Archmodels_64_020_color.jpg】贴图文件，展开【坐标】卷展栏，设置【模糊】为0.01，如图T-48所示。

图T-47

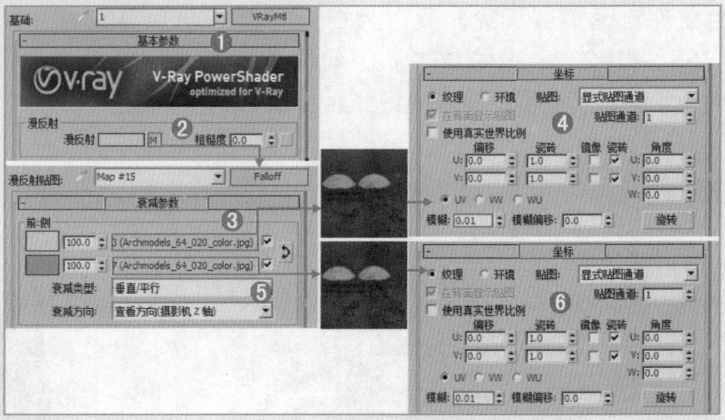

图T-48

STEP 3 在【反射】后面的通道上加载【Falloff（衰减）】程序贴图，展开【衰减参数】卷展栏，在【颜色1】后面的通道上加载【Archmodels_64_020_color.jpg】贴图文件，展开【坐标】卷展栏，设置【模糊】为0.01。在【颜色2】后面的通道上加载【Archmodels_64_020_color.jpg】贴图文件，展开【坐标】卷展栏，设置【模糊】为0.01。设置【衰减类型】为【Fresnel】，设置【折射率】为1.33。设置【高光光泽度】为0.9，【反射光泽度】为0.9，设置【细分】为16，如图T-49所示。

STEP 4 在【折射】选项组下，在【折射】后面的通道上加载【Falloff（衰减）】程序贴图，展开【衰减参数】卷展栏，设置【颜色2】颜色为灰色，设置【衰减类型】为【Fresnel】，设置【折射率】为1.33，设置【光泽度】为0.92，【细分】为12，勾选【影响阴影】复选框，如图T-50所示。

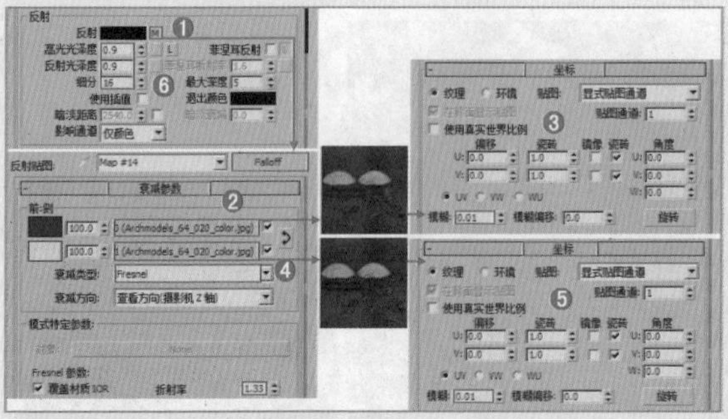

图T-49

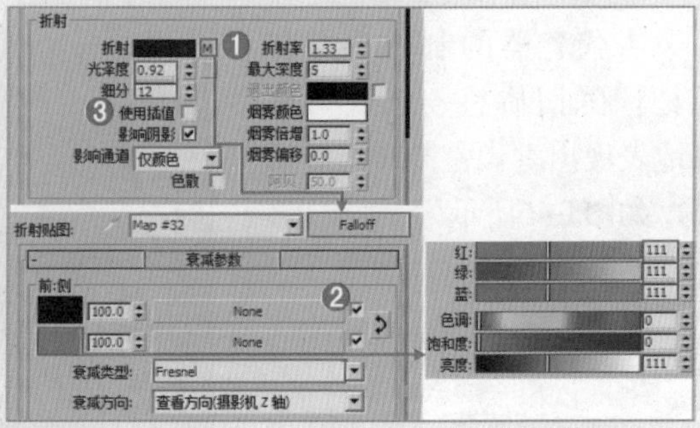

图T-50

STEP 5 在【半透明】选项组下，设置【类型】为【硬（蜡）模型】，设置【散布系数】为0.14，

【厚度】为5.936，如图T-51所示。

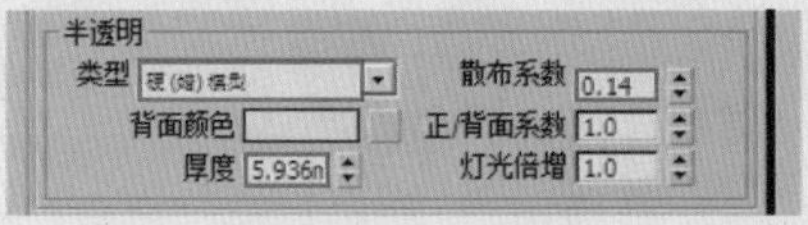

图T-51

STEP 6 在【贴图】卷展栏下，在【凹凸】后面的通道上加载【Archmodels_64_020_color.jpg】贴图文件，展开【坐标】卷展栏，设置【模糊】为2，设置【凹凸】数量为10，如图T-52所示。

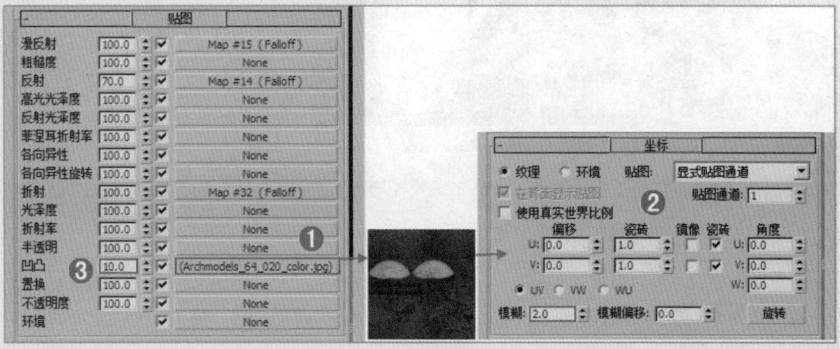

图T-52

STEP 7 单击进入【镀膜材质】后面的通道，设置【漫反射】颜色为黑色，如图T-53所示。

STEP 8 单击进入【混合数量】后面的通道，展开【VRay污垢参数】卷展栏，设置【半径】为50mm，设置【阻光颜色】为白色，【非阻光颜色】为黑色，设置【分布】为0，如图T-54所示。

图T-53

图T-54

技巧一点通：

制作古代瓷器的难度很大，主要是需要模拟真实的年代感，物体经由岁月的洗礼变得表面陈旧，细节非常多，那么在3ds Max中进行模拟就有可能用到【VRay污垢】、【衰减】等程序贴图。

Y

液体（水、饮料、果酱、红酒、咖啡、牛奶、水波纹、冰块）

液体扩展（香水、汽水、洋酒、白酒、雪糕、奶茶、游泳池水、啤酒）

实例096　水

案例文件	材质案例文件\Y\液体\水\水.max	视频教学	视频教学\材质\Y\液体\水.flv
技术难点	折射颜色控制水的透明度的方法		

案例分析：

【水】在常温常压下为无色无味的透明液体。如图Y-1所示为分析并参考水材质的效果。本例通过为水设置水材质，学习水材质的设置方法，具体表现效果如图Y-2所示。

图Y-1

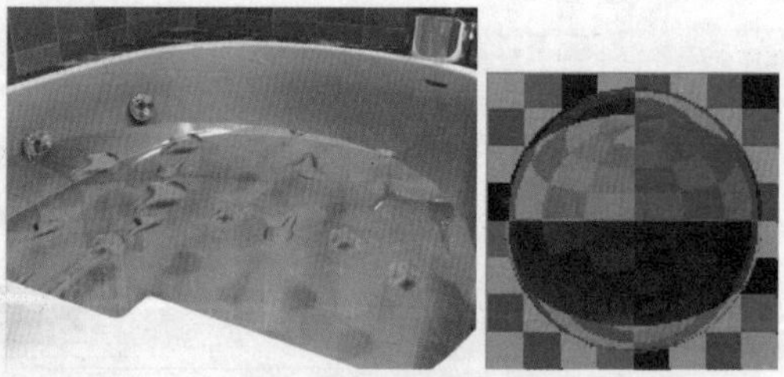

图Y-2

操作步骤：

STEP 1 打开随书配套光盘中的场景文件【材质场景文件\Y\液体\094.max】，如图Y-3所示。

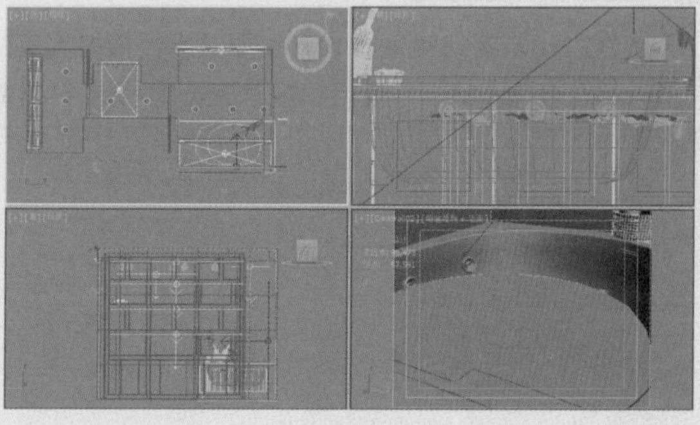

图Y-3

STEP 2 按M键，打开材质编辑器。单击一个材质球，并设置材质类型为【VRayMtl】。设置【漫反射】颜色为蓝色（红=0、绿=11、蓝=232），在【反射】后面的通道上加载【Falloff（衰减）】程序贴图，如图Y-4所示。

STEP 3 在【折射】选项组下，设置【折射】颜色为白色（红=252、绿=252、蓝=252），设置【折射率】为1.2，设置【烟雾颜色】为浅蓝色（红=238、绿=252、蓝=255），设置【烟雾倍增】为0.002，勾选【影响阴影】复选框，如图Y-5所示。

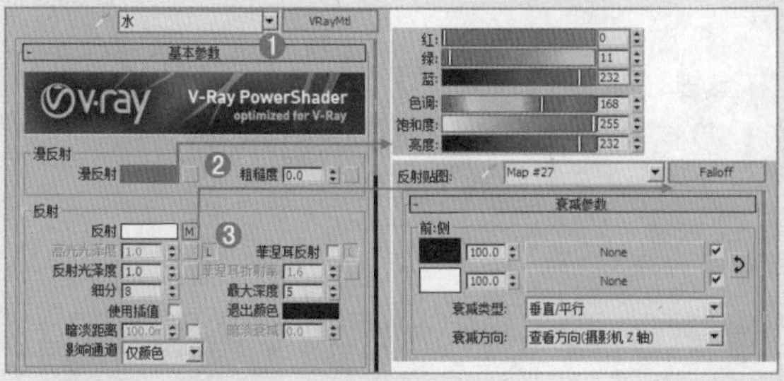

图Y-4

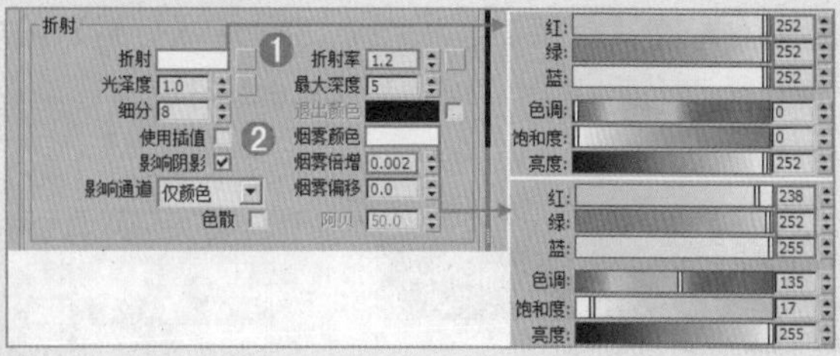

图Y-5

技巧一点通：

【烟雾颜色】选项可以让光线通过透明物体后使光线变少，就好像和物理世界中的半透明物体一样。这个颜色值和物体的尺寸有关，厚的物体颜色需要设置淡一点才有效果。

STEP 4 展开【双向反射分布函数】卷展栏，设置【类型】为【多面】，如图Y-6所示。

STEP 5 将制作完成的水材质赋予场景中的水模型，并将其他材质制作完成，如图Y-7所示。

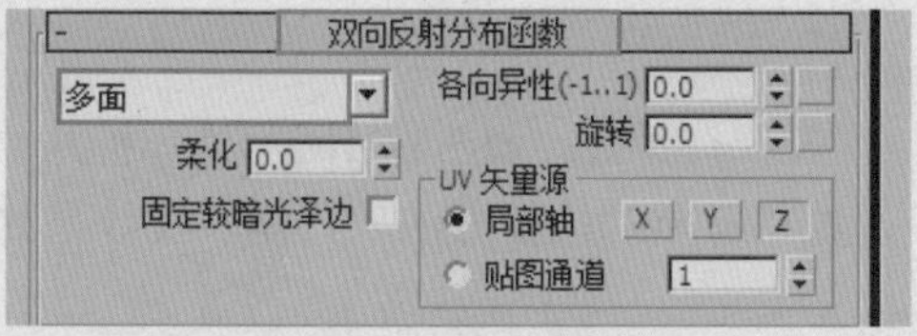

图Y-6

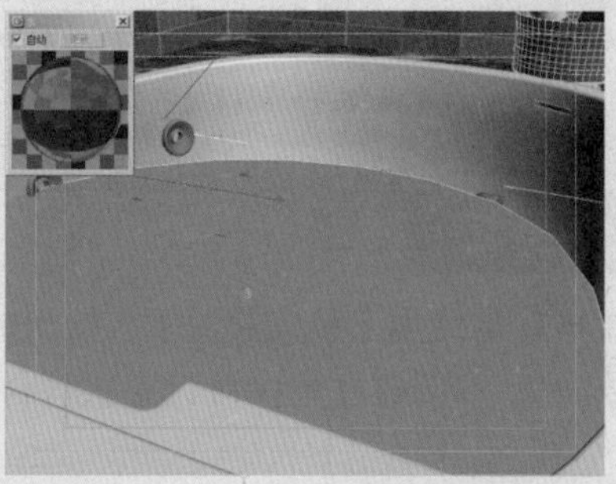

图Y-7

扩展练习096——香水

案例文件	材质案例文件\Y\液体\香水\香水.max	视频教学	视频教学\材质\Y\液体\香水.flv
技术难点	漫反射、反射、折射、烟雾颜色的应用		

香水的制作难点在于如何把握烟雾颜色控制透明物体的颜色的应用，使其更好地表现出香水的真实效果，如图Y-8所示。

图Y-8

STEP 1 打开随书配套光盘中的【材质场景文件\Y\液体\扩展096.max】场景文件，设置材质类型为【VRayMtl】。设置【漫反射】颜色为白色，设置【反射】颜色为白色，勾选【菲涅耳反射】复选框，设置【反射光泽度】为0.95，如图Y-9所示。

STEP 2 在【折射】选项组下，设置【折射】颜色为白色，设置【折射率】为1.33，设置【烟雾颜色】为黄色，【烟雾倍增】为0.1，勾选【影响阴影】复选框，如图Y-10所示。

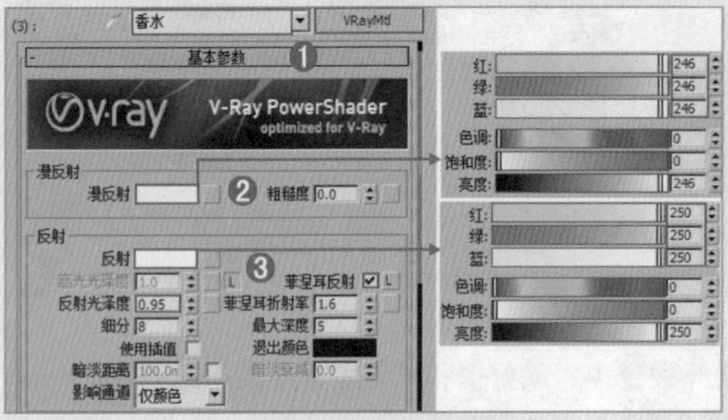

图Y-9

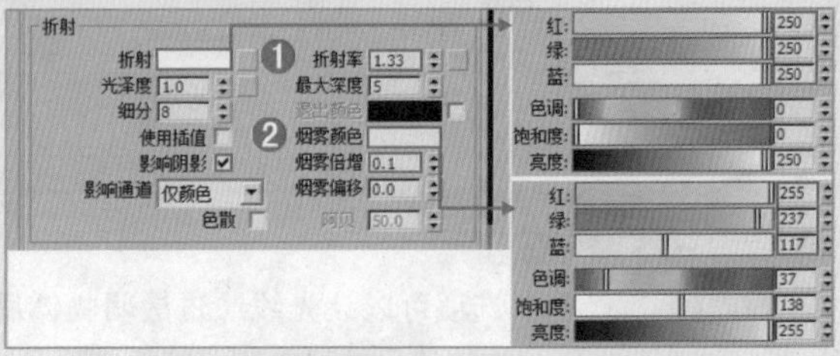

图Y-10

实例097　饮料

案例文件	材质案例文件\Y\液体\饮料\饮料.max	视频教学	视频教学\材质\Y\液体\饮料.flv
技术难点	烟雾颜色控制饮料颜色的方法		

案例分析：

【饮料】是经加工制成的适于人饮用的液体，一般带有颜色。如图Y-11所示为分析并参考饮料材质的效果。本例通过为饮料设置饮料材质，学习饮料材质的设置方法，具体表现效果如图Y-12所示。

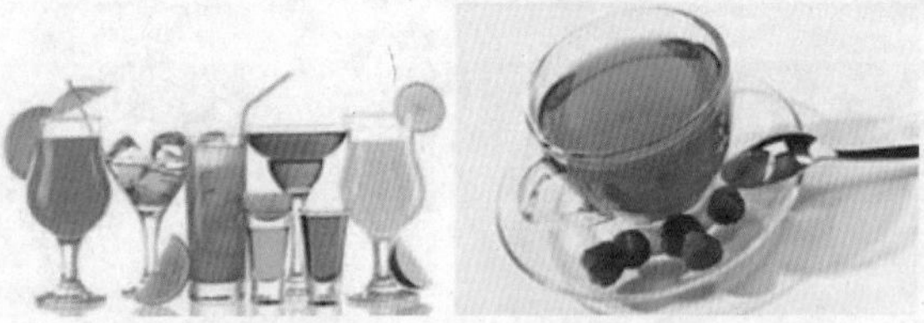

图Y-11

图Y-12

操作步骤：

STEP 1 打开随书配套光盘中的场景文件【材质场景文件\Y\液体\097.max】，如图Y-13所示。

STEP 2 按M键，打开材质编辑器。单击一个材质球，并设置材质类型为【VRayMtl】。设置【漫反射】颜色为橘黄色（红=229、绿=44、蓝=0），如图Y-14所示。

STEP 3 在【折射】选项组下，设置【折射】颜色为灰色（红=143、绿=143、蓝=143），设置【光泽度】为0.56，【细分】为14。设置【烟雾颜色】为橘黄色（红=192、绿=36、蓝=0），设置【烟雾倍增】为0.5，【烟雾偏移】为2，勾选【影响阴影】复选框。在【半透明】选项组下，设置【背面颜色】为黄色（红=255、绿=113、蓝=4），如图Y-15所示。

STEP 4 将制作完成的饮料材质赋予场景中的饮料模型，并将其他材质制作完成，如图Y-16所示。

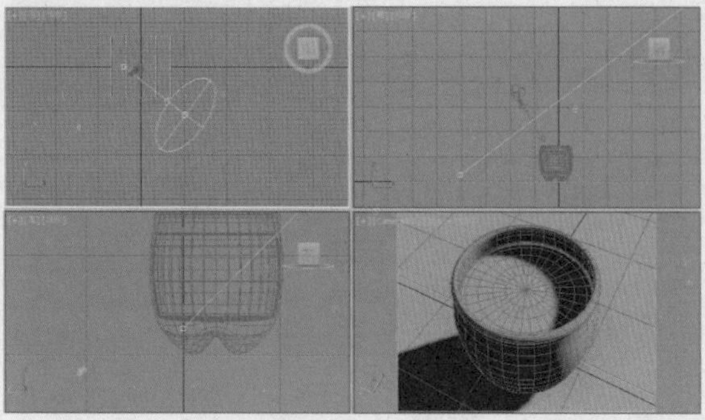

图Y-13

图Y-14

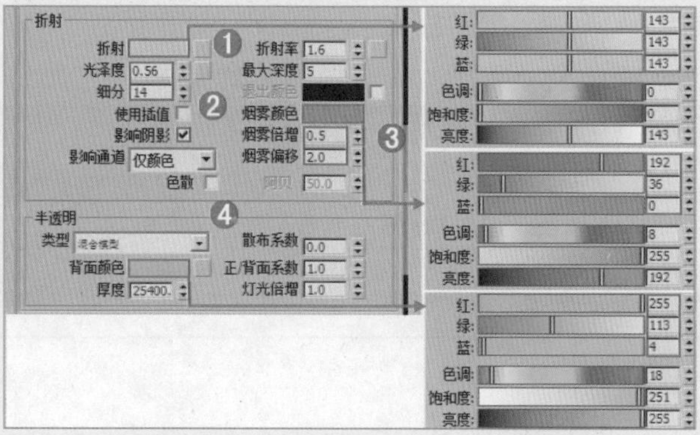

图Y-15

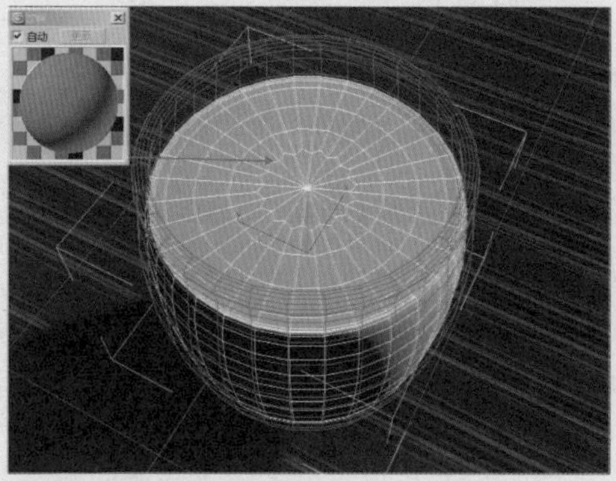

图Y-16

扩展练习097——汽水

案例文件	材质案例文件\Y\液体\汽水\汽水.max	视频教学	视频教学\材质\Y\液体\汽水.flv
技术难点	漫反射、反射、折射的应用		

汽水的制作难点在于如何把握漫反射、反射、折射的应用，使其更好地表现出汽水的真实效果，如图Y-17所示。

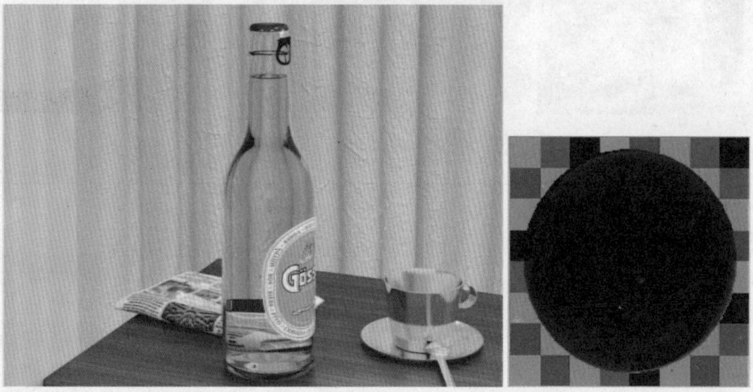

图Y-17

STEP 1 打开随书配套光盘中的【材质场景文件\Y\液体\扩展097.max】场景文件，设置材质类型为【VRayMtl】。设置【漫反射】颜色为黑色，设置【反射】颜色为白色，勾选【菲涅耳反射】复选框，如图Y-18所示。

STEP 2 在【折射】选项组下，设置【折射】颜色为白色，设置【折射率】为1.517，设置【烟雾颜色】为绿色，【烟雾倍增】为0.15，勾选【影响阴影】复选框，如图Y-19所示。

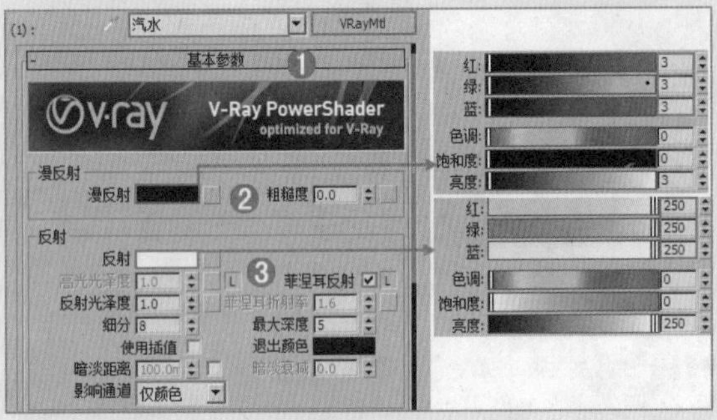

图Y-18

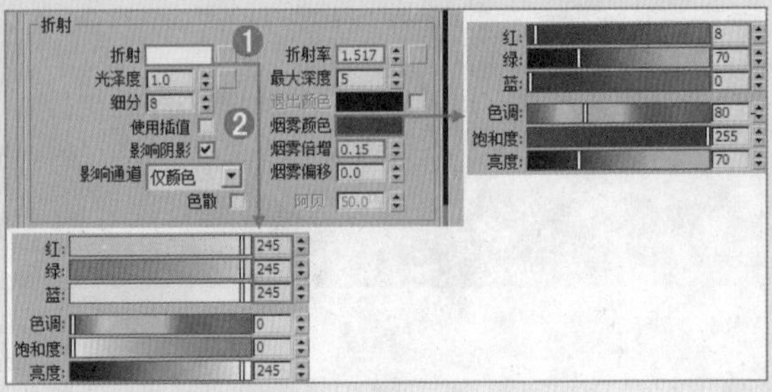

图Y-19

实例098　果酱

案例文件	材质案例文件\Y\液体\果酱\果酱.max	视频教学	视频教学\材质\Y\液体\果酱.flv
技术难点	漫反射、反射、折射制作果酱效果的方法		

案例分析：

【果酱】是把水果、糖及酸度调节剂混合后，用超过100℃温度熬制而成的凝胶物质，也叫果子酱。如图Y-20所示为分析并参考果酱材质的效果。本例通过为果酱设置果酱材质，学习果酱材质的设置方法，具体表现效果如图Y-21所示。

图Y-20

图Y-21

操作步骤：

STEP 1 打开随书配套光盘中的场景文件【材质场景文件\Y\液体\098.max】，如图Y-22所示。

STEP 2 按M键，打开材质编辑器。单击一个材质球，并设置材质类型为【VRayMtl】。设置【漫反射】颜色为橘黄色（红=205、绿=43、蓝=0），在【反射】后面的通道上加载【Falloff（衰减）】程序贴图，展开【衰减参数】卷展栏，设置【衰减类型】为【Fresnel】，设置【折射率】

为1.67。设置【反射光泽度】为0.88，【细分】为12，如图Y-23所示。

STEP 3 在【折射】选项组下，设置【折射】颜色为白色（红=255、绿=255、蓝=255），【折射率】为1.2，设置【烟雾颜色】为红色（红=185、绿=4、蓝=4），【烟雾倍增】为0.75，【烟雾偏移】为2。设置【光泽度】为0.8，【细分】为12，勾选【影响阴影】复选框。在【半透明】选项组下，设置【类型】为【软（水）模型】，设置【背面颜色】为黄色（红=255、绿=75、蓝=0），【厚度】为25400，如图Y-24所示。

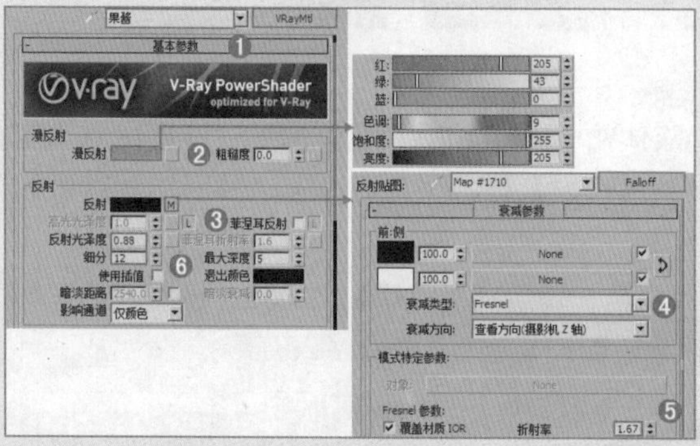

图Y-23

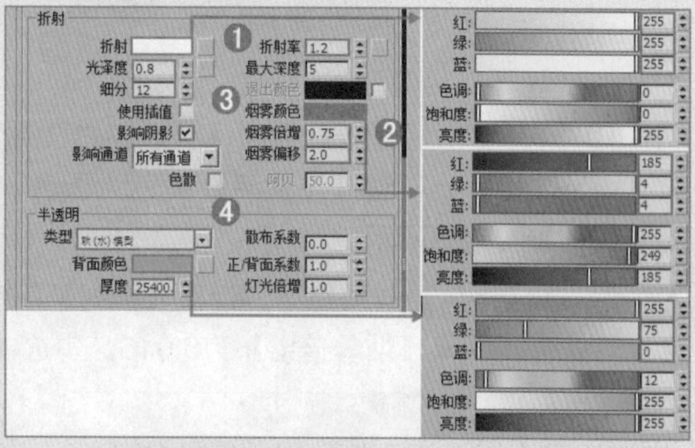

图Y-24

STEP 4 展开【贴图】卷展栏，在【凹凸】后面的通道上加载【Noise（噪波）】程序贴图，展开【坐标】卷展栏，设置【瓷砖X、Y、Z】分别为0.039，展开【噪波参数】卷展栏，设置【大小】为0.5。最后设置【凹凸】数量为30，如图Y-25所示。

STEP 5 将制作完成的果酱材质赋予场景中的果酱模型，并将其他材质制作完成，如图Y-26所示。

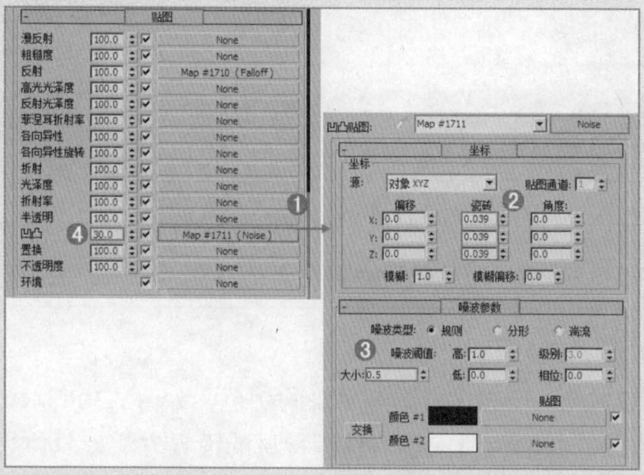

图Y-25

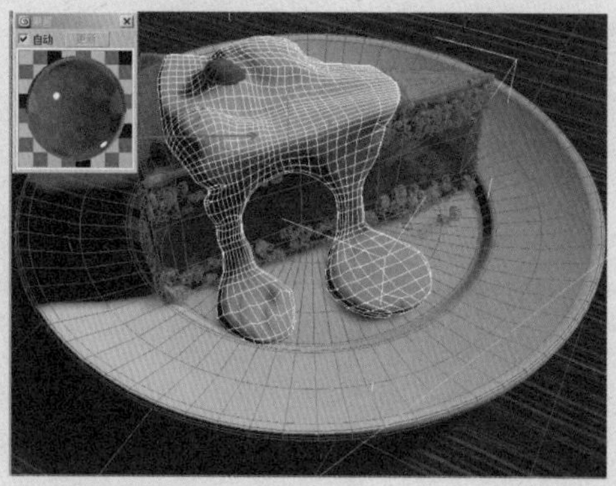

图Y-26

扩展练习098——洋酒

案例文件	材质案例文件\Y\液体\洋酒\洋酒.max	视频教学	视频教学\材质\Y\液体\洋酒.flv
技术难点	漫反射、反射、折射、烟雾颜色的应用		

洋酒的制作难点在于如何把握漫反射、反射、折射、烟雾颜色的应用，使其更好地表现出洋酒的真实效果，如图Y-27所示。

图Y-27

STEP 1 打开随书配套光盘中的【材质场景文件\Y\液体\扩展098.max】场景文件，设置材质类型为【VRayMtl】。设置【漫反射】颜色为黑色，设置【反射】颜色为白色，勾选【菲涅耳反射】复选框，如图Y-28所示。

STEP 2 在【折射】选项组下，设置【折射】颜色为白色，设置【折射率】为1.33，设置【烟雾颜色】为黄色，设置【烟雾倍增】为0.015，勾选【影响阴影】复选框，如图Y-29所示。

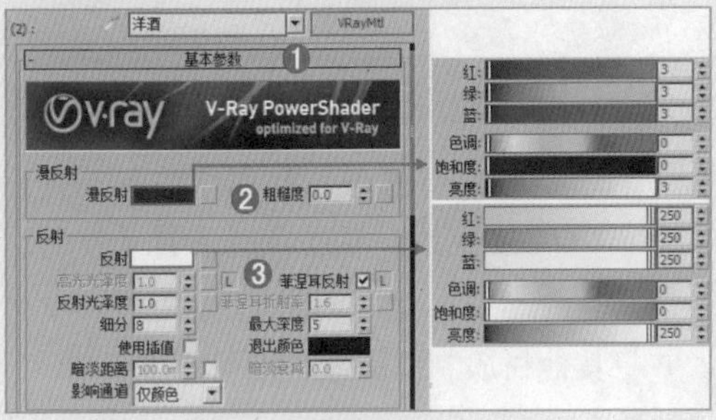

图Y-28

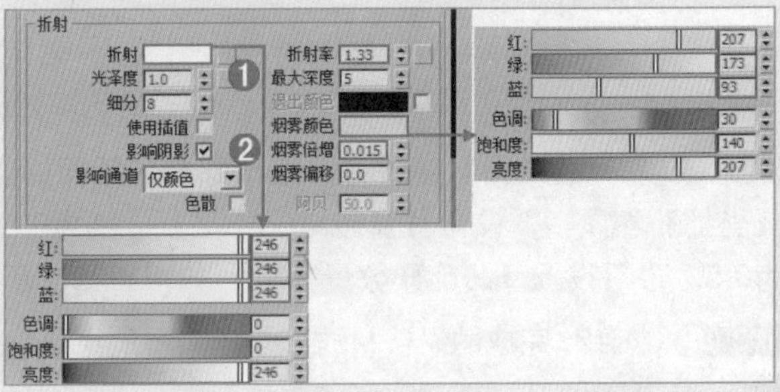

图Y-29

实例099　红酒

案例文件	材质案例文件\Y\液体\红酒\红酒.max	视频教学	视频教学\材质\Y\液体\红酒.flv
技术难点	反射颜色控制红酒反射强度的方法		

案例分析：

【红酒】是葡萄酒的通称，由于原料为葡萄制成，所以带有葡萄本身的颜色。如图Y-30所示为分析并参考红酒材质的效果。本例通过为红酒设置红酒材质，学习红酒材质的设置方法，具体表现效果如图Y-31所示。

图Y-30

图Y-31

操作步骤：

STEP 1 打开随书配套光盘中的场景文件【材质场景文件\Y\液体\099.max】，如图Y-32所示。

STEP 2 按M键，打开材质编辑器。单击一个材质球，并设置材质类型为【VRayMtl】。设置【漫反射】颜色为紫色（红=65、绿=0、蓝=31），设置【反射】颜色为深灰色（红=34、绿=34、蓝=34），如图Y-33所示。

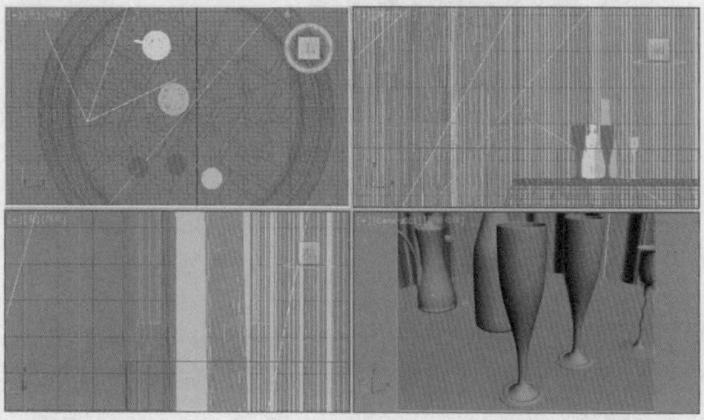

图Y-32

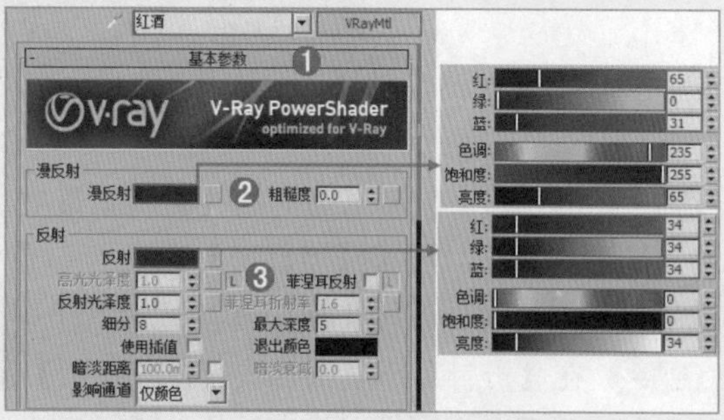

图Y-33

STEP 3 在【折射】选项组下，设置【折射】颜色为深灰色（红=75、绿=57、蓝=57），勾选【影响阴影】复选框，设置【影响通道】为【颜色+alpha】，如图Y-34所示。

STEP 4 将制作完成的红酒材质赋予场景中的红酒模型，并将其他材质制作完成，如图Y-35所示。

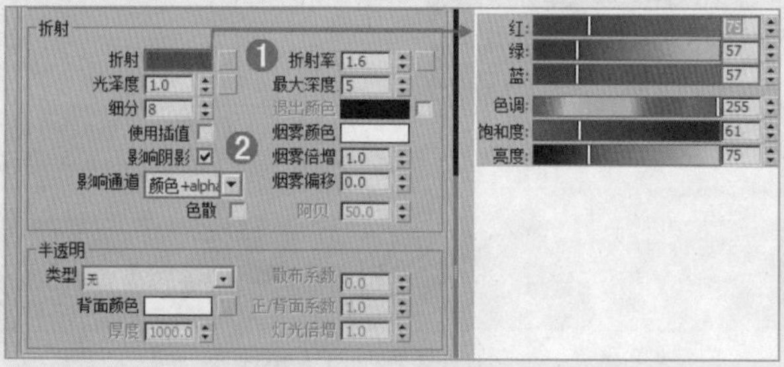

图Y-34

图Y-35

技巧一点通：

【影响阴影】选项用来控制透明物体产生的阴影，勾选该选项后，透明物体将产生真实的阴影。注意，这个选项仅对【VR灯光】和【VRay阴影】有效。

扩展练习099——白酒

案例文件	材质案例文件\Y\液体\白酒\白酒.max	视频教学	视频教学\材质\Y\液体\白酒.flv
技术难点	漫反射、反射、折射的应用		

白酒的制作难点在于如何把握漫反射、反射、折射的应用，使其更好地表现出白酒的真实效

果，如图Y-36所示。

图Y-36

STEP 1 打开随书配套光盘中的【材质场景文件\Y\液体\扩展099.max】场景文件，设置材质类型为【VRayMtl】。设置【漫反射】颜色为白色，设置【反射】颜色为白色，勾选【菲涅耳反射】复选框，设置【反射光泽度】为0.9，如图Y-37所示。

STEP 2 在【折射】选项组下，设置【折射】颜色为白色，设置【折射率】为1.517，设置【烟雾颜色】为浅蓝色，【烟雾倍增】为0.02，勾选【影响阴影】复选框，如图Y-38所示。

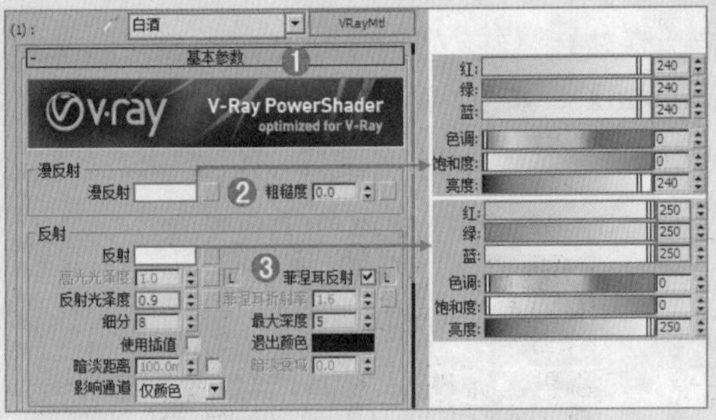

图Y-37

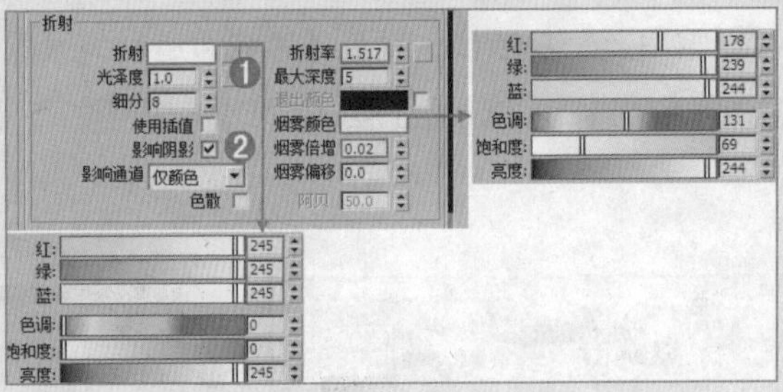

图Y-38

实例100　咖啡

案例文件	材质案例文件\Y\液体\咖啡\咖啡.max	视频教学	视频教学\材质\Y\液体\咖啡.flv
技术难点	漫反射制作咖啡效果的方法		

案例分析：

【咖啡】颜色为咖啡色、褐色，味苦。如图Y-39所示为分析并参考咖啡材质的效果。本例通过为咖啡设置咖啡材质，学习咖啡材质的设置方法，具体表现效果如图Y-40所示。

图Y-39

图Y-40

操作步骤：

STEP 1 打开随书配套光盘中的场景文件【材质场景文件\Y\液体\100.max】，如图Y-41所示。

STEP 2 按M键，打开材质编辑器。单击一个材质球，并设置材质类型为【VRayMtl】。在【漫反射】后面的通道上加载【l.jpg】贴图文件，在【反射】选项组下，设置【细分】为50，在【折射】选项组下，设置【细分】为50，如图Y-42所示。

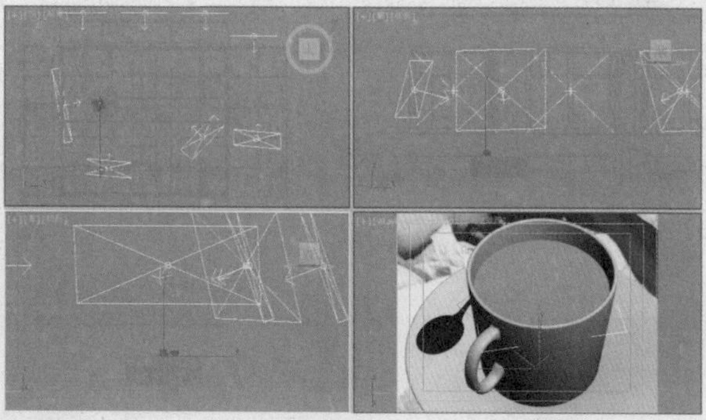

图 Y-41

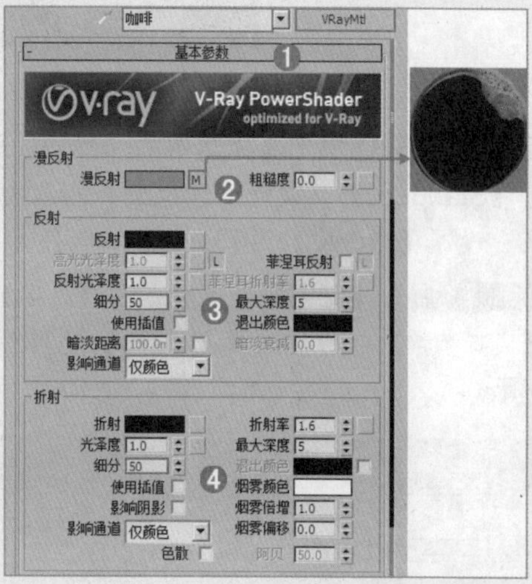

图 Y-42

STEP 3 展开【双向反射分布函数】卷展栏，设置【类型】为【多面】，如图Y-43所示。

STEP 4 将制作完成的咖啡材质赋予场景中的咖啡模型，并将其他材质制作完成，如图Y-44所示。

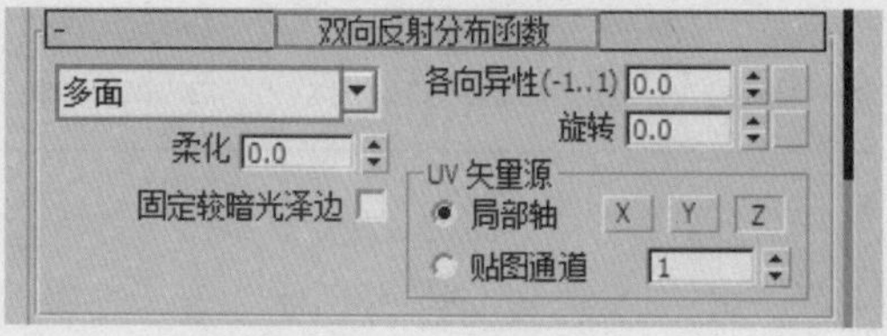

图 Y-43

图 Y-44

扩展练习100——雪糕

案例文件	材质案例文件\Y\液体\雪糕\雪糕.max	视频教学	视频教学\材质\Y\液体\雪糕.flv
技术难点	高光级别、光泽度的应用		

雪糕的制作难点在于如何把握高光级别、光泽度的应用，使其更好地表现出雪糕的真实效果，如图Y-45所示。

图Y-45

STEP 1 打开随书配套光盘中的【材质场景文件\Y\液体\扩展100.max】场景文件，设置材质类型为【Standard】。设置【漫反射】颜色为白色，在【反射高光】选项组下，设置【高光级别】为50，设置【光泽度】为30，如图Y-46所示。

STEP 2 展开【贴图】卷展栏，在【反射】后面的通道上加载【Falloff（衰减）】程序贴图，展开【衰减参数】卷展栏，设置【衰减类型】为【Fresnel】，最后设置【反射数量】为100，如图Y-47所示。

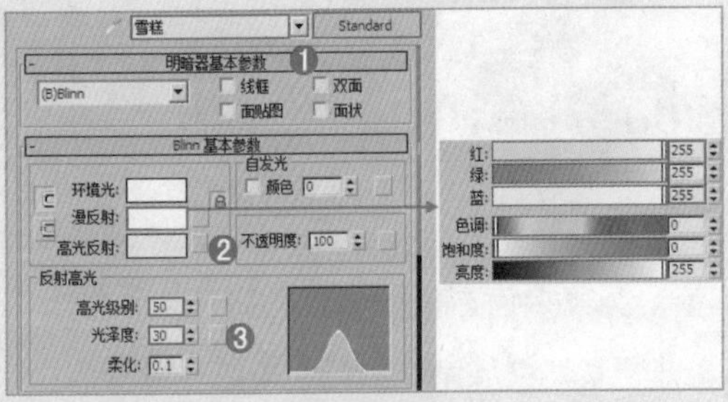

图Y-46

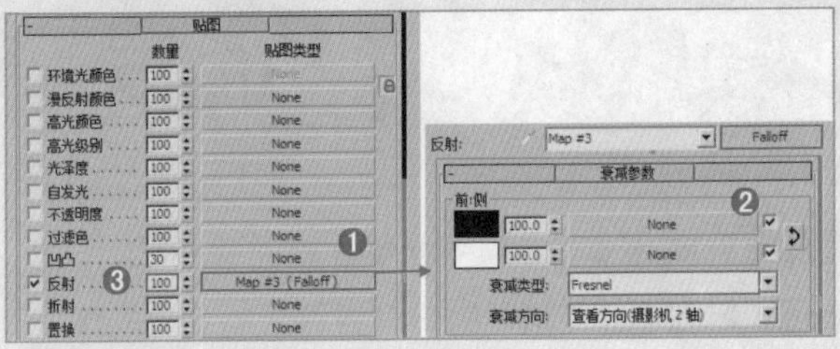

图Y-47

实例101　牛奶

案例文件	材质案例文件\Y\液体\牛奶\牛奶.max	视频教学	视频教学\材质\Y\液体\牛奶.flv
技术难点	衰减贴图控制牛奶反射强度的方法		

案例分析：

【牛奶】最古老的天然饮料之一，颜色为奶白色，有一定粘稠性。如图Y-48所示为分析并参考牛奶材质的效果。本例通过为牛奶设置牛奶材质，学习牛奶材质的设置方法，具体表现效果如图Y-49所示。

图Y-48

图Y-49

操作步骤：

STEP 1 打开随书配套光盘中的场景文件【材质场景文件\Y\液体\101.max】，如图Y-50所示。

STEP 2 按M键，打开材质编辑器。单击一个材质球，并设置材质类型为【VRayMtl】。设置【漫反射】颜色为白色（红=251、绿=249、蓝=239）。在【反射】后面的通道上加载【Falloff（衰减）】程序贴图，设置【衰减类型】为【Fresnel】，设置【折射率】为1.2。设置【反射光泽度】为0.98，【细分】为12，如图Y-51所示。

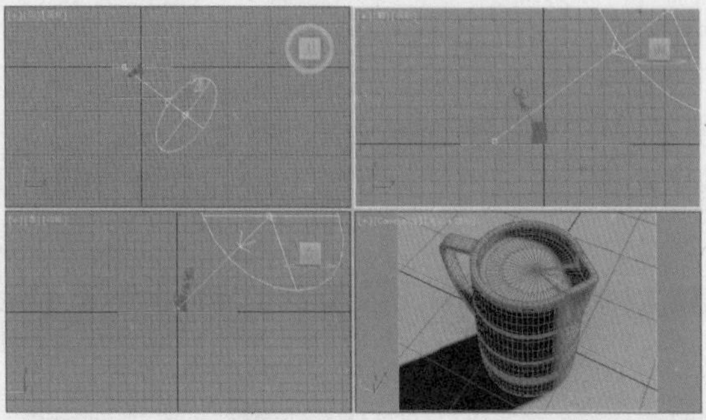

图Y-50

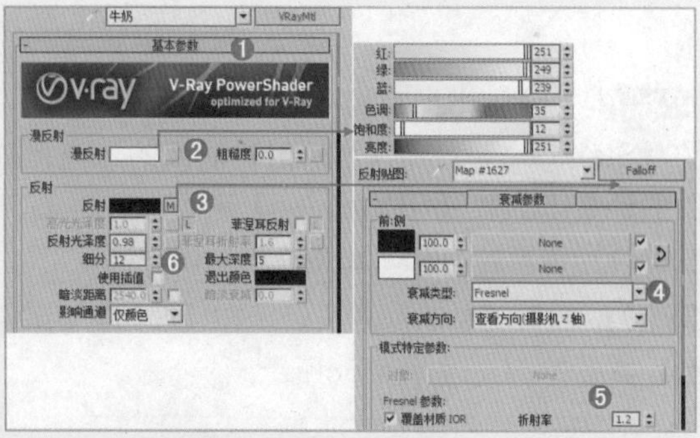

图Y-51

STEP 3 在【折射】选项组下，设置【折射】颜色为灰色（红=25、绿=25、蓝=25），设置【光泽度】为0.9。在【半透明】选项组下，设置【类型】为【混合模型】，设置【厚度】为25400，如图Y-52所示。

STEP 4 将制作完成的牛奶材质赋予场景中的牛奶模型，并将其他材质制作完成，如图Y-53所示。

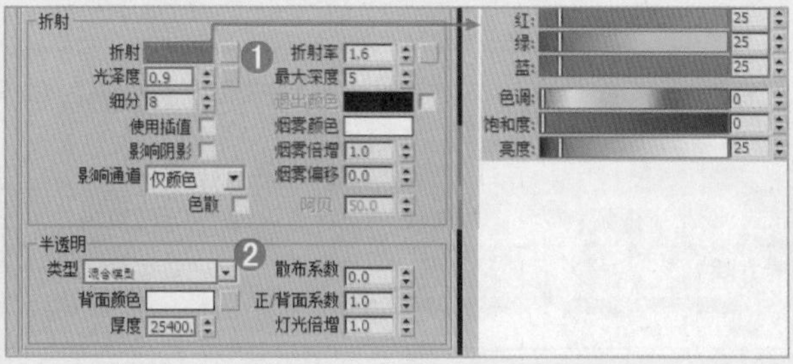

图Y-52

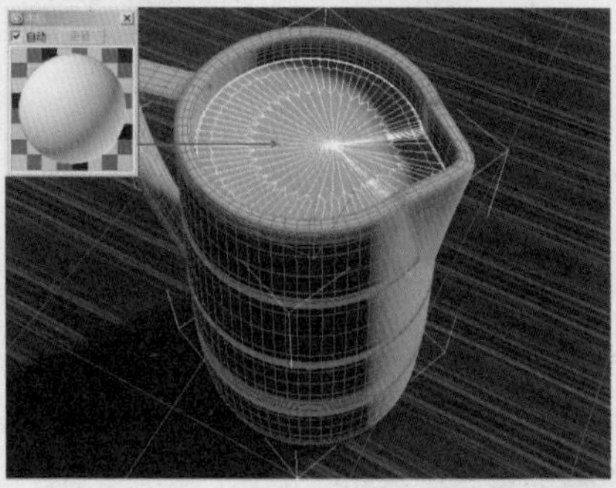

图Y-53

技巧一点通：

【厚度】选项用来控制光线在物体内部被追踪的深度，也可以理解为光线的最大穿透能力。较大的值，会让整个物体都被光线穿透；较小的值，可以让物体比较薄的地方产生半透明现象。

扩展练习101——奶茶

案例文件	材质案例文件\Y\液体\奶茶\奶茶.max	视频教学	视频教学\材质\Y\液体\奶茶.flv
技术难点	漫反射、凹凸通道的应用		

奶茶的制作难点在于如何把握漫反射、凹凸通道的应用，使其更好地表现出奶茶的真实效果，如图Y-54所示。

图Y-54

STEP 1 打开随书配套光盘中的【材质场景文件\Y\液体\扩展101.max】场景文件，设置材质类型为【Standard】。在【漫反射】后面的通道上加载【164bc1.jpg】贴图文件，在【高光反射】后面的通道上加载【164bc1.jpg】贴图文件。在【反射高光】选项组下，设置【高光级别】为80，设置【光泽度】为60，如图Y-55所示。

STEP 2 展开【贴图】卷展栏，在【凹凸】后面的通道上加载【164bc1.jpg】贴图文件，设置【凹凸】数量为-30，如图Y-56所示。

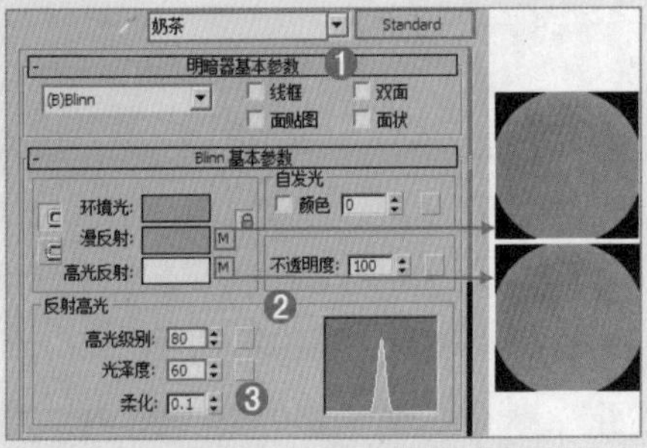

图Y-55

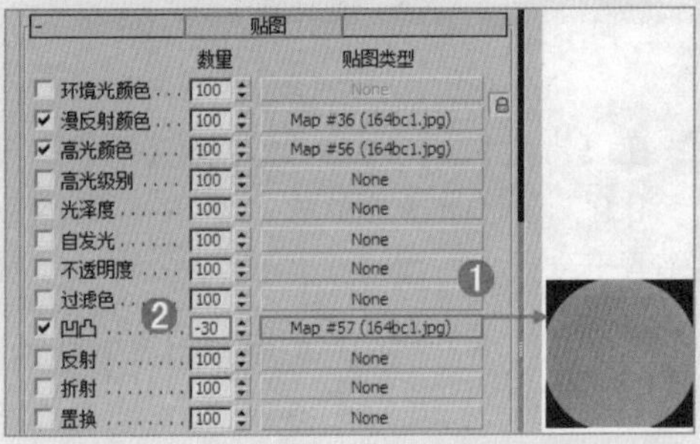

图Y-56

实例102　水波纹

案例文件	材质案例文件\Y\液体\水波纹\水波纹.max	视频教学	视频教学\材质\Y\液体\水波纹.flv
技术难点	凹凸通道加噪波贴图制作水波纹效果的方法		

案例分析：

【水波纹】是指水面由于外界力而导致的波纹晃动效果，非常漂亮。如图Y-57所示为分析并参考水波纹材质的效果。本例通过为水设置水波纹材质，学习水波纹材质的设置方法，具体表现效果如图Y-58所示。

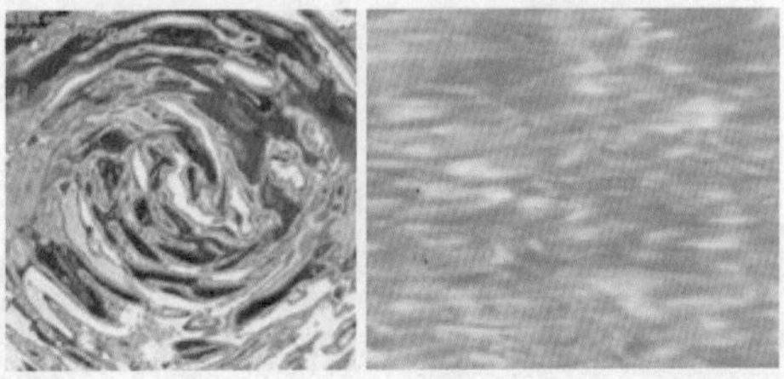

图Y-57

图Y-58

操作步骤：

STEP 1 打开随书配套光盘中的场景文件【材质场景文件\Y\液体\102.max】，如图Y-59所示。

STEP 2 按M键，打开材质编辑器。单击一个材质球，并设置材质类型为【VRayMtl】。设置【漫反射】颜色为蓝色（红=0、绿=11、蓝=232），在【反射】后面的通道上加载【Falloff（衰减）】程序贴图，如图Y-60所示。

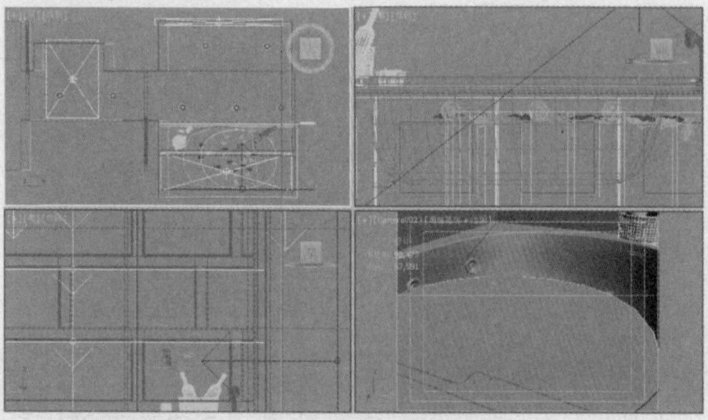

图Y-59

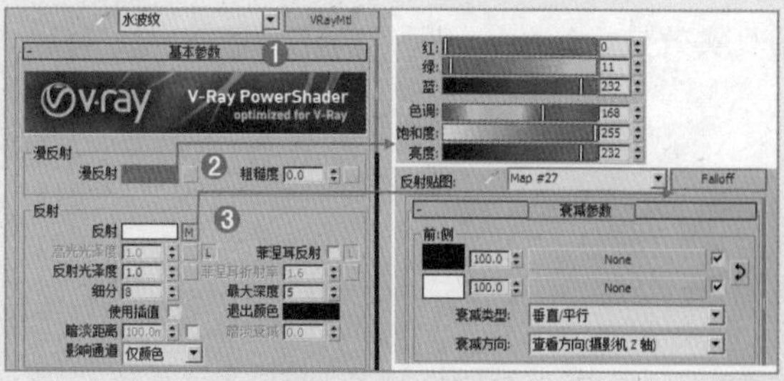

图Y-60

STEP 3 在【折射】选项组下，设置【折射】颜色为白色（红=252、绿=252、蓝=252），设置【折射率】为1.2，设置【烟雾颜色】为浅蓝色（红=238、绿=252、蓝=255），设置【烟雾倍增】为0.002，勾选【影响阴影】复选框，如图Y-61所示。

STEP 4 展开【双向反射分布函数】卷展栏，设置【类型】为【多面】，如图Y-62所示。

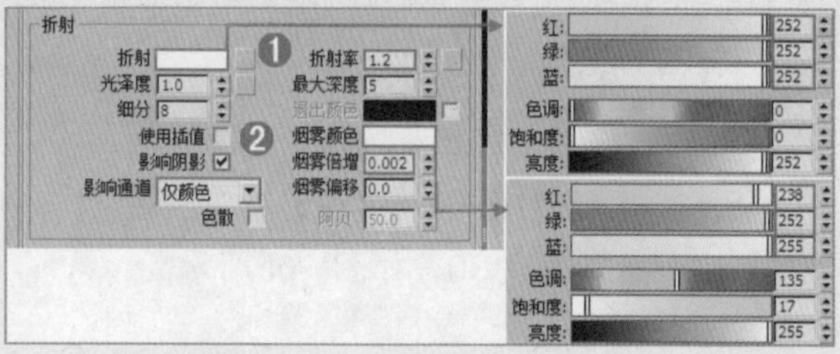

图Y-61

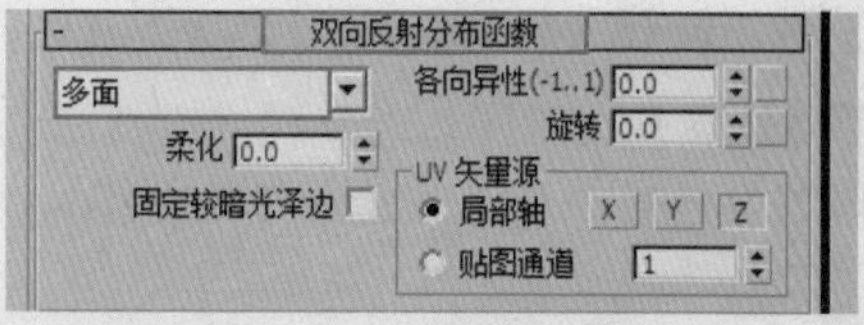

图Y-62

STEP 5 展开【贴图】卷展栏，在【凹凸】后面的通道上加载【Noise（噪波）】程序贴图，展开【噪波参数】卷展栏，设置【噪波类型】为【分形】，【大小】为350。最后设置【凹凸】数量为25，如图Y-63所示。

STEP 6 将制作完成的水波纹材质赋予场景中的水模型，并将其他材质制作完成，如图Y-64所示。

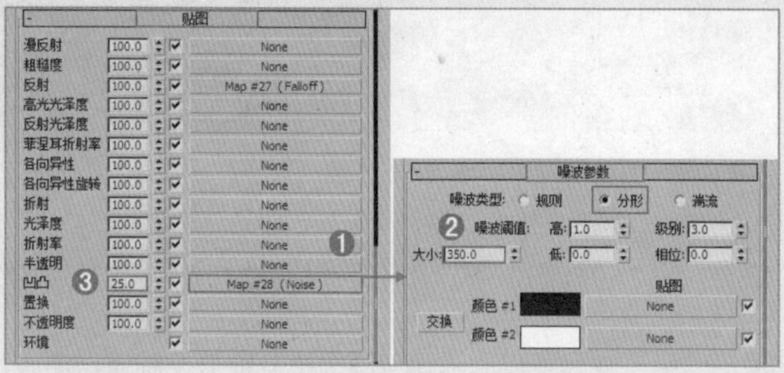

图Y-63

图Y-64

扩展练习102——游泳池水

案例文件	材质案例文件\Y\液体\游泳池水\游泳池水.max	视频教学	视频教学\材质\Y\液体\游泳池水.flv
技术难点	VR材质包裹器、噪波程序贴图的应用		

游泳池水的制作难点在于如何把握VR材质包裹器和噪波程序贴图的应用，使其更好地表现出水波纹的真实效果，如图Y-65所示。

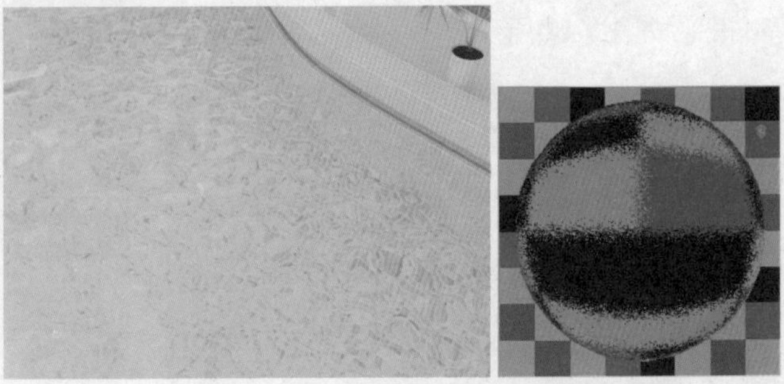

图Y-65

STEP 1 打开随书配套光盘中的【材质场景文件\Y\液体\扩展102.max】场景文件，设置材质类型为【VR材质包裹器】。在【VR材质包裹器参数】卷展栏下，在【基本材质】后面的通道上加载【VRayMtl】材质，如图Y-66所示。

图Y-66

STEP 2 单击进入【VRayMtl】材质，设置【漫反射】颜色为黑色，【反射】颜色为白色，勾选【菲涅耳反射】复选框，设置【细分】为15。在【折射】选项组下，设置【折射】颜色为白色，【折射率】为1.33，设置【烟雾颜色】为浅蓝色，设置【烟雾倍增】为0.4，【细分】为15，勾选【影响阴影】复选框，如图Y-67所示。

STEP 3 展开【贴图】卷展栏，在【凹凸】后面的通道上加载【Noise（噪波）】程序贴图，展开【噪波参数】卷展栏，设置【噪波类型】为【分形】，【大小】为30，如图Y-68所示。

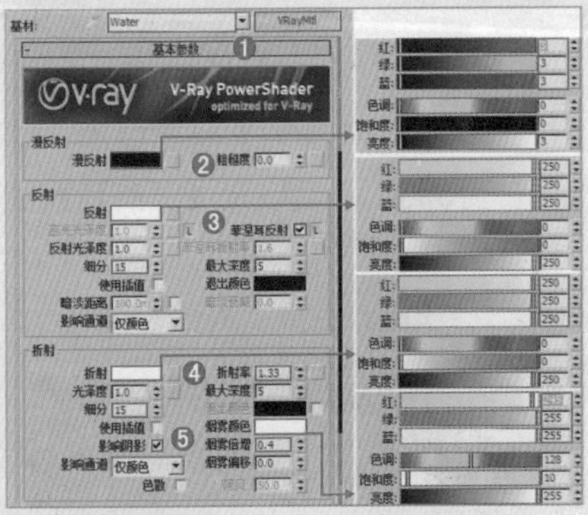

图Y-67

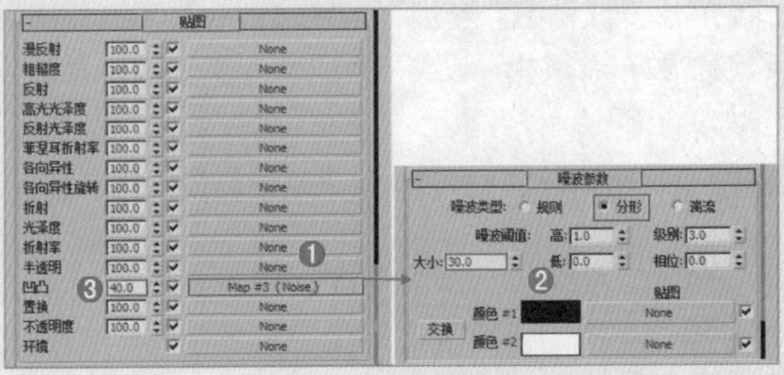

图Y-68

技巧一点通：

使用噪波程序贴图可以快速地模拟类似波浪的效果，并且可以通过调节【大小】数值控制波浪的大小，通过设置【凹凸】强度控制玻璃的起伏。

实例103　冰块

案例文件	材质案例文件\Y\液体\冰块\冰块.max	视频教学	视频教学\材质\Y\液体\冰块.flv
技术难点	折射颜色控制冰块透明度的方法		

案例分析：

【冰块】是将液体水冰冻后制成的固体水。如图Y-69所示为分析并参考冰块材质的效果。本例通过为冰块设置冰块材质，学习冰块材质的设置方法，具体表现效果如图Y-70所示。

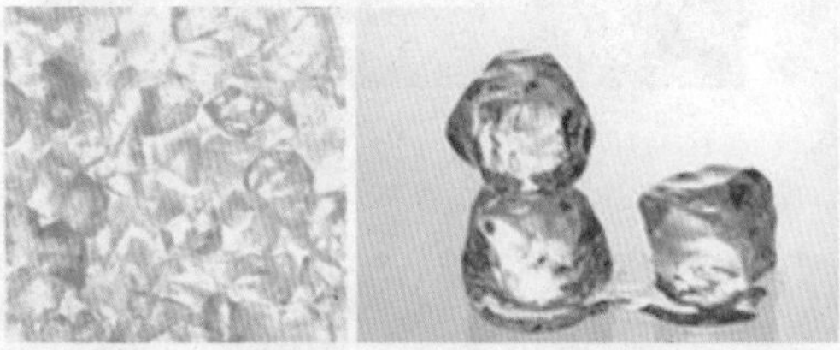

图Y-69

图Y-70

操作步骤：

STEP 1 打开随书配套光盘中的场景文件【材质场景文件\Y\液体\103.max】，如图Y-71所示。

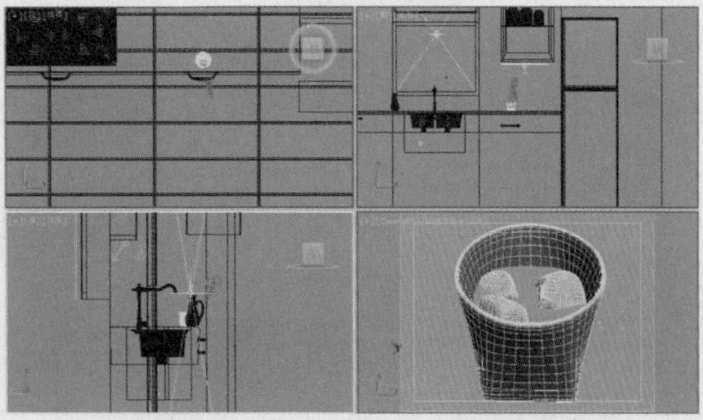

图Y-71

STEP 2 按M键，打开材质编辑器。单击一个材质球，并设置材质类型为【VRayMtl】。设置【漫反射】颜色为灰色（红=128、绿=128、蓝=128），设置【反射】颜色为深灰色（红=39、绿=39、蓝=39），如图Y-72所示。

STEP 3 在【折射】选项组下，设置【折射】颜色为白色（红=252、绿=252、蓝=252），设置【折射率】为1.25，勾选【影响阴影】复选框，如图Y-73所示。

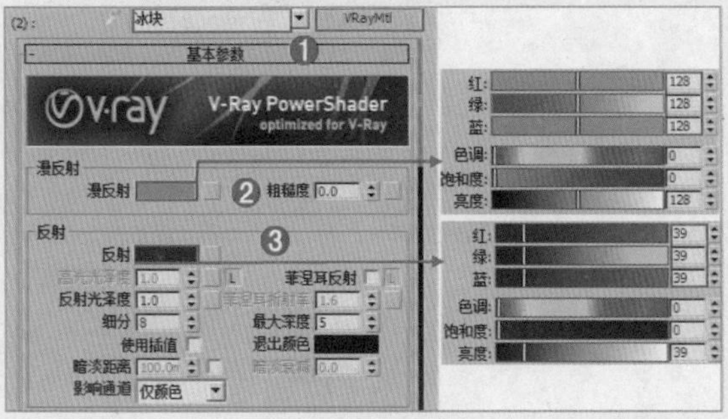

图Y-72

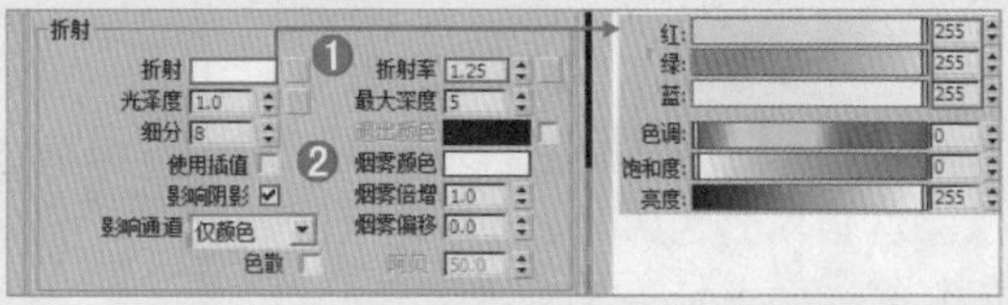

图Y-73

STEP 4 展开【贴图】卷展栏，在【凹凸】后面的通道上加载【Noise（噪波）】程序贴图，展开

B C D F J M P Q R S T Y Z

B C D F J M P Q R S T Y Z

【坐标】卷展栏，设置【瓷砖X、Y、Z】分别为0.039。展开【噪波参数】卷展栏，设置【噪波类型】为湍流，【大小】为0.5。最后设置【凹凸】数量为15，如图Y-74所示。

STEP 5 将制作完成的冰块材质赋予场景中的冰块模型，并将其他材质制作完成，如图Y-75所示。

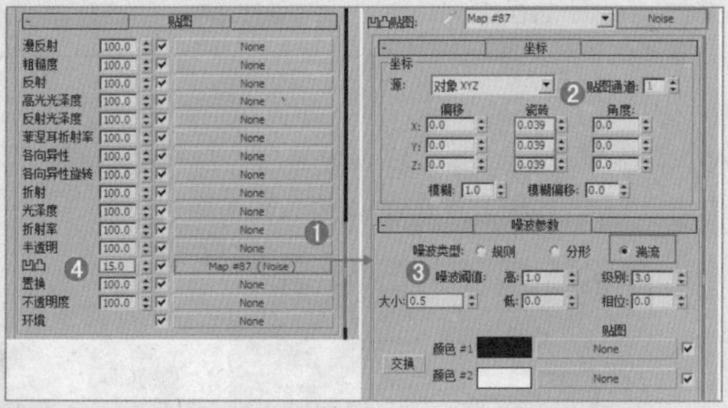

图Y-74

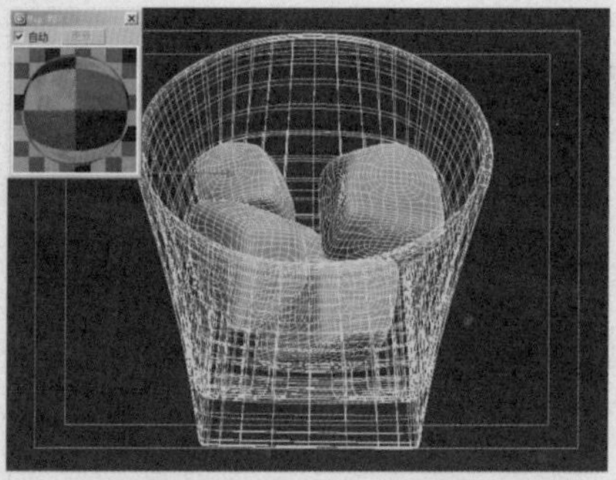

图Y-75

扩展练习103——啤酒

案例文件	材质案例文件\Y\液体\啤酒\啤酒.max	视频教学	视频教学\材质\Y\液体\啤酒.flv
技术难点	漫反射、反射、折射的应用		

啤酒的制作难点在于如何把握漫反射、反射、折射的应用，才能更好地表现出啤酒的真实效果，如图Y-76所示。

图Y-76

打开随书配套光盘中的【材质场景文件\Y\液体\扩展103.max】场景文件，设置材质类型为【VRayMtl】。设置【漫反射】颜色为黑色，【反射】颜色为白色，勾选【菲涅耳反射】复选框。在【折射】选项组下，设置【折射】颜色为白色，设置【折射率】为1.33，设置【烟雾颜色】为棕色，设置【烟雾倍增】为0.012，勾选【影响阴影】复选框，如图Y-77所示。

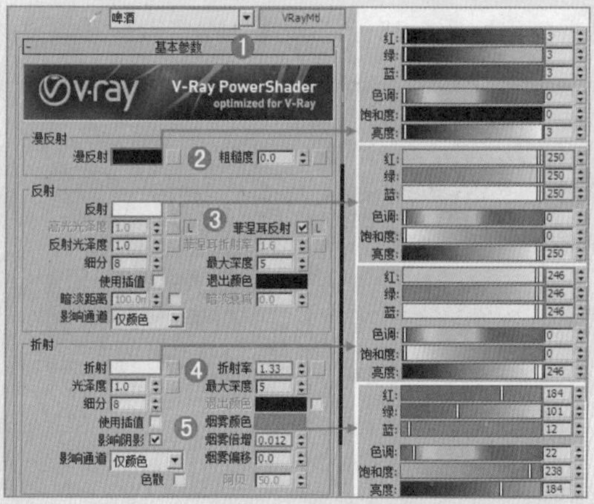

图Y-77

Z

装饰（摆设、黑色瓷瓶、陶瓷装饰碗、塑料盘子、斑点瓷瓶）
装饰扩展（装饰品、无色花瓶、彩色雕塑、装饰小球、装饰瓶）

植物（树叶、花朵）
植物扩展（树木、盆栽）

纸张（便签、壁画、油画、普通壁纸、雕花壁纸）
纸张扩展（杂志、拼花壁纸、装饰画、餐具纸巾、花纹理壁纸）

实例104　摆设

案例文件	材质案例文件\Z\装饰\摆设\摆设.max	视频教学	视频教学\材质\Z\装饰\摆设.flv
技术难点	反射颜色控制反射强度的方法		

案例分析：

【摆设】是陈设之物，起到装饰作用。如图Z-1所示为分析并参考摆设材质的效果。本例通过为摆设设置摆设材质，学习摆设材质的设置方法，具体表现效果如图Z-2所示。

图Z-1

图Z-2

操作步骤：

STEP 1 打开随书配套光盘中的场景文件【材质场景文件\Z\装饰\104.max】，如图Z-3所示。

STEP 2 按M键，打开材质编辑器。单击一个材质球，并设置材质类型为【VRayMtl】。设置【漫反射】颜色为浅灰色（红=137、绿=120、蓝=110），设置【反射】颜色为浅灰色（红=143、绿=143、蓝=143），设置【反射光泽度】为0.5，设置【细分】为4，如图Z-4所示。

STEP 3 展开【双向反射分布函数】卷展栏，设置【类型】为【多面】，如图Z-5所示。

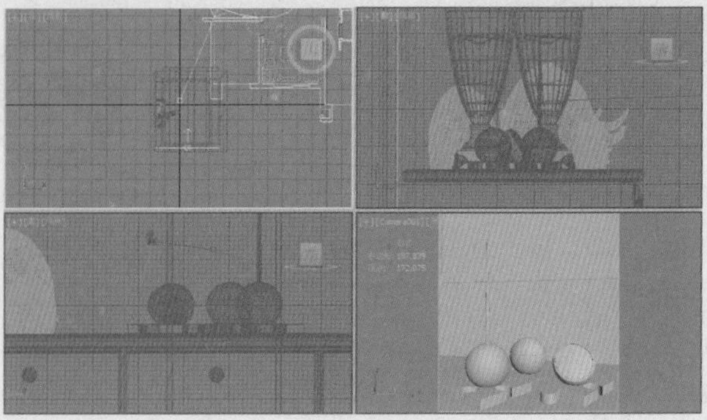

图Z-3

STEP 4 将制作完成的摆设材质赋与场景中的摆设，并将其他材质制作完成。

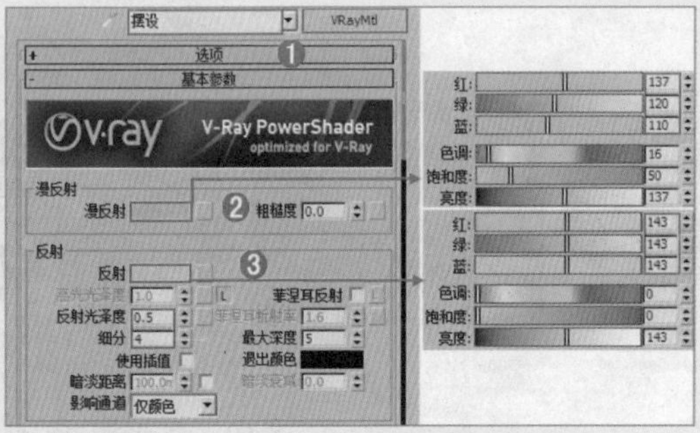

图Z-4

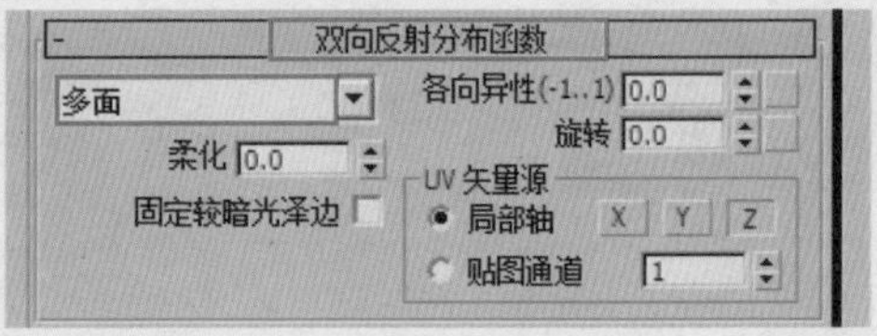

图Z-5

技巧一点通：

【多面】类型适合硬度很高的物体，高光区很小。

扩展练习104——装饰品

案例文件	材质案例文件\Z\装饰\装饰品\装饰品.max	视频教学	视频教学\材质\Z\装饰\装饰品.flv
技术难点	泼溅程序贴图的应用		

装饰品的制作难点在于掌握泼溅程序贴图模拟斑点效果，使其更好地表现出装饰品的真实效果，如图Z-6所示。

图Z-6

打开随书配套光盘中的【材质场景文件\Z\装饰\扩展104.max】场景文件，设置材质类型为【VRayMtl】。在【漫反射】后面的通道上加载【泼溅】程序贴图，展开【泼溅参数】卷展栏，设置【大小】为30，设置【颜色1】为蓝色。设置【反射】颜色为白色，勾选【菲涅耳反射】复选框，设置【细分】为20，如图Z-7所示。

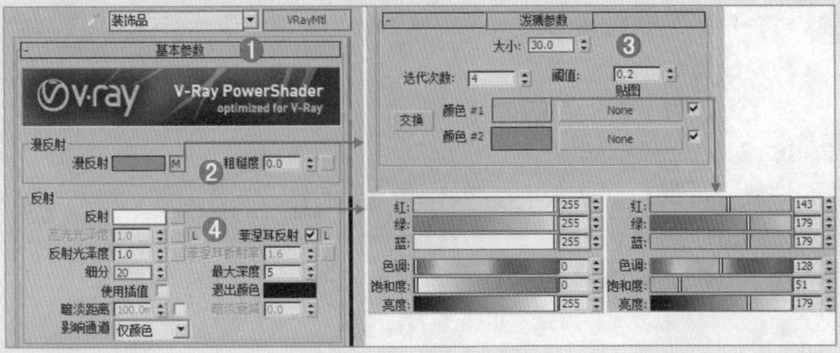

图Z-7

技巧一点通：

通过对本案例的学习，要了解3ds Max中的程序贴图功能是非常强大的，可以模拟出很多随机的贴图效果。

实例105 黑色瓷瓶

案例文件	材质案例文件\Z\装饰\黑色瓷瓶\黑色瓷瓶.max	视频教学	视频教学\材质\Z\装饰\黑色瓷瓶.flv
技术难点	反射颜色控制反射强度的方法		

案例分析：

【黑色瓷瓶】是一种器皿，多由陶瓷或玻璃制成，外表美观光滑；名贵者由水晶等昂贵材料制成，用来盛放花枝的美丽植物，花瓶底部通常盛水，让植物保持活性与美丽。如图Z-8所示为分析并参考花瓶材质的效果。本例通过为花瓶设置黑色瓷瓶材质，学习黑色瓷瓶材质的设置方法，具体表现效果如图Z-9所示。

图Z-8

图Z-9

操作步骤：

STEP 1 打开随书配套光盘中的场景文件【材质场景文件\Z\装饰\105.max】，如图Z-10所示。

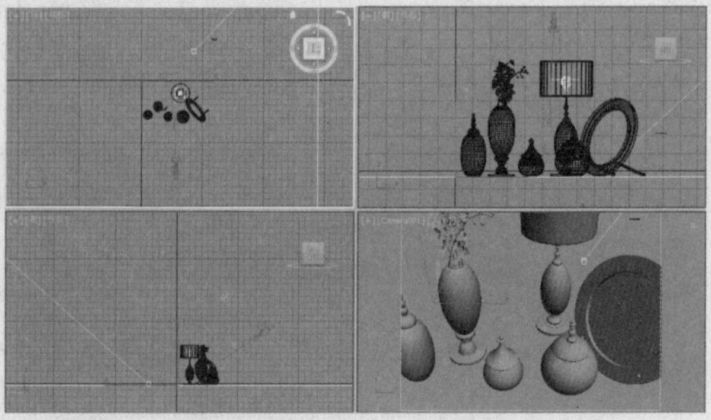

图Z-10

STEP 2 按M键，打开材质编辑器。单击一个材质球，并设置材质类型为【VRayMtl】。在【漫反射】后面的通道上加载【20081216_OwMXVJK.jpg】贴图文件，设置【反射】颜色为深灰色（红=30、绿=30、蓝=30），设置【高光光泽度】为0.88，设置【反射光泽度】为0.88，设置【细分】为15，如图Z-11所示。

STEP 3 将制作完成的黑色瓷瓶材质赋予场景中的花瓶模型，并将其他材质制作完成，如图Z-12所示。

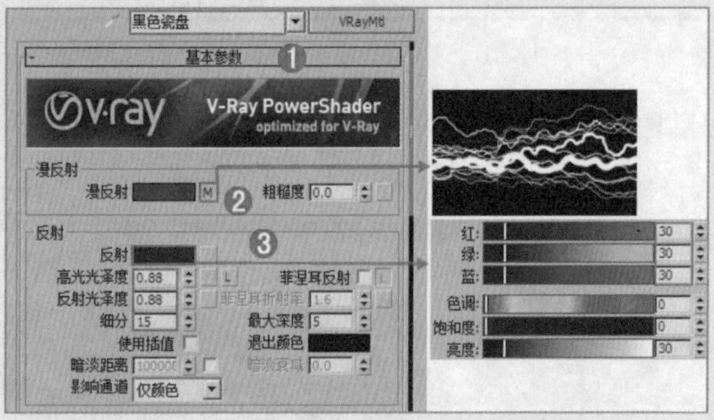

图Z-11

图Z-12

扩展练习105——无色花瓶

案例文件	材质案例文件\Z\装饰\无色花瓶\无色花瓶.max	视频教学	视频教学\材质\Z\装饰\无色花瓶.flv
技术难点	漫反射、反射、折射的应用		

无色花瓶的制作难点在于如何把握漫反射、反射、折射的应用，使其更好地表现出无色花瓶的真实效果，如图Z-13所示。

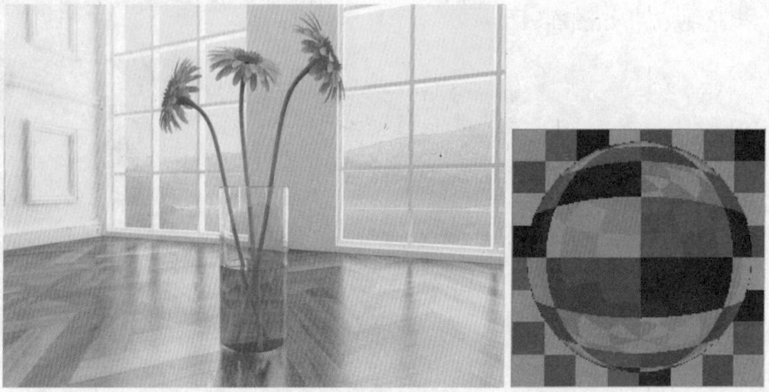

图Z-13

STEP 1 打开随书配套光盘中的【材质场景文件\Z\装饰\扩展105.max】场景文件，设置材质类型为【VRayMtl】。设置【漫反射】颜色为灰色，【反射】颜色为深灰色，设置【最大深度】为3，【细分】为16，如图Z-14所示。

STEP 2 在【折射】选项组下，设置【折射】颜色为白色，【折射率】为1.5，【细分】为16，勾选【影响阴影】复选框，设置【影响通道】为【颜色+alpha】，如图Z-15所示。

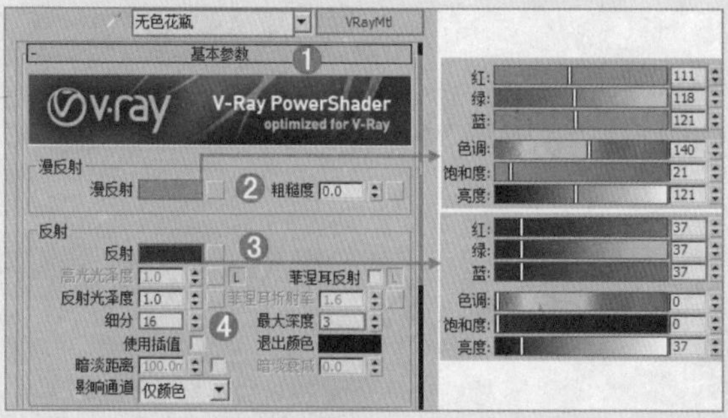

图Z-14

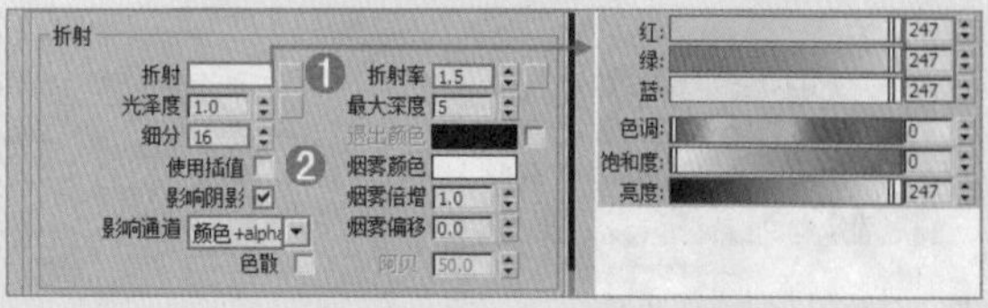

图Z-15

实例106　陶瓷装饰碗

案例文件	材质案例文件\Z\装饰\陶瓷装饰碗\陶瓷装饰碗.max	视频教学	视频教学\材质\Z\装饰\陶瓷装饰碗.flv
技术难点	反射颜色控制反射强度的方法		

案例分析：

【陶瓷装饰碗】是以粘土以及各种天然矿物经过粉碎混炼、成型和煅烧制得的材料为主要原料的各种制品。如图Z-16所示为分析并参考陶瓷装饰碗材质的效果。本例通过为装饰碗设置陶瓷材质，学习陶瓷装饰碗材质的设置方法，具体表现效果如图Z-17所示。

图Z-16

图Z-17

操作步骤：

STEP 1 打开随书配套光盘中的场景文件【材质场景文件\Z\装饰\106.max】，如图Z-18所示。

STEP 2 按M键，打开材质编辑器。单击一个材质球，并设置材质类型为【VRayMtl】。在【漫反射】后面的通道上加载【060526-23-b.jpg】贴图文件，展开【坐标】卷展栏，设置【偏移U】

为-0.14，【瓷砖U】为2.5，【瓷砖V】为1.5。设置【反射】颜色为白色（红=255、绿=255、蓝=255），勾选【菲涅耳反射】复选框，设置【菲涅耳折射率】为1.2，设置【反射光泽度】为0.9，设置【细分】为20，如图Z-19所示。

STEP 3 将制作完成的陶瓷材质赋予场景中的装饰碗模型，并将其他材质制作完成，如图Z-20所示。

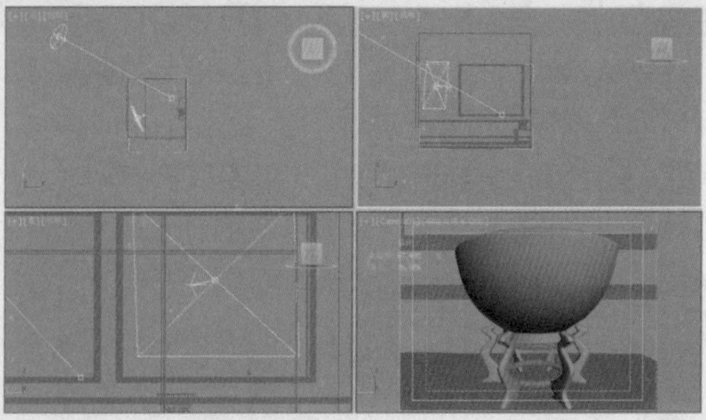

图Z-18

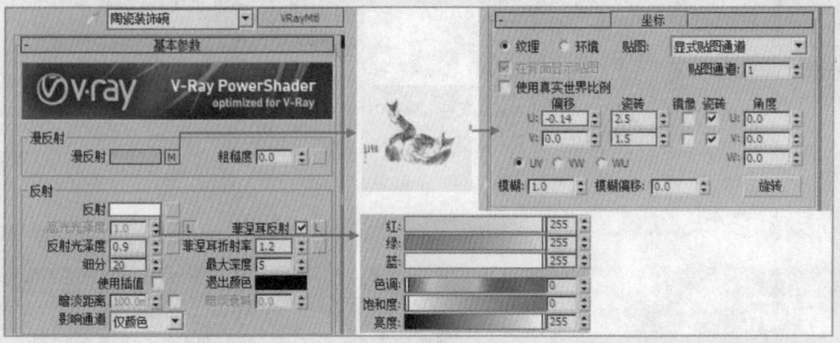

图Z-19

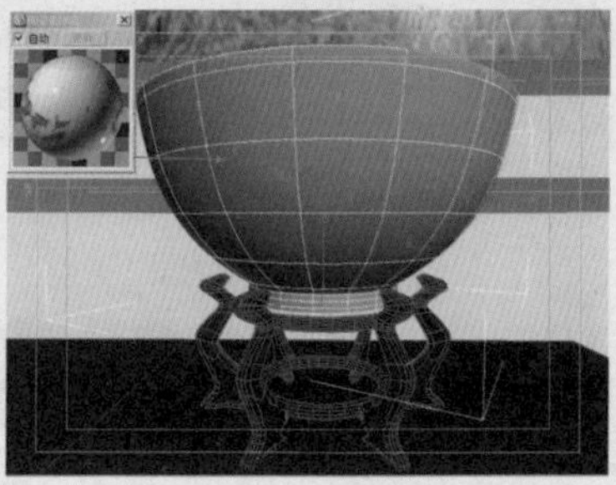

图Z-20

扩展练习106——彩色雕塑

案例文件	材质案例文件\Z\装饰\彩色雕塑\彩色雕塑.max	视频教学	视频教学\材质\Z\装饰\彩色雕塑.flv
技术难点	渐变、衰减程序贴图的应用		

彩色雕塑的制作难点在于如何把握渐变、衰减程序贴图的应用，才能更好地表现出彩色雕塑的真实效果，如图Z-21所示。

图Z-21

STEP 1 打开随书配套光盘中的【材质场景文件\Z\装饰\扩展106.max】场景文件，设置材质类型为【VRayMtl】。在【漫反射】后面的通道上加载【渐变】程序贴图，展开【渐变参数】卷展栏，设置【颜色1】为黄色，【颜色2】为绿色，【颜色3】为蓝色，设置【渐变类型】为【径向】，如图Z-22所示。

STEP 2 在【反射】后面的通道上加载【Falloff（衰减）】程序贴图，展开【衰减参数】卷展栏，设置【衰减类型】为【Fresnel】，【折射率】为2，设置【反射光泽度】为0.95，【细分】为20，如图Z-23所示。

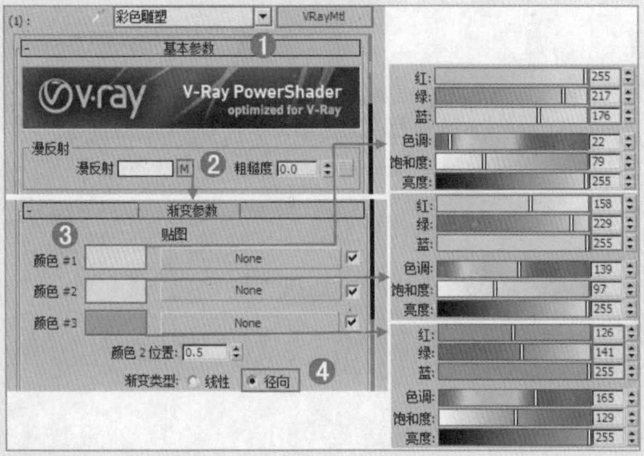

图Z-22

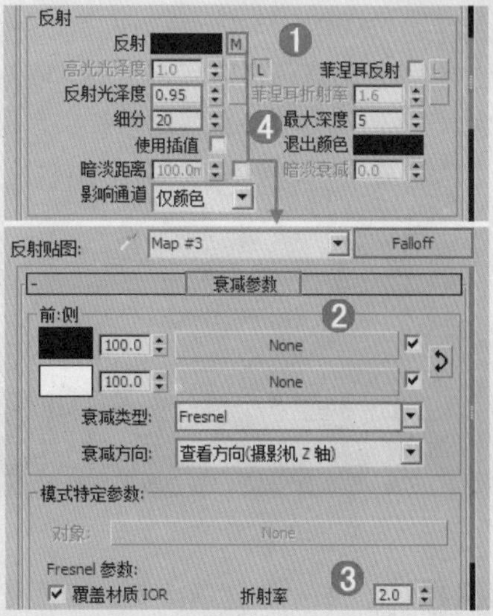

图Z-23

技巧一点通：

将【衰减类型】设置为【Fresnel】方式，在渲染时可以得到一个过渡比较柔和的衰减效果。

实例107　塑料盘子

案例文件	材质案例文件\Z\装饰\塑料盘子\塑料盘子.max	视频教学	视频教学\材质\Z\装饰\塑料盘子.flv
技术难点	反射颜色控制反射强度的方法		

案例分析：

【塑料盘子】是盛放物品（多为食物）的浅底的器具，比碟子大，多为圆形。如图Z-24所示为分析并参考盘子材质的效果。本例通过为盘子设置塑料材质，学习塑料材质的设置方法，具体表现效果如图Z-25所示。

图Z-24

图Z-25

操作步骤：

STEP 1 打开随书配套光盘中的场景文件【材质场景文件\Z\装饰\107.max】，如图Z-26所示。

STEP 2 按M键，打开材质编辑器。单击一个材质球，并设置材质类型为【VRayMtl】。设置【漫反射】颜色为黄色（红=238、绿=179、蓝=0），设置【反射】颜色为白色（红=255、绿=255、蓝=255），勾选【菲涅耳反射】复选框，设置【细分】为16，如图Z-27所示。

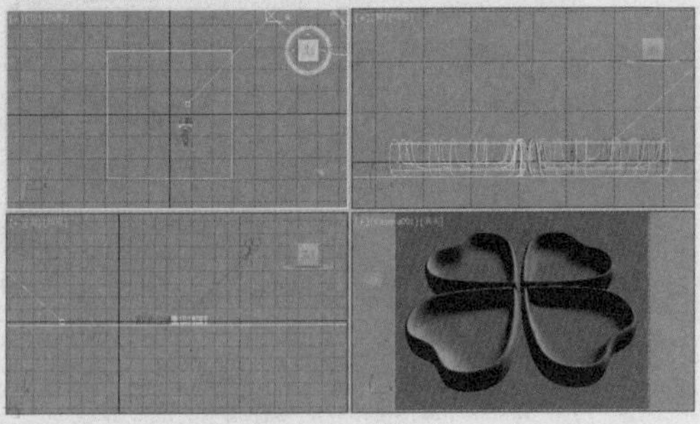

图Z-26

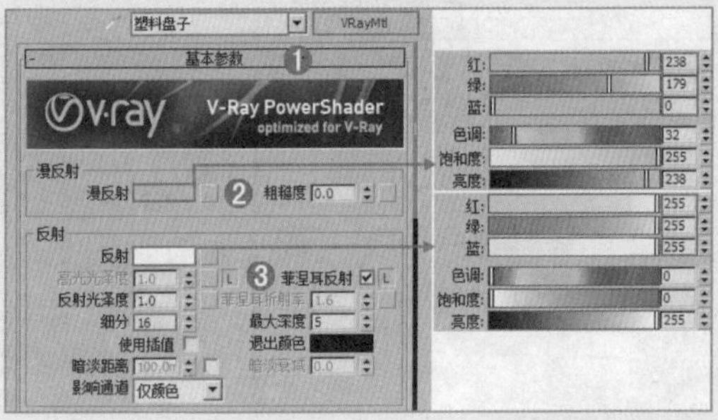

图Z-27

STEP 3 在【折射】选项组下，设置【折射】颜色为灰色（红=80、绿=80、蓝=80），设置【光泽度】为0.75，设置【细分】为16，如图Z-28所示。

STEP 4 将制作完成的塑料材质赋予场景中的盘子模型，并将其他材质制作完成，如图Z-29所示。

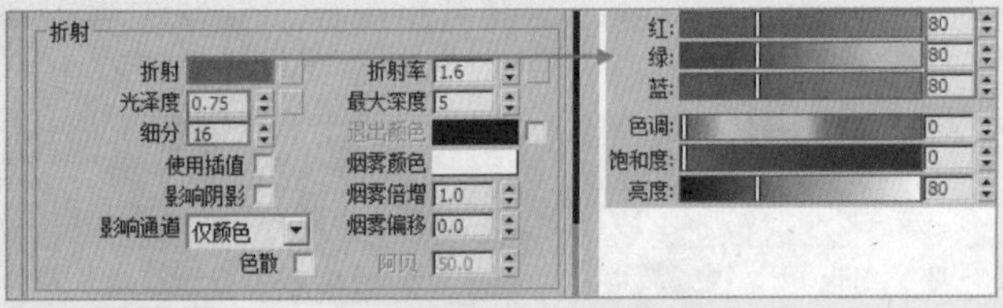

图Z-28

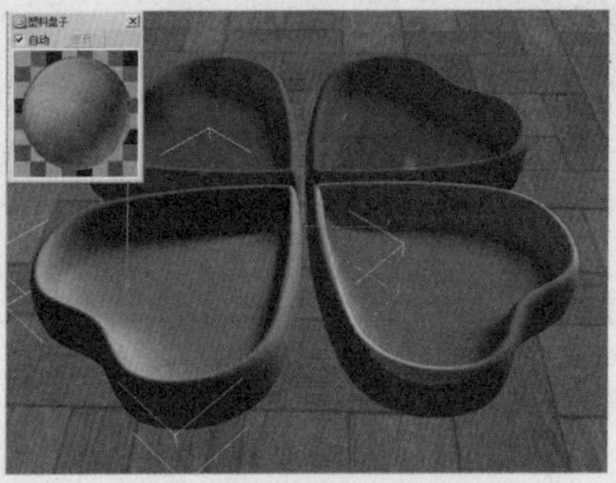

图Z-29

扩展练习107——装饰小球

案例文件	材质案例文件\Z\装饰\装饰小球\装饰小球.max	视频教学	视频教学\材质\Z\装饰\装饰小球.flv
技术难点	漫反射、反射、反射光泽度的应用		

装饰小球的制作难点在于如何把握漫反射、反射、反射光泽度的应用，使其更好地表现出装饰小球的真实效果，如图Z-30所示。

图Z-30

打开随书配套光盘中的【材质场景文件\Z\装饰\扩展107.max】场景文件，设置材质类型为【VRayMtl】。设置【漫反射】颜色为红色，【反射】颜色为灰色，设置【高光光泽度】为0.85，【反射光泽度】为0.89，如图Z-31所示。

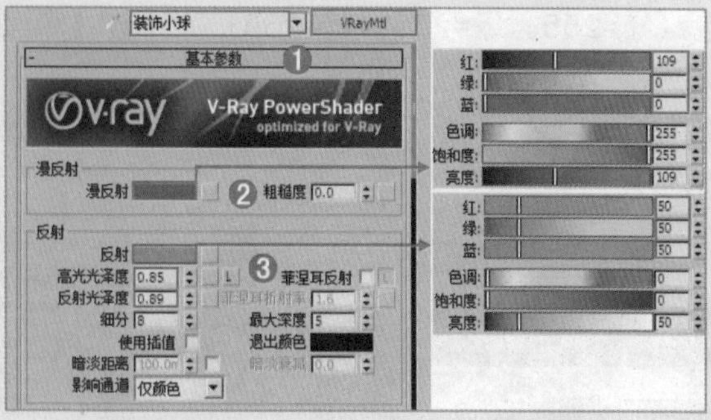

图Z-31

实例108　斑点瓷瓶

案例文件	材质案例文件\Z\装饰\斑点瓷瓶\斑点瓷瓶.max	视频教学	视频教学\材质\Z\装饰\斑点瓷瓶.flv
技术难点	漫反射、反射制作斑点瓷瓶的方法		

案例分析：

【斑点瓷瓶】是一种用陶瓷制成的花瓶，呈椭圆体形、鼓形、圆柱形等，表面带有斑点作为装饰。如图Z-32所示为分析并参考装饰瓷瓶材质的效果。本例通过为装饰瓷瓶设置斑点瓷瓶材质，学习斑点瓷瓶材质的设置方法，具体表现效果如图Z-33所示。

图Z-32

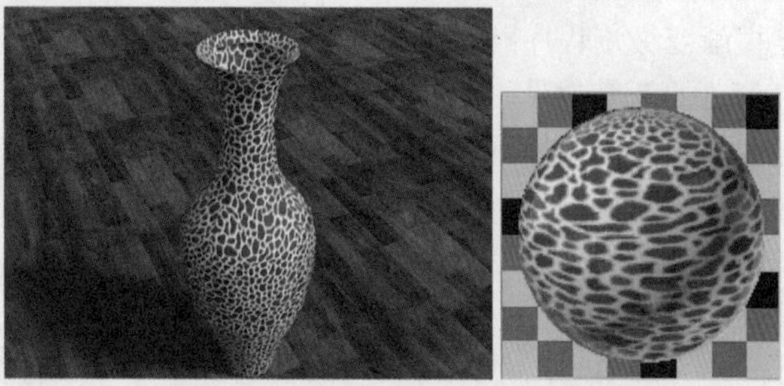

图Z-33

操作步骤：

STEP 1 打开随书配套光盘中的场景文件【材质场景文件\Z\装饰\108.max】，如图Z-34所示。

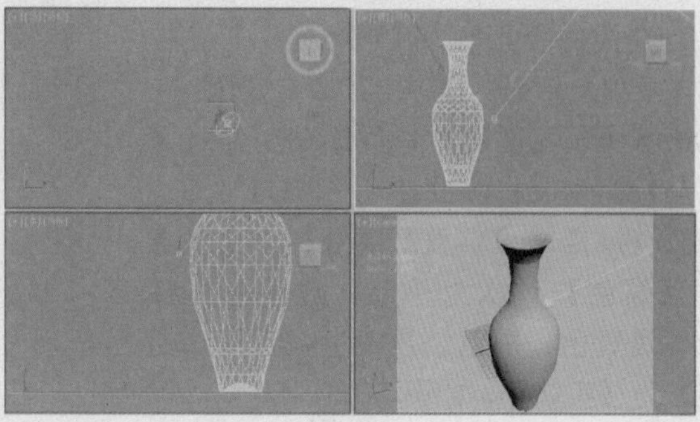

图Z-34

STEP 2 按M键，打开材质编辑器。单击一个材质球，并设置材质类型为【VRayMtl】材质。在【漫反射】后面的通道上加载【20111230033523242255.jpg】贴图文件，展开【坐标】卷展栏，设置【瓷砖U】为1.5，【瓷砖V】为2。设置【反射】颜色为白色（红=255、绿=255、蓝=255），勾选【菲涅耳反射】复选框，设置【细分】为11，如图Z-35所示。

STEP 3 将制作完成的斑点瓷瓶材质赋予场景中的装饰瓷瓶模型，并将其他材质制作完成，如图Z-36所示。

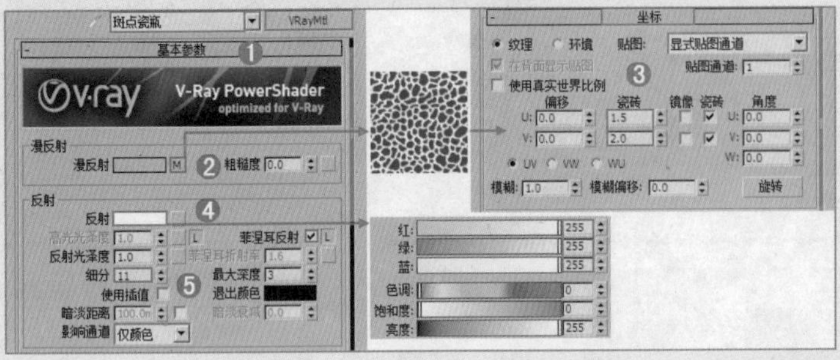

图Z-35

图Z-36

扩展练习108——装饰瓶

案例文件	材质案例文件\Z\装饰\装饰瓶\装饰瓶.max	视频教学	视频教学\材质\Z\装饰\装饰瓶.flv
技术难点	渐变坡度程序贴图的应用		

装饰瓶的制作难点在于如何把握渐变坡度程序贴图制作多种颜色的渐变效果，使其更好地表现出装饰瓶的真实效果，如图Z-37所示。

图Z-37

STEP 1 打开随书配套光盘中的【材质场景文件\Z\装饰\扩展108.max】场景文件，设置材质类型为【VRayMtl】。在【漫反射】后面的通道上加载【Gradient Ramp（渐变坡度）】程序贴图，展开【坐标】卷展栏，设置【瓷砖U】为3，展开【渐变坡度参数】卷展栏，从左至右【颜色】依次为棕色、浅黄色、棕色、浅黄色、白色、浅黄色，设置【插值】为【实体】，如图Z-38所示。

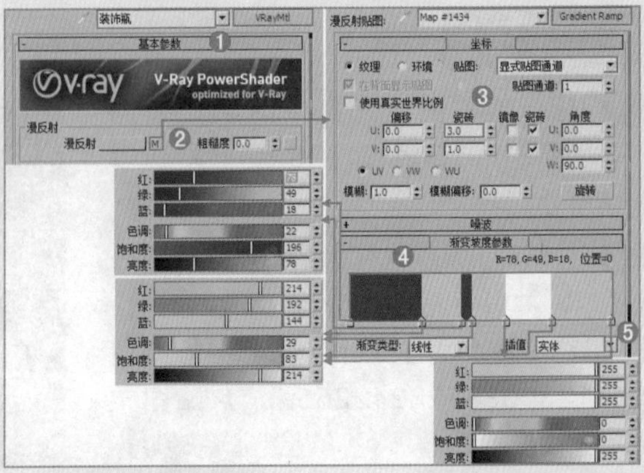

图Z-38

STEP 2 设置【反射】颜色为黑色，设置【高光光泽度】为0.8，【反射光泽度】为0.9，设置【细分】为14。在【折射】选项组下，设置【折射率】为1.3，勾选【影响阴影】复选框，如图Z-39所示。

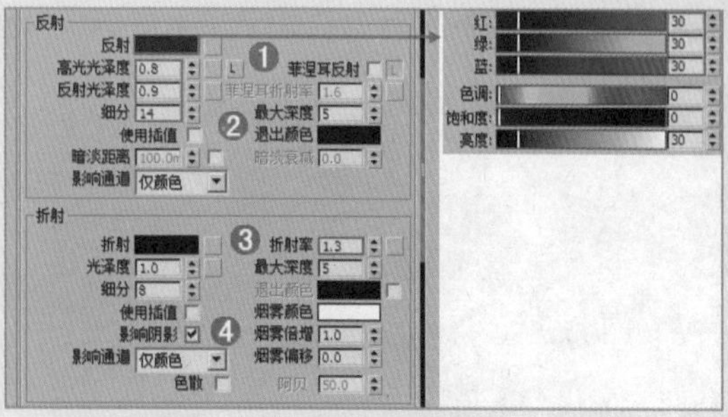

图Z-39

技巧一点通：

【渐变坡度】程序贴图与【渐变】程序贴图是两个不一样的贴图，不要混淆概念。

实例109　树叶

案例文件	材质案例文件\Z\植物\树叶\树叶.max	视频教学	视频教学\材质\Z\植物\树叶.flv
技术难点	凹凸通道加贴图制作树叶纹理的方法		

案例分析：

【树叶】是树进行光合作用的部位，叶子可以有各种不同的形状、大小、颜色和质感。如图Z-40所示为分析并参考树叶材质的效果。本例通过为树叶设置树叶材质，学习树叶材质的设置方法，具体表现效果如图Z-41所示。

图Z-40

图Z-41

操作步骤：

STEP 1 打开随书配套光盘中的场景文件【材质场景文件\Z\植物\109.max】，如图Z-42所示。

STEP 2 按M键，打开材质编辑器。单击一个材质球，并设置材质类型为【VRayMtl】。在【漫反射】后面的通道上加载【Archmodels66_leaf_13.jpg】贴图文件，设置【反射】颜色为深灰色（红=30、绿=30、蓝=30），设置【反射光泽度】为0.5，如图Z-43所示。

STEP 3 展开【贴图】卷展栏，在【凹凸】后面的通道上加载【Archmodels66_leaf_13_bump.jpg】贴图文件，设置【凹凸】数量为30，如图Z-44所示。

STEP 4 将制作完成的树叶材质赋予场景中的树叶模型，并将其他材质制作完成，如图Z-45所示。

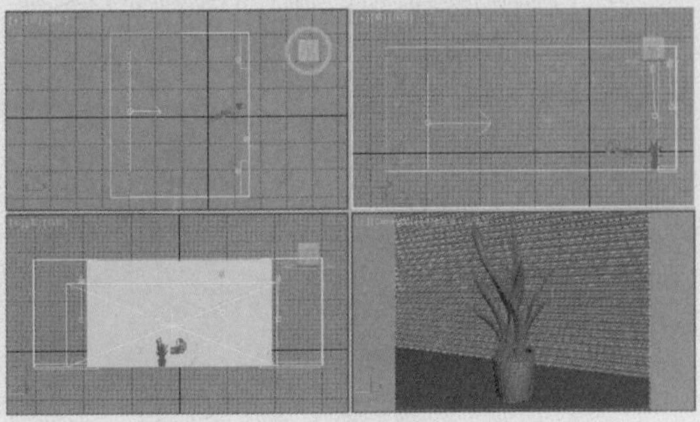

图Z-42

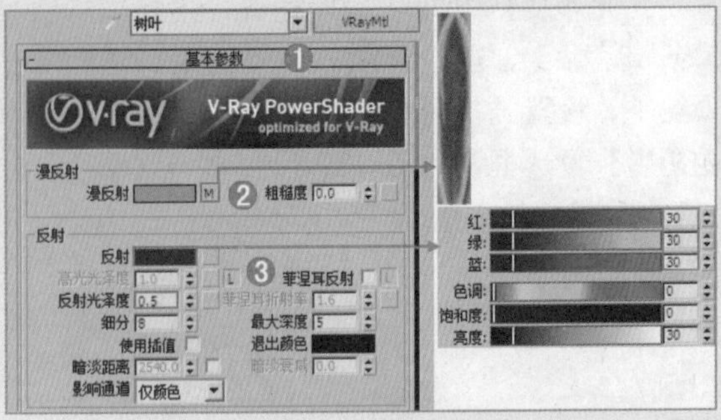

图Z-43

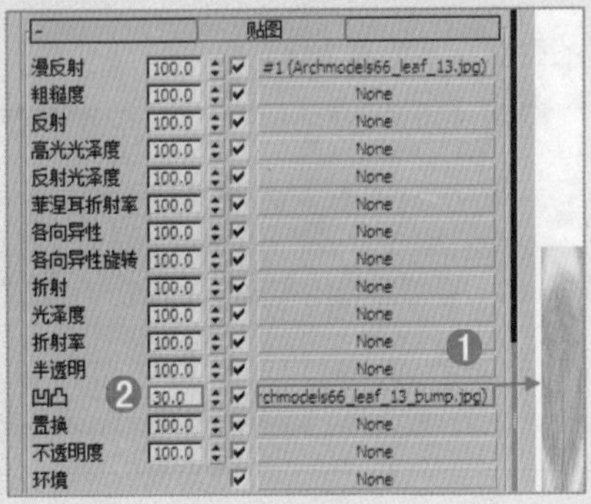

图Z-44

图Z-45

技巧一点通：

【凹凸】贴图可以根据贴图的明暗强度使材质表面产生凹凸效果。当数量值大于0时，贴图中的黑色区域产生凹陷效果，白色区域产生凸起效果。

扩展练习109——树木

案例文件	材质案例文件\Z\植物\树木\树木.max	视频教学	视频教学\材质\Z\植物\树木.flv
技术难点	法线凹凸的应用		

树木的制作难点在于掌握法线凹凸制作强烈凹凸质感，以便于更好地表现出树木的真实效果，如图Z-46所示。

图Z-46

STEP 1 打开随书配套光盘中的【材质场景文件\Z\植物\扩展109.max】场景文件，设置材质类型为【VRayMtl】。在【漫反射】后面的通道上加载【20111204103633578178.jpg】贴图文件，在【反射】后面的通道上加载【20111204103633578178.jpg】贴图文件，勾选【菲涅耳反射】复选框，设置【最大深度】为3，设置【反射光泽度】为0.5，如图Z-47所示。

STEP 2 展开【贴图】卷展栏，在【凹凸】后面的通道上加载【法线凹凸】程序贴图，展开【参数】卷展栏，在【法线】后面的通道上加载【20111204103635357836.jpg】贴图文件，最后设置【凹凸】数量为30，如图Z-48所示。

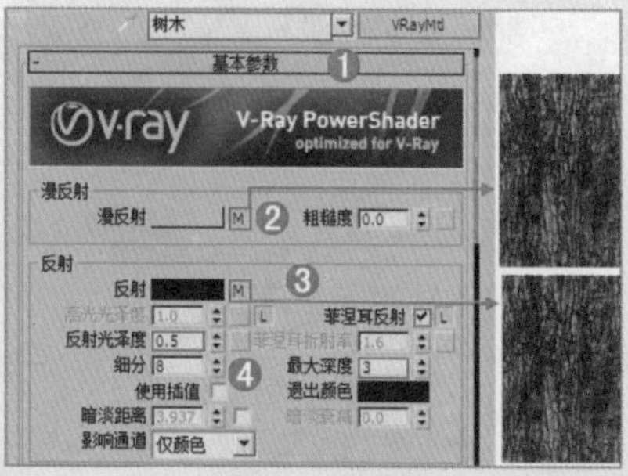

图Z-47

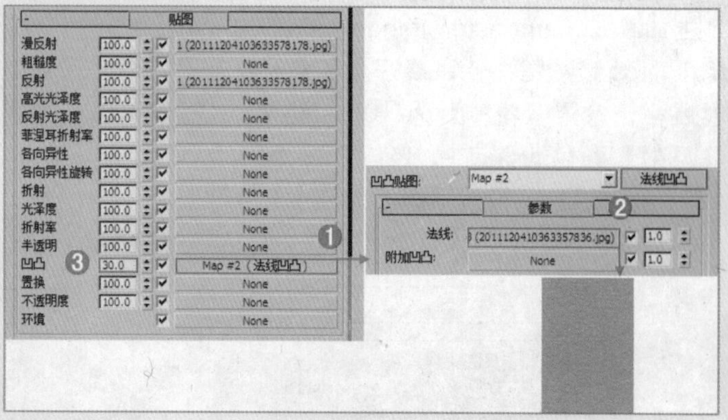

图Z-48

技巧一点通：

正常情况下，制作普通凹凸效果的方法很简单，只需要在凹凸后面的通道上加载贴图即可。而要制作更为真实、强烈的凹凸质感，则可以使用【法线凹凸】程序贴图进行制作。

实例110　花朵

案例文件	材质案例文件\Z\植物\花朵\花朵.max	视频教学	视频教学\材质\Z\植物\花朵.flv
技术难点	反射颜色控制花朵反射强度的方法		

案例分析：

【花朵】摆放在室内起到装点的作用，使人心旷神怡。如图Z-49所示为分析并参考花朵材质的效果。本例通过为花朵设置花朵材质，学习花朵材质的设置方法，具体表现效果如图Z-50所示。

图Z-49

图Z-50

操作步骤：

STEP 1 打开随书配套光盘中的场景文件【材质场景文件\Z\植物\110.max】，如图Z-51所示。

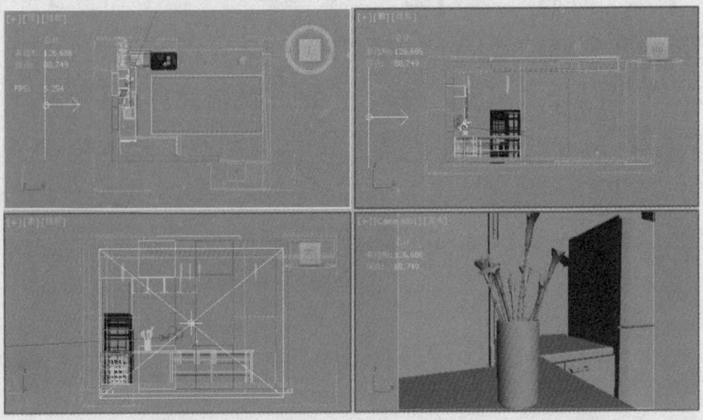

图Z-51

STEP 2 按M键，打开材质编辑器。单击一个材质球，并设置材质类型为【VRayMtl】。在【漫反射】后面的通道上加载【cotoneaster_integerriums_fruit1.jpg】贴图文件，展开【坐标】卷展栏，设置【模糊】为0.01。设置【反射】颜色为深灰色（红=37、绿=37、蓝=37），设置【高光光泽度】为0.55，如图Z-52所示。

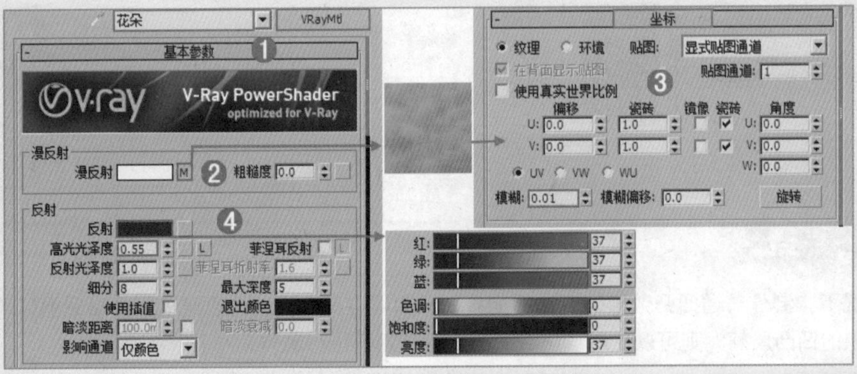

图Z-52

STEP 3 展开【选项】卷展栏，取消勾选【跟踪反射】和【雾系统单位比例】复选框，如图Z-53所示。

STEP 4 将制作完成的花朵材质赋予场景中的花朵模型，并将其他材质制作完成，如图Z-54所示。

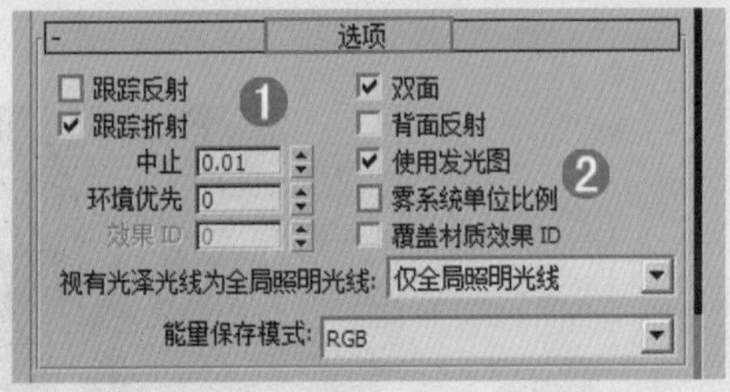

图Z-53

图Z-54

扩展练习110——盆栽

案例文件	材质案例文件\Z\植物\盆栽\盆栽.max	视频教学	视频教学\材质\Z\植物\盆栽.flv
技术难点	漫反射、反射、折射的应用		

盆栽的制作难点在于如何把握漫反射、反射、折射的应用，以便于更好地表现出盆栽的真实效果，如图Z-55所示。

图Z-55

STEP 1 打开随书配套光盘中的【材质场景文件\Z\植物\扩展110.max】场景文件，设置材质类型为【VRayMtl】。在【漫反射】后面的通道上加载【Falloff（衰减）】程序贴图，展开【衰减参数】卷展栏，在【颜色1】后面的通道上加载【f2.jpg】贴图文件，在【颜色2】后面的通道上加载【f3.jpg】贴图文件。设置【反射】颜色为深灰色，勾选【菲涅耳反射】复选框，设置【反射光泽度】为0.55，如图Z-56所示。

STEP 2 在【折射】选项组下，在【折射】后面的通道上加载【Falloff（衰减）】程序贴图，展开【衰减参数】卷展栏，设置【颜色1】为黑色，【颜色2】为黑色，设置【光泽度】为0.75，如图Z-57所示。

STEP 3 展开【贴图】卷展栏，在【凹凸】后面的通道上加载【f2at.jpg】贴图文件，最后设置【凹凸】数量为50，如图Z-58所示。

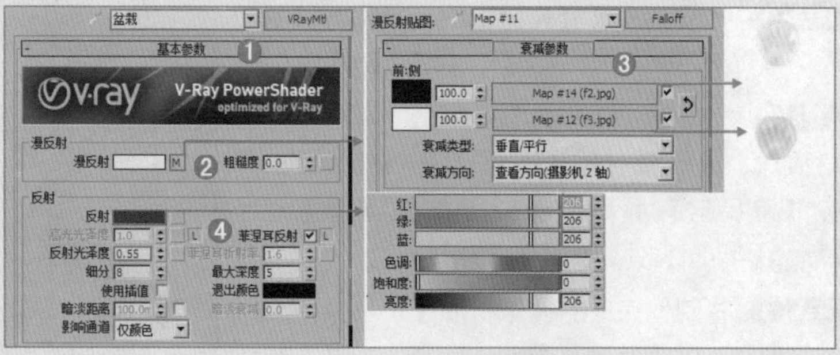

图Z-56

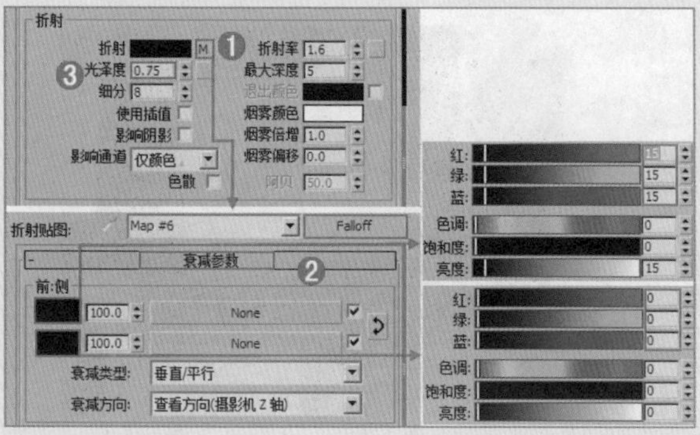

图Z-57

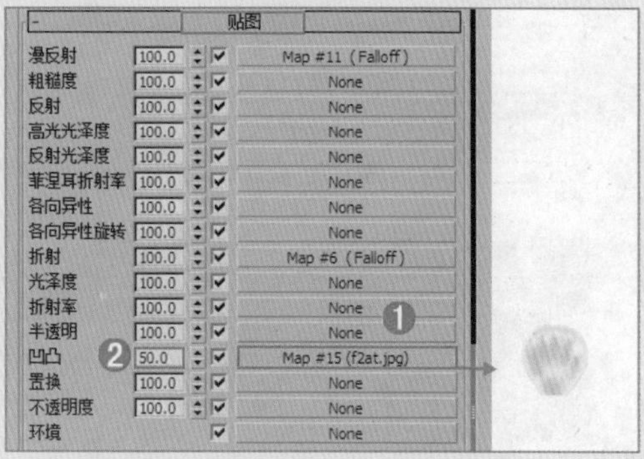

图Z-58

实例111 便签

案例文件	材质案例文件\Z\纸张\便签\便签.max	视频教学	视频教学\材质\Z\纸张\便签.flv
技术难点	漫反射通道加贴图制作便签方法		

案例分析：

【便签】是一种小型的便于携带的纸，有的一面有黏性，多是黄色的，现在为了迎合年轻人的喜好，也出现了其他鲜艳的颜色，用来随时记下一些内容，如写便条、电话号码等。如图Z-59所示为分析并参考便签材质的效果。本例通过为便签设置便签材质，学习便签材质的设置方法，具体表现效果如图Z-60所示。

图Z-59

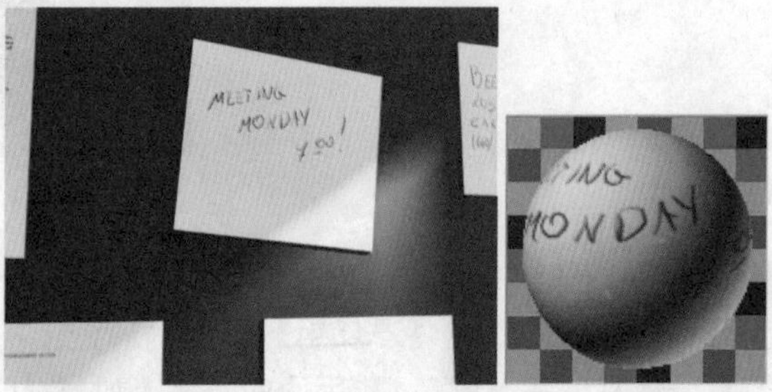

图Z-60

操作步骤：

STEP 1 打开随书配套光盘中的场景文件【材质场景文件\Z\纸张\111.max】，如图Z-61所示。

STEP 2 按M键，打开材质编辑器。单击一个材质球，并设置材质类型为【Standard】。在【漫反射】后面的通道上加载【消息图片.jpg】贴图文件，如图Z-62所示。

STEP 3 将制作完成的便签材质赋予场景中的便签模型，并将其他材质制作完成，如图Z-63所示。

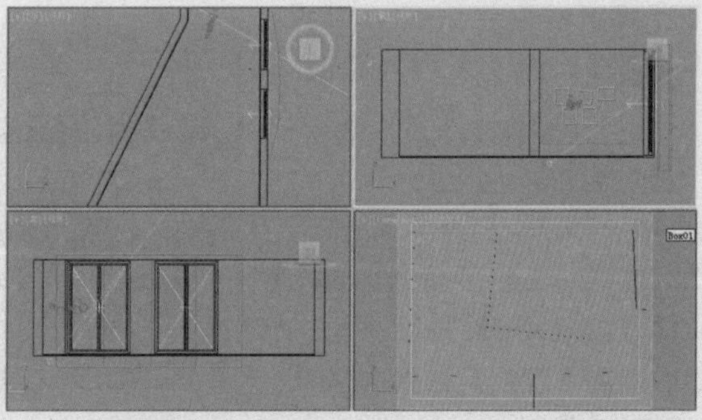

图Z-61

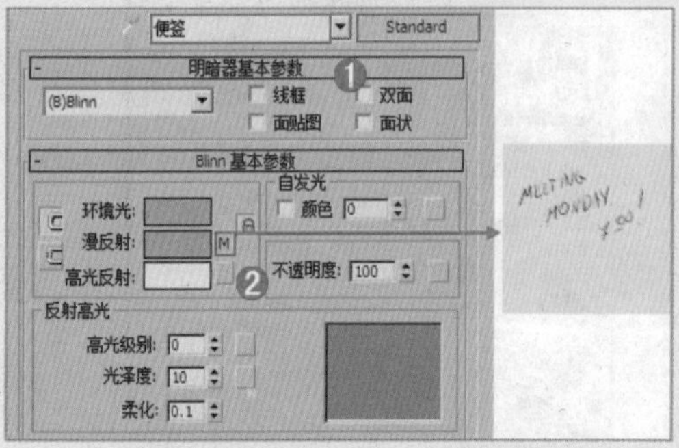

图Z-62

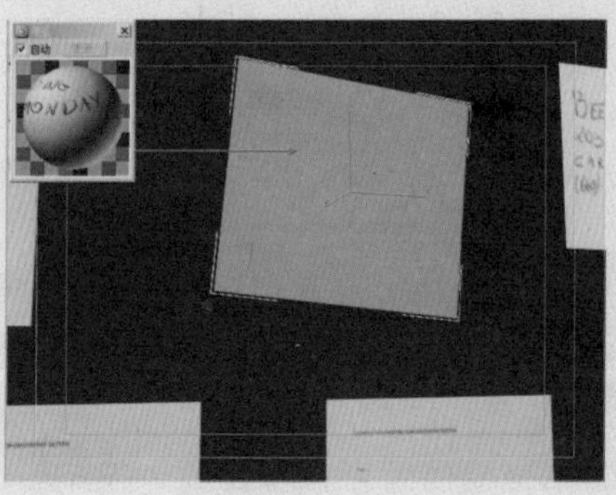

图Z-63

扩展练习111——杂志

案例文件	材质案例文件\Z\纸张\杂志\杂志.max	视频教学	视频教学\材质\Z\纸张\杂志.flv
技术难点	漫反射、反射的应用		

杂志的制作难点在于如何把握漫反射、反射的应用，使其更好地表现出杂志的真实效果，如图Z-64所示。

图Z-64

打开随书配套光盘中的【材质场景文件\Z\纸张\扩展111.max】场景文件，设置材质类型为【VRayMtl】。在【漫反射】后面的通道上加载【top3.jpg】贴图文件，设置【反射】颜色为灰色，设置【反射光泽度】为0.85，设置【细分】为20，如图Z-65所示。

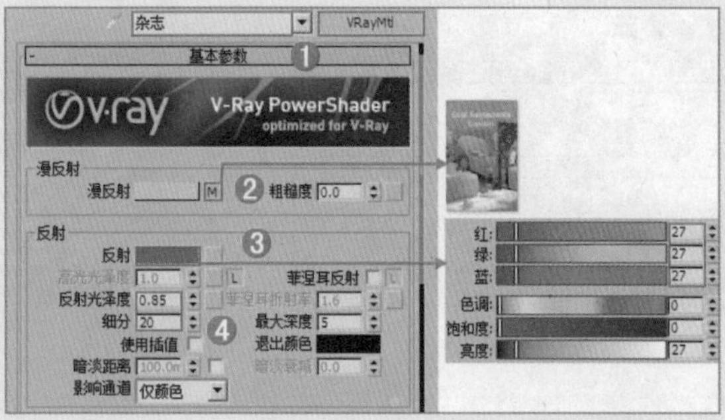

图Z-65

实例112　壁画

案例文件	材质案例文件\Z\纸张\壁画\壁画.max	视频教学	视频教学\材质\Z\纸张\壁画.flv
技术难点	漫反射通道加贴图制作壁画方法		

案例分析：

【壁画】是墙壁上的艺术，即人们直接画在墙面上的画。如图Z-66所示为分析并参考壁画材质的效果。本例通过为墙面设置壁画材质，学习壁画材质的设置方法，具体表现效果如图Z-67所示。

图Z-66

图Z-67

操作步骤：

STEP 1 打开随书配套光盘中的场景文件【材质场景文件\Z\纸张\112.max】，如图Z-68所示。

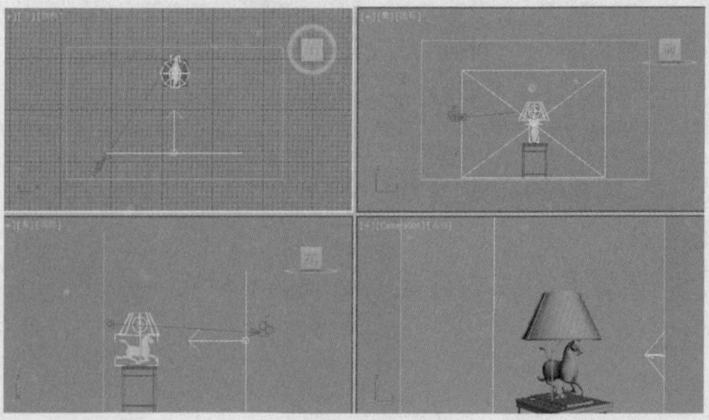

图Z-68

STEP 2 按M键，打开材质编辑器。单击一个材质球，并设置材质类型为【Standard】。在【漫反射】后面的通道上加载【20100717213539n0d9k.jpg】贴图文件，如图Z-69所示。

STEP 3 将制作完成的壁画材质赋予场景中的墙面模型，并将其他材质制作完成，如图Z-70所示。

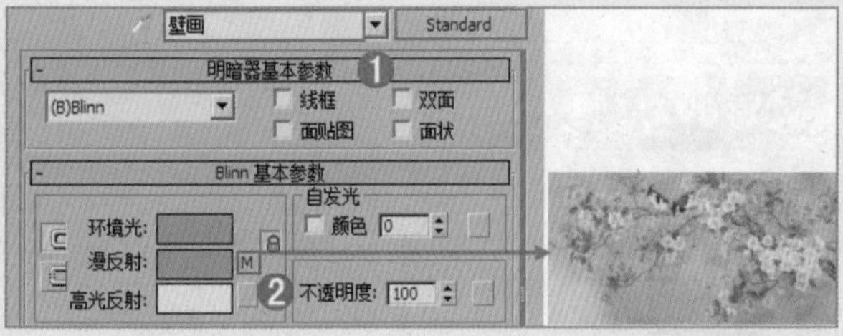

图Z-69

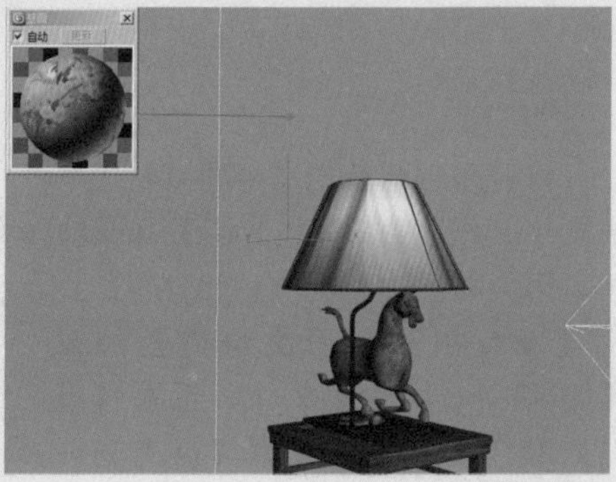

图Z-70

技巧一点通：

【漫反射】后面通道加载贴图就是赋予一张图片给模型，是物体的一种漫反射现象。

扩展练习112——拼花壁纸

案例文件	材质案例文件\Z\纸张\拼花壁纸\拼花壁纸.max	视频教学	视频教学\材质\Z\纸张\拼花壁纸.flv
技术难点	位图贴图、凹凸通道的应用		

壁纸贴图的制作难点在于如何把握位图贴图和凹凸通道的应用，使其更好地表现出壁纸贴图的真实效果，如图Z-71所示。

图Z-71

STEP 1 打开随书配套光盘中的【材质场景文件\Z\纸张\扩展112.max】场景文件，设置材质类型为【VRayMtl】。在【漫反射】后面的通道上加载【20081019_0ee555d3fa660573033eQaVb37hT8J8X.jpg】贴图文件，展开【坐标】卷展栏，设置【模糊】为0.5，如图Z-72所示。

图Z-72

STEP 2 展开【贴图】卷展栏，在【凹凸】后面的通道上加载【20081019_0ee555d3fa660573033eQaVb37hT8J8X.jpg】贴图文件，展开【坐标】卷展栏，设置【模糊】为0.5，设置【凹凸】数量为15，如图Z-73所示。

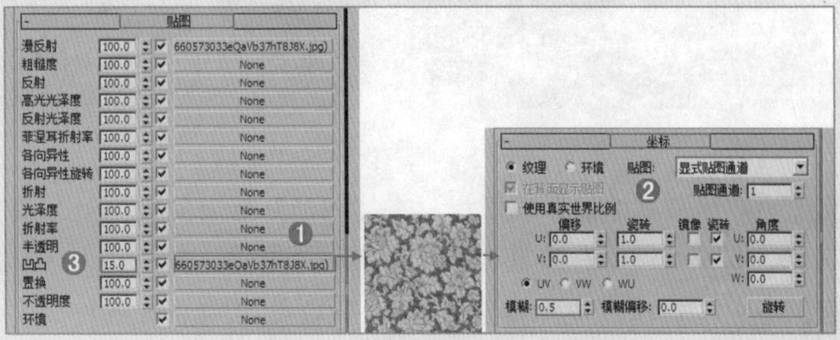

图Z-73

实例113　油画

案例文件	材质案例文件\Z\纸张\油画\油画.max	视频教学	视频教学\材质\Z\纸张\油画.flv
技术难点	凹凸通道加贴图制作油画质感方法		

案例分析：

【油画】是以用快干性的植物油调和颜料，在画布、亚麻布、纸板或木板上进行制作的一个画种，一般挂在欧式风格的墙壁上，起到装饰作用。如图Z-74所示为分析并参考油画材质的效果。本例通过为油画设置油画材质，学习油画材质的设置方法，具体表现效果如图Z-75所示。

图Z-74

图Z-75

操作步骤：

STEP 1 打开随书配套光盘中的场景文件【材质场景文件\Z\纸张\113.max】，如图Z-76所示。

STEP 2 按M键，打开材质编辑器。单击一个材质球，并设置材质类型为【VRayMtl】。在【漫反射】后面的通道上加载【20064232241892537.jpg】贴图文件，设置【反射】颜色为灰色（红

=91、绿=91、蓝=91），勾选【菲涅耳反射】复选框，设置【菲涅耳折射率】为2.5，设置【高光光泽度】为0.45，【反射光泽度】为0.6，设置【细分】为50，如图Z-77所示。

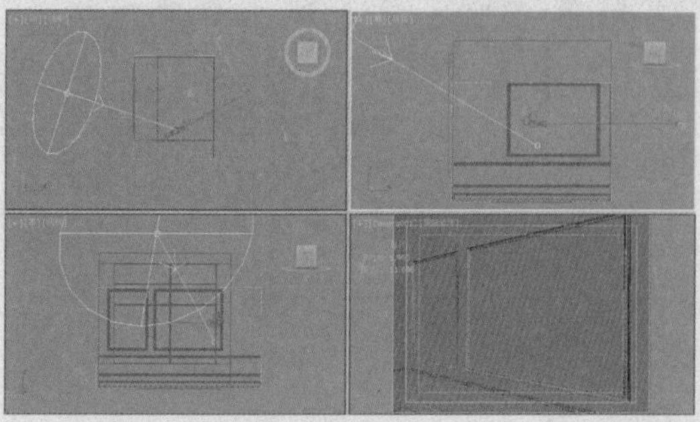

图Z-76

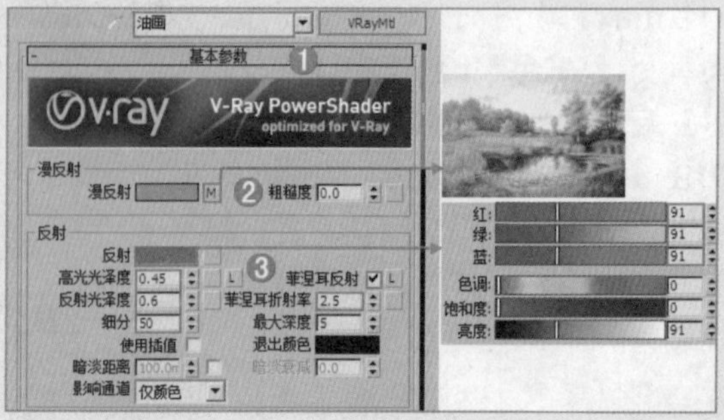

图Z-77

STEP 3 展开【贴图】卷展栏，在【凹凸】后面的通道上加载【20064232241892537.jpg】贴图文件，设置【凹凸】数量为30，如图Z-78所示。

STEP 4 将制作完成的油画材质赋予场景中的油画模型，并将其他材质制作完成，如图Z-79所示。

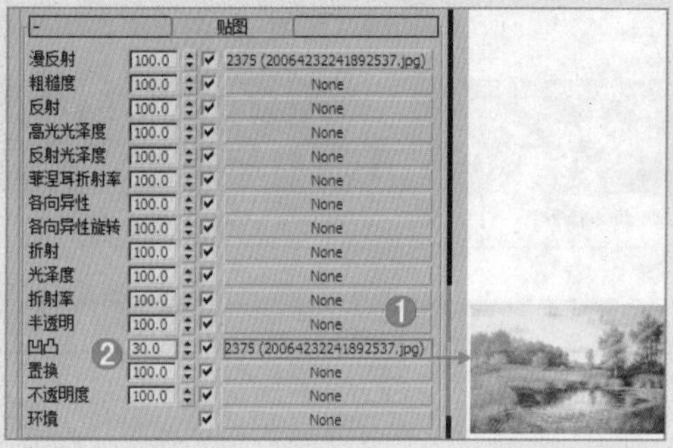

图Z-78

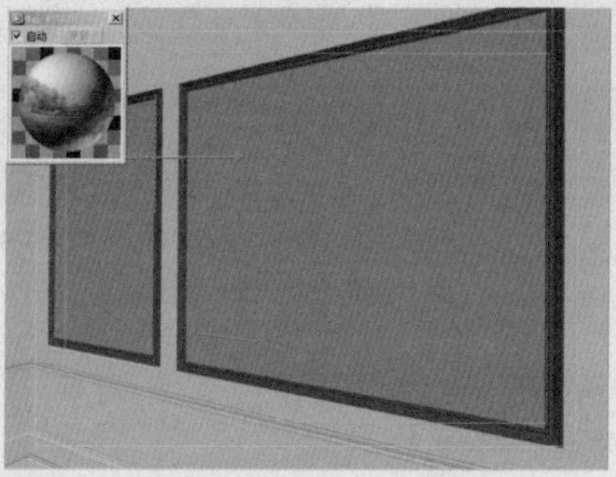

图Z-79

扩展练习113——装饰画

案例文件	材质案例文件\Z\纸张\装饰画\装饰画.max	视频教学	视频教学\材质\Z\纸张\装饰画.flv
技术难点	漫反射、反射的应用		

装饰画的制作难点在于如何把握漫反射、反射的应用，使其更好地表现出装饰画的真实效果，如图Z-80所示。

图Z-80

打开随书配套光盘中的【材质场景文件\Z\纸张\扩展113.max】场景文件，设置材质类型为【VRayMtl】。在【漫反射】后面的通道上加载【1503b10q11413c.jpg】贴图文件，设置【反射】颜色为灰色，如图Z-81所示。

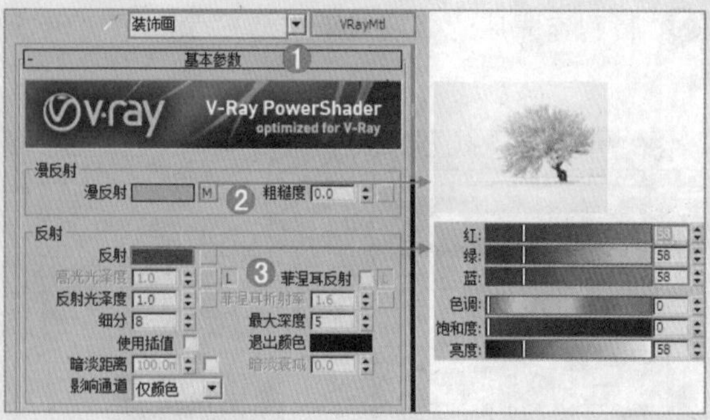

图Z-81

实例114　普通壁纸

案例文件	材质案例文件\Z\纸张\普通壁纸\普通壁纸.max	视频教学	视频教学\材质\Z\纸张\普通壁纸.flv
技术难点	漫反射通道加贴图制作普通壁纸方法		

案例分析：

【普通壁纸】是一种应用相当广泛的室内装饰材料。如图Z-82所示为分析并参考普通壁纸材质的效果。本例通过为墙面设置普通壁纸材质，学习普通壁纸材质的设置方法，具体表现效果如图Z-83所示。

图Z-82

图Z-83

操作步骤：

STEP 1 打开随书配套光盘中的场景文件【材质场景文件\Z\纸张\114.max】，如图Z-84所示。

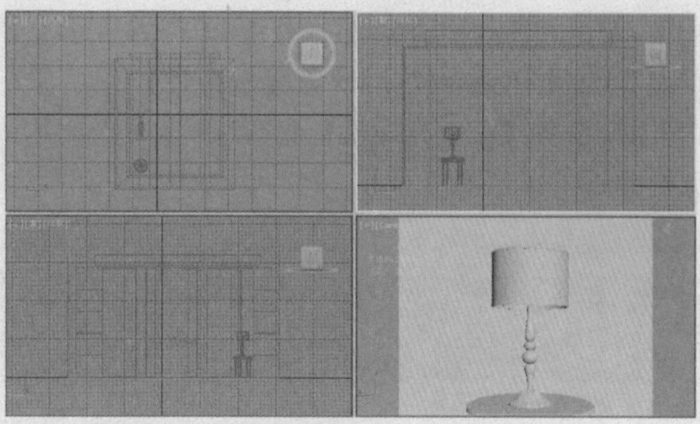
图Z-84

STEP 2 按M键，打开材质编辑器。单击一个材质球，并设置材质类型为【VRayMtl】。在【漫反射】后面的通道上加载【V05B.jpg】贴图文件，展开【坐标】卷展栏，设置【瓷砖U】为16，【瓷砖V】为20，设置【角度W】为90，如图Z-85所示。

STEP 3 将制作完成的普通壁纸材质赋予场景中的墙面模型，并将其他材质制作完成，如图Z-86所示。

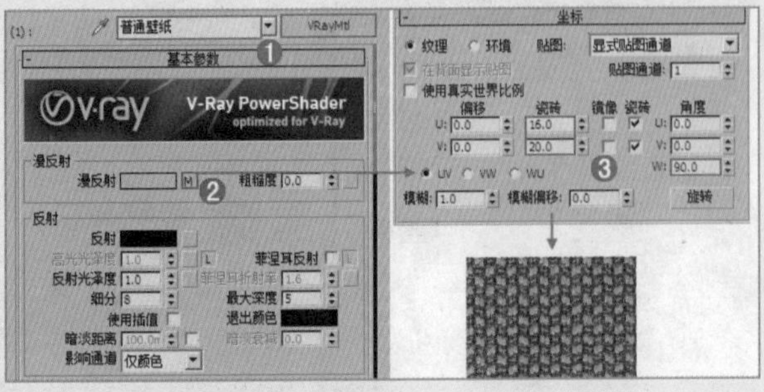

图Z-85

图Z-86

扩展练习114——餐具纸巾

案例文件	材质案例文件\Z\纸张\餐具纸巾\餐具纸巾.max	视频教学	视频教学\材质\Z\纸张\餐具纸巾.flv
技术难点	漫反射、反射的应用		

餐具纸巾的制作难点在于如何把握漫反射、反射的应用，使其更好地表现出餐具纸巾的真实效果，如图Z-87所示。

图Z-87

打开随书配套光盘中的【材质场景文件\Z\纸张\扩展114.max】场景文件，设置材质类型为【VRayMtl】。设置【漫反射】颜色为白色，在【反射】后面的通道上加载【Falloff（衰减）】程序贴图，展开【衰减参数】卷展栏，设置【衰减类型】为【Fresnel】，设置【折射率】为1.2。设置【反射光泽度】为0.7，【细分】为20，如图Z-88所示。

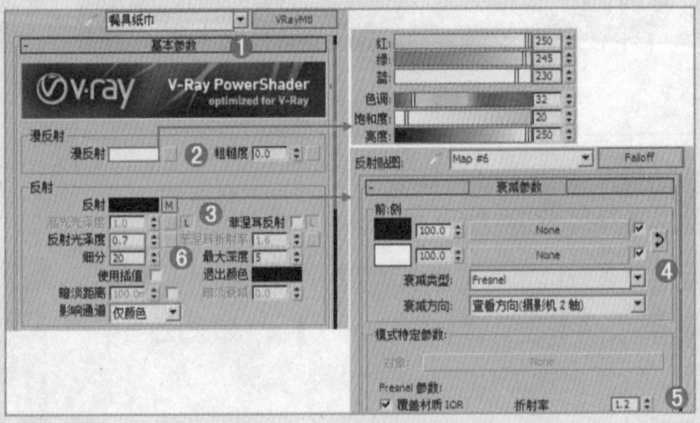

图Z-88

实例115 雕花壁纸

案例文件	材质案例文件\Z\纸张\雕花壁纸\雕花壁纸.max	视频教学	视频教学\材质\Z\纸张\雕花壁纸.flv
技术难点	混合材质制作雕花壁纸方法		

案例分析：

【雕花壁纸】是一种民间艺术工艺，在木器或房屋的隔扇、窗户上雕刻图案、花纹。如图Z-89所示为分析并参考雕花壁纸材质的效果。本例通过为墙面设置雕花壁纸材质，学习雕花壁纸材质的设置方法，具体表现效果如图Z-90所示。

图Z-89

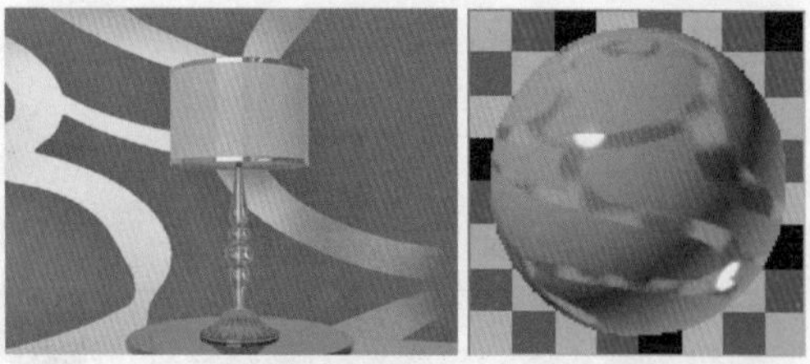

图Z-90

操作步骤：

STEP 1 打开随书配套光盘中的场景文件【材质场景文件\Z\纸张\115.max】，如图Z-91所示。

STEP 2 按M键，打开材质编辑器。单击一个材质球，并设置材质类型为【Blend（混合）】。设置【材质1】为【VRayMtl】，设置【材质2】为【VRayMtl】，如图Z-92所示。

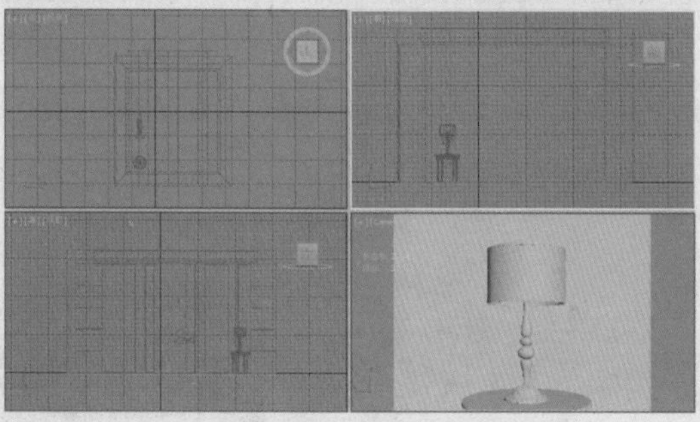

图Z-91

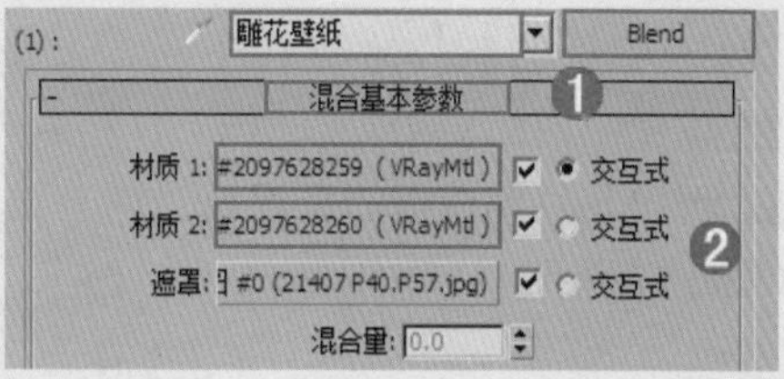

图Z-92

STEP 3 单击进入【材质1】后面的通道，设置【漫反射】颜色为浅棕色（红=114、绿=89、蓝=82），如图Z-93所示。

STEP 4 单击进入【材质2】后面的通道，设置【漫反射】颜色为黄色（红=183、绿=70、蓝=15），设置【反射】颜色为浅绿色（红=106、绿=130、蓝=40），设置【高光光泽度】为0.85，设置【反射光泽度】为0.85，设置【细分】为15，如图Z-94所示。

图Z-93

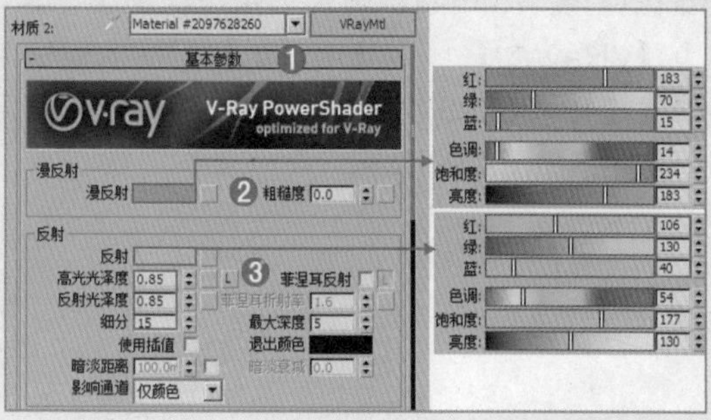

图Z-94

STEP 5 返回【混合基本参数】卷展栏，在【遮罩】后面的通道上加载【21407 P40.P57.jpg】贴图文件，如图Z-95所示。

STEP 6 将制作完成的雕花壁纸材质赋予场景中的墙面模型，并将其他材质制作完成，如图Z-96所示。

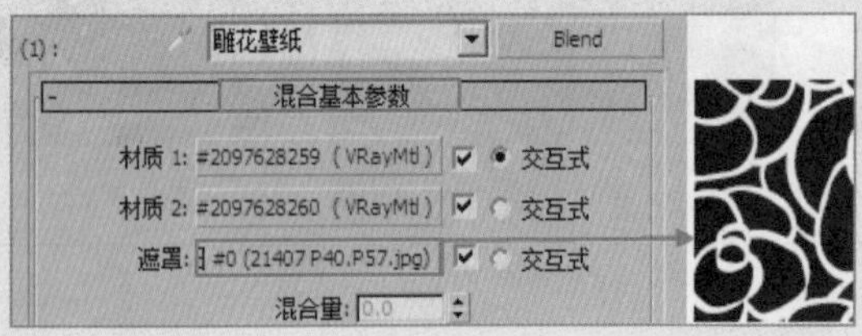

图Z-95

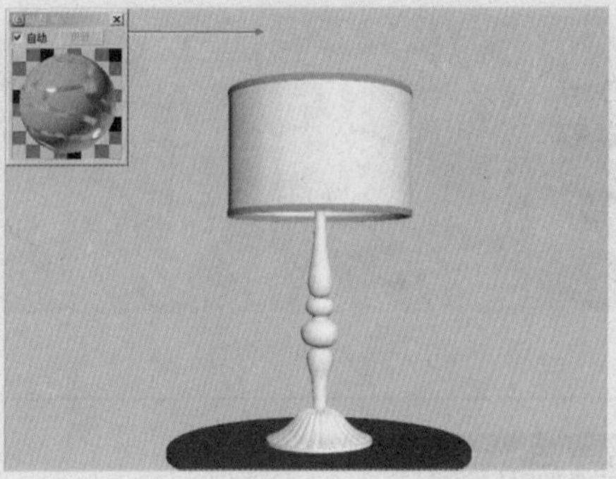

图Z-96

扩展练习115——花纹理壁纸

案例文件	材质案例文件\Z\纸张\花纹理壁纸\花纹理壁纸.max	视频教学	视频教学\材质\Z\纸张\花纹理壁纸.flv
技术难点	位图贴图的应用		

花纹理壁纸的制作难点在于如何把握位图贴图的应用，以便于更好地表现出花纹理壁纸的真实效果，如图Z-97所示。

图Z-97

打开随书配套光盘中的【材质场景文件\Z\纸张\扩展115.max】场景文件，设置材质类型为【VRayMtl】。在【漫反射】后面的通道上加载【19_30599_232611c343a0e60.jpg】贴图文件，如图Z-98所示。

图Z-98

灯光篇

灯光是室内设计中非常重要的一部分，灯光可以增加三维的感觉，出现光和影的效果，使得画面更具空间感、更有气氛。不同的灯光会产生不同的画面感觉，如喜悦、舒服、悲伤、刺激等。灯光的种类很多，根据灯光产生效果的不同，大致可以分为黄昏、清晨、夜晚、正午。本书将灯光的各种类型进行重组、整合、分类，并且选取了大量经典的灯光案例进行讲解，涵盖了室内设计中几乎所有的灯光类型，非常全面，非常适合快速查阅使用，是设计师手头必备速查利器。

H

黄昏（黄昏客厅灯光、休息室灯光）

黄昏扩展（夕阳西下效果、休闲室灯光）

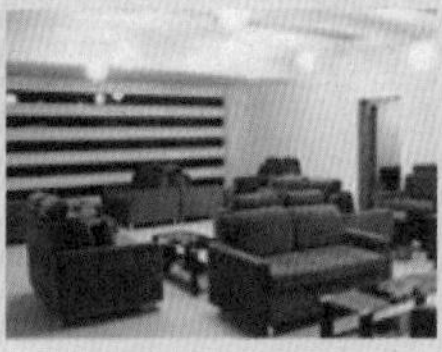

实例116　黄昏客厅灯光

案例文件	灯光案例文件\H\黄昏\黄昏客厅灯光\黄昏客厅灯光.max	视频教学	视频教学\灯光\H\黄昏\黄昏客厅灯光.flv
技术难点	VR太阳模拟太阳光效果		

案例分析：

【黄昏客厅灯光】指日落以后到天还没有完全黑的这段时间客厅的灯光，也指昏黄，光色较暗。如图H-1所示为分析并参考黄昏客厅灯光的效果。本例通过为客厅设置黄昏灯光，学习黄昏客厅灯光的设置方法，具体表现效果如图H-2所示。

图H-1

图H-2

操作步骤：

STEP 1 打开随书配套光盘中的场景文件【灯光场景文件\H\黄昏\116.max】，如图H-3所示。

STEP 2 单击【创建】|【灯光】按钮，设置【灯光类型】为【VRay】，最后单击 VR太阳 按钮，如图H-4所示。

STEP 3 在前视图中拖曳并创建1盏VR太阳，使用【选择并移动】工具调整位置，此时VR太阳的位置如图H-5所示。在【修改】面板下展开【VRay太阳参数】卷展栏，设置【强度倍增】为0.07，【大小倍增】为10，调节【过滤颜色】为橘黄色（红=169、绿=82、蓝=34），设置【阴影细分】为10，如图H-6所示。

STEP 4 单击【创建】|【灯光】按钮，设置【灯光类型】为【VRay】，最后单击 VR灯光 按钮，如图H-7所示。

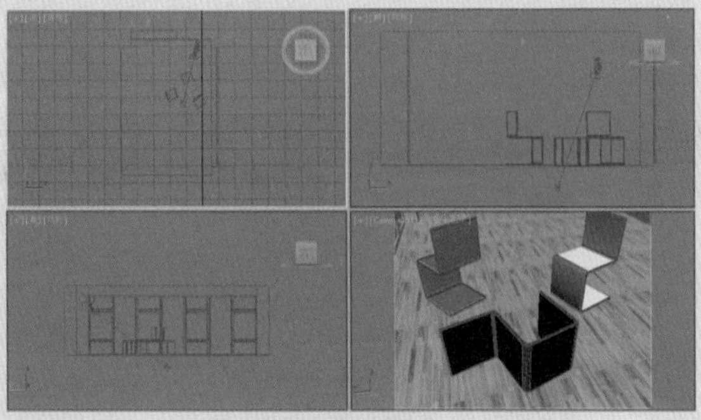

图H-3

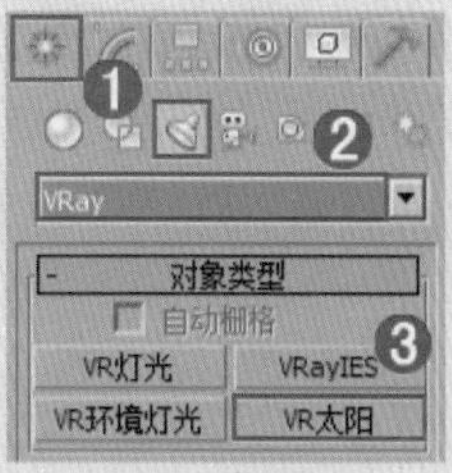

图H-4

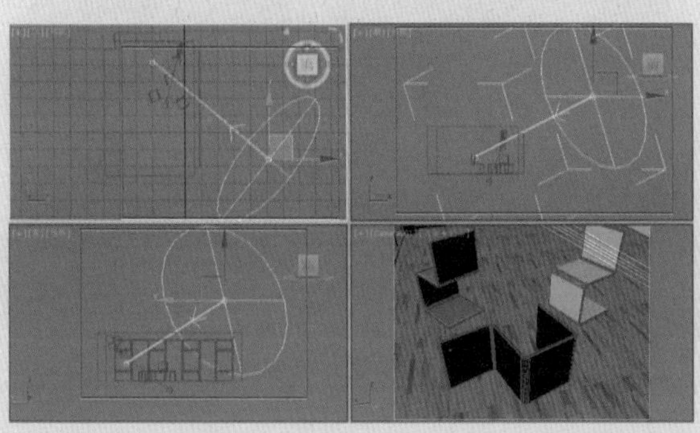

图H-5

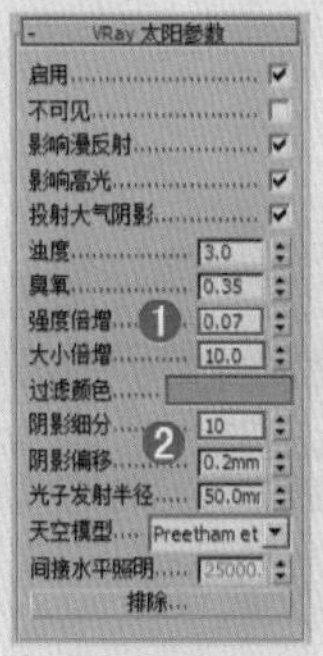

图H-6

图H-7

STEP 5 在左视图中拖曳并创建1盏VR灯光，使用【选择并移动】工具调整位置，此时VR灯光的位置如图H-8所示。在【修改】面板下展开【参数】卷展栏，在【常规】选项组下设置【类型】为【平面】，在【强度】选项组下设置【倍增】为1，调节【颜色】为黄色（红=165、绿=70、蓝=18），在【大小】选项组下设置【1/2长】和【1/2宽】的数值，在【选项】选项组下勾选【不可见】复选框，在【采样】选项组下设置【细分】为20，如图H-9所示。

STEP 6 最终渲染效果如图H-10所示。

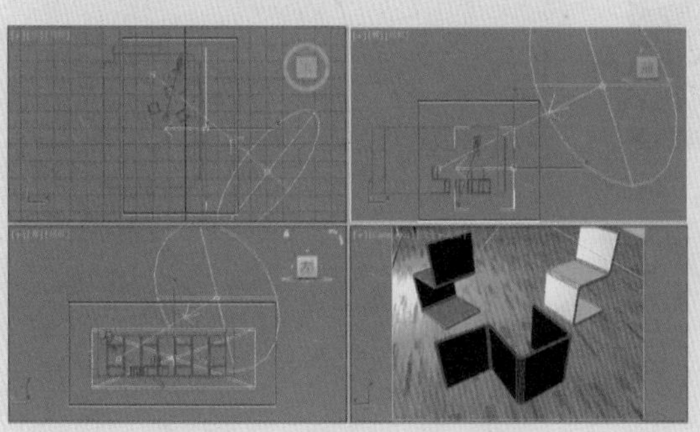

图H-8

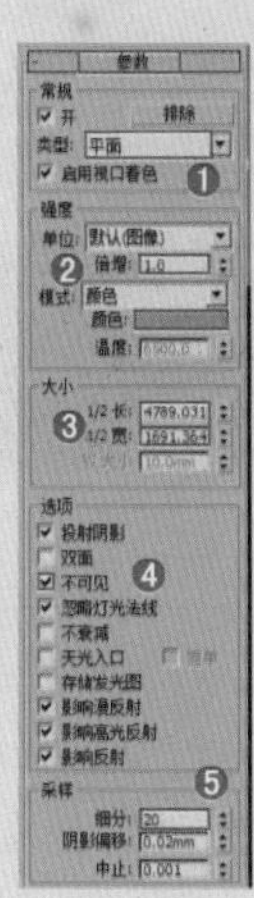

图H-9

图H-10

扩展练习116——夕阳西下效果

案例文件	灯光案例文件\H\黄昏\夕阳西下效果\夕阳西下效果.max	视频教学	视频教学\灯光\H\黄昏\夕阳西下效果.flv
技术难点	VR太阳和VR灯光制作夕阳西下效果方法		

夕阳西下效果的制作难点在于如何把握灯光的角度和颜色，以便于更好地表现出夕阳西下的真实效果，如图H-11所示。

图H-11

实例117　休息室灯光

案例文件	灯光案例文件\H\黄昏\休息室灯光\休息室灯光.max	视频教学	视频教学\灯光\H\黄昏\休息室灯光.flv
技术难点	VR灯光制作休息室灯光		

案例分析：

【休息室灯光】用在休息室，指在一定时间内相对地减少活动，使人从生理上和心理上得到松弛，消除或减轻疲劳，恢复精力的房间。如图H-12所示为分析并参考休息室灯光的效果。本例通过为休息室设置灯光，学习休息室灯光的设置方法，具体表现效果如图H-13所示。

图H-12

图H-13

操作步骤：

STEP① 打开随书配套光盘中的场景文件【灯光场景文件\H\黄昏\117.max】，如图H-14所示。

STEP② 单击【创建】|【灯光】按钮，设置【灯光类型】为【VRay】，最后单击 VR灯光

按钮，如图H-15所示。

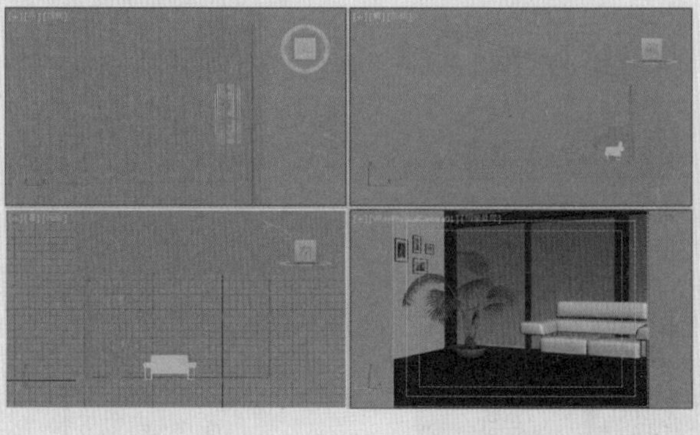

图H-14

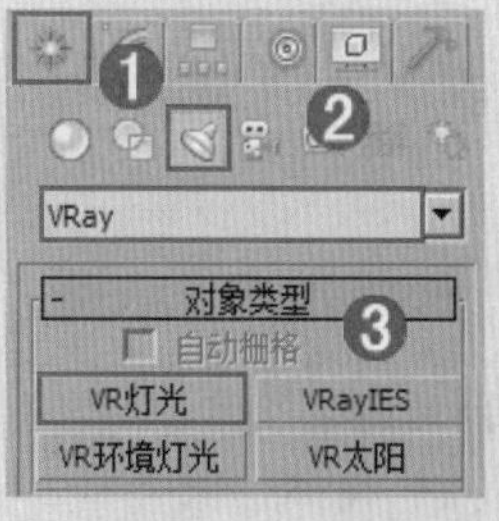

图H-15

STEP 3 在顶视图中拖曳并创建1盏VR灯光，使用【选择并移动】工具复制1盏并调整位置，此时VR灯光的位置如图H-16所示。在【修改】面板下展开【参数】卷展栏，在【常规】选项组下设置【类型】为【平面】，在【强度】选项组下设置【倍增】为200，调节【颜色】为黄色（红=232、绿=148、蓝=77），在【大小】选项组下设置【1/2长】为7.5cm，【1/2宽】为7cm，在【选项】选项组下勾选【不可见】复选框。在【采样】选项组下设置【细分】为15，如图H-17所示。

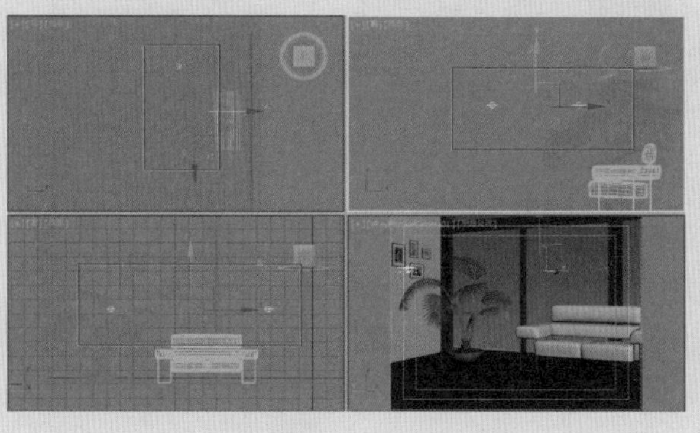

图H-16

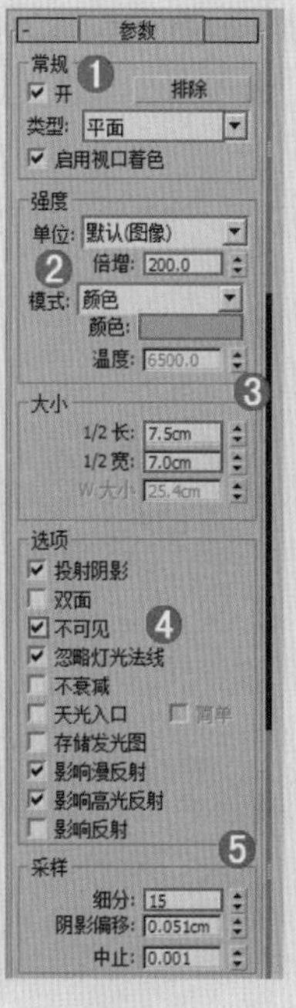

图H-17

STEP 4 在顶视图中拖曳并创建1盏VR灯光，使用【选择并移动】工具复制1盏并调整位置，此时VR灯光的位置如图H-18所示。在【修改】面板下展开【参数】卷展栏，在【常规】选项组下设置【类型】为【平面】，在【强度】选项组下设置【倍增】为150，调节【颜色】为浅蓝色（红=191、绿=218、蓝=248），在【大小】选项组下设置【1/2长】为7.5cm，【1/2宽】为7cm，在【选项】选项组下勾选【不可见】复选框，如图H-19所示。

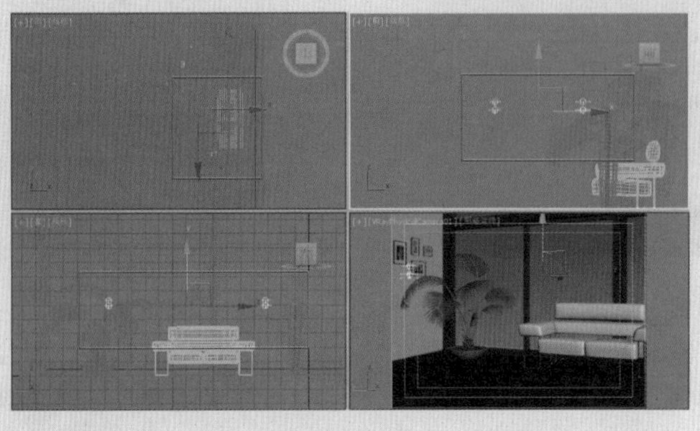

图H-18

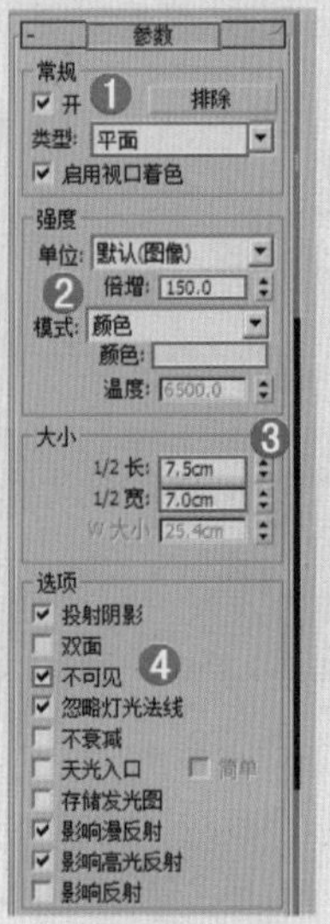

图H-19

STEP 5 在前视图中拖曳并创建1盏VR灯光，使用【选择并移动】工具复制3盏并调整位置，此时VR灯光的位置如图H-20所示。在【修改】面板下展开【参数】卷展栏，在【常规】选项组下设置【类型】为【平面】，在【强度】选项组下设置【倍增】为15，调节【颜色】为黄色（红=232、绿=148、蓝=77），在【大小】选项组下设置【1/2长】为22cm，【1/2宽】为9cm，在【选项】选项组下勾选【不可见】复选框，如图H-21所示。

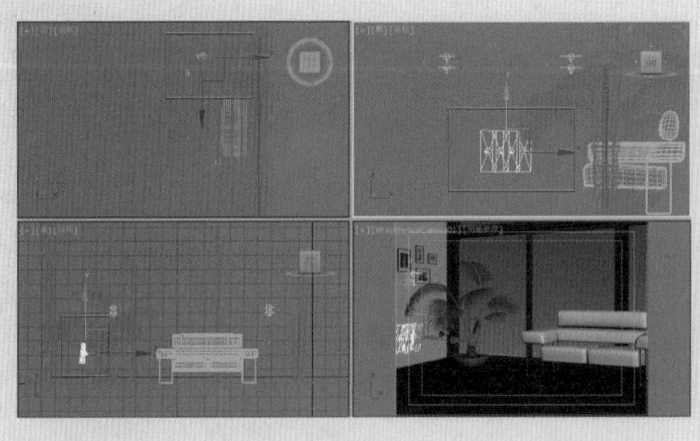

图H-20

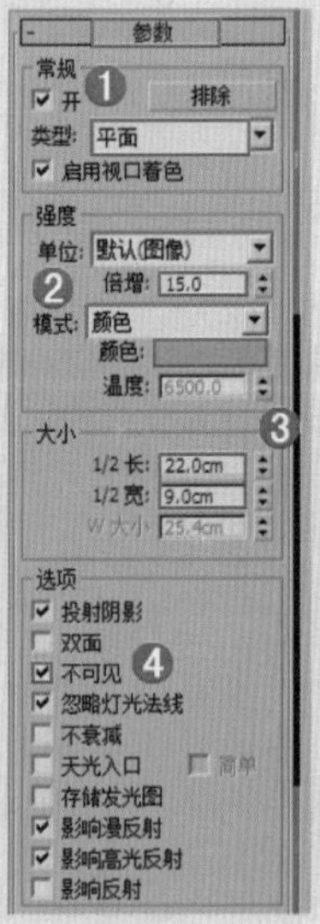

图H-21

STEP 6 在前视图中拖曳并创建1盏VR灯光，使用【选择并移动】工具复制1盏并调整位置，此时VR灯光的位置如图H-22所示。在【修改】面板下展开【参数】卷展栏，在【常规】选项组下设置【类型】为【球体】，在【强度】选项组下设置【倍增】为12，调节【颜色】为黄色（红=223、绿=121、蓝=40），在【大小】选项组下设置【半径】为12cm，在【选项】选项组下勾选【不可见】复选框，如图H-23所示。

H Q Y Z

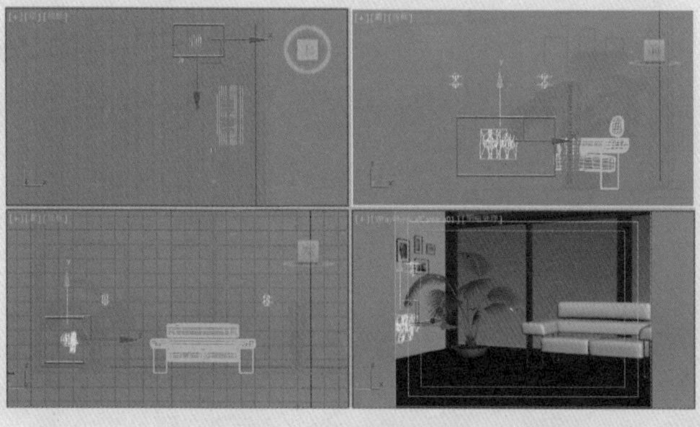

图H-22

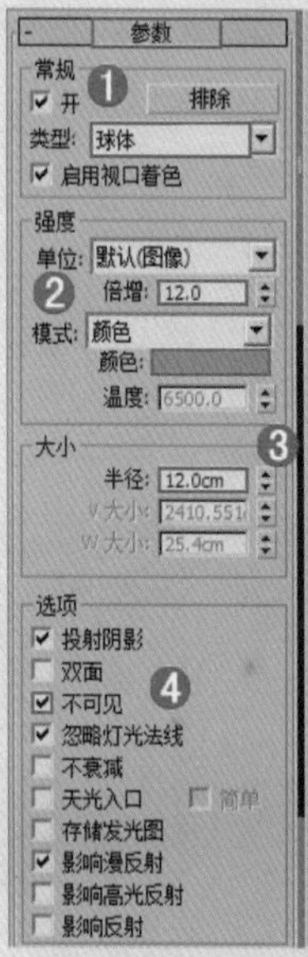

图H-23

STEP 7 在前视图中拖曳并创建1盏VR灯光，使用【选择并移动】工具复制3盏并调整位置，此时VR灯光的位置如图H-24所示。在【修改】面板下展开【参数】卷展栏，在【常规】选项组下设置【类型】为【球体】，在【强度】选项组下设置【倍增】为50，调节【颜色】为黄色（红=248、绿=162、蓝=99），在【大小】选项组下设置【半径】为11cm，在【选项】选项组下勾选【不可见】复选框，如图H-25所示。

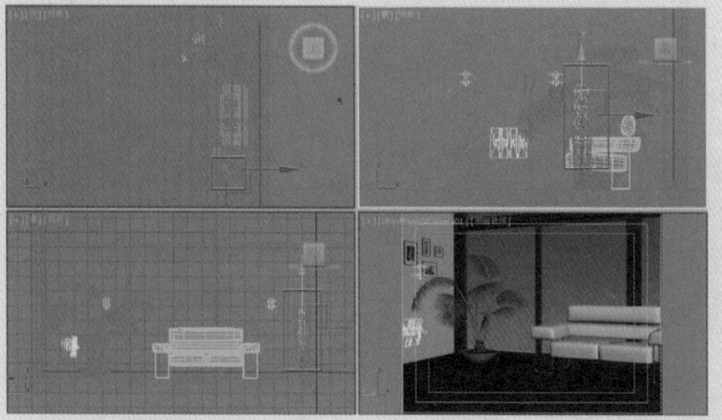

图H-24

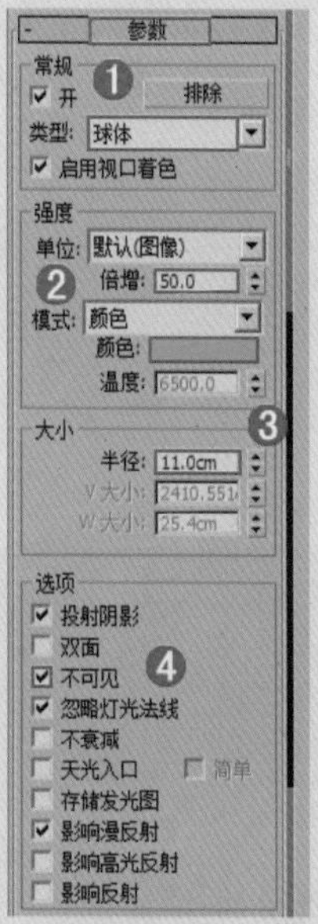

图H-25

STEP 8 在前视图中拖曳并创建1盏VR灯光，使用【选择并移动】工具调整位置，此时VR灯光的位置如图H-26所示。在【修改】面板下展开【参数】卷展栏，在【常规】选项组下设置【类型】为【球体】，在【强度】选项组下设置【倍增】为30，调节【颜色】为黄色（红=249、绿

H
Q
Y
Z

=174、蓝=118），在【大小】选项组下设置【半径】为7cm，在【选项】选项组下勾选【不可见】复选框，如图H-27所示。

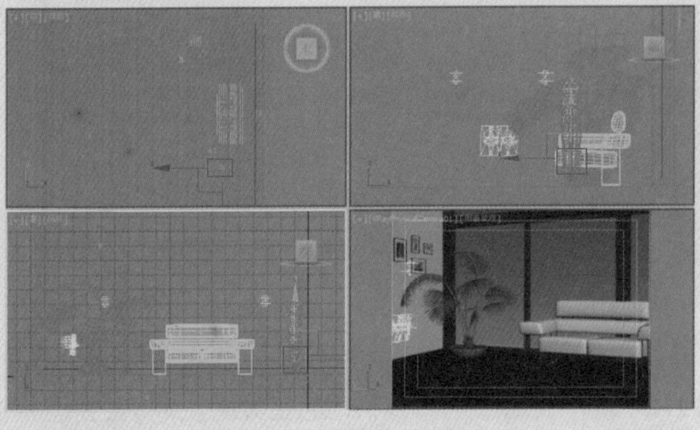

图H-26

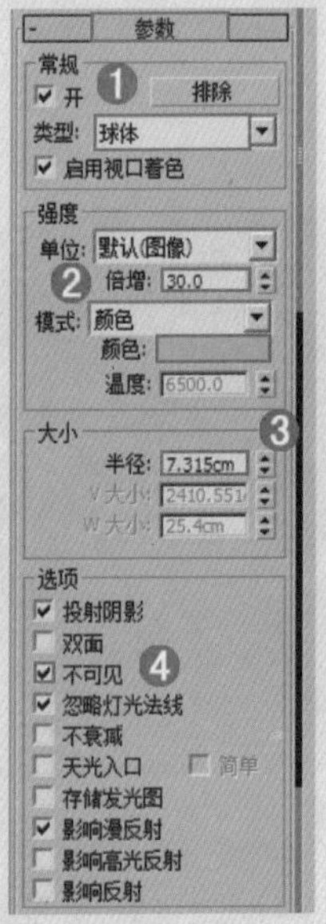

图H-27

STEP 9 在左视图中拖曳并创建1盏VR灯光，使用【选择并移动】工具复制1盏并调整位置，此时VR灯光的位置如图H-28所示。在【修改】面板下展开【参数】卷展栏，在【常规】选项组下设置【类型】为【平面】，在【强度】选项组下设置【倍增】为2，调节【颜色】为蓝色（红=110、绿=130、蓝=171），在【大小】选项组下设置【1/2长】为150cm，【1/2宽】为150cm，在【选项】选项组下勾选【不可见】复选框，在【采样】选项组下设置【细分】为16，如图H-29所示。

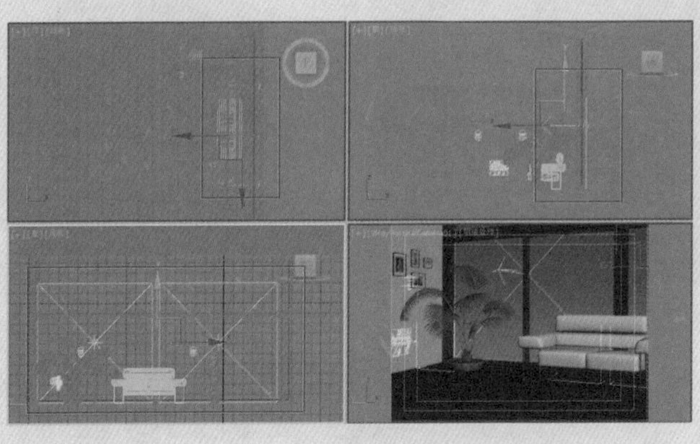

图H-28

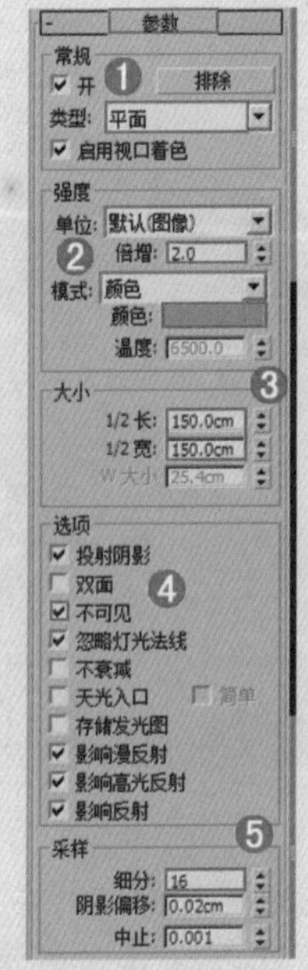

图H-29

STEP 10 最终渲染效果如图H-30所示。

图H-30

扩展练习117——休闲室灯光

案例文件	灯光案例文件\H\黄昏\休闲室灯光\休闲室灯光.max	视频教学	视频教学\灯光\H\黄昏\休闲室灯光.flv
技术难点	目标聚光灯和泛光灯制作休闲室灯光		

休闲室灯光的制作难点在于如何把握灯光的位置和亮度，使其更好地表现出休闲室的真实效果，如图H-31所示。

图H-31

Q

清晨（清晨窗口灯光、清晨柔和餐厅、清晨客厅灯光）

清晨扩展（日景效果、厨房日景效果、餐厅灯光）

实例118　清晨窗口灯光

案例文件	灯光案例文件\Q\清晨\清晨窗口灯光\清晨窗口灯光.max	视频教学	视频教学\灯光\Q\清晨\清晨窗口灯光.flv
技术难点	VR灯光制作窗口灯光效果		

案例分析：

【清晨窗口灯光】指刚刚日出的时分，通常指早上5:00～6:30这段时间窗口透出的灯光。如图Q-1所示为分析并参考清晨窗口灯光的效果。本例通过为窗口设置清晨灯光，学习清晨窗口灯光的设置方法，具体表现效果如图Q-2所示。

图Q-1

图Q-2

操作步骤：

STEP 1 打开随书配套光盘中的场景文件【灯光场景文件\Q\清晨\118.max】，如图Q-3所示。

STEP 2 单击【创建】|【灯光】按钮，设置【灯光类型】为【VRay】，最后单击 VR太阳 按钮，如图Q-4所示。

STEP 3 在前视图中拖曳并创建1盏VR太阳，使用【选择并移动】工具调整位置，此时VR太阳的位置如图Q-5所示。在【修改】面板下展开【VRay太阳参数】卷展栏，设置【强度倍增】为0.2，【大小倍增】为4，设置【阴影细分】为15，如图Q-6所示。

STEP 4 单击 【创建】| 【灯光】按钮，设置【灯光类型】为【VRay】，最后单击 VR灯光 按钮，如图Q-7所示。

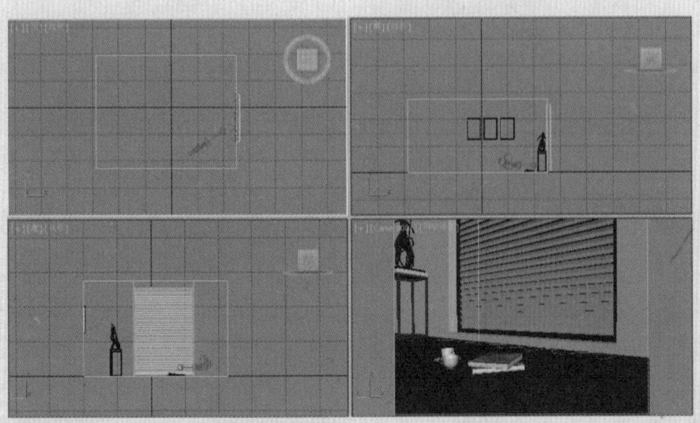

图Q-3

图Q-4

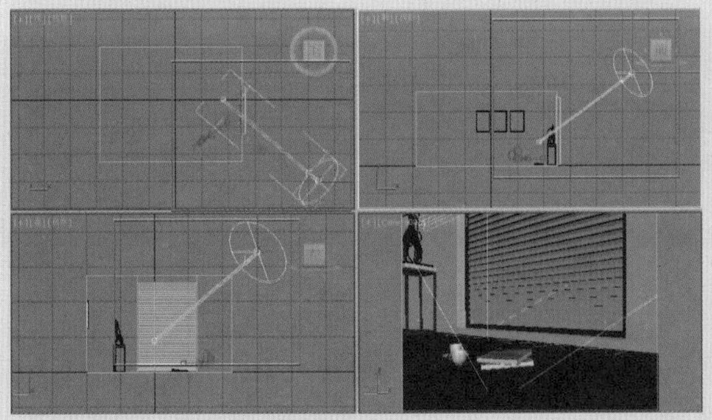

图Q-5

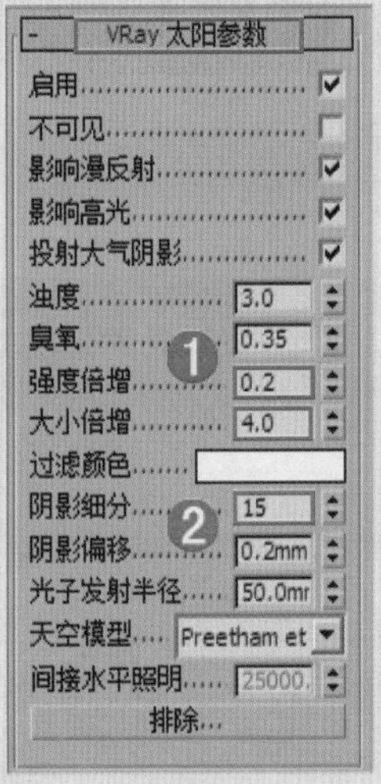

图Q-6

图Q-7

技巧一点通：

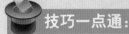

在一般情况下，制作太阳光效果可以使用【VRay太阳】灯光进行模拟，参数调节较为简单、效果很好。

STEP 5 在左视图中拖曳并创建1盏VR灯光，使用【选择并移动】工具调整位置，此时VR灯光的位置如图Q-8所示。在【修改】面板下展开【参数】卷展栏，在【常规】选项组下设置【类型】为【平面】，在【强度】选项组下设置【倍增】为5，调节【颜色】为浅蓝色（红=239、绿=242、蓝=253），在【大小】选项组下设置【1/2长】为1200mm，【1/2宽】为980mm，在【选项】选项组下勾选【不可见】复选框，在【采样】选项组下设置【细分】为15，如图Q-9所示。

STEP 6 最终渲染效果如图Q-10所示。

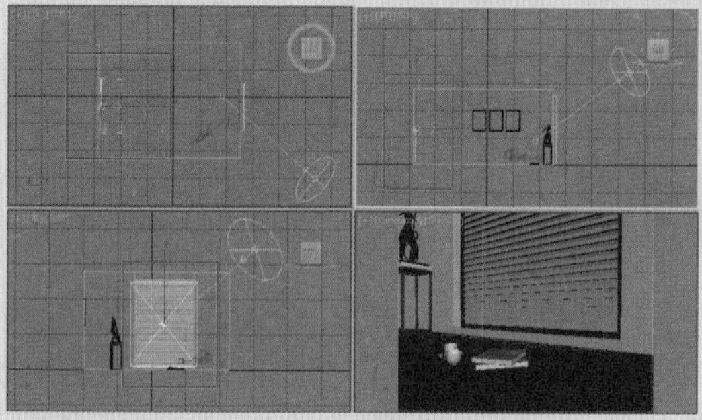

图Q-8

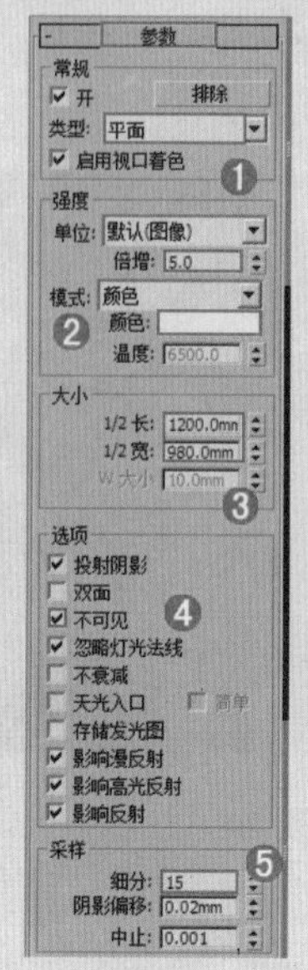

图Q-9

图Q-10

扩展练习118——日景效果

案例文件	灯光案例文件\Q\清晨\日景效果\日景效果.max	视频教学	视频教学\灯光\Q\清晨\日景效果.flv
技术难点	目标平行光和VR灯光制作日景效果		

日景效果的制作难点在于如何把握灯光的角度，使其更好地表现出日景的真实效果，如图Q-11所示。

图Q-11

实例119　清晨柔和餐厅

案例文件	灯光案例文件\Q\清晨\清晨柔和餐厅\清晨柔和餐厅.max	视频教学	视频教学\灯光\Q\清晨\清晨柔和餐厅.flv
技术难点	VR太阳模拟太阳光效果		

案例分析：

【清晨柔和餐厅】指刚刚日出的时分，通常指早上5:00～6:30这段时间餐厅的柔和灯光。如图Q-12所示为分析并参考清晨柔和餐厅的效果。本例通过为餐厅设置清晨柔和灯光，学习清晨柔和餐厅的设置方法，具体表现效果如图Q-13所示。

图Q-12

图Q-13

操作步骤：

STEP 1 打开随书配套光盘中的场景文件【灯光场景文件\Q\清晨\119.max】，如图Q-14所示。

STEP 2 单击【创建】|【灯光】按钮，设置【灯光类型】为【VRay】，最后单击 VR太阳 按钮，如图Q-15所示。

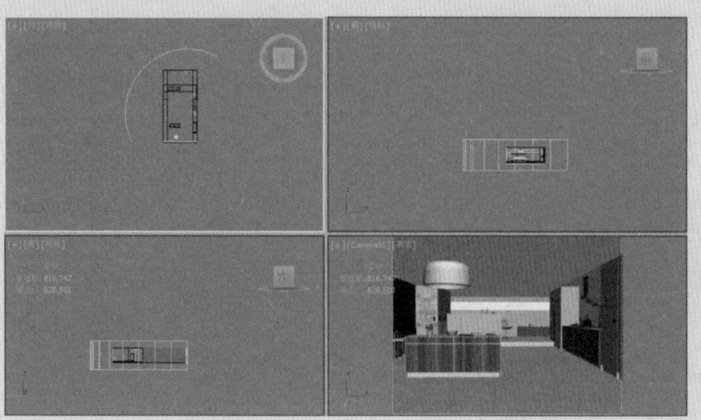

图Q-14

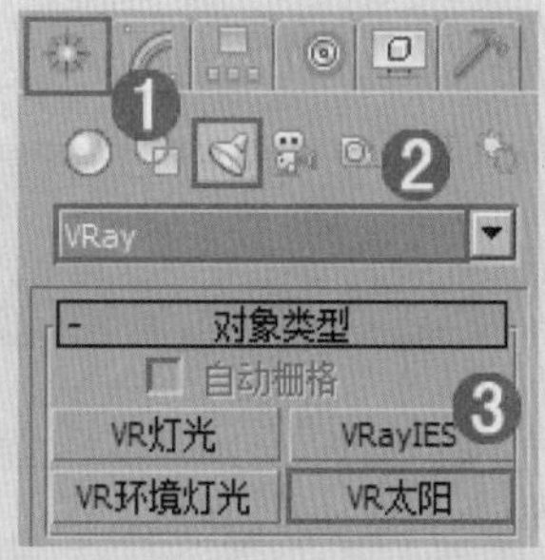

图Q-15

STEP 3 在前视图中拖曳并创建1盏VR太阳，使用【选择并移动】工具调整位置，此时VR太阳的位置如图Q-16所示。在【修改】面板下展开【VRay太阳参数】卷展栏，设置【强度倍增】为0.04，【大小倍增】为20，设置【阴影细分】为20，如图Q-17所示。

STEP 4 单击【创建】|【灯光】按钮，设置【灯光类型】为【VRay】，最后单击 VR灯光 按钮，如图Q-18所示。

STEP 5 在左视图中拖曳并创建1盏VR灯光，使用【选择并移动】工具调整位置，此时VR灯光的位置如图Q-19所示。在【修改】面板下展开【参数】卷展栏，在【常规】选项组下设置【类型】为【平面】，在【强度】选项组下设置【倍增】为2，调节【颜色】为浅蓝色（红=227、绿=248、蓝=248），在【大小】选项组下设置【1/2长】为600mm，【1/2宽】为180mm，在【选项】选项组下勾选【不可见】复选框，在【采样】选项组下设置【细分】为20，如图Q-20所示。

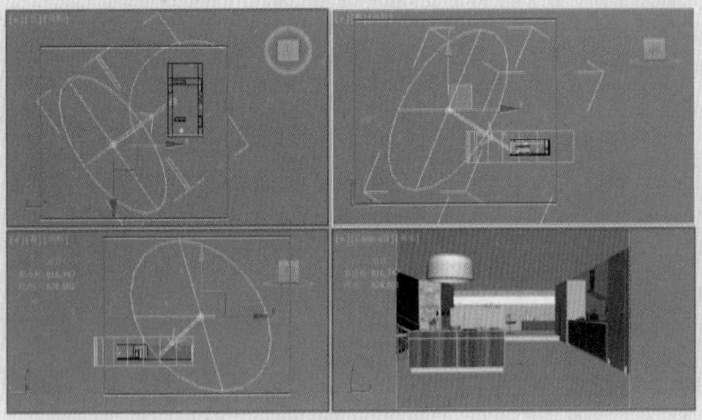

图Q-16

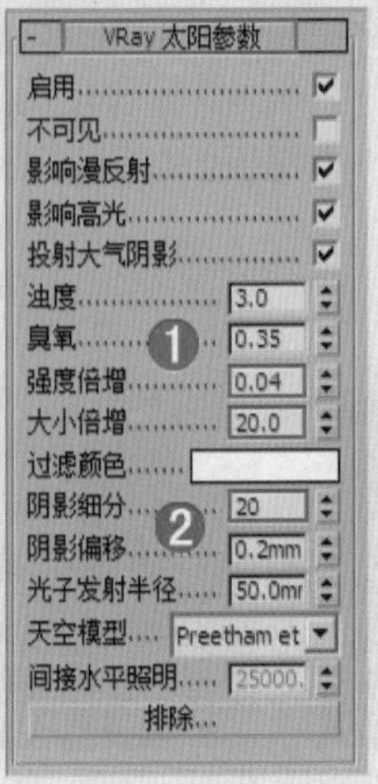

图Q-17

图Q-18

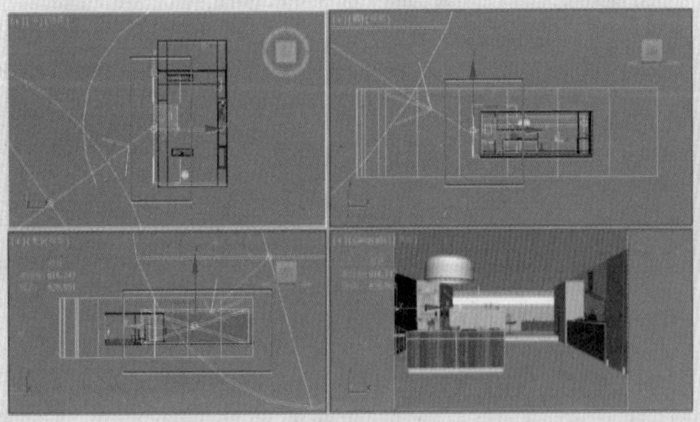

图Q-19

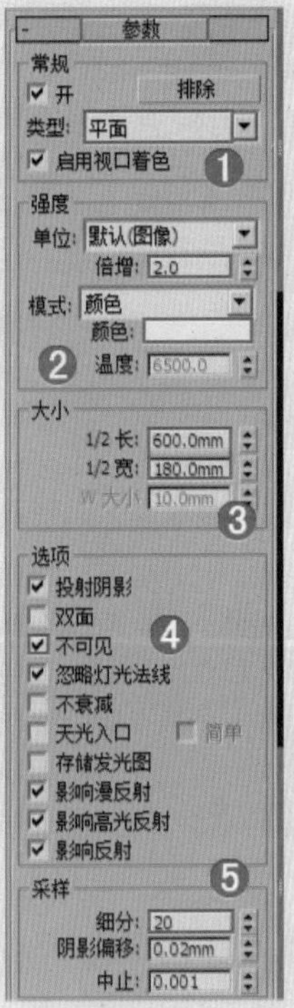

图Q-20

STEP 6 在左视图中拖曳并创建1盏VR灯光，使用【选择并移动】工具调整位置，此时VR灯光的位置如图Q-21所示。在【修改】面板下展开【参数】卷展栏，在【常规】选项组下设置【类型】为【平面】，在【强度】选项组下设置【倍增】为0.3，调节【颜色】为浅蓝色（红=227、绿=248、蓝=248），在【大小】选项组下设置【1/2长】为170mm，【1/2宽】为180mm，在【选项】选项组下勾选【不可见】复选框，如图Q-22所示。

STEP 7 最终渲染效果如图Q-23所示。

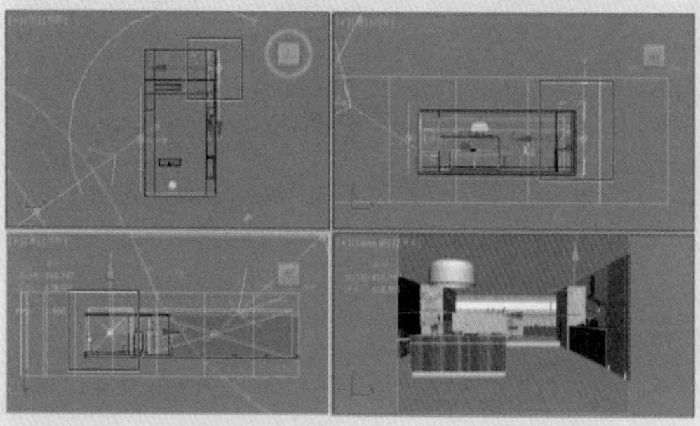

图Q-21

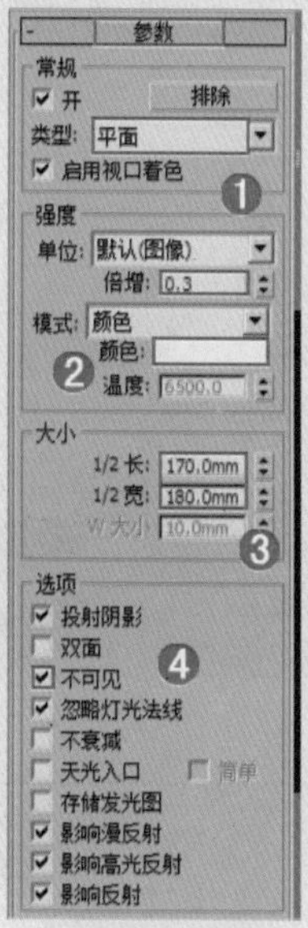

图Q-22

图Q-23

扩展练习119——厨房日景效果

案例文件	灯光案例文件\Q\清晨\厨房日景效果\厨房日景效果.max	视频教学	视频教学\灯光\Q\清晨\厨房日景效果.flv
技术难点	目标灯光和VR灯光制作厨房日景效果		

厨房日景效果的制作难点在于如何把握灯光的位置，才能更好地表现出厨房日景的真实效果，如图Q-24所示。

图Q-24

实例120　清晨客厅灯光

案例文件	灯光案例文件\Q\清晨\清晨客厅灯光\清晨客厅灯光.max	视频教学	视频教学\灯光\Q\清晨\清晨客厅灯光.flv
技术难点	VR太阳模拟太阳光效果		

案例分析：

【清晨客厅灯光】指刚刚日出的时分，通常指早上5:00～6:30这段时间客厅中的灯光。如图Q-25

所示为分析并参考清晨客厅灯光的效果。本例通过为客厅设置清晨灯光，学习清晨客厅灯光的设置方法，具体表现效果如图Q-26所示。

图Q-25

图Q-26

操作步骤：

STEP 1 打开随书配套光盘中的场景文件【灯光场景文件\Q\清晨\120.max】，如图Q-27所示。

STEP 2 单击【创建】|【灯光】按钮，设置【灯光类型】为【VRay】，最后单击 VR太阳 按钮，如图Q-28所示。

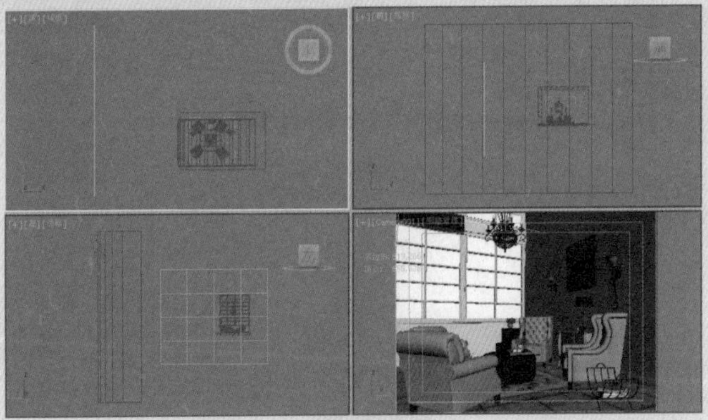

图Q-27

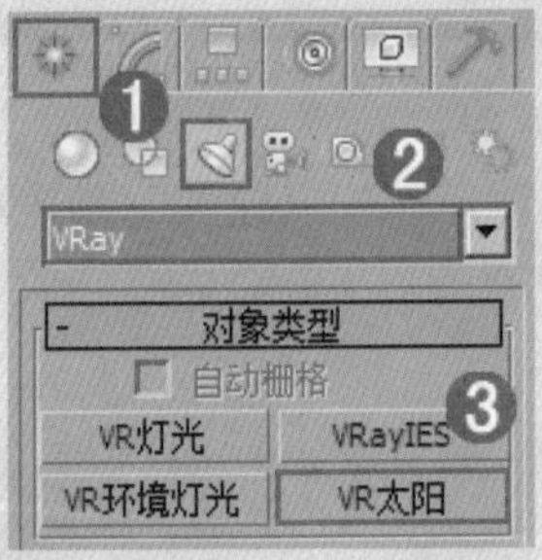

图Q-28

STEP 3 在前视图中拖曳并创建1盏VR太阳，使用【选择并移动】工具调整位置，此时VR太阳的位置如图Q-29所示。在【修改】面板下展开【VRay太阳参数】卷展栏，设置【强度倍增】为0.08，【大小倍增】为10，设置【阴影细分】为20，如图Q-30所示。

STEP 4 单击【创建】|【灯光】按钮，设置【灯光类型】为【VRay】，最后单击 VR灯光 按钮，如图Q-31所示。

STEP 5 在左视图中拖曳并创建1盏VR灯光，使用【选择并移动】工具调整位置，此时VR灯光的位置如图Q-32所示。在【修改】面板下展开【参数】卷展栏，在【常规】选项组下设置【类型】为【平面】，在【强度】选项组下设置【倍增】为18，调节【颜色】为浅蓝色（红=235、绿=245、蓝=255），在【大小】选项组下设置【1/2长】为970mm，【1/2宽】为960mm，在【选项】选项组下勾选【不可见】复选框，如图Q-33所示。

STEP 6 最终渲染效果如图Q-34所示。

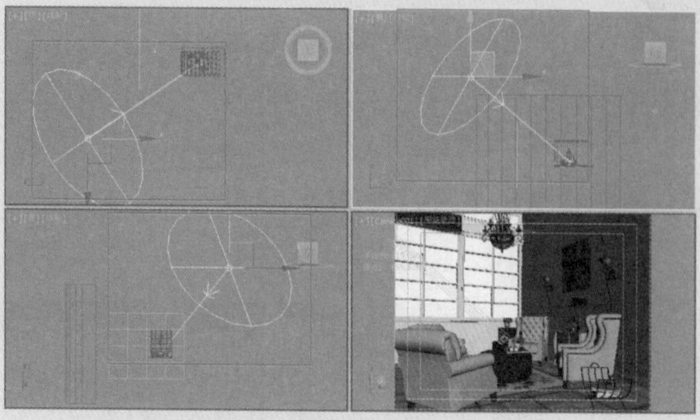

图Q-29

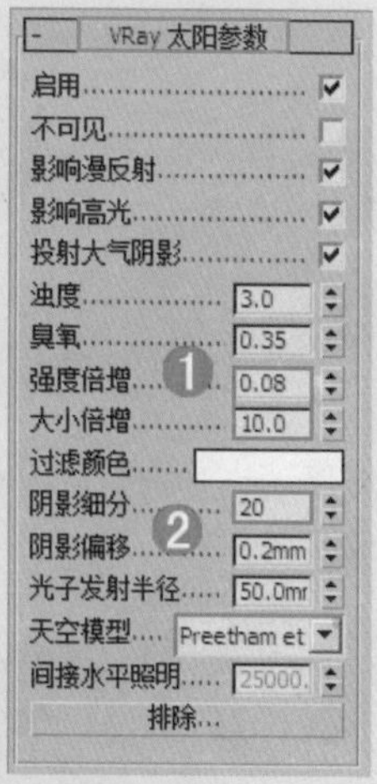

图Q-30

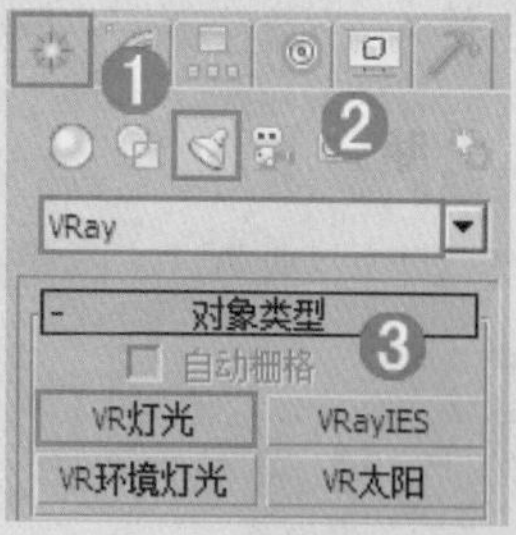

图Q-31

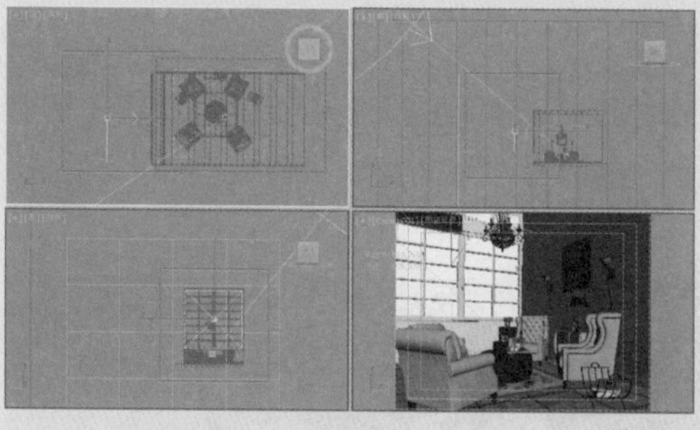

图Q-32

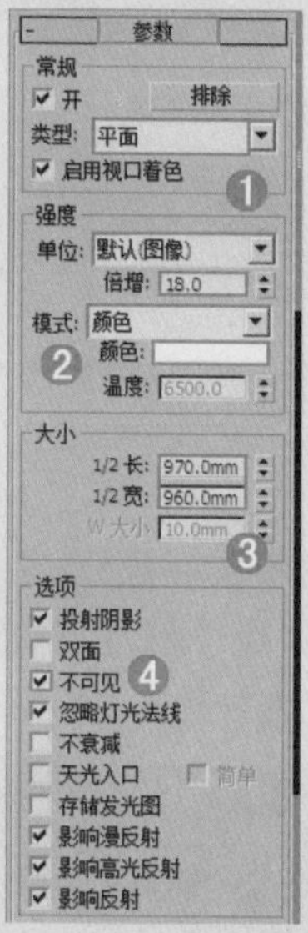

图Q-33

图Q-34

扩展练习120——餐厅灯光

案例文件	灯光案例文件\Q\清晨\餐厅灯光\餐厅灯光.max	视频教学	视频教学\灯光\Q\清晨\餐厅灯光.flv
技术难点	VR太阳和VR灯光制作餐厅灯光		

餐厅灯光的制作难点在于如何把握灯光的位置，才能更好地表现出餐厅的真实效果，如图Q-35所示。

图Q-35

Y

夜晚（夜晚昏暗光照、夜晚明亮照明、壁灯灯光、吊灯灯光、射灯灯光、烛光灯光、灯带灯光、台灯灯罩灯光、舞台绚丽灯光）

夜晚扩展（台灯灯光、夜晚室外灯光、壁灯目标聚光灯、吊灯VR灯光、夜晚壁灯灯光、壁炉灯光、封闭会议室、灯罩泛光灯、绚丽背景灯光）

实例121　夜晚昏暗光照

案例文件	灯光案例文件\Y\夜晚\夜晚昏暗光照\夜晚昏暗光照.max	视频教学	视频教学\灯光\Y\夜晚\夜晚昏暗光照.flv
技术难点	射灯制作主光源		

案例分析：

【夜晚昏暗光照】指下午6点到次日的早晨5点这一段时间，天空通常为黑色（是由地球自转引起的）。如图Y-1所示为分析并参考夜晚昏暗光照的效果。本例通过为夜晚设置昏暗光照，学习夜晚昏暗光照的设置方法，具体表现效果如图Y-2所示。

图Y-1

图Y-2

操作步骤：

STEP 1 打开随书配套光盘中的场景文件【灯光场景文件\Y\夜晚\121.max】，如图Y-3所示。

STEP 2 单击【创建】|【灯光】按钮，设置【灯光类型】为【光度学】，最后单击 目标灯光 按钮，如图Y-4所示。

STEP 3 在前视图中拖曳并创建1盏目标灯光，使用【选择并移动】工具调整位置，此时目标灯光的位置如图Y-5所示。在【修改】面板下展开【常规参数】卷展栏，在【灯光属性】选项组下勾选【目标】复选框，在【阴影】选项组下勾选【启用】复选框，并设置【阴影类型】为【VRay阴影】，设置【灯光分布（类型）】为【光度学Web】，接着展开【分布（光度学Web）】卷展栏，在通道上加载【射灯.ies】文件。展开【强度/颜色/衰减】卷展栏，调节【过滤颜色】为黄色（红=250、绿=208、蓝=163），设置【强度】为15000。展开【VRay阴影参数】卷展栏，勾选【区域阴影】复选框，设置【U大小】、【V大小】、【W大小】分别为100mm，设置【细分】为20，如图Y-6所示。

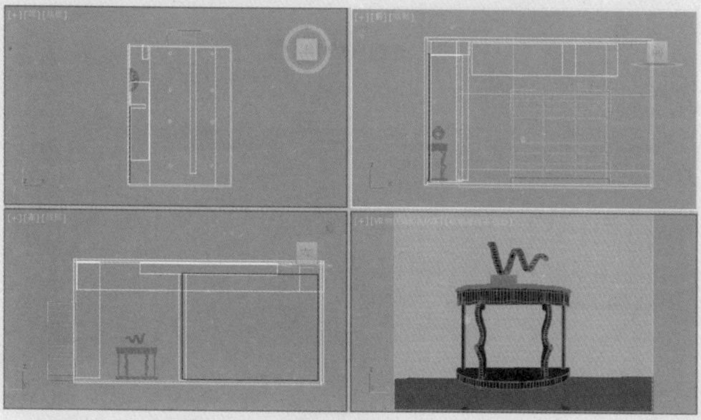

图Y-3

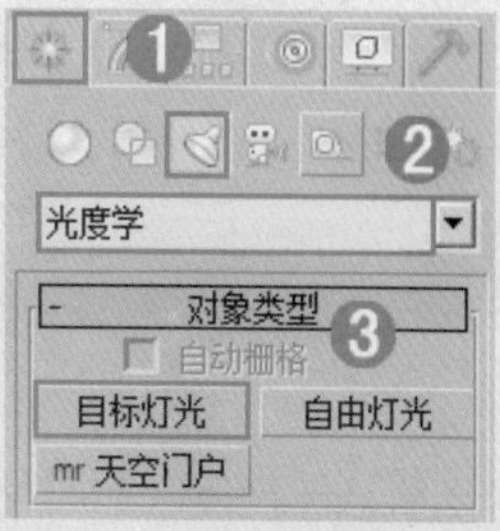

图Y-4

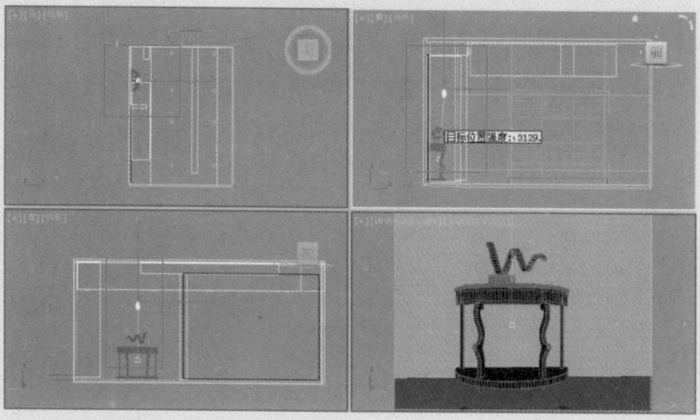

图Y-5

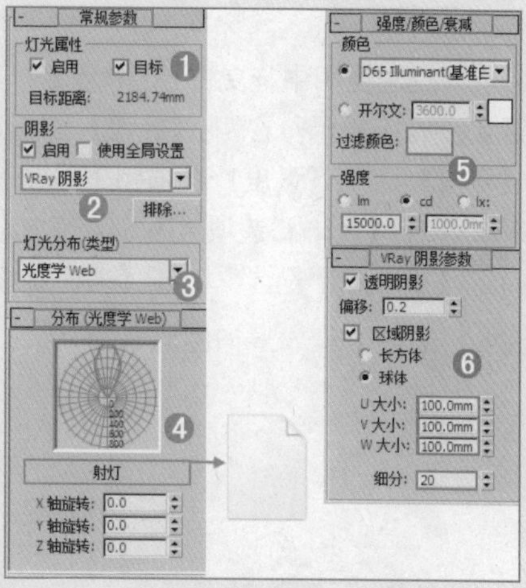

图Y-6

技巧一点通：

目标灯光的目标点并不是固定不可调节的，可以对它进行移动、旋转等操作。

STEP 4 单击【创建】|【灯光】按钮，设置【灯光类型】为【VRay】，最后单击 VR灯光 按钮，如图Y-7所示。

STEP 5 在前视图中拖曳并创建1盏VR灯光，使用【选择并移动】工具调整位置，此时VR灯光的位置如图Y-8所示。在【修改】面板下展开【参数】卷展栏，在【常规】选项组下设置

【类型】为【平面】，在【强度】选项组下设置【倍增】为5，调节【颜色】为蓝色（红=50、绿=72、蓝=169），在【大小】选项组下设置【1/2长】为350mm，【1/2宽】为2000mm，在【选项】选项组下勾选【不可见】复选框，在【采样】选项组下设置【细分】为12，如图Y-9所示。

图Y-7

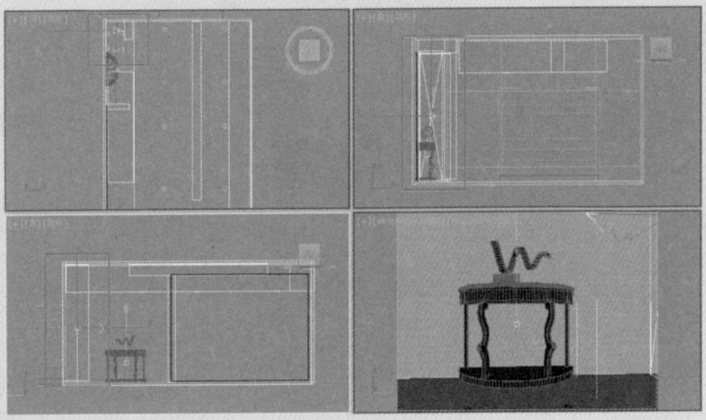

图Y-8

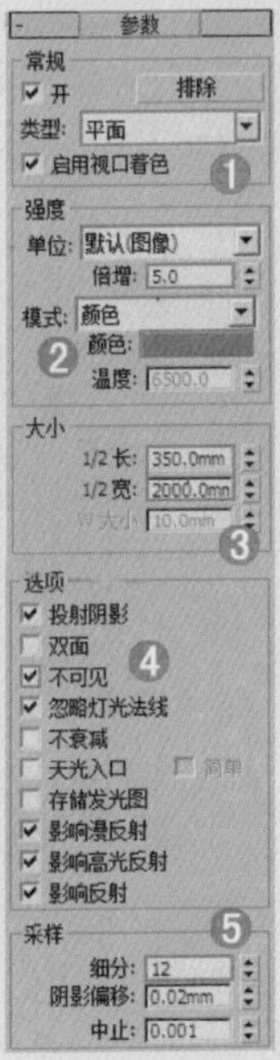

图Y-9

STEP 6 在左视图中拖曳并创建1盏VR灯光，使用【选择并移动】工具调整位置，此时VR灯光的位置如图Y-10所示。在【修改】面板下展开【参数】卷展栏，在【常规】选项组下设置【类型】为【平面】，在【强度】选项组下设置【倍增】为1，调节【颜色】为黄色（红=254、绿=222、蓝=180），在【大小】选项组下设置【1/2长】为1000mm，【1/2宽】为2000mm，在【选项】选项组下勾选【不可见】复选框，在【采样】选项组下设置【细分】为12，如图Y-11所示。

STEP 7 最终渲染效果如图Y-12所示。

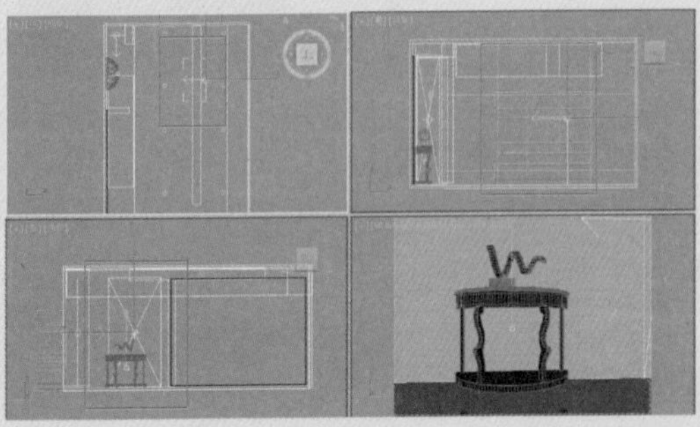

图Y-10

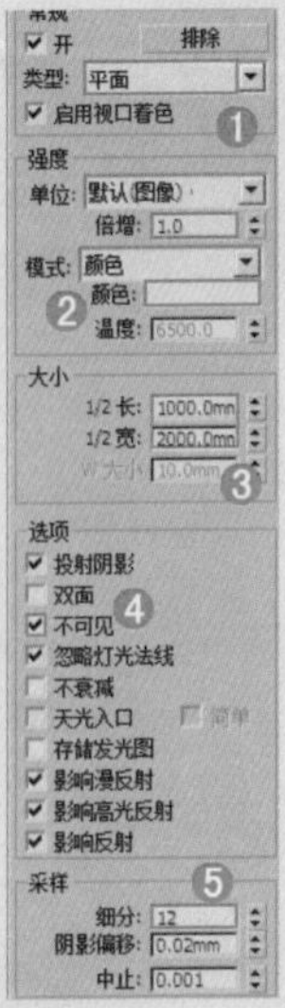

图Y-11

图Y-12

扩展练习121——台灯灯光

案例文件	灯光案例文件\Y\夜晚\台灯灯光\台灯灯光.max	视频教学	视频教学\灯光\Y\夜晚\台灯灯光.flv
技术难点	目标聚光灯和VR灯光制作台灯灯光		

台灯灯光的制作难点在于如何把握灯光的颜色和亮度，才能更好地表现出台灯灯光的真实效果，如图Y-13所示。

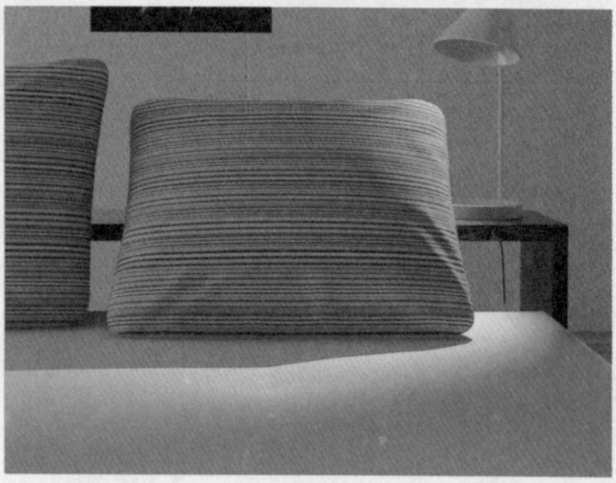

图Y-13

实例122　夜晚明亮光照

案例文件	灯光案例文件\Y\夜晚\夜晚明亮光照\夜晚明亮光照.max	视频教学	视频教学\灯光\Y\夜晚\夜晚明亮光照.flv
技术难点	VR灯光制作夜晚明亮光源		

案例分析：

【夜晚明亮光照】指下午6点到次日的早晨5点这一段时间，天空通常为黑色（是由地球自转引起的）。如图Y-14所示为分析并参考夜晚明亮光照的效果。本例通过为夜晚设置明亮光照，学习夜晚明亮光照的设置方法，具体表现效果如图Y-15所示。

图Y-14

图Y-15

操作步骤：

STEP 1 打开随书配套光盘中的场景文件【灯光场景文件\Y\夜晚\122.max】，如图Y-16所示。

STEP 2 单击【创建】|【灯光】按钮，设置【灯光类型】为【VRay】，最后单击 VR灯光 按钮，如图Y-17所示。

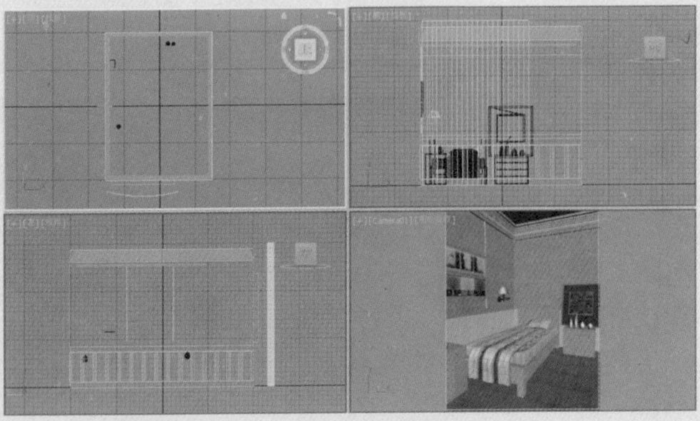

图Y-16

图Y-17

STEP 3 在顶视图中拖曳并创建1盏VR灯光，使用【选择并移动】工具调整位置，此时VR灯光的位置如图Y-18所示。在【修改】面板下展开【参数】卷展栏，在【常规】选项组下设置【类型】为【球体】，在【强度】选项组下设置【倍增】为200，调节【颜色】为黄色（红=229、绿=192、蓝=145），在【大小】选项组下设置【半径】为45mm，在【选项】选项组下勾选【不可见】复选框，如图Y-19所示。

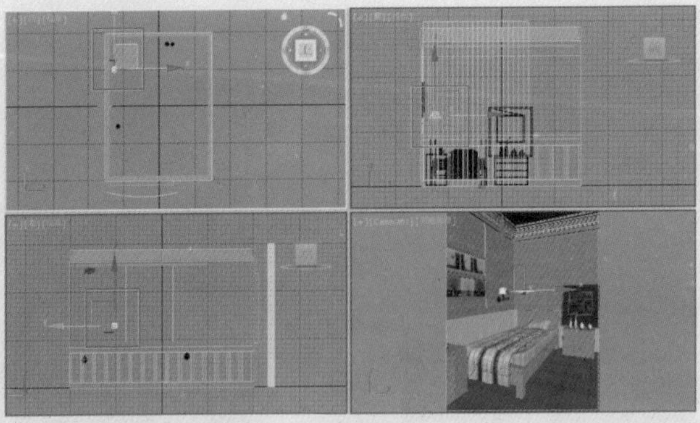

图Y-18

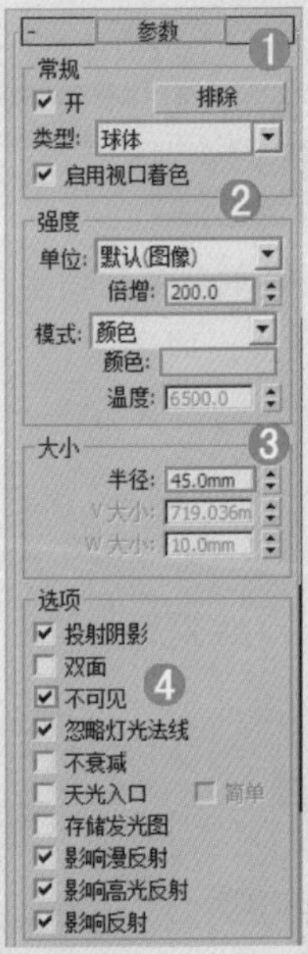

图Y-19

STEP 4 在前视图中拖曳并创建1盏VR灯光，使用【选择并移动】工具调整位置，此时VR灯光的位置如图Y-20所示。在【修改】面板下展开【参数】卷展栏，在【常规】选项组下设置【类型】为【平面】，在【强度】选项组下设置【倍增】为15，调节【颜色】为蓝色（红=39、绿=96、蓝=181），在【大小】选项组下设置【1/2长】为880mm，【1/2宽】为720mm，在【选项】选项组下勾选【不可见】复选框，在【采样】选项组下设置【细分】为15，如图Y-21所示。

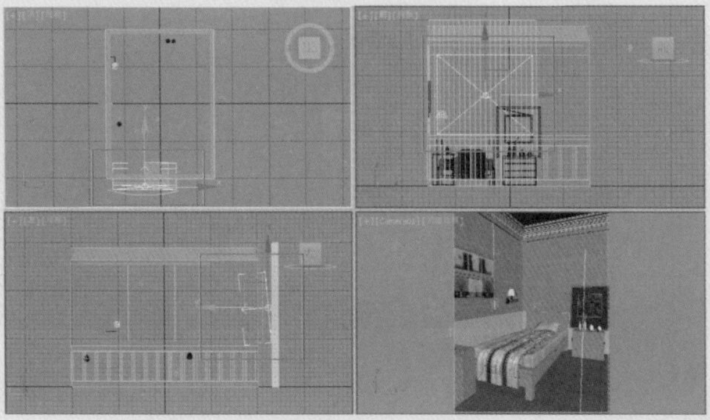

图Y-20

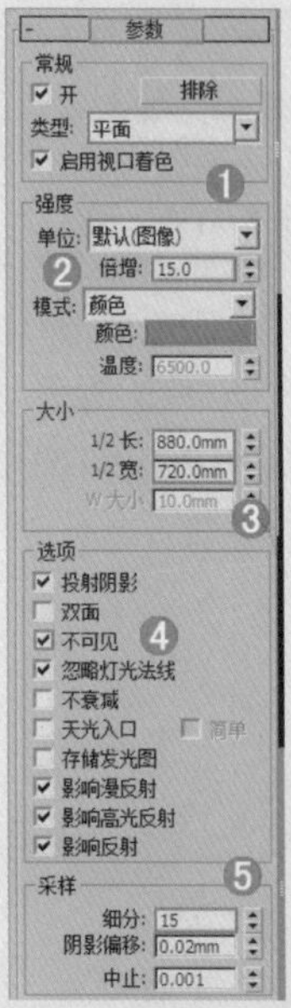

图Y-21

STEP 5 在左视图中拖曳并创建1盏VR灯光，使用【选择并移动】工具调整位置，此时VR灯光的位置如图Y-22所示。在【修改】面板下展开【参数】卷展栏，在【常规】选项组下设置【类型】为【平面】，在【强度】选项组下设置【倍增】为3，调节【颜色】为黄色（红=246、绿=210、蓝=178），在【大小】选项组下设置【1/2长】为1200mm，【1/2宽】为620mm，在【选项】选项组下勾选【不可见】复选框，在【采样】选项组下设置【细分】为15，如图Y-23所示。

STEP 6 最终渲染效果如图Y-24所示。

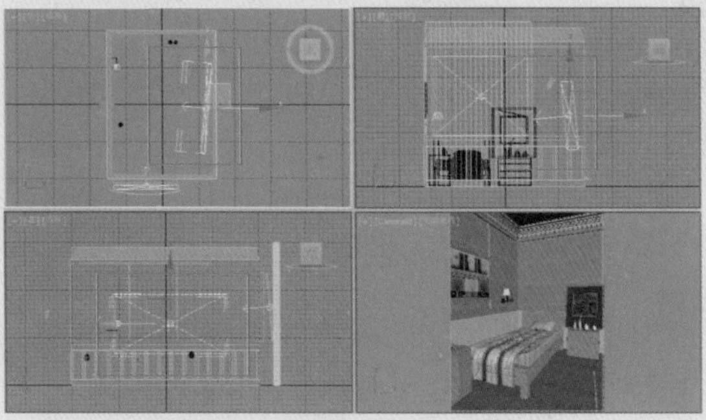

图Y-22

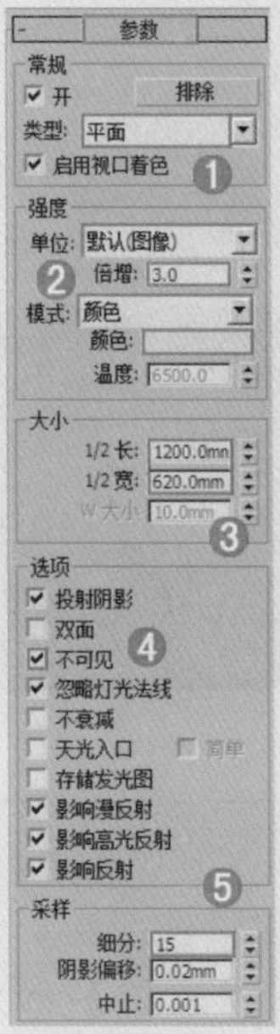

图Y-23

图Y-24

扩展练习122——夜晚室外灯光

案例文件	灯光案例文件\Y\夜晚\夜晚室外灯光\夜晚室外灯光.max	视频教学	视频教学\灯光\Y\夜晚\夜晚室外灯光.flv
技术难点	目标灯光、VR灯光制作夜晚室外灯光		

夜晚室外灯光的制作难点在于如何把握灯光的位置和亮度，才能更好地表现出夜晚灯光的真实效果，如图Y-25所示。

图Y-25

实例123　壁灯灯光

案例文件	灯光案例文件\Y\夜晚\壁灯灯光\壁灯灯光.max	视频教学	视频教学\灯光\Y\夜晚\壁灯灯光.flv
技术难点	VR灯光制作壁灯效果		

案例分析：

【壁灯灯光】中的壁灯是安装在室内墙壁上的辅助照明装饰灯具，一般多配用乳白色的玻璃灯罩。如图Y-26所示为分析并参考壁灯灯光的效果。本例通过为壁灯设置灯光，学习壁灯灯光的设置方法，具体表现效果如图Y-27所示。

图Y-26

图Y-27

操作步骤：

STEP 1 打开随书配套光盘中的场景文件【灯光场景文件\Y\夜晚\123.max】，如图Y-28所示。

STEP 2 单击 【创建】| 【灯光】按钮，设置【灯光类型】为【VRay】，最后单击 VR灯光

H Q Y Z

按钮，如图Y-29所示。

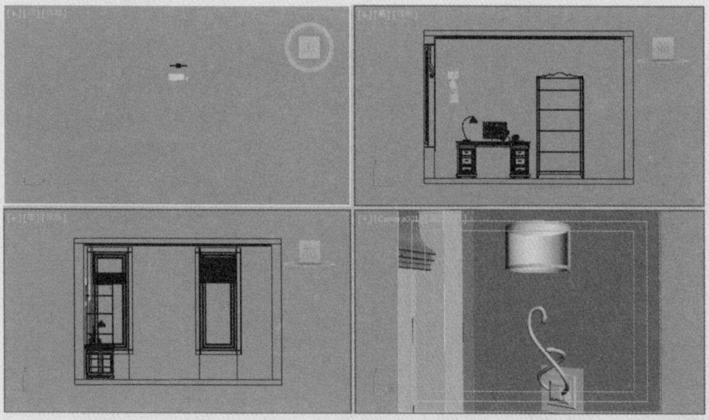

图Y-28

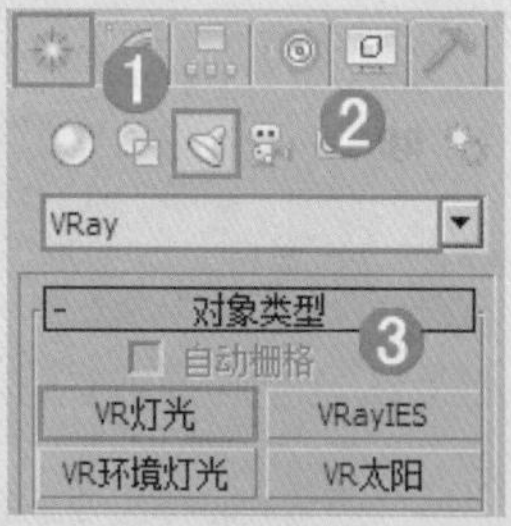

图Y-29

STEP 3 在顶视图中拖曳并创建1盏VR灯光，使用【选择并移动】工具调整位置，此时VR灯光的位置如图Y-30所示。在【修改】面板下展开【参数】卷展栏，在【常规】选项组下设置【类型】为【球体】，在【强度】选项组下设置【倍增】为30，调节【颜色】为黄色（红=252、绿=133、蓝=37），在【大小】选项组下设置【半径】为40mm，在【选项】选项组下勾选【不可见】复选框，在【采样】选项组下设置【细分】为20，如图Y-31所示。

STEP 4 在左视图中拖曳并创建1盏VR灯光，使用【选择并移动】工具调整位置，此时VR灯光的位置如图Y-32所示。在【修改】面板下展开【参数】卷展栏，在【常规】选项组下设置【类型】为【平面】，在【强度】选项组下设置【倍增】为15，调节【颜色】为蓝色（红=34、绿=41、蓝=139），在【大小】选项组下设置【1/2长】和【1/2宽】数值，在【选项】选项组下勾选【不可见】复选框，在【采样】选项组下设置【细分】为10，如图Y-33所示。

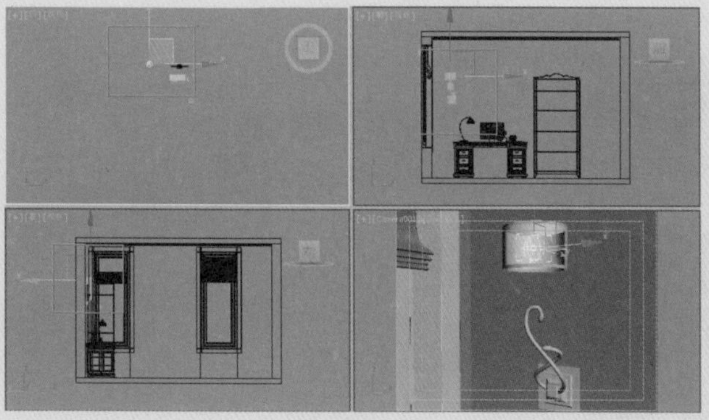

图Y-30

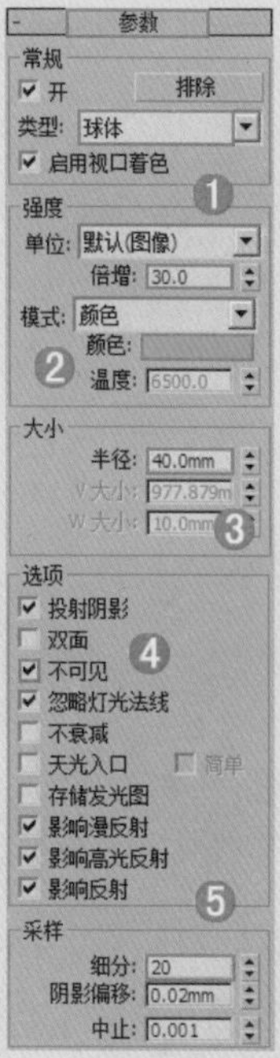

图Y-31

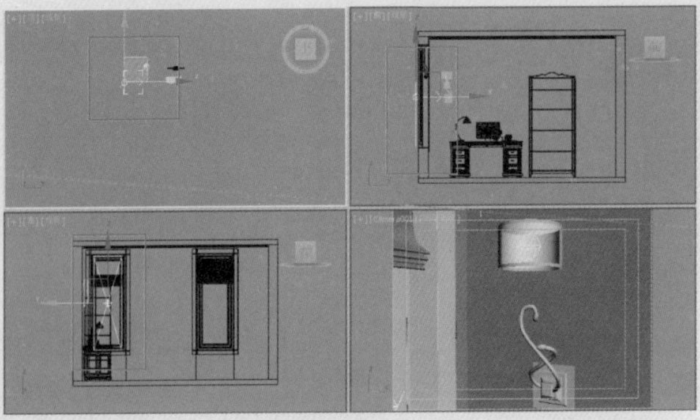

图Y-32

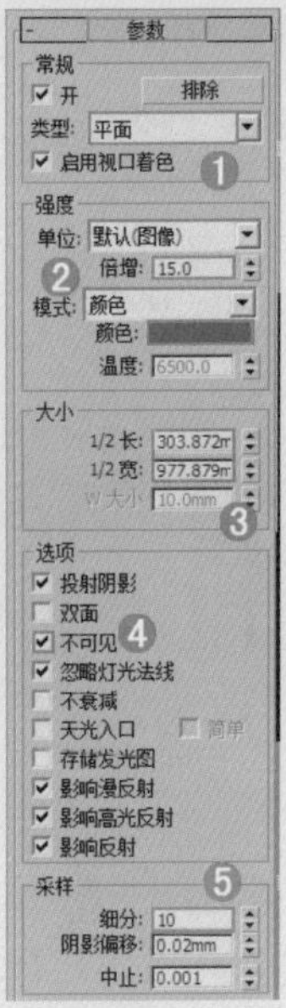

图Y-33

STEP 5 在左视图中拖曳并创建1盏VR灯光，使用【选择并移动】工具调整位置，此时VR灯光的位置如图Y-34所示。在【修改】面板下展开【参数】卷展栏，在【常规】选项组下设置【类型】为【平面】，在【强度】选项组下设置【倍增】为18，调节【颜色】为蓝色（红=195、绿=208、蓝=249），在【大小】选项组下设置【1/2长】和【1/2宽】数值，在【选项】选项组下勾选【不可见】复选框，在【采样】选项组下设置【细分】为20，如图Y-35所示。

STEP 6 最终渲染效果如图Y-36所示。

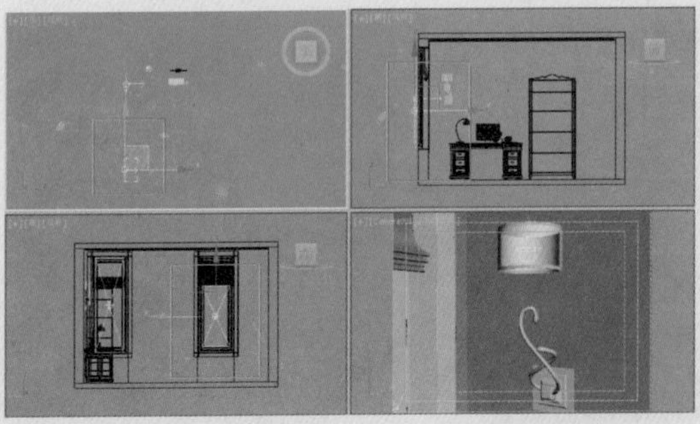

图Y-34

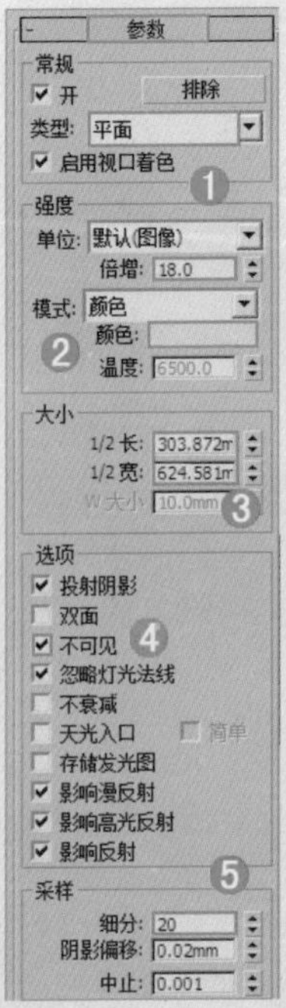

图Y-35

图Y-36

扩展练习123——壁灯目标聚光灯

案例文件	灯光案例文件\Y\夜晚\壁灯目标聚光灯\壁灯目标聚光灯.max	视频教学	视频教学\灯光\Y\夜晚\壁灯目标聚光灯.flv
技术难点	目标聚光灯制作壁灯		

壁灯目标聚光灯的制作难点在于如何把握灯光的颜色和亮度，才能更好地表现出壁灯目标聚光灯的真实效果，如图Y-37所示。

图Y-37

实例124　吊灯灯光

案例文件	灯光案例文件\Y\夜晚\吊灯灯光\吊灯灯光.max	视频教学	视频教学\灯光\Y\夜晚\吊灯灯光.flv
技术难点	VR灯光制作吊灯灯光		

案例分析：

【吊灯灯光】是吊装在室内天花板上的高级装饰用照明灯灯光。如图Y-38所示为分析并参考吊灯灯光的效果。本例通过为吊灯设置灯光，学习吊灯灯光的设置方法，具体表现效果如图Y-39所示。

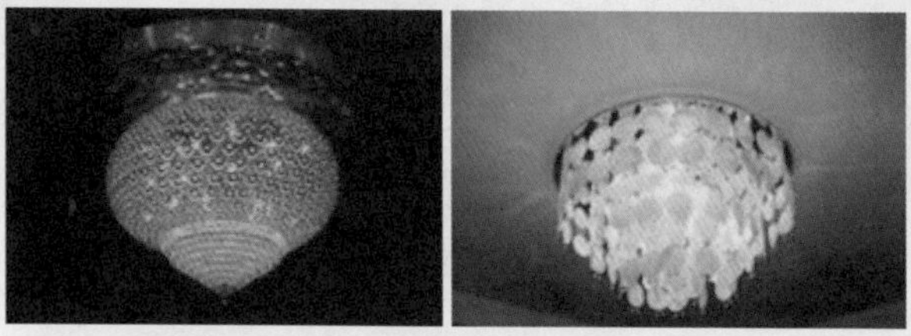

图Y-38

图Y-39

操作步骤：

STEP 1 打开随书配套光盘中的场景文件【灯光场景文件\Y\夜晚\124.max】，如图Y-40所示。

STEP 2 单击【创建】|【灯光】按钮，设置【灯光类型】为【VRay】，最后单击 VR灯光 按钮，如图Y-41所示。

H Q Y Z

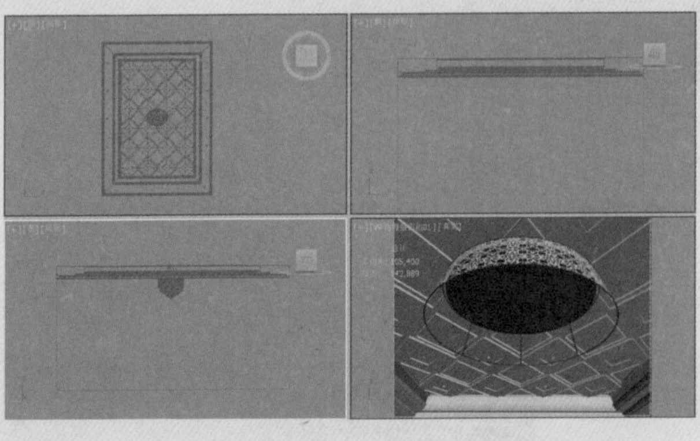

图Y-40

图Y-41

STEP 3 在顶视图中拖曳并创建1盏VR灯光，使用【选择并移动】工具调整位置，此时VR灯光的位置如图Y-42所示。在【修改】面板下展开【参数】卷展栏，在【常规】选项组下设置【类型】为【球体】，在【强度】选项组下设置【倍增】为10，调节【颜色】为黄色（红=254、绿=211、蓝=164），在【大小】选项组下设置【半径】数值，在【选项】选项组下勾选【不可见】复选框，如图Y-43所示。

STEP 4 最终渲染效果如图Y-44所示。

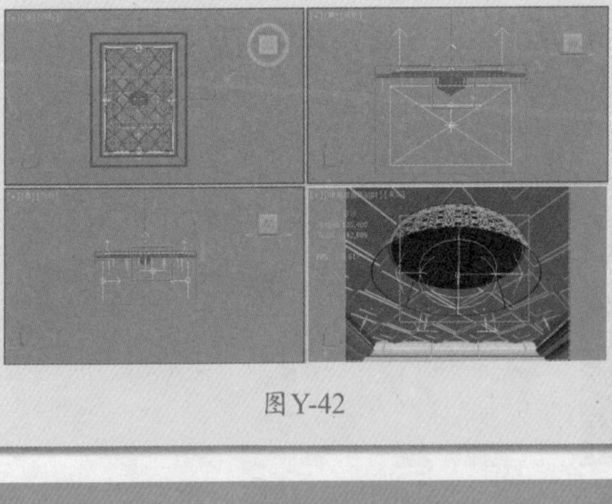

图Y-42

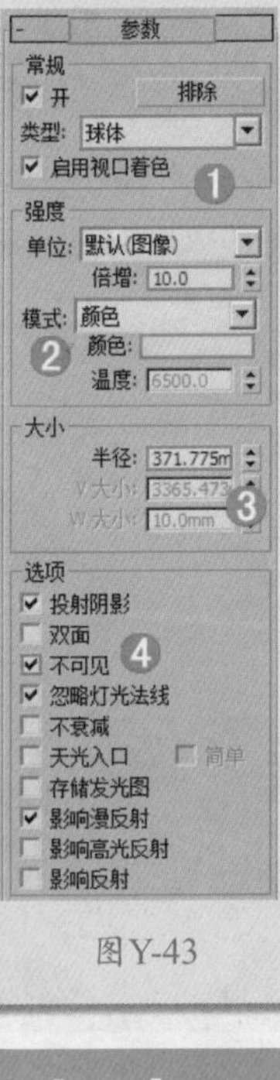

图Y-43

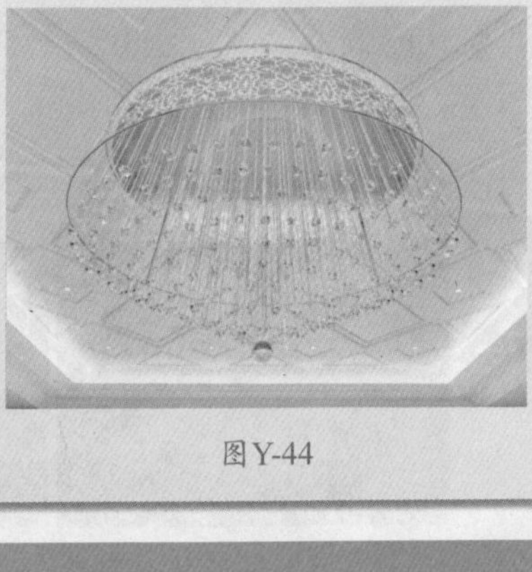

图Y-44

扩展练习124——吊灯VR灯光

案例文件	灯光案例文件\Y\夜晚\吊灯VR灯光\吊灯VR灯光.max	视频教学	视频教学\灯光\Y\夜晚\吊灯VR灯光.flv
技术难点	VR灯光制作吊灯		

吊灯VR灯光的制作难点在于如何把握灯光的类型和亮度，才能更好地表现出吊灯VR灯光的真实效果，如图Y-45所示。

图Y-45

实例125　射灯灯光

案例文件	灯光案例文件\Y\夜晚\射灯灯光\射灯灯光.max	视频教学	视频教学\灯光\Y\夜晚\射灯灯光.flv
技术难点	目标灯光制作射灯效果		

案例分析：

【射灯灯光】中的射灯是典型的无主灯、无定规模的现代流派照明，能营造室内照明气氛，若将一排小射灯组合起来，光线能变幻奇妙的图案。如图Y-46所示为分析并参考射灯灯光的效果。本例通过为射灯设置灯光，学习射灯灯光的设置方法，具体表现效果如图Y-47所示。

图Y-46

图Y-47

操作步骤：

STEP 1 打开随书配套光盘中的场景文件【灯光场景文件\Y\夜晚\125.max】，如图Y-48所示。

STEP 2 单击【创建】|【灯光】按钮，设置【灯光类型】为【光度学】，最后单击 目标灯光 按钮，如图Y-49所示。

STEP 3 在前视图中拖曳并创建1盏目标灯光，使用【选择并移动】工具复制2盏并调整位置，此时目标灯光的位置如图Y-50所示。在【修改】面板下展开【常规参数】卷展栏，在【灯光属性】选项组下勾选【目标】复选框，在【阴影】选项组下勾选【启用】复选框，并设置【阴影类型】为【VRay阴影】，设置【灯光分布（类型）】为【光度学Web】。展开【分布（光度学

Web）】卷展栏，在通道上加载【0.ies】文件。展开【强度/颜色/衰减】卷展栏，设置【强度】为15160。展开【VRay阴影参数】卷展栏，勾选【区域阴影】复选框，设置【U大小】、【V大小】、【W大小】分别为50mm，设置【细分】为15，如图Y-51所示。

技巧一点通：

这3个灯光用复制的方式来进行创建。先创建一盏目标灯光，然后复制2盏到其他位置，在复制时选择“实例”方式。

STEP 4 单击【创建】|【灯光】按钮，设置【灯光类型】为【VRay】，最后单击 VR灯光 按钮，如图Y-52所示。

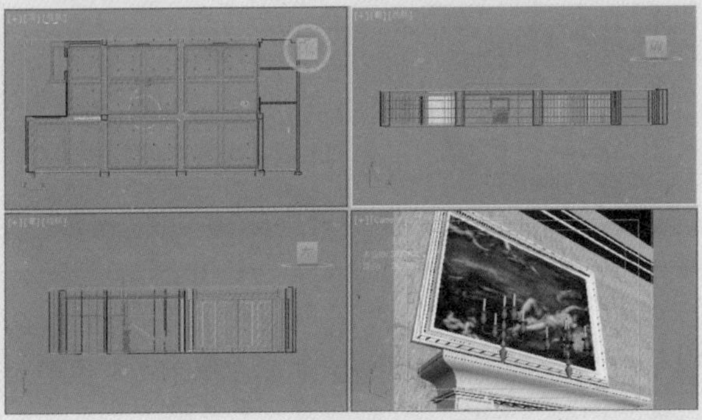

图Y-48

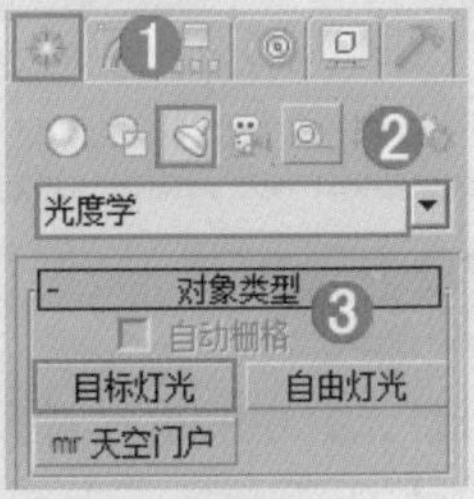

图Y-49

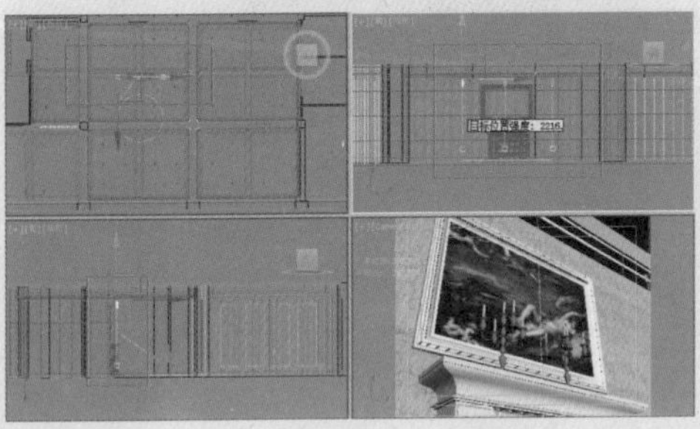

图Y-50

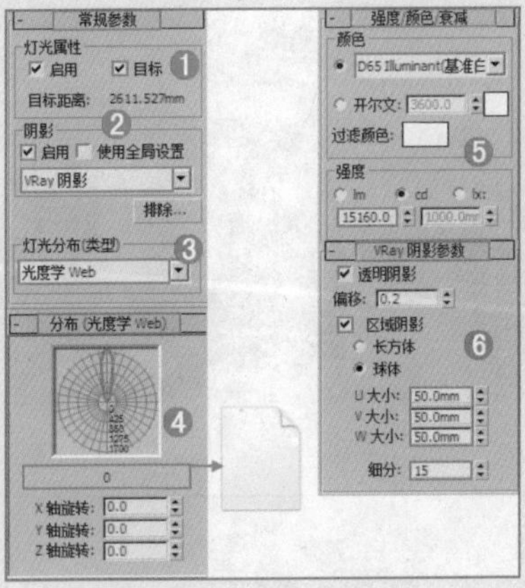

图Y-51

图Y-52

STEP 5 在前视图中拖曳并创建1盏VR灯光，使用【选择并移动】工具调整位置，此时VR灯光的位置如图Y-53所示。在【修改】面板下展开【参数】卷展栏，在【常规】选项组下设置【类型】为【平面】，在【强度】选项组下设置【倍增】为1，调节【颜色】为黄色（红=236、绿=192、蓝=116），在【大小】选项组下设置【1/2长】和【1/2宽】数值，在【选项】选项组下勾选【不可见】复选框，在【采样】选项组下设置【细分】为15，如图Y-54所示。

STEP 6 最终渲染效果如图Y-55所示。

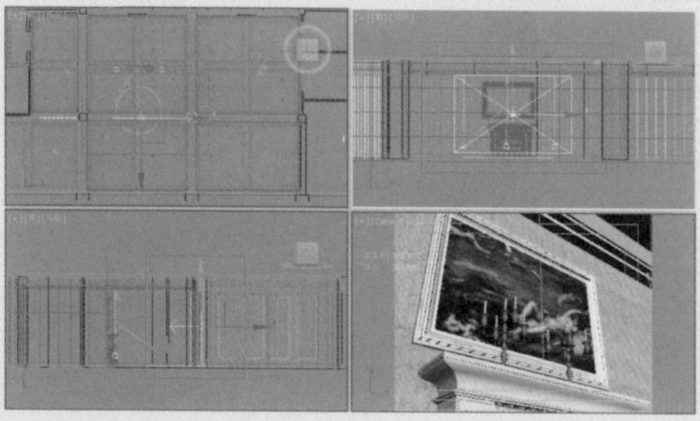

图Y-53

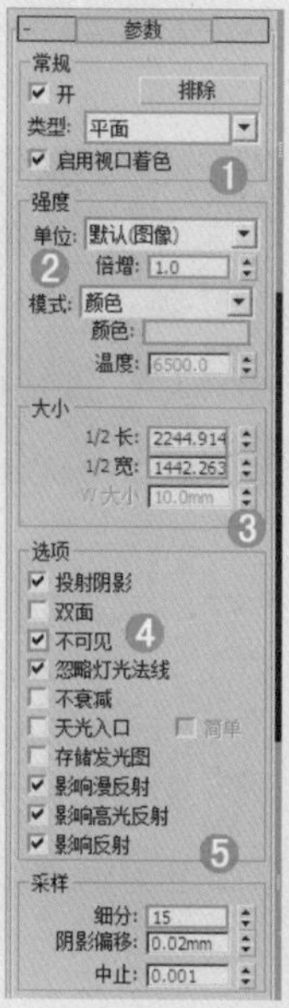

图Y-54

图Y-55

扩展练习125——夜晚壁灯灯光

案例文件	灯光案例文件\Y\夜晚\夜晚壁灯灯光\夜晚壁灯灯光.max	视频教学	视频教学\灯光\Y\夜晚\夜晚壁灯灯光.flv
技术难点	自由灯光制作壁灯效果		

夜晚壁灯灯光的制作难点在于如何把握灯光的颜色和亮度，才能更好地表现出夜晚壁灯灯光的真实效果，如图Y-56所示。

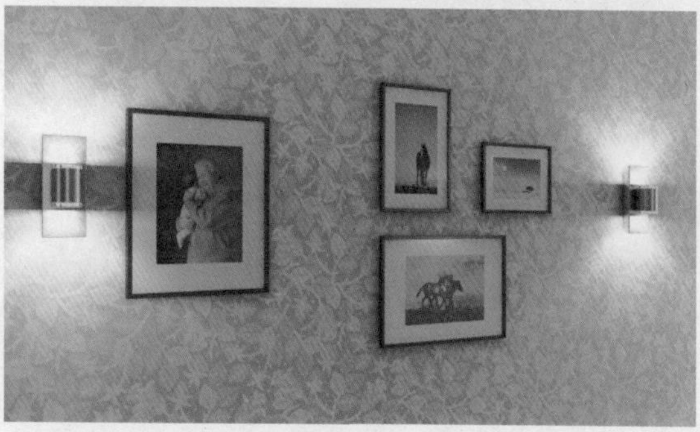

图Y-56

实例126　烛光灯光

案例文件	灯光案例文件\Y\夜晚\烛光灯光\烛光灯光.max	视频教学	视频教学\灯光\Y\夜晚\烛光灯光.flv
技术难点	泛光灯制作烛光效果		

案例分析：

【烛光灯光】是烛炬的亮光。如图Y-57所示为分析并参考烛光灯光的效果。本例通过为烛光设置灯光，学习烛光灯光的设置方法，具体表现效果如图Y-58所示。

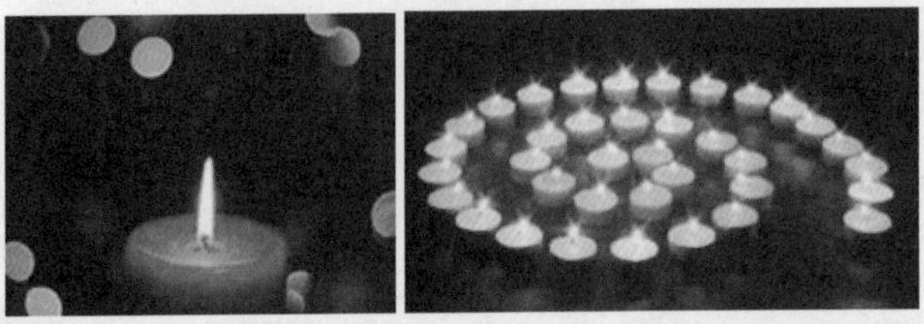

图Y-57

图Y-58

操作步骤：

STEP 1 打开随书配套光盘中的场景文件【灯光场景文件\Y\夜晚\126.max】，如图Y-59所示。

STEP 2 单击【创建】|【灯光】按钮，设置【灯光类型】为【标准】，最后单击 泛光 按钮，如图Y-60所示。

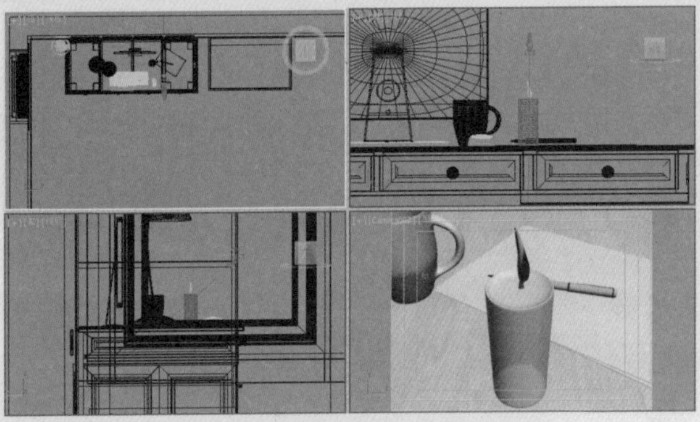

图Y-59

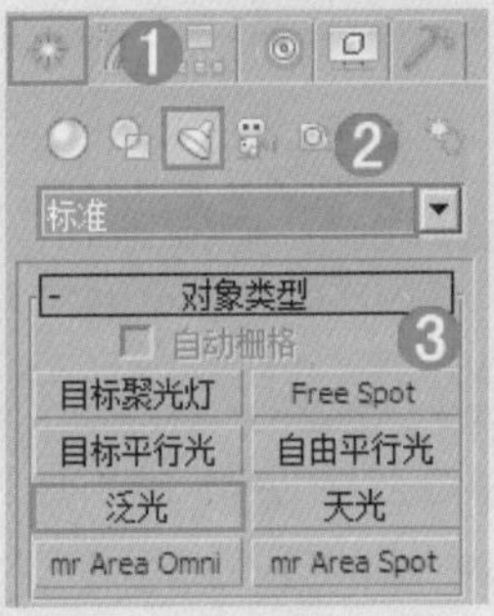

图Y-60

STEP 3 在顶视图中拖曳并创建1盏泛光灯，使用【选择并移动】工具复制2盏并调整位置，此时泛光灯的位置如图Y-61所示。在【修改】面板下展开【常规参数】卷展栏，在【阴影】选项组下勾选【启用】复选框，并设置【阴影类型】为【VRay阴影】。展开【强度/颜色/衰减】卷展栏，设置【倍增】为4，调节【颜色】为黄色（红=251、绿=152、蓝=64），在【近距衰减】选项组下，设置【结束】为10mm，在【远距衰减】选项组下，设置【开始】为20mm，设置【结束】为150mm。展开【VRay阴影参数】卷展栏，勾选【区域阴影】复选框，设置【细分】为20，如图Y-62所示。

STEP 4 单击【创建】|【灯光】按钮，设置【灯光类型】为【VRay】，最后单击 VR灯光 按钮，如图Y-63所示。

STEP 5 在左视图中拖曳并创建1盏VR灯光，使用【选择并移动】工具调整位置，此时VR灯光的位置如图Y-64所示。在【修改】面板下展开【参数】卷展栏，在【常规】选项组下设置【类型】为【平面】，在【强度】选项组下设置【倍增】为10，调节【颜色】为蓝色（红=69、绿=75、蓝=157），在【大小】选项组下设置【1/2长】为300mm，【1/2宽】为300mm，在【选项】选项组下勾选【不可见】复选框，在【采样】选项组下设置【细分】为10，如图Y-65所示。

STEP 6 最终渲染效果如图Y-66所示。

H Q Y Z

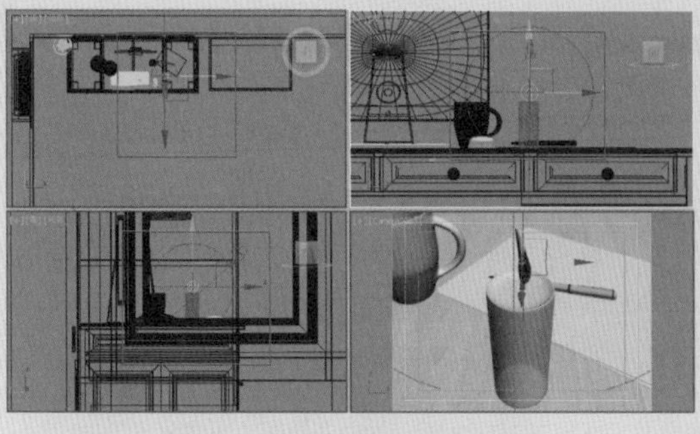

图Y-61

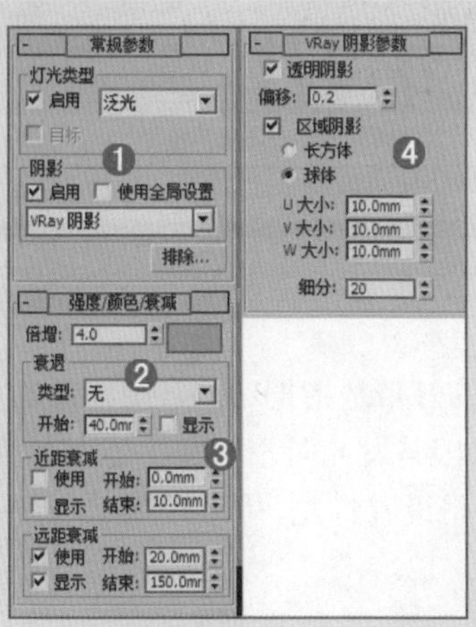

图Y-62

图Y-63

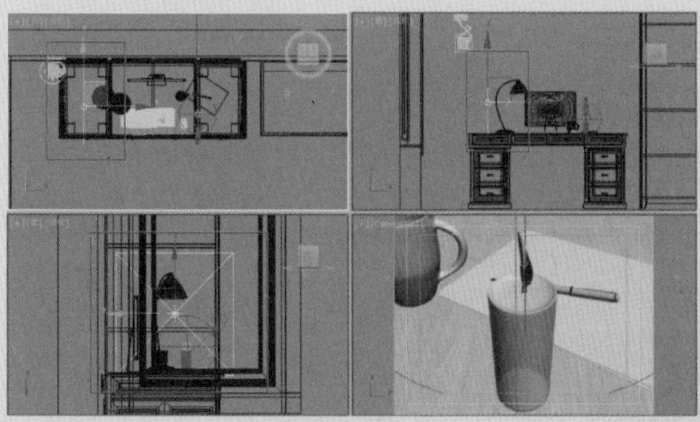

图Y-64

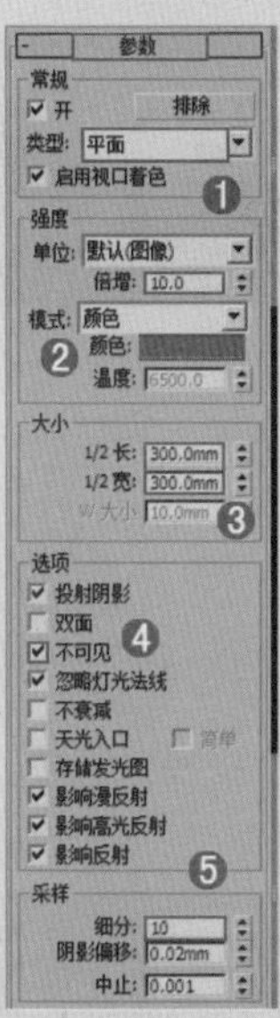

图Y-65

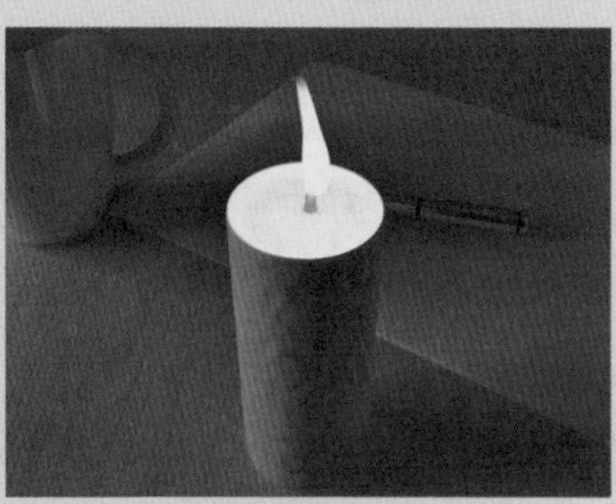

图Y-66

扩展练习126——壁炉灯光

案例文件	灯光案例文件\Y\夜晚\壁炉灯光\壁炉灯光.max	视频教学	视频教学\灯光\Y\夜晚\壁炉灯光.flv
技术难点	泛光灯制作壁炉火焰灯光效果		

壁炉灯光的制作难点在于如何把握灯光的颜色和亮度，才能更好地表现出壁炉灯光的真实效果，如图Y-67所示。

图Y-67

实例127 灯带灯光

案例文件	灯光案例文件\Y\夜晚\灯带灯光\灯带灯光.max	视频教学	视频教学\灯光\Y\夜晚\灯带灯光.flv
技术难点	VR灯光制作灯带效果		

案例分析：

【灯带灯光】中的灯带是指把LED灯用特殊的加工工艺焊接在铜线或者带状柔性线路板上面，再连接上电源发光，因其发光时形状如一条光带而得名。如图Y-68所示为分析并参考灯带灯光的效果。本例通过为灯带设置灯光，学习灯带灯光的设置方法，具体表现效果如图Y-69所示。

图Y-68

图Y-69

操作步骤：

STEP 1 打开随书配套光盘中的场景文件【灯光场景文件\Y\夜晚\127.max】，如图Y-70所示。

STEP 2 单击【创建】|【灯光】按钮，设置【灯光类型】为【VRay】，最后单击 VR灯光 按钮，如图Y-71所示。

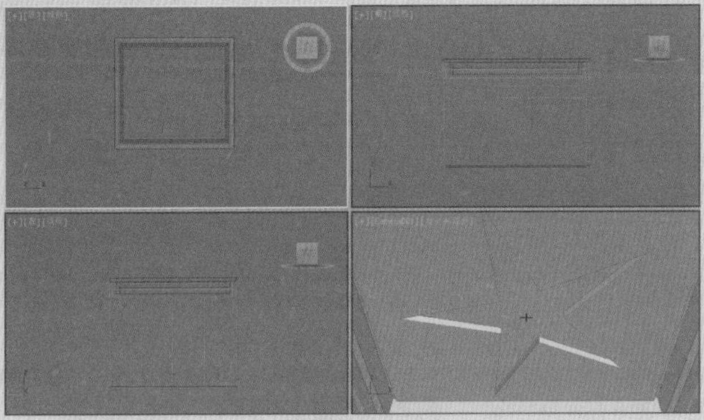

图Y-70

图Y-71

STEP 3 在顶视图中拖曳并创建1盏VR灯光，使用【选择并移动】工具调整位置，此时VR灯光的位置如图Y-72所示。在【修改】面板下展开【参数】卷展栏，在【常规】选项组下设置【类型】为【平面】，在【强度】选项组下设置【倍增】为5，调节【颜色】为黄色（红=47、绿=184、蓝=133），在【大小】选项组下设置【1/2长】和【1/2宽】数值，在【选项】选项组下勾选【不可见】复选框，在【采样】选项组下设置【细分】为20，如图Y-73所示。

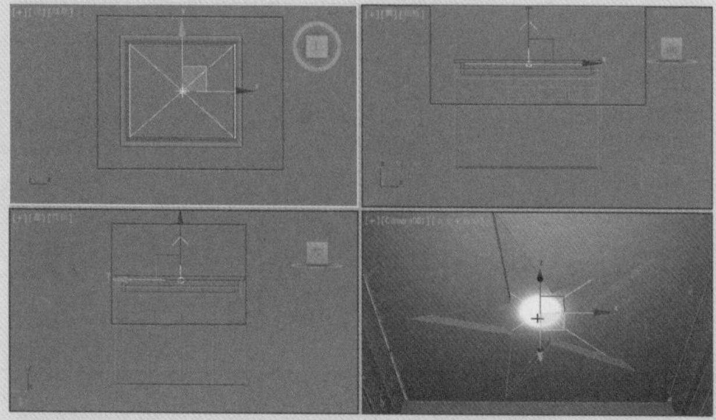

图Y-72

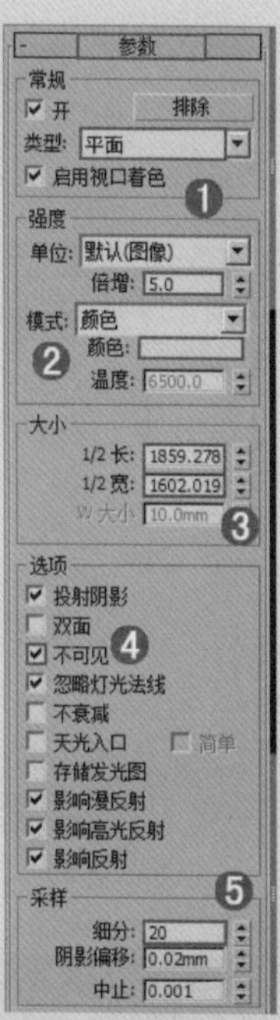

图Y-73

STEP 4 在前视图中拖曳并创建1盏VR灯光，使用【选择并移动】工具调整位置，此时VR灯光的位置如图Y-74所示。在【修改】面板下展开【参数】卷展栏，在【常规】选项组下设置【类型】为【平面】，在【强度】选项组下设置【倍增】为1，调节【颜色】为黄色（红=247、绿=184、蓝=133），在【大小】选项组下设置【1/2长】和【1/2宽】数值，在【选项】选项组下勾选【不可见】复选框，在【采样】选项组下设置【细分】为20，如图Y-75所示。

STEP 5 最终渲染效果如图Y-76所示。

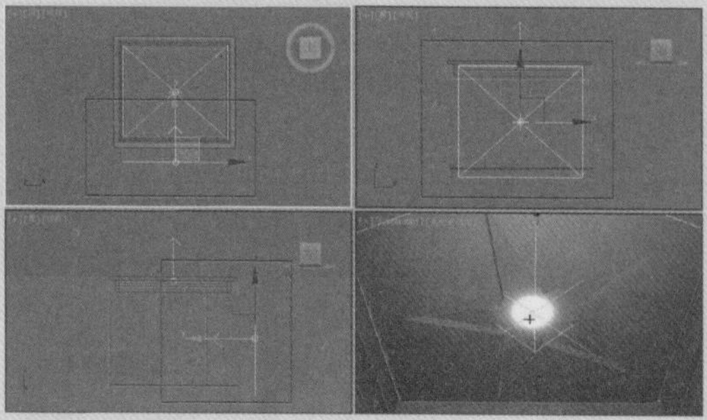

图Y-74

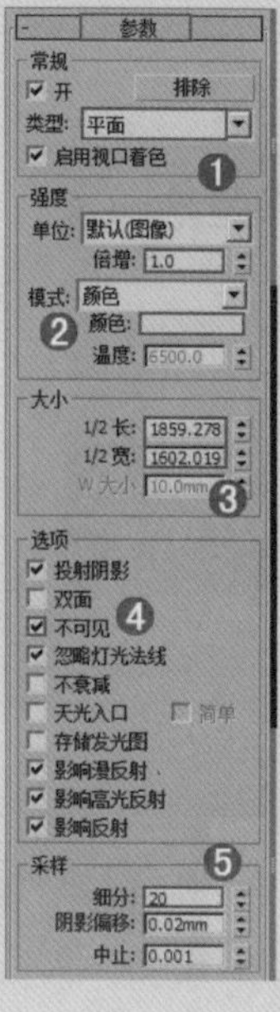

图Y-75

图Y-76

H
Q
Y
Z

扩展练习127——封闭会议室

案例文件	灯光案例文件\Y\夜晚\封闭会议室\封闭会议室.max	视频教学	视频教学\灯光\Y\夜晚\封闭会议室.flv
技术难点	自由灯光、目标平行光、VR灯光的应用		

封闭会议室的制作难点在于如何把握灯光的颜色和亮度，才能更好地表现出封闭会议室的真实效果，如图Y-77所示。

图Y-77

实例128　台灯灯罩灯光

案例文件	灯光案例文件\Y\夜晚\台灯灯罩灯光\台灯灯罩灯光.max	视频教学	视频教学\灯光\Y\夜晚\台灯灯罩灯光.flv
技术难点	VR灯光制作台灯灯罩灯光		

案例分析：

【台灯灯罩灯光】是光线透出台灯灯罩的效果。如图Y-78所示为分析并参考台灯灯罩灯光的效果。本例通过为台灯设置灯罩灯光，学习台灯灯罩灯光的设置方法，具体表现效果如图Y-79所示。

图Y-78

图Y-79

操作步骤：

STEP 1 打开随书配套光盘中的场景文件【灯光场景文件\Y\夜晚\128.max】，如图Y-80所示。

STEP 2 单击【创建】|【灯光】按钮，设置【灯光类型】为【VRay】，最后单击 VR灯光 按钮，如图Y-81所示。

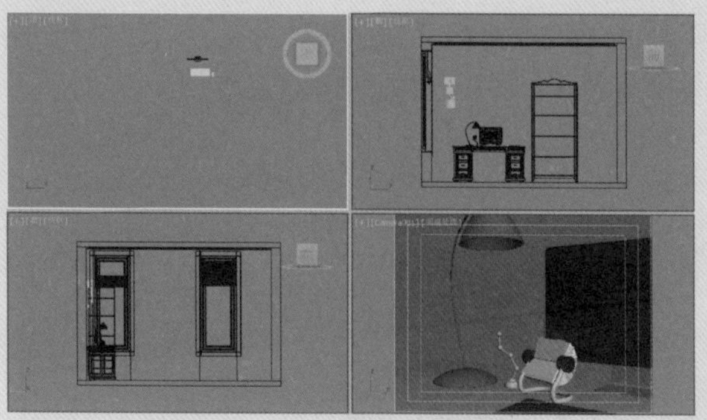

图Y-80　　　　图Y-81

STEP 3 在顶视图中拖曳并创建1盏VR灯光，使用【选择并移动】工具调整位置，此时VR灯光的位置如图Y-82所示。在【修改】面板下展开【参数】卷展栏，在【常规】选项组下设置【类型】为【球体】，在【强度】选项组下设置【倍增】为30，调节【颜色】为黄色（红=252、绿=161、蓝=87），在【大小】选项组下设置【半径】为40mm，在【选项】选项组下勾选【不可见】复选框，在【采样】选项组下设置【细分】为20，如图Y-83所示。

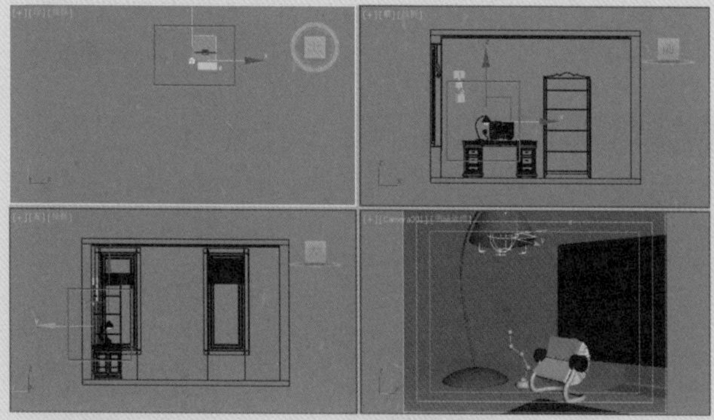

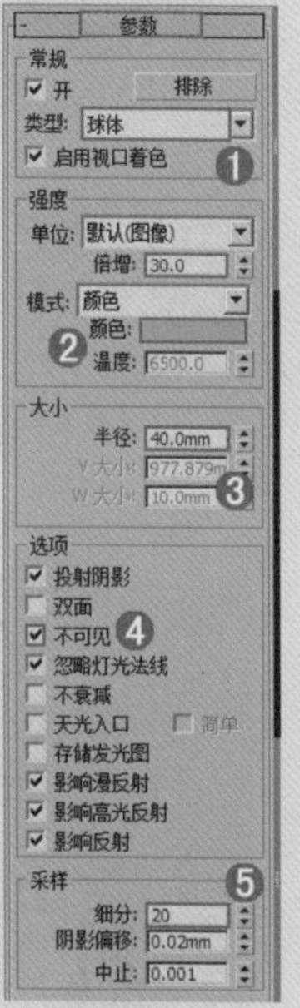

图Y-82　　　　图Y-83

STEP 4 在顶视图中拖曳并创建1盏VR灯光，使用【选择并移动】工具调整位置，此时VR灯光的位置如图Y-84所示。在【修改】面板下展开【参数】卷展栏，在【常规】选项组下设置【类型】为【平面】，在【强度】选项组下设置【倍增】为200，调节【颜色】为黄色（红=253、绿=180、蓝=121），在【大小】选项组下设置【1/2长】为20mm，【1/2宽】为20mm，在【选项】选项组下勾选【不可见】复选框，在【采样】选项组下设置【细分】为20，如图Y-85所示。

STEP 5 在左视图中拖曳并创建1盏VR灯光，使用【选择并移动】工具调整位置，此时VR灯光的位置如图Y-86所示。在【修改】面板下展开【参数】卷展栏，在【常规】选项组下设置【类型】为【平面】，在【强度】选项组下设置【倍增】为10，调节【颜色】为蓝色（红=45、绿

=52、蓝=144），在【大小】选项组下设置【1/2长】和【1/2宽】数值，在【选项】选项组下勾选【不可见】复选框，在【采样】选项组下设置【细分】为10，如图Y-87所示。

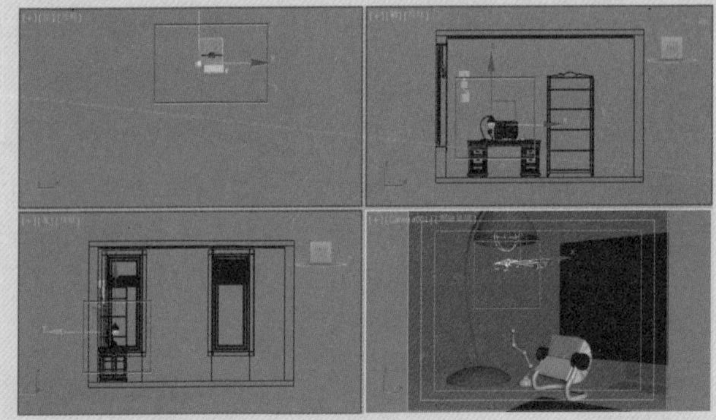

图Y-84

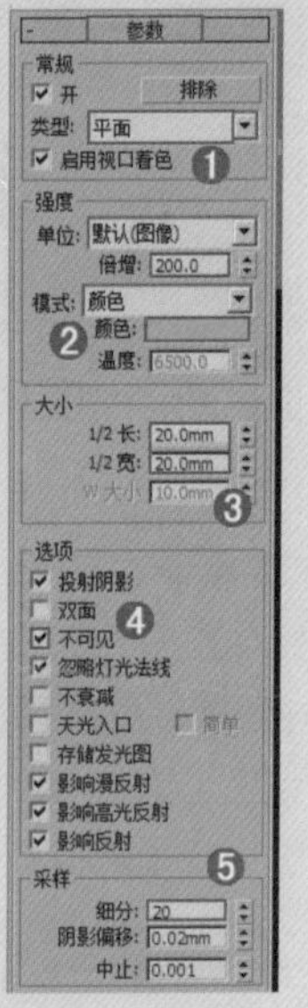

图Y-85

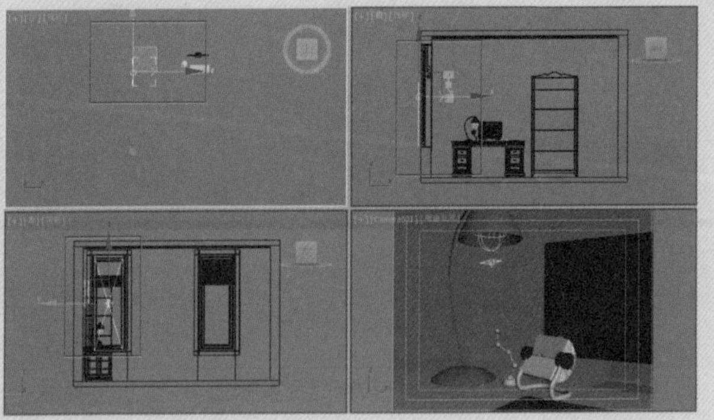

图Y-86

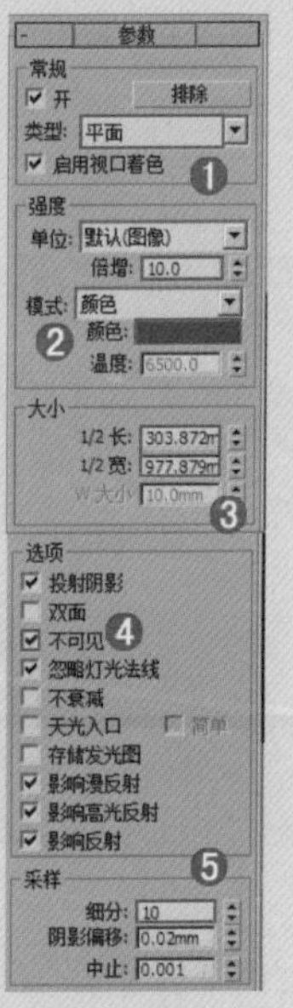

图Y-87

STEP 6 在左视图中拖曳并创建1盏VR灯光，使用【选择并移动】工具调整位置，此时VR灯光的位置如图Y-88所示。在【修改】面板下展开【参数】卷展栏，在【常规】选项组下设置【类型】为【平面】，在【强度】选项组下【倍增】为10，调节【颜色】为蓝色（红=45、绿=52、蓝=144），在【大小】选项组下设置【1/2长】和【1/2宽】数值，在【选项】选项组下勾选【不可见】复选框，在【采样】选项组下设置【细分】为10，如图Y-89所示。

STEP 7 最终渲染效果如图Y-90所示。

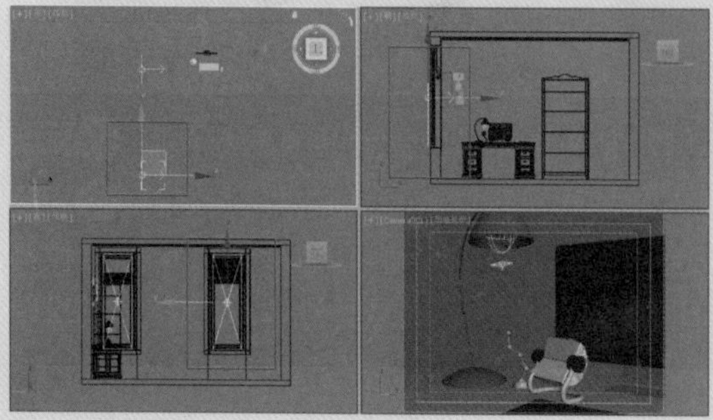

图Y-88

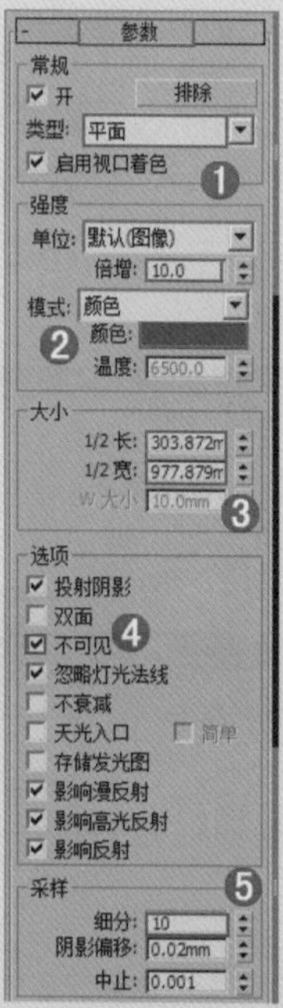

图Y-89

图Y-90

扩展练习128——灯罩泛光灯

案例文件	灯光案例文件\Y\夜晚\灯罩泛光灯\灯罩泛光灯.max	视频教学	视频教学\灯光\Y\夜晚\灯罩泛光灯.flv
技术难点	泛光灯制作灯罩灯光		

灯罩泛光灯的制作难点在于如何把握灯光的位置和亮度，才能更好地表现出灯罩泛光灯的真实效果，如图Y-91所示。

图Y-91

实例129　舞台绚丽灯光

案例文件	灯光案例文件\Y\夜晚\舞台绚丽灯光\舞台绚丽灯光.max	视频教学	视频教学\灯光\Y\夜晚\舞台绚丽灯光.flv
技术难点	目标聚光灯制作舞台绚丽灯光		

H Q Y Z

案例分析：

【舞台绚丽灯光】也叫“舞台照明”，简称“灯光”，是舞台美术造型手段之一。如图Y-92所示为分析并参考舞台绚丽灯光的效果。本例通过为舞台设置绚丽灯光，学习舞台绚丽灯光的设置方法，具体表现效果如图Y-93所示。

图Y-92

图Y-93

操作步骤：

STEP 1 打开随书配套光盘中的场景文件【灯光场景文件\Y\夜晚\129.max】，如图Y-94所示。

STEP 2 单击 【创建】| 【灯光】按钮，设置【灯光类型】为【标准】，最后单击 目标聚光灯 按钮，如图Y-95所示。

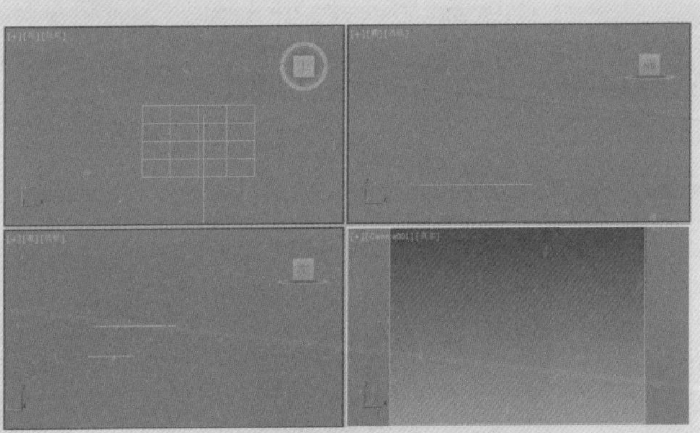
图Y-94

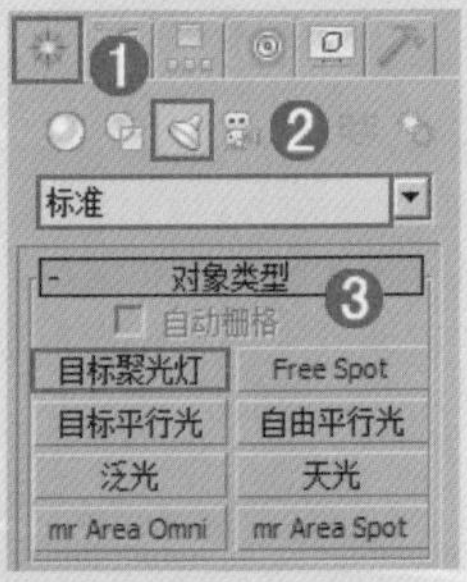

图Y-95

STEP 3 在前视图中拖曳并创建1盏目标聚光灯，使用【选择并移动】工具 调整位置，此时目标聚光灯的位置如图Y-96所示。在 【修改】面板下展开【强度/颜色/衰减】卷展栏，设置【倍增】为15，调节【颜色】为蓝色（红=13、绿=22、蓝=209）。展开【聚光灯参数】卷展栏，设置【聚光区/光束】为20.5，【衰减区/区域】为29.2。展开【高级效果】卷展栏，在【贴图】后面的通道上加载【middle_20110401_8736cf596dd00e61a40c3IqlLSEQuIRb.jpg】贴图文件，如图Y-97所示。

STEP 4 按8键，弹出【环境和效果】对话框，展开【大气】卷展栏，添加【体积光】，展开【体积光参数】卷展栏，单击【拾取灯光】按钮，拾取场景中所建的目标聚光灯，名称为【Spot002】，勾选【指数】复选框，设置【密度】为1，设置【最大亮度】为49.2%，如图Y-98所示。

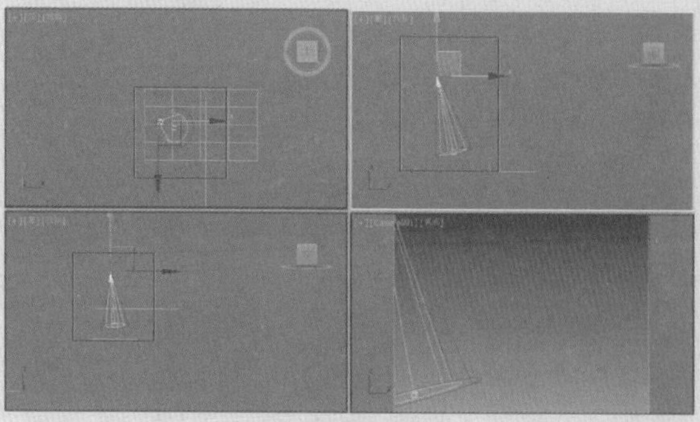

图Y-96

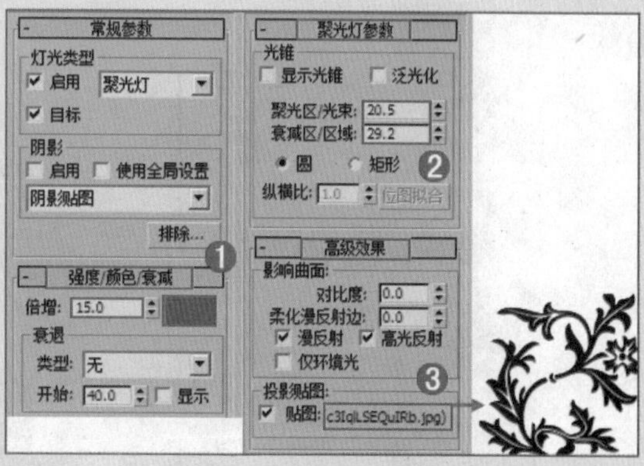

图Y-97

STEP 5 在前视图中拖曳并创建1盏目标聚光灯，使用【选择并移动】工具调整位置，此时目标聚光灯的位置如图Y-99所示。在【修改】面板下展开【强度/颜色/衰减】卷展栏，设置【倍增】为15，调节【颜色】为红色（红=237、绿=44、蓝=44），展开【聚光灯参数】卷展栏，设置【聚光区/光束】为16.8，【衰减区/区域】为23.7，展开【高级效果】卷展栏，在【贴图】后面的通道上加载【1-1012121S114.jpg】贴图文件，如图Y-100所示。

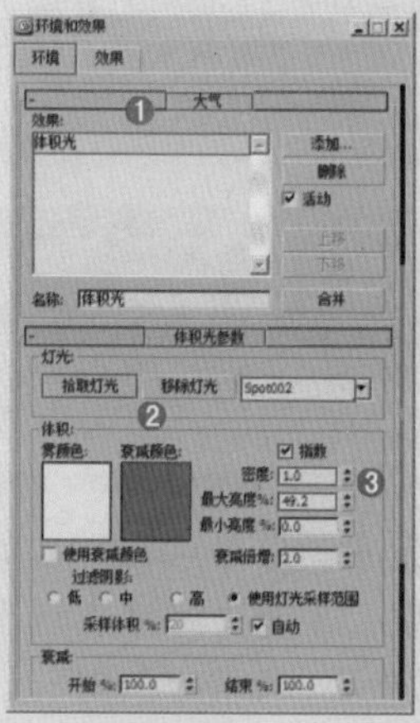

图Y-98

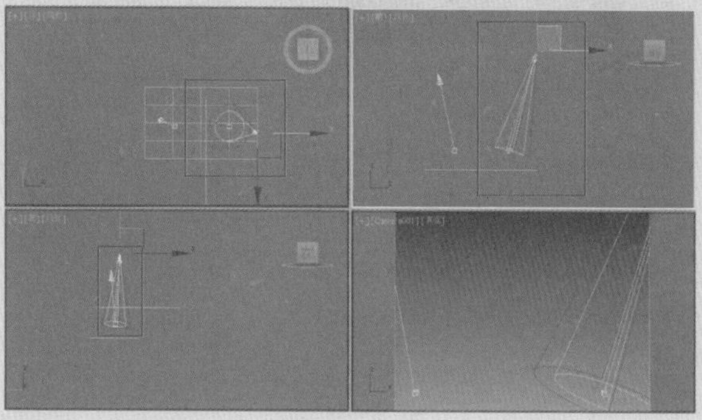

图Y-99

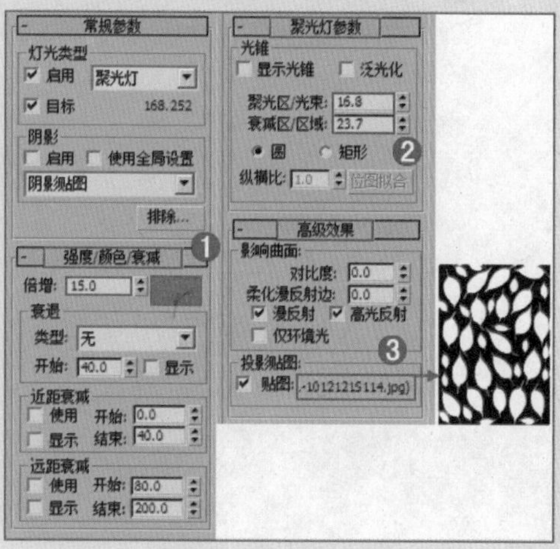

图Y-100

STEP 6 按8键，弹出【环境和效果】对话框，展开【大气】卷展栏，添加【体积光】，展开【体积光参数】卷展栏，单击【拾取灯光】按钮，拾取场景中所建的目标聚光灯，名称为【Spot003】，勾选【指数】复选框，设置【密度】为1，设置【最大亮度】为49.2%，如图Y-101所示。

STEP 7 最终渲染效果如图Y-102所示。

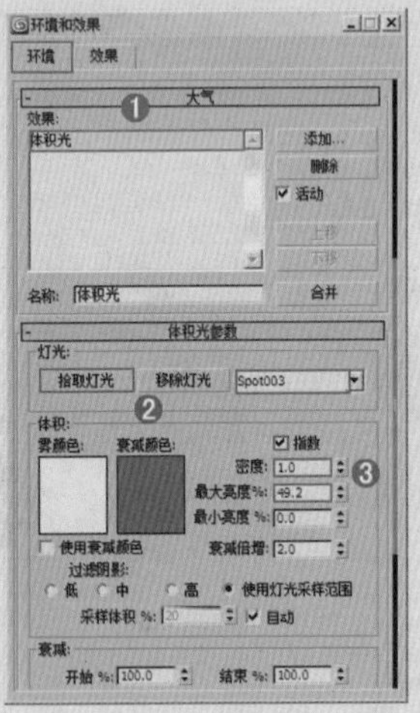

图Y-101

图Y-102

扩展练习129——绚丽背景灯光

案例文件	灯光案例文件\Y\夜晚\绚丽背景灯光\绚丽背景灯光.max	视频教学	视频教学\灯光\Y\夜晚\绚丽背景灯光.flv
技术难点	目标聚光灯的应用		

绚丽背景灯光的制作难点在于如何把握灯光的高级效果，才能更好地表现出绚丽背景灯光的真实效果，如图Y-103所示。

图Y-103

Z

正午（日光、书房日景灯光、客厅日景灯光、更衣室强烈阳光、餐厅日景灯光、室外日景灯光）

正午扩展（白天日光效果、餐厅日景、客厅灯光白天效果、简约欧式休息室、起居室白天灯光、室外教学楼日景表现）

实例130　日光

案例文件	灯光案例文件\Z\正午\日光\日光.max	视频教学	视频教学\灯光\Z\正午\日光.flv
技术难点	VR灯光制作室内日光效果		

案例分析：

【日光】指白天的光亮，与夜晚的黑暗相反，是太阳光加天空的光，与月光和人造光相反。如图Z-1所示为分析并参考日光的效果。本例通过为室内设置日光灯光，学习日光的设置方法，具体表现效果如图Z-2所示。

图Z-1

图Z-2

操作步骤：

STEP 1 打开随书配套光盘中的场景文件【灯光场景文件\Z\正午\130.max】，如图Z-3所示。

STEP 2 单击【创建】|【灯光】按钮，设置【灯光类型】为【VRay】，最后单击 VR灯光 按钮，如图Z-4所示。

H Q Y Z

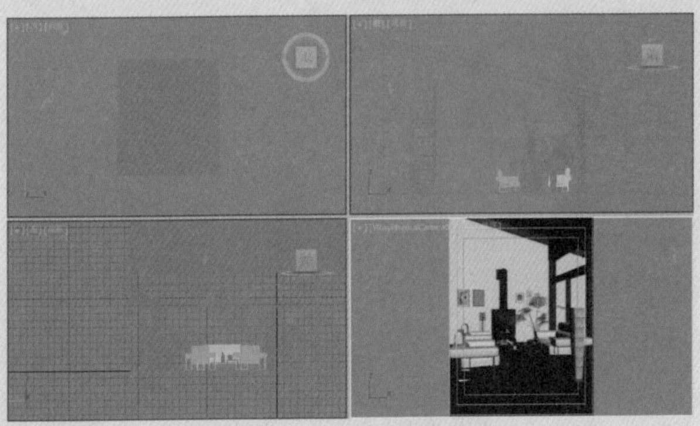

图Z-3

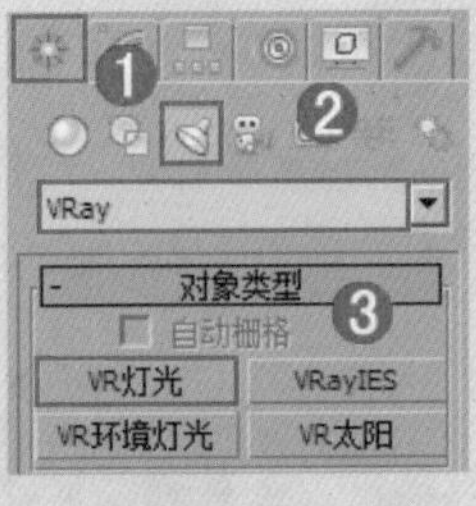

图Z-4

STEP 3 在顶视图中拖曳并创建1盏VR灯光，使用【选择并移动】工具复制1盏并调整位置，此时VR灯光的位置如图Z-5所示。在【修改】面板下展开【参数】卷展栏，在【常规】选项组下设置【类型】为【球体】，在【强度】选项组下设置【倍增】为9，调节【颜色】为黄色（红=223、绿=121、蓝=40），在【大小】选项组下设置【半径】为12cm，在【选项】选项组下勾选【不可见】复选框，如图Z-6所示。

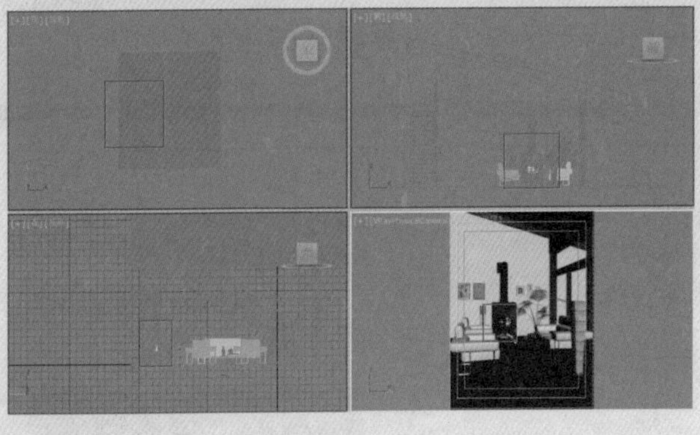

图Z-5

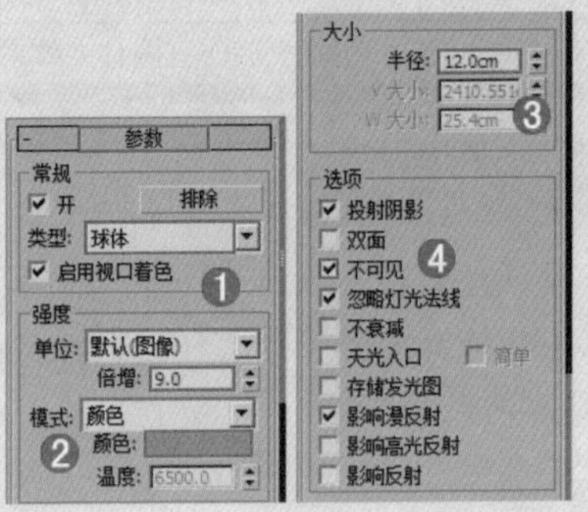

图Z-6

技巧一点通：

【球体】类型将VR灯光设置成穹顶状，类似于3ds Max的天光，光线来自于位于光源Z轴的半球体状圆顶。

STEP 4 在前视图中拖曳并创建1盏VR灯光，使用【选择并移动】工具复制3盏并调整位置，此时VR灯光的位置如图Z-7所示。在【修改】面板下展开【参数】卷展栏，在【常规】选项组下设置【类型】为【平面】，在【强度】选项组下设置【倍增】为9，调节【颜色】为黄色（红=232、绿=148、蓝=77），在【大小】选项组下设置【1/2长】为22cm，【1/2宽】为9cm，在【选项】选项组下勾选【不可见】复选框，如图Z-8所示。

STEP 5 在左视图中拖曳并创建1盏VR灯光，使用【选择并移动】工具复制2盏并调整位置，此时VR灯光的位置如图Z-9所示。在【修改】面板下展开【参数】卷展栏，在【常规】选项组下设置【类型】为【平面】，在【强度】选项组下设置【倍增】为1，在【大小】选项组下设置【1/2长】为150cm，【1/2宽】为150cm，在【选项】选项组下勾选【不可见】复选框，在【采样】选项组下设置【细分】为16，如图Z-10所示。

STEP 6 最终渲染效果如图Z-11所示。

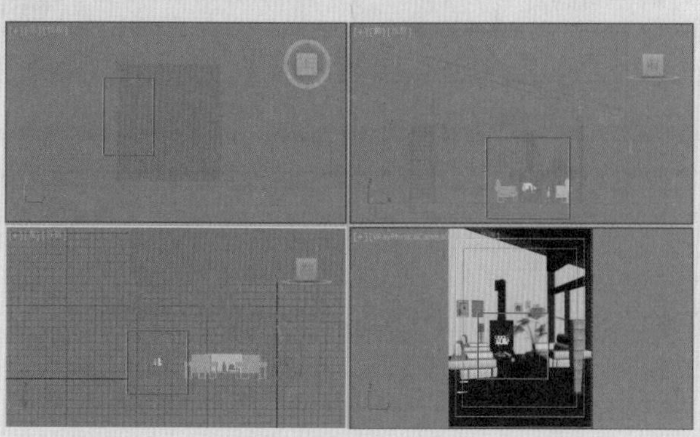

图Z-7

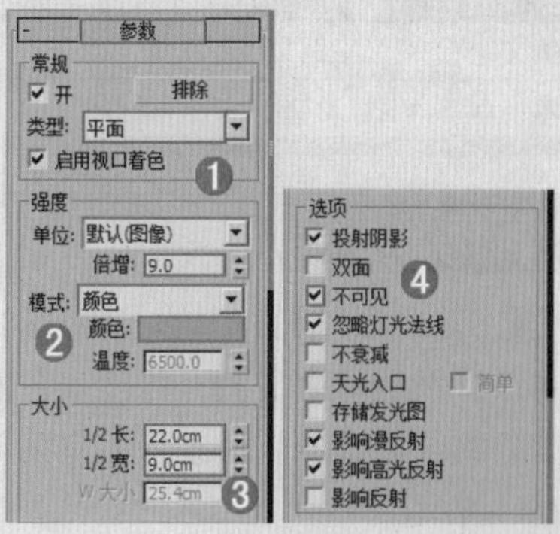

图Z-8

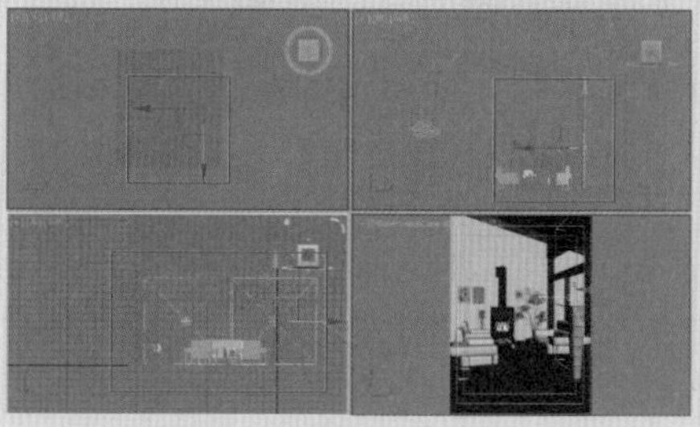

图Z-9

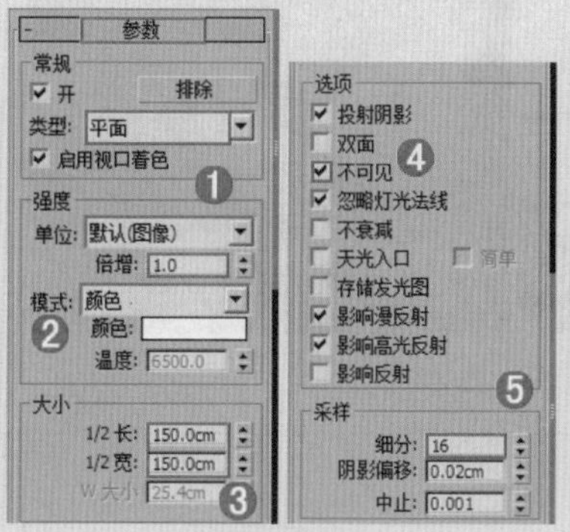

图Z-10

图Z-11

扩展练习130——白天日光效果

案例文件	灯光案例文件\Z\正午\白天日光效果\白天日光效果.max	视频教学	视频教学\灯光\Z\正午\白天日光效果.flv
技术难点	VR太阳制作模拟太阳光效果		

白天日光效果的制作难点在于如何把握灯光的颜色和亮度，才能更好地表现出白天日光的真实效果，如图Z-12所示。

图Z-12

实例131　书房日景灯光

案例文件	灯光案例文件\Z\正午\书房日景灯光\书房日景灯光.max	视频教学	视频教学\灯光\Z\正午\书房日景灯光.flv
技术难点	VR灯光制作书房日景灯光		

案例分析：

【书房日景灯光】中的书房又称家庭工作室，是作为阅读、书写以及业余学习、研究、工作的空间，特别是从事文教、科技、艺术工作者必备的活动空间。如图Z-13所示为分析并参考书房日景灯光的效果。本例通过为书房设置日景灯光，学习书房日景灯光的设置方法，具体表现效果如图Z-14所示。

图Z-13

图Z-14

操作步骤：

STEP 1 打开随书配套光盘中的场景文件【灯光场景文件\Z\正午\131.max】，如图Z-15所示。

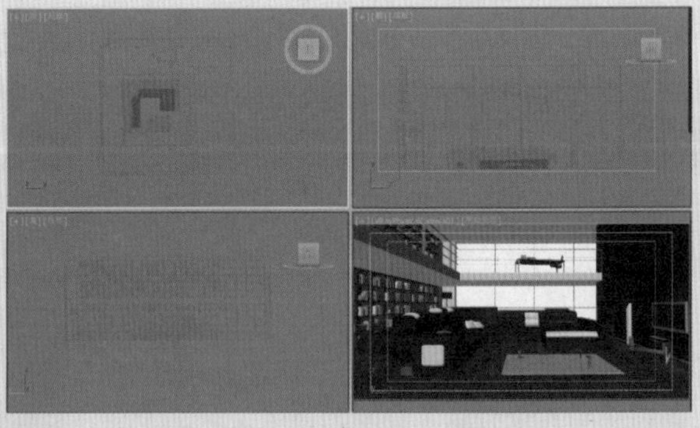

图Z-15

STEP 2 单击【创建】|【灯光】按钮，设置【灯光类型】为【VRay】，最后单击 VR灯光 按钮，如图Z-16所示。

STEP 3 在前视图中拖曳并创建1盏VR灯光，使用【选择并移动】工具调整位置，此时VR灯光的位置如图Z-17所示。在【修改】面板下展开【参数】卷展栏，在【常规】选项组下设置【类型】为【平面】，在【强度】选项组下设置【倍增】为12，在【大小】选项组下设置【1/2长】和【1/2宽】数值，在【选项】选项组下勾选【不可见】复选框，在【采样】选项组下设置【细分】为24，如图Z-18所示。

STEP 4 在前视图中拖曳并创建1盏VR灯光，使用【选择并移动】工具调整位置，此时VR灯光的位置如图Z-19所示。在【修改】面板下展开【参数】卷展栏，在【常规】选项组下设置【类型】为【平面】，在【强度】选项组下设置【倍增】为5，调节【颜色】为浅黄色（红=236、绿=222、蓝=211），在【大小】选项组下设置【1/2长】和【1/2宽】数值，在【选项】选项组下勾选【不可见】复选框，在【采样】选项组下设置【细分】为24，如图Z-20所示。

图Z-16

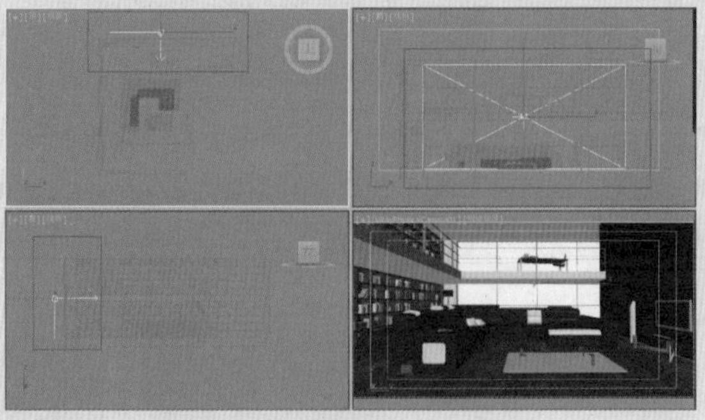

图Z-17

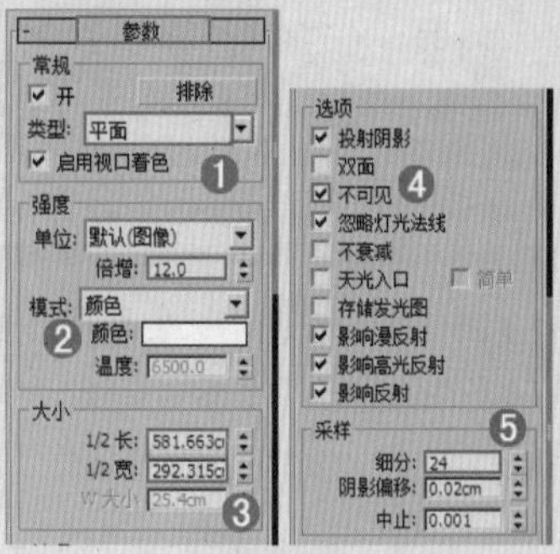

图Z-18

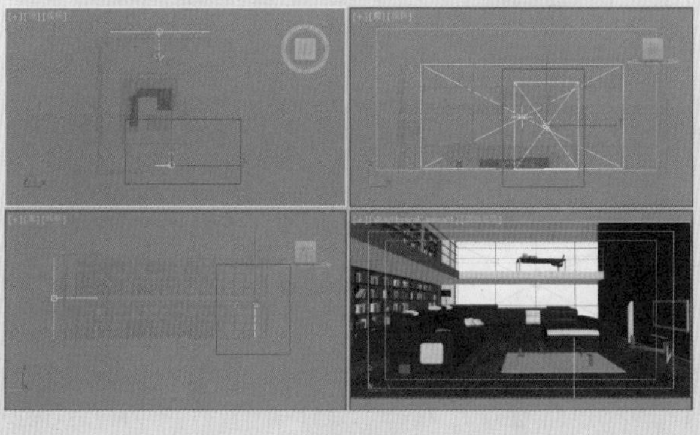

图Z-19

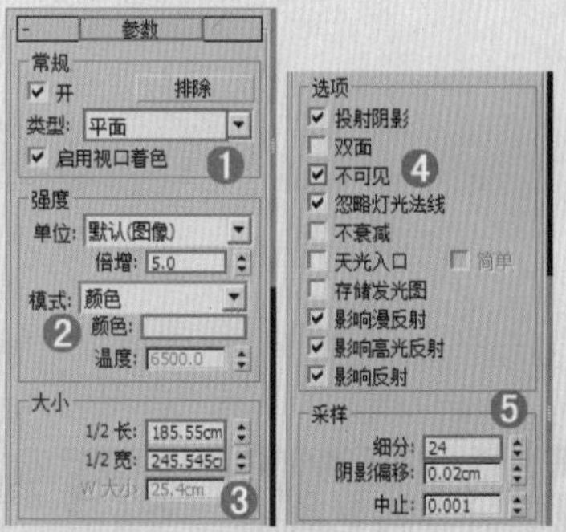

图Z-20

STEP 5 在前视图中拖曳并创建1盏VR灯光，使用【选择并移动】工具调整位置，此时VR灯光的位置如图Z-21所示。在【修改】面板下展开【参数】卷展栏，在【常规】选项组下设置【类型】为【平面】，在【强度】选项组下设置【倍增】为16，调节【颜色】为浅黄色（红=236、绿=222、蓝=211），在【大小】选项组下设置【1/2长】和【1/2宽】数值，在【选项】选项组下勾选【不可见】复选框，在【采样】选项组下设置【细分】为24，如图Z-22所示。

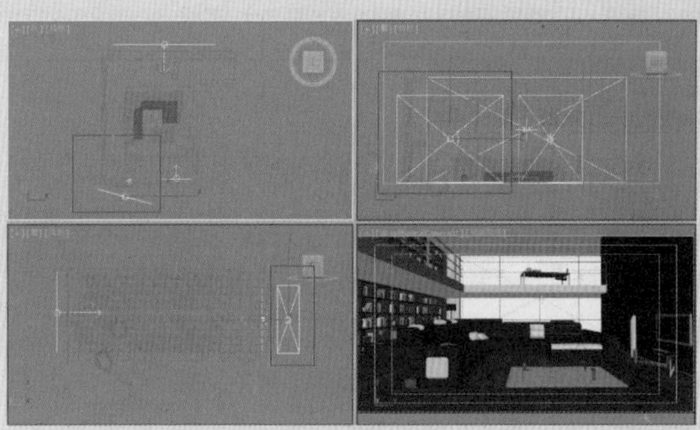

图Z-21

STEP 6 最终渲染效果如图Z-23所示。

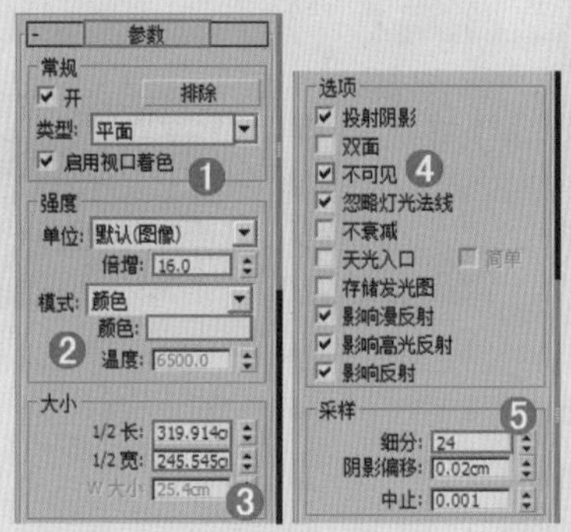

图Z-22

图Z-23

扩展练习131——餐厅日景

案例文件	灯光案例文件\Z\正午\餐厅日景\餐厅日景.max	视频教学	视频教学\灯光\Z\正午\餐厅日景.flv
技术难点	VR太阳、VR灯光制作餐厅日景		

餐厅日景的制作难点在于如何把握灯光的颜色和亮度，才能更好地表现出餐厅日景的真实效果，如图Z-24所示。

图Z-24

实例132　客厅日景灯光

案例文件	灯光案例文件\Z\正午\客厅日景灯\客厅日景灯光.max	视频教学	视频教学\灯光\Z\正午\客厅日景灯光.flv
技术难点	VR太阳模拟太阳光效果		

案例分析：

【客厅日景灯光】中的客厅也叫起居室，是主人与客人会面的地方，也是房子的门面。客厅的摆设、颜色都能反映主人的性格、特点、眼光、个性等。如图Z-25所示为分析并参考客厅日景灯光的效果。本例通过为客厅设置日景灯光，学习客厅日景灯光的设置方法，具体表现效果如图Z-26所示。

图Z-25

图Z-26

操作步骤：

STEP 1 打开随书配套光盘中的场景文件【灯光场景文件\Z\正午\132.max】，如图Z-27所示。

STEP 2 单击【创建】|【灯光】按钮，设置【灯光类型】为【VRay】，最后单击 VR太阳 按钮，如图Z-28所示。

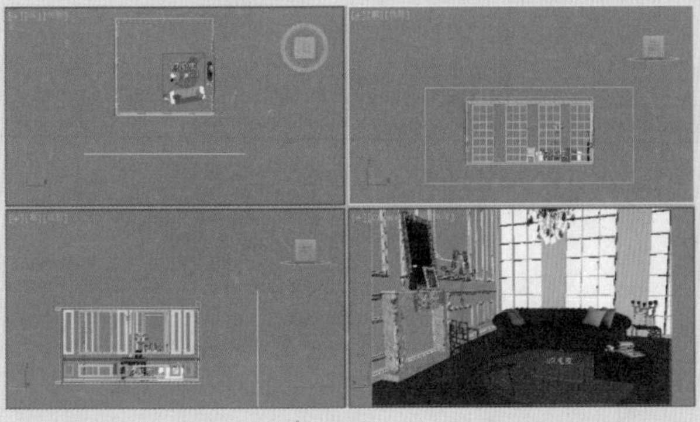

图Z-27

图Z-28

STEP 3 在前视图中拖曳并创建1盏VR太阳，使用【选择并移动】工具调整位置，此时VR太阳的位置如图Z-29所示。在【修改】面板下展开【VRay太阳参数】卷展栏，设置【强度倍增】为0.06，设置【大小倍增】为5，设置【阴影细分】为10，如图Z-30所示。

STEP 4 单击【创建】|【灯光】按钮，设置【灯光类型】为【VRay】，最后单击 VR灯光 按钮，如图Z-31所示。

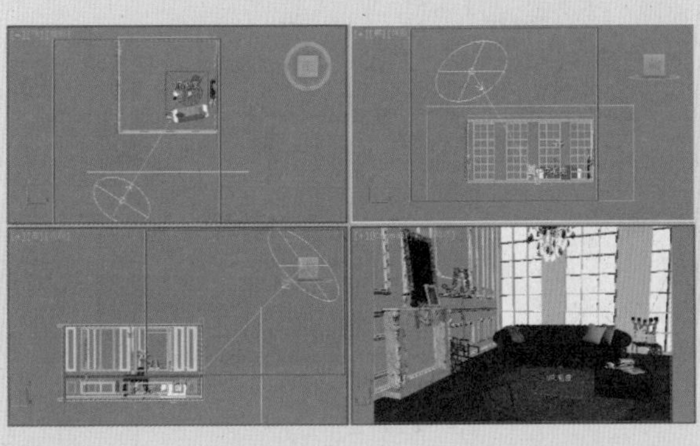

图Z-29

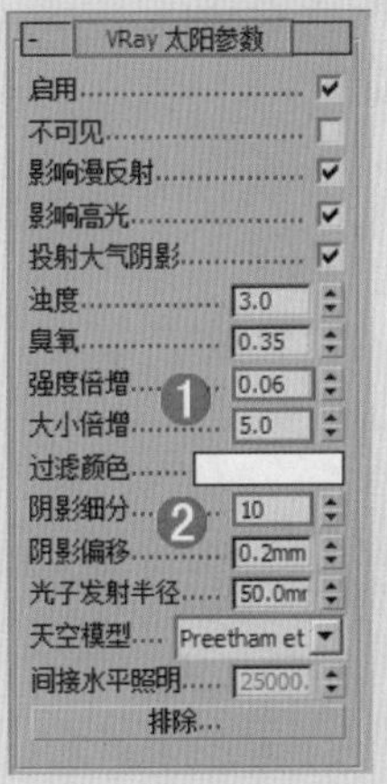

图Z-30

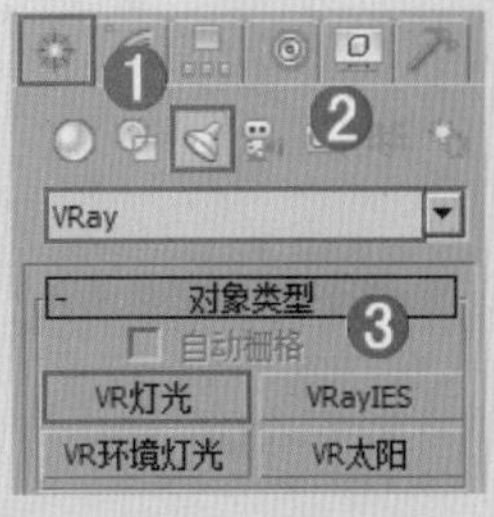

图Z-31

STEP 5 在前视图中拖曳并创建1盏VR灯光，使用【选择并移动】工具复制3盏并调整位置，此时VR灯光的位置如图Z-32所示。在【修改】面板下展开【参数】卷展栏，在【常规】选项组下设置【类型】为【平面】，在【强度】选项组下设置【倍增】为12，在【大小】选项组下设置【1/2长】和【1/2宽】数值，在【选项】选项组下勾选【不可见】复选框，在【采样】选项组下设置【细分】为15，如图Z-33所示。

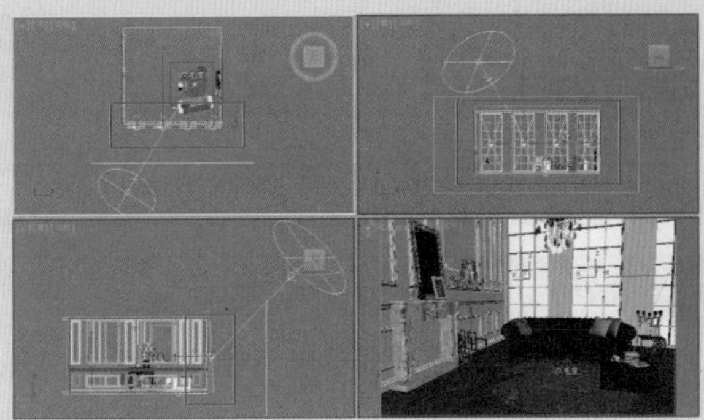

图Z-32

STEP 6 最终渲染效果如图Z-34所示。

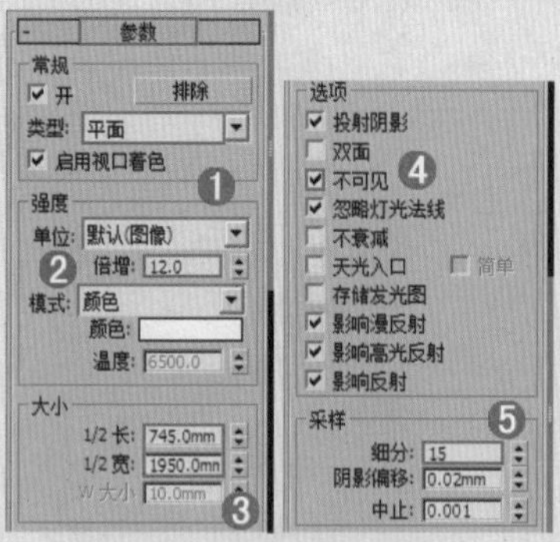

图Z-33

图Z-34

扩展练习132——客厅灯光白天效果

案例文件	灯光案例文件\Z\正午\客厅灯光白天效果\客厅灯光白天效果.max	视频教学	视频教学\灯光\Z\正午\客厅灯光白天效果.flv
技术难点	VR灯光制作客厅灯光白天效果		

客厅灯光白天效果的制作难点在于如何把握灯光的位置和亮度，才能更好地表现出客厅白天的真实效果，如图Z-35所示。

图Z-35

实例133　更衣室强烈阳光

案例文件	灯光案例文件\Z\正午\更衣室强烈阳光\更衣室强烈阳光.max	视频教学	视频教学\灯光\Z\正午\更衣室强烈阳光.flv
技术难点	VR灯光和目标平行光制作强烈阳光效果		

案例分析：

【更衣室强烈阳光】中的更衣室是用于更换衣服的室内独立空间。如图Z-36所示为分析并参考更衣室强烈阳光的效果。本例通过为更衣室设置强烈阳光，学习更衣室强烈阳光的设置方法，具体表现效果如图Z-37所示。

图Z-36

图Z-37

操作步骤：

STEP 1 打开随书配套光盘中的场景文件【灯光场景文件\Z\正午\133.max】，如图Z-38所示。

STEP 2 单击【创建】|【灯光】按钮，设置【灯光类型】为【标准】，最后单击 目标平行光 按钮，如图Z-39所示。

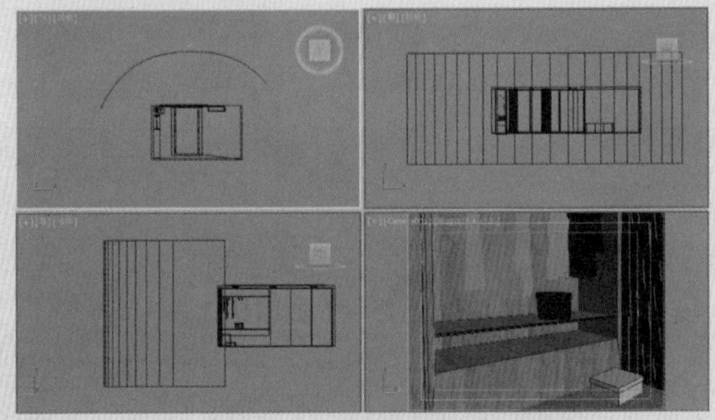

图Z-38

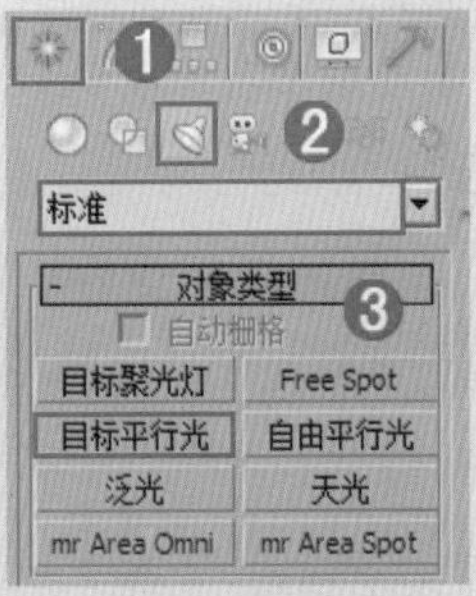

图Z-39

STEP 3 在前视图中拖曳并创建1盏目标平行光，使用【选择并移动】工具调整位置，此时目标平行光的位置如图Z-40所示。在【修改】面板下展开【常数参数】卷展栏，在【阴影】选项组下勾选【启用】复选框，设置【阴影类型】为【VRay阴影】，展开【强度/颜色/衰减】卷展栏，设置【倍增】为7，调节【颜色】为浅黄色（红=255、绿=245、蓝=221）。展开【VRay阴影参数】卷展栏，勾选【区域阴影】复选框，设置【细分】为12，如图Z-41所示。

STEP 4 单击【创建】|【灯光】按钮，设置【灯光类型】为【VRay】，最后单击 VR灯光 按钮，如图Z-42所示。

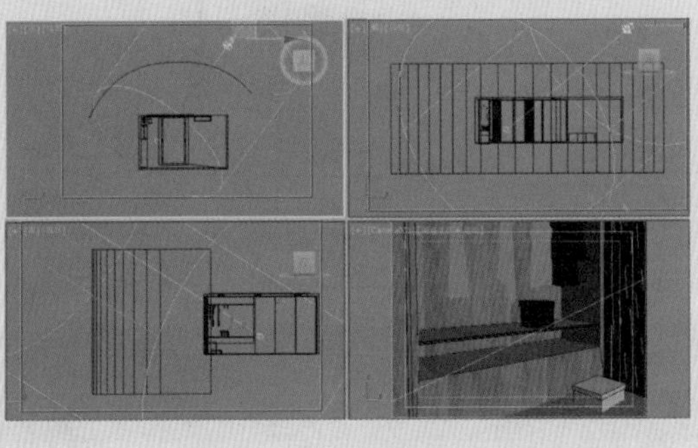

图Z-40

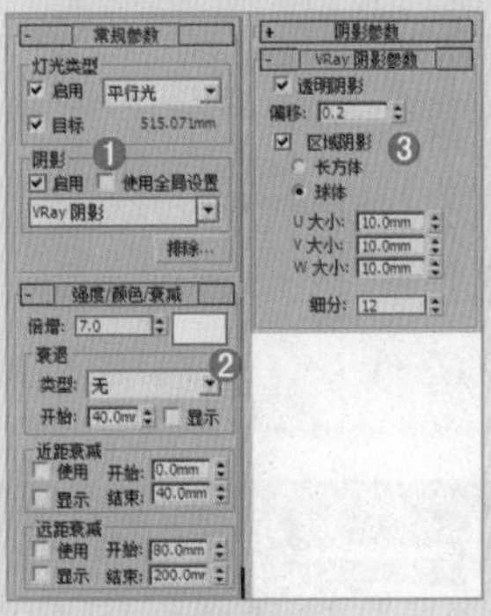

图Z-41

图Z-42

STEP 5 在前视图中拖曳并创建1盏VR灯光，使用【选择并移动】工具调整位置，此时VR灯光的位置如图Z-43所示。在【修改】面板下展开【参数】卷展栏，在【常规】选项组下设置【类型】为【平面】，在【强度】选项组下设置【倍增】为8，调节【颜色】为蓝色（红=212、绿=223、蓝=251），在【大小】选项组下设置【1/2长】和【1/2宽】数值，在【选项】选项组下勾选【不可见】复选框，如图Z-44所示。

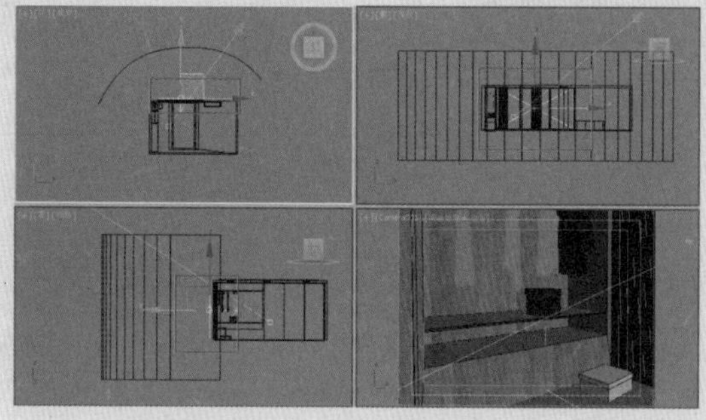

图Z-43

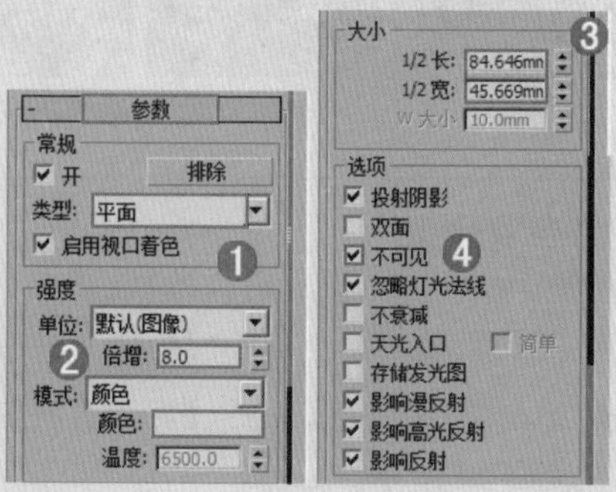

图Z-44

STEP 6 在左视图中拖曳并创建1盏VR灯光，使用【选择并移动】工具调整位置，此时VR灯光的位置如图Z-45所示。在【修改】面板下展开【参数】卷展栏，在【常规】选项组下设置【类型】为【平面】，在【强度】选项组下设置【倍增】为3，调节【颜色】为蓝色（红=212、绿=223、蓝=251），在【大小】选项组下设置【1/2长】和【1/2宽】数值，在【选项】选项组下勾选【不可见】复选框，如图Z-46所示。

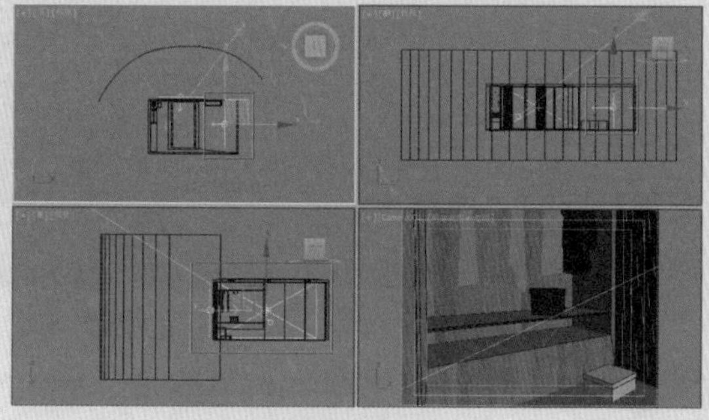

图Z-45

STEP 7 最终渲染效果如图Z-47所示。

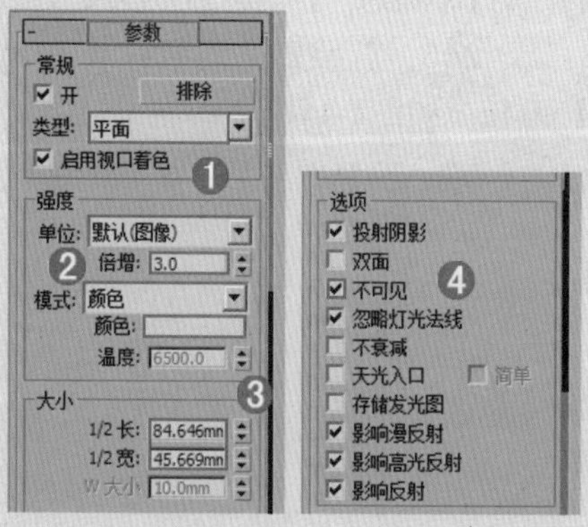

图Z-46

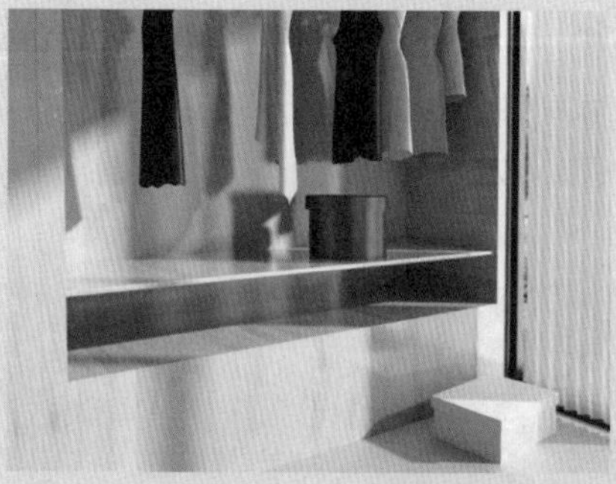

图Z-47

扩展练习133——简约欧式休息室

案例文件	灯光案例文件\Z\正午\简约欧式休息室\简约欧式休息室.max	视频教学	视频教学\灯光\Z\正午\简约欧式休息室.flv
技术难点	VR太阳制作模拟太阳光效果		

简约欧式休息室的制作难点在于如何把握灯光的位置和亮度，才能更好地表现出简约欧式休息室的真实效果，如图Z-48所示。

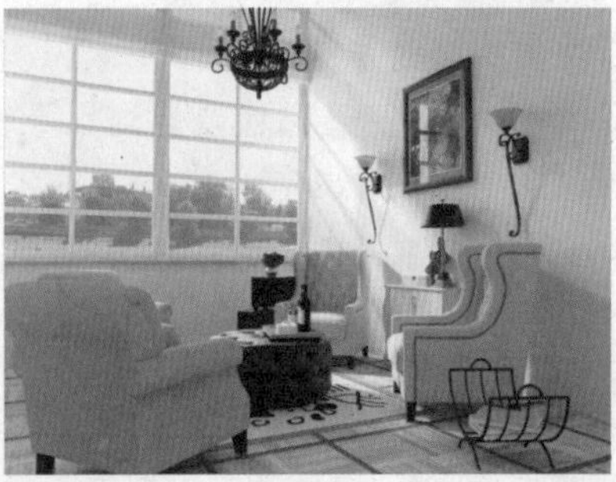

图Z-48

实例134 餐厅日景灯光

案例文件	灯光案例文件\Z\正午\餐厅日景灯光\餐厅日景灯光.max	视频教学	视频教学\灯光\Z\正午\餐厅日景灯光.flv
技术难点	VR太阳模拟太阳光效果		

案例分析：

【餐厅日景灯光】中的餐厅就是指在一定的场所，公开地对一般大众提供食品、饮料等餐饮的设施或公共餐饮屋。如图Z-49所示为分析并参考餐厅日景灯光的效果。本例通过为餐厅设置日景灯光，学习餐厅日景灯光的设置方法，具体表现效果如图Z-50所示。

图Z-49

图Z-50

操作步骤：

STEP 1 打开随书配套光盘中的场景文件【灯光场景文件\Z\正午\134.max】，如图Z-51所示。

STEP 2 单击 【创建】| 【灯光】按钮，设置【灯光类型】为【VRay】，最后单击 VR太阳 按钮，如图Z-52所示。

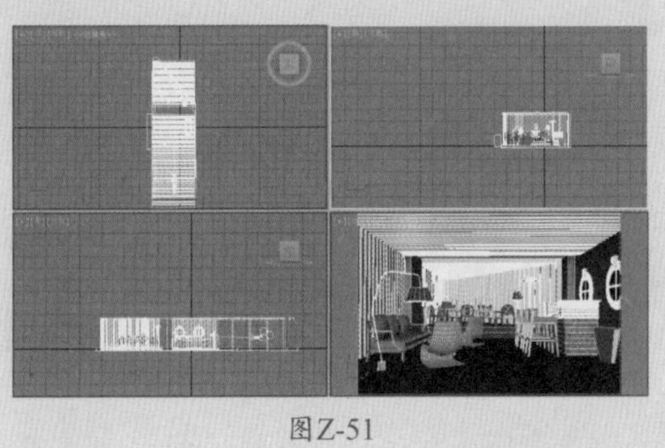

图Z-51

图Z-52

STEP 3 在前视图中拖曳并创建1盏VR太阳，使用【选择并移动】工具调整位置，此时VR太阳的位置如图Z-53所示。在【修改】面板下展开【VRay太阳参数】卷展栏，设置【强度倍增】为0.08，设置【大小倍增】为10，设置【阴影细分】为10，如图Z-54所示。

STEP 4 单击【创建】|【灯光】按钮，设置【灯光类型】为【VRay】，最后单击 VR灯光 按钮，如图Z-55所示。

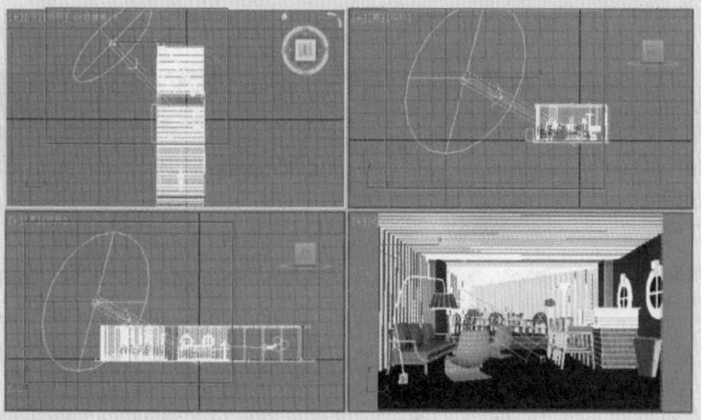

图Z-53

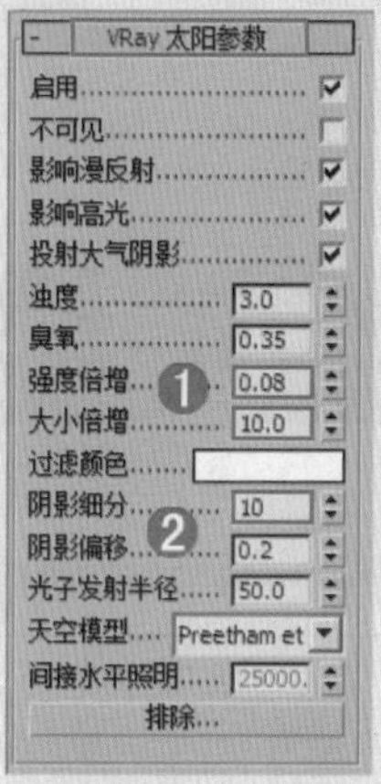

图Z-54

图Z-55

技巧一点通：

当阳光穿过大气层时，由于一部分冷光被空气中的浮尘吸收，照射到大地上的光就会变暖。

STEP 5 在前视图中拖曳并创建1盏VR灯光，使用【选择并移动】工具复制3盏并调整位置，此时VR灯光的位置如图Z-56所示。在【修改】面板下展开【参数】卷展栏，在【常规】选项组下设置【类型】为【平面】，在【强度】选项组下设置【倍增】为10，调节【颜色】为黄色（红=252、绿=219、蓝=189），在【大小】选项组下设置【1/2长】和【1/2宽】数值，在【选项】选项组下勾选【不可见】复选框，如图Z-57所示。

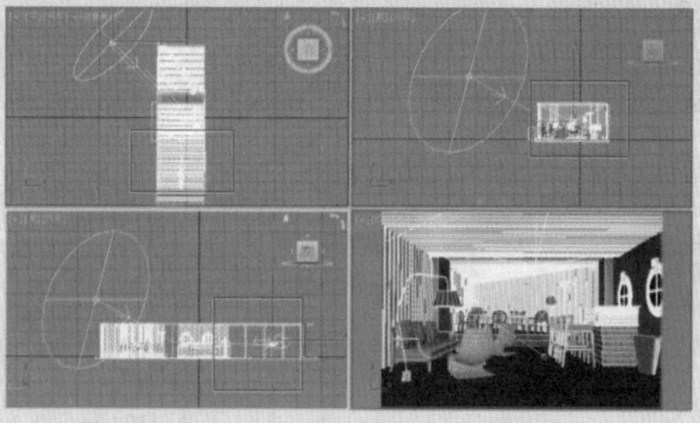

图Z-56

STEP 6 最终渲染效果如图Z-58所示。

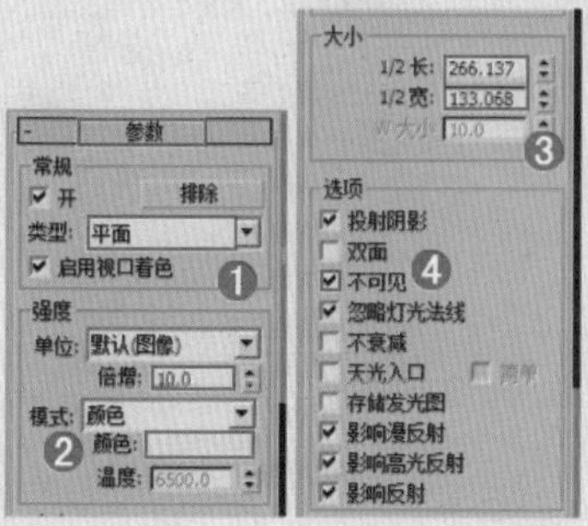

图Z-57

图Z-58

扩展练习134——起居室白天灯光

案例文件	灯光案例文件\Z\正午\起居室白天灯光\起居室白天灯光.max	视频教学	视频教学\灯光\Z\正午\起居室白天灯光.flv
技术难点	泛光灯和VR灯光制作居室白天灯光		

起居室白天灯光的制作难点在于如何把握灯光的位置和亮度，才能更好地表现出起居室白天灯光的真实效果，如图Z-59所示。

图Z-59

实例135　室外日景灯光

案例文件	灯光案例文件\Z\正午\室外日景灯光\室外日景灯光.max	视频教学	视频教学\灯光\Z\正午\室外日景灯光.flv
技术难点	VR太阳模拟太阳光效果		

案例分析：

【室外日景灯光】是指户外露天的光线。如图Z-60所示为分析并参考室外日景灯光的效果。本例通过为室外设置日景灯光，学习室外日景灯光的设置方法，具体表现效果如图Z-61所示。

图Z-60

图Z-61

操作步骤：

STEP 1 打开随书配套光盘中的场景文件【灯光场景文件\Z\正午\135.max】，如图Z-62所示。

STEP 2 单击【创建】|【灯光】按钮，设置【灯光类型】为【VRay】，最后单击 VR太阳 按钮，如图Z-63所示。

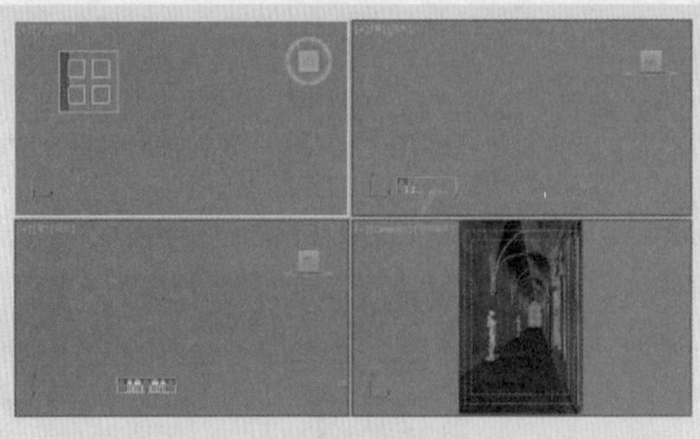

图Z-62

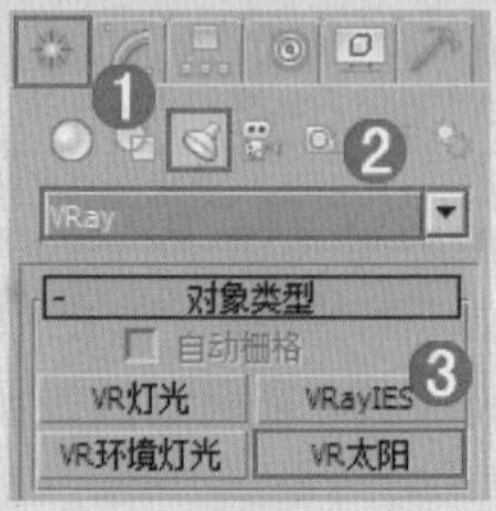

图Z-63

STEP 3 在前视图中拖曳并创建1盏VR太阳，使用【选择并移动】工具调整位置，此时VR太阳的位置如图Z-64所示。在【修改】面板下展开【VRay太阳参数】卷展栏，设置【强度倍增】为0.05，【大小倍增】为4，如图Z-65所示。

STEP 4 最终渲染效果如图Z-66所示。

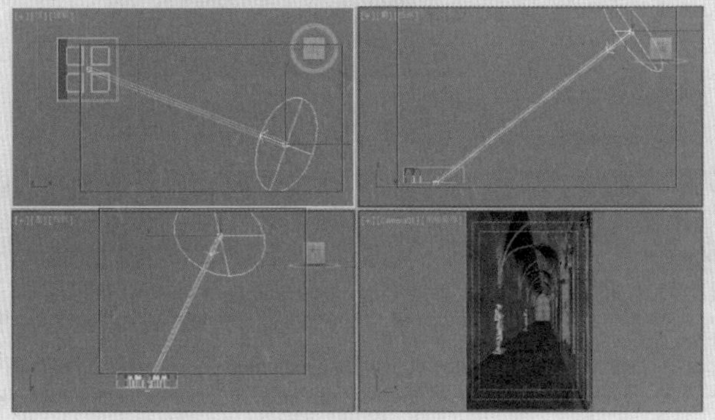

图Z-64

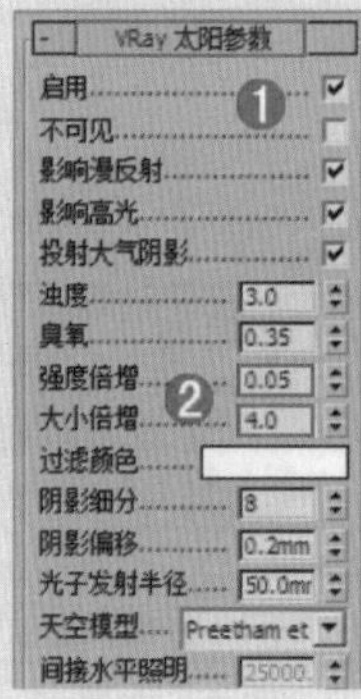

图Z-65

图Z-66

扩展练习135——室外教学楼日景表现

案例文件	灯光案例文件\Z\正午\室外教学楼日景表现\室外教学楼日景表现.max	视频教学	视频教学\灯光\Z\正午\室外教学楼日景表现.flv
技术难点	VR太阳和目标平行光制作日景效果		

室外教学楼日景表现的制作难点在于如何把握灯光的位置和亮度，才能更好地表现出室外教学楼日景的真实效果，如图Z-67所示。

图Z-67

H
Q
Y
Z